LA NUEVA FÍSICA DE LOS ESPACIOS «DISMÉTRICOS»

J. M. Arnaiz
cfejma@gmail.com

En esta obra se salva la hipótesis falsa del Sistema Internacional de Unidades con la *Primera álgebra de magnitudes* de la historia o *álgebra diádica* y se descubre la evidencia innovadora de que lo natural es la «dismetría», que permite representar los infinitos ámbitos del espacio vacío, caracterizando tensorialmente sus propiedades físicas.

Todos los derechos reservados
Autor: J. M. Arnaiz
© Ediciones Go Beyond, 2022
ISBN: 9798361962099

A los espíritus curiosos que anhelan comprender los principios de la ciencia, para facilitarles su trabajo; y también en honor de los amigos ausentes que lo inspiraron todo con ánimo altruista. Y especialmente a María, mi esposa, sin cuyo impulso la «dismetría» no existiría.

ADVERTENCIA:

El Sistema Internacional de Unidades (SI) establece como regla tipográfica que los símbolos de las unidades se escriban en redondo. No obstante, en este trabajo, a fin de resaltar claramente las unidades físicas sobre el texto ordinario se ha preferido escribir los símbolos de unidades en cursiva, como marca la *Ortografía de la lengua española*. Esperamos que el lector lo aprecie.

Parte I
Primera álgebra de magnitudes (álgebra diádica)

EXORDIO
«Aritmetizar» la Física sofoca nuestras mentes, incapaces de entender lo que son las magnitudes y la «dismetría», una verdad físico-matemática fundamental 11

Apartado I
Definiciones de magnitud y cantidad 27

Apartado II
Definición de medición de la
cantidad de una magnitud 31

Apartado III
Definición de ente concreto o díada física
Conjuntos diádicos 33

Apartado IV
Definiciones de homogeneidad,
uniformidad e igualdad 41

Apartado V
Definición de adición diádica 43

Apartado VI
Propiedades conmutativa y
asociativa de la adición diádica 49

Apartado VII
Existencia de elementos neutro y
simétrico para la adición diádica 51

Apartado VIII
Definición de sustracción diádica 53

Apartado IX
Definición de multiplicación
de un escalar por una díada 57

Apartado X
Propiedades distributivas de la
multiplicación diádica por un escalar 61

Apartado XI
Definición de división entre
díadas homogéneas 65

Apartado XII
Definición de multiplicación
diádica de concretos escalares 69

Apartado XIII
Propiedades conmutativa y asociativa de
la multiplicación de díadas escalares 77

Apartado XIV
Inexistencia de elementos unidad ni inverso
para la multiplicación de díadas escalares 81

Apartado XV
Propiedad distributiva de la multiplicación
sobre la adición del álgebra diádica 85

Apartado XVI
Definición de división diádica
entre mediciones escalares 87

Apartado XVII
Definición de potenciación y
radicación de díadas escalares 99

Apartado XVIII
Definición de logaritmación diádica
escalar y la legendaria regla de cálculo 101

Apartado XIX
Definición de los productos escalar
y vectorial de díadas vectoriales 111

Apartado XX
Definición de producto diádico entre
un concreto escalar y otro vectorial 119

Apartado XXI
Definición de entes diádicos o concretos
imaginarios y de sus leyes de composición 121

Apartado XXII
Efectos del principio
de economía simbólica 125

Apartado XXIII
Clases de magnitudes 131

Apartado XXIV
Igualdad, identidad, ecuación y ley física 137

Apartado XXV
Definición de dimensiones
de las magnitudes físicas 155

Apartado XXVI
Las constantes físicas 163

Apartado XXVII
Consecuentes filosóficos 173

Apartado XXVIII
Compendio de álgebra diádica o física
Cantidades de magnitud y clases de equivalencia
diádica (artículo 7, p.207) 185

Apartado XXIX
La laguna negra de la matemática
Origen de la «aritmetización» de la física 252

PARTE II
«DISMETRÍA»

Apartado XXX
«DISMETRÍA» DE LAS MAGNITUDES. Una impresionante
verdad físico-matemática 277

Apartado XXXI
CÓMO MATEMATIZAR LA «DISMETRÍA» DE LAS
MAGNITUDES. Culminación del álgebra diádica de magnitudes
e inagotable semillero de innovaciones físicas 287

Apartado XXXII
FORMULACIÓN «DISMÉTRICA» DE LAS LEYES FÍSICAS.
Segunda ley de Newton 311

Apartado XXXIII
EL NÚMERO PI «DISMÉTRICO». En un espacio «dismétrico»
ni el número π se mantiene constante 321

Apartado XXXIV
ANÁLISIS «DISMÉTRICO» DE LA VELOCIDAD DE LA LUZ. En
un espacio «dismétrico» la velocidad de la luz no tiene por qué ser
constante 325

Apartado XXXV
LA GRAVITACIÓN «DISMÉTRICA». Explicación alternativa
a la materia oscura para las anomalías gravitacionales ... 333

Apartado XXXVI
LEYES DEL ESPACIO VACÍO. Formulación tensorial de las propiedades del espacio físico 345

Apartado XXXVII
«DISMETRÍA» DIFERENCIAL. La prueba material de que lo natural es la «dismetría» 387

BREVIARIO
REVELACIONES DEL ÁLGEBRA DIÁDICA. Descubrimiento de verdades notables afloradas desde la certeza matemática . . 413

ANEXO
LOS INVERSOS DIÁDICOS. El lógico sentido formal para la notación de las magnitudes unitarias e inversas 421

APÉNDICE
ANÁLISIS «PSICOFUNCIONAL» DE LA TEORÍA CUÁNTICA. Por qué una teoría que funciona contradice el sentido común y resulta paradójica 427

ADENDA
«DISMETRÍA». Descubrimiento de una nueva dimensión de las magnitudes físicas 443

EPÍTOME
SÍNTESIS ABSTRACTA DE LA *PRIMERA ÁLGEBRA DE MAGNITUDES Y «DISMETRÍA»*. Estructura algebraica natural para las operaciones físicas 461

Bibliografía 499

EXORDIO

«Aritmetizar» la Física sofoca nuestras mentes, incapaces de entender lo que son las magnitudes y la «dismetría», una verdad físico-matemática fundamental

El siglo XIX protagonizó la reforma radical de la matemática, que pasó de ser una disciplina «aritmetizada» al servicio de lo práctico, a convertirse en autónoma y abstracta. Este período se caracteriza por un rigor sin precedentes aplicado a la invención de estructuras algebraicas abstractas, basadas en una profunda introspección sobre sus fundamentos. Évariste Galois introdujo la teoría general de grupos. William Rowan Hamilton inventó los *cuaterniones*, un nuevo sistema numérico donde la multiplicación no es conmutativa, probando que las reglas aritméticas no eran únicas, sino que podían ser ampliadas. Matemáticos como Carl Friedrich Gauss, János Bolyai y Nikolái Lobachevski vieron que se podían definir geometrías no euclidianas, demostrando que la geometría no era una verdad absoluta del espacio, sino una estructura lógica susceptible de ser modificada, lo que supuso una revolución matemática sin precedentes. Georg Cantor desarrolló la *teoría de conjuntos*, que se convirtió en un lenguaje universal y en una herramienta básica para fundamentar toda la matemática. La contribución de George Boole a esta modernización fue crucial, conectando la lógica con el álgebra y creando la base de la lógica simbólica y de la computación.

Los frutos de esta modernización no tardaron en llegar. El álgebra de Boole es la base de toda la lógica digital de las computadoras desde sus comienzos. La teoría de números abstracta es fundamental para la criptografía actual, la seguridad del comercio electrónico y tantas otras aplicaciones de ahora. Los algoritmos y la programación resuelven problemas muy complejos antes inabordables. En suma, nuestra sociedad del conocimiento solo ha sido posible por la modernización de la matemática. La capacidad de abstraer y generalizar conceptos matemáticos es la herramienta con que los científicos y tecnólogos de los siglos XX y XXI nos han dotado de los avances prodigiosos que disfrutamos. Pero, paradójicamente, ese progreso tan ostensible en el presente tuvo que vencer en sus orígenes una fuerte resistencia a la adopción de la abstracción, que está frenando de la misma manera la transición de la Física a la modernidad abstracta.

Por tanto, es un hecho histórico que la matemática superó con el tiempo esa torpe resistencia a la abstracción, pero la Física aún no ha conseguido vencerla ni siquiera un poco, manteniéndose anclada en la arcaica «artimetización» del XIX y privada de una estructura algebraica propia, que autorice a operar legítimamente con las cantidades de magnitudes y permita que la abstracción dé sus frutos naturales, siguiendo el ejemplo exitoso y probado de la matemática. Como no hay excusa para no hacerlo, esa reforma abstracta de los fundamentos físicos es lo que se promulga con este trabajo, en la seguridad de que producirá un sinfín de avances que ahora son impensables, como garantiza sin duda la triunfante transición de la matemática al álgebra abstracta moderna.

Nuestra motivación inicial para modernizar la Física fue dar respuesta a cuestiones tan elementales como las siguientes: ¿Cómo se multiplica un kilogramo por un metro?, ¿cuál es el multiplicador, el kilogramo o el metro?, ¿cómo se eleva un segundo al cuadrado?, ¿cómo se divide el producto $kg \times m$ entre un segundo al cuadrado?, ¿cuál es el significado completo de unidades compuestas tales como el newton, unidad de fuerza, o el julio, unidad de energía?, ¿qué son lo inversos de las magnitudes?, ¿existen los inversos de la unidades como s^{-1}, m^{-1} o kg^{-1}?, ¿el espacio vacío tiene propiedades físicas?, ¿son constantes las unidades patrón o su cantidad puede variar en el espacio y en el tiempo?, ¿existen realmente las constantes físicas universales?, y otras semejantes.

Desde que nos iniciamos en el estudio elemental de la Física acostumbramos a servirnos de las operaciones con entes que indican cantidades concretas de magnitudes y, por la influencia subliminal de las operaciones aritméticas con números abstractos como los reales, creemos con toda naturalidad que las operaciones concretas deban seguir las mismas reglas de cálculo. Así, por ejemplo, si un móvil recorre una distancia de 100 metros, empleando en ello un tiempo de 25 segundos, decimos que la velocidad del movimiento sea de 100/25=4 metros por segundo, y abreviadamente escribiremos tal velocidad con la grafía 4 m/s. Asimismo, si en 3 segundos la velocidad cambia de un valor inicial de 10 m/s a 70 m/s, afirmamos rotundamente que el móvil habría experimentado una aceleración de (70−10)/3=20 metros por segundo y por segundo, escribiéndolo 20 m/s^2. Con ello habremos supuesto inconscientemente que con los símbolos de las unidades, como el metro o el segundo de los ejemplos, deba operarse con las mismas leyes de composición que tenemos establecidas para los números reales abstractos, es decir, como si las unidades fuesen meras variables algebraicas formales. Alegre suposición, dada la ausencia de toda motivación que la justifique. Sin aclarar del todo este punto no debería pasarse a la segunda página de ningún libro de Física; pero resulta que los propios textos inducen este desaguisado, porque todos olvidan aplomar un pilar fundamental de la ciencia: el álgebra abstracta de magnitudes.

Así que lo que sin escrúpulos nos acostumbramos y nos enseñan a hacer desde pequeños inconscientemente, pareciéndonos tan natural, en realidad, no solo no es nada evidente, sino que es totalmente incorrecto, puesto que se prescinde de algo capital: las definiciones epistémicas de las leyes de composición entre entes que representen mediciones o cantidades de magnitudes[1] y de sus

---

[1] La regla de la *Gramática española* sobre expresiones pluriverbales establece como plural único «cantidades de magnitud física». Sin embargo, para una mayor significación y evitar ambigüedades, aquí hemos preferido reservar la expresión «cantidades de magnitud» o «cantidades de magnitud física» para el caso de referirnos a cantidades de una sola magnitud, como sería el caso de las clases de equivalencia o la densidad «dismétrica», utilizando «cantidades de magnitudes» o «cantidades de magnitudes físicas» para cuando se expresan diversas cantidades de una pluralidad de magnitudes.

unidades. Así que no es extraño que los efectos de esta omisión hayan sido objeto de preocupación entre los entendidos. Quizá el primero en reconocerlo fuese Fourier en su *Teoría analítica del calor* (1822), donde introdujo el importante concepto de dimensión inherente a toda magnitud física. Otro insigne pensador que advirtió sobre esta cuestión fue Clerk Maxwell, autor de la unificación del electromagnetismo, que aludía al caso típico de los profesores de todos los niveles educativos, que explican la unidad de trabajo sin más que aludir a la fórmula un julio es igual a un kilogramo multiplicado por un metro cuadrado y dividido por un segundo al cuadrado, de acuerdo con la conocida expresión:

$$1\,julio = \frac{1\,kg \times 1\,m^2}{1\,s^2}$$

Y continuaba diciendo que no caen en la cuenta los maestros de que se verían en un aprieto si algún alumno inquisitivo les preguntase qué es eso de multiplicar un kilogramo por un metro cuadrado y cómo se divide el resultado por un segundo al cuadrado, o incluso qué sentido tiene un segundo al cuadrado.

Y es que, en efecto, admitimos alegremente que 1 $s \times 1$ $s = 1$ s^2, porque parece álgebra elemental; sin embargo, debemos observar con más atención expresiones como esta. Está claro que toda multiplicación de números abstractos como 3×4 significa, por definición de multiplicación, sumar el multiplicando 3 tantas veces como indique el multiplicador 4, es decir, tenemos la suma abreviada 3×4=3+3+3+3=12. Así que, si aplicásemos este mismo algoritmo al producto 3 $s \times 4$ s, estableciendo como multiplicando el primer factor y el segundo como multiplicador, o viceversa, tendríamos 3 $s \times 4$ $s = 3$ $s + 3$ $s + 3$ $s + 3$ $s = 12$ s. ¿Por qué, entonces, admitimos con tanta facilidad que 3 $s \times 4$ $s = 12$ s^2?, ¿solo porque tiene la forma escrita de una expresión algebraica desoímos la definición aritmética de multiplicación?, porque obviamente no puede ser lo mismo 12 s que 12 s^2, ya que podemos entender sin problemas lo que sea un segundo, pues disponemos de relojes que miden esa cantidad de tiempo; ahora bien, ¿qué clase de ente habrá de ser un segundo elevado al cuadrado?, no parece que tal cosa pueda observarse en la naturaleza, lo cual parecería deslegitimar unidades compuestas como esta, que aparecen por toda partes en el estudio de los fenómenos físicos.

Existe entonces una laguna pendiente de resolver en esto de las operaciones con magnitudes físicas, que provoca la proliferación de opiniones diversas y contradictorias respecto a su naturaleza y formulación, discusiones a las que se pondría fin simplemente definiendo las leyes de composición convenientes. Un grupo de autores como R. C. Tolman atribuyen a los símbolos de las expresiones dimensionales cierto carácter impenetrable o místico y consideran que «la verdadera esencia de las magnitudes, desde el punto de vista físico, está representada por su fórmula dimensional» (*Physics Review*, p. 25, 1917). Esta hipótesis no parece que pueda ser cierta, porque supondría que magnitudes tan dispares como el momento de una fuerza y su trabajo, que pueden expresarse ambas en «newton×metro», fuesen esencialmente manifestaciones de la misma magnitud, la energía, lo cual parece a todas luces un desvarío, como justificamos en el apartado XXVI de la primera parte denominada *Álgebra diádica de magnitudes*. Grandes autores como Planck indican que «tan falto de sentido es hablar de la dimensión "real" de una magnitud como del nombre "real" de un objeto», lo que supondría que las magnitudes físicas habrían de ocultarse al entendimiento. Planck parece indicarnos que no hemos de olvidar que las magnitudes físicas son entes mentales y que, como cualquier otro nombre que señale a un objeto extramental, son fruto de la arbitrariedad del pensamiento. La facción positivista del Círculo de Viena, encabezada por Bridgman, dispone que «las dimensiones no tienen en modo alguno valor absoluto, sino que han de definirse, precisamente, a partir del proceso que se utilice para medir la magnitud respectiva», que nos vuelve a sugerir que, en efecto, en el ámbito de las magnitudes debe de haber una buena dosis de arbitrariedad; lo que incomodaba tanto a Planck, que criticó el positivismo así: «Las opiniones de los positivistas no pueden ser combatidas desde un punto de vista puramente lógico. Y, sin embargo, un examen detenido de las mismas revela que son inadecuadas y estériles, porque prescinden de una circunstancia que tiene importancia decisiva para el progreso científico. Por mucho que alardee el positivismo de estar exento de prejuicios, tiene que partir de una premisa fundamental si no quiere degenerar en un solipsismo ininteligible. Tal premisa consiste en que toda medida física puede ser reproducida de tal modo que el resultado es independiente de la personalidad del observador, del lugar y tiempo en que se efectúa la medición, y de cualquier otra circunstancia. Todo esto revela simplemente que el factor decisivo para el resultado de la medición está fuera del observador y que, en consecuencia, las medidas plantean problemas que implican conexiones causales en una realidad objetiva independiente del observador».

Así como en estos ejemplos notables proliferan las diferentes creencias sobre la naturaleza de las magnitudes físicas, formando una especie de pandemónium intelectual en esta materia, resulta que todo el mundo se conforma con la manera usual de operar con las cantidades de magnitudes, aunque cada cual tenga su propia noción subjetiva de ellas, pero sin tomar conciencia del problema que suscita la falta de definición epistémica de sus leyes de composición, por lo que para la mayoría el vicio ni existe y es común ni siquiera preguntarse por qué debe operarse con tales entes físicos como se hace y no de otro modo. Es más, todos los autores versados en análisis dimensional dan por sentado que las magnitudes operen con la misma álgebra de los números abstractos, y sobre este presupuesto tácito y sin justificarlo en modo alguno elaboran sus respectivas teorías, que omiten absolutamente toda álgebra específica para las magnitudes. Y lo mismo sucede en el ámbito educativo, donde se pasan por alto, como si no existiesen, los problemas filosóficos atinentes a las magnitudes y sus leyes de composición, enseñando las operaciones concretas de manera intuitiva, subjetiva y arbitraria, dejando en los alumnos, aun sin saberlo, un poso de incertidumbre que vicia todo el conocimiento adquirido con esta laguna pendiente de ser clarificada, envileciendo la calidad docente, porque la clave del perfecto entendimiento es no avanzar en absoluto sin antes haber definido con precisión todo lo precedente, y más, si cabe, tratándose de algo tan fundamental para comprender y desarrollar las leyes naturales, como lo son las magnitudes, sus mediciones y sus operaciones. A nuestro entender el motivo de esta inercia común a la ciencia y a la educación podría deberse a la intuición alimentada por el álgebra de los segmentos geométricos, que más o menos todos conocemos hasta cierto punto desde la adolescencia. Sabemos que la multiplicación de segmentos no sigue el modelo del producto aritmético, sino que se concibe en geometría como una nueva magnitud, denominada superficie, con dos factores, o llamada volumen, si fuesen tres, de modo que la multiplicación de longitudes da lugar a dos nuevas magnitudes derivadas, la superficie y el volumen, de conformidad con ciertas leyes de composición convenientemente definidas, y cuyas propiedades conmutativa, asociativa y distributiva conservan la forma de las aritméticas. Todo esto lo analizaremos con más detalle a lo largo de este trabajo.

Así, pues, de la misma manera que existen álgebras para los números y vectores abstractos, aceptadas universalmente, debería asentarse un álgebra de los entes concretos, representantes de las cantidades de magnitudes, porque solo así se acabaría con la confusión imperante y quedarían mejor aclarados los significados de las distintas magnitudes compuestas. Y esto es precisamente lo que humildemente se lleva a cabo en el trabajo que hemos titulado *Álgebra diádica de magnitudes*: partiendo como fundamento del álgebra de los segmentos geométricos, se tiene inmediatamente la de longitudes y, por mera generalización abstracta, se llega con facilidad a la definición conveniente de las leyes de composición para cualesquiera magnitudes. Con ello quedan al descubierto los entramados ocultos de las unidades derivadas y pueden juzgarse con más acierto los significados que se les pueda atribuir. Así veremos que magnitudes tan míticas como, por ejemplo, la denominada energía, sorprendentemente, son más bien una especie de éter fruto de la arbitrariedad del pensamiento lógico, antes que entes o cualidades reales. Sin que ello quiera decir que las magnitudes no se correspondan con algún aspecto del ámbito físico, sino que debemos ser prudentes cuando derivemos conclusiones acerca del mundo a partir de las formulaciones dimensionales, pertenecientes al ámbito mental, a fin de no acabar enredados en pueriles disquisiciones erróneas. Y para ello es muy conveniente entender de dónde han surgido las composiciones de las magnitudes que intervengan en cualquier fenómeno, pues, de otro modo, quedará mutilado o corrompido sin posible remisión y sujeto a caprichosas especulaciones todo el análisis realizado sobre el caso sujeto a examen.

De modo que la noción de dimensión de toda magnitud ha de considerarse después y no antes de haber concebido un álgebra de magnitudes, cuya expresión matemática son los entes concretos. De ahí que el método seguido en el *Álgebra diádica de magnitudes* ha de presentarse según la siguiente secuencia: en primer lugar, se asientan los conceptos básicos de magnitud, cantidad, medición y medida; luego, se les asigna entidad matemática y se crean los entes concretos o díadas físicas y sus conjuntos; a continuación se define un álgebra para tales entes especiales, que se adoptan como representantes precisos de las cantidades de magnitudes naturales; se investiga después el significado de las ecuaciones de definición, de las leyes universales y de otros entes físicos; y, finalmente, se termina con la base del análisis dimensional, sin pretender en absoluto describir esta materia con perfecta exhaustividad, sino con suficiente detalle para que se pueda apreciar su carácter indefectible, dejando para sucesivas ediciones el desarrollo de estructuras más abstractas a la medida de las diversas teorías científicas.

Los elementos capitales de la Física son las mediciones o cantidades de magnitudes, asociadas mediante ciertas relaciones invariantes que operan con ellas; así que, considerando que no se componen simples entes algebraicos, porque llevan aparejada siempre una unidad innúmera, no es admisible que falten las leyes de composición que definan con total exactitud cómo deban componerse esos entes. Sería algo así como si la matemática estableciese las fórmulas algebraicas al tuntún sin haber concretado las tablas de la adición ni de la multiplicación de los números naturales, enteros, racionales y reales. Sin duda nos escandalizaríamos por ello. Y, sin embargo, con la Física es eso mismo lo que se está haciendo tácitamente durante siglos con toda naturalidad e indiferencia por parte de la mayoría, salvo unos pocos sabios que se han visto trastornados por la tradición de admitir sin más que las magnitudes operen como elementos del álgebra ordinaria, sin que su preocupación haya cuajado en una solución definitiva, abonando la confusión que muchos refieren como el «misterioso problema de las dimensiones» o el «carácter desconcertante de las unidades compuestas».

Con el *Álgebra diádica de magnitudes* se sientan las bases para que este olvidado pilar fundamental de la ciencia sea instalado debidamente y, cuando estemos ante una ley física como la *segunda ley de Newton* $\overline{F} = m \times \overline{a}$, no creamos hallarnos frente a una expresión del álgebra vectorial, sino que comprendamos que $\overline{F}$, m y $\overline{a}$ indican cantidades de magnitudes físicas o mediciones, representadas por entes matemáticos concretos, y que para operar con ellos es preciso haber definido antes que nada cómo hacerlo de manera conveniente con leyes de composición epistémicas sin la menor ambigüedad, siguiendo el patrón del álgebra abstracta.

Con ello deberá decaer toda controversia subjetiva sobre la interpretación o significado natural de las magnitudes compuestas, porque serán las propias definiciones las que permitan dilucidarlo con objetividad. Y ello redundará sin duda en la mejora sustancial de la calidad docente y del rendimiento intelectual de los estudiosos.

Una buena revelación del *Álgebra diádica de magnitudes* es el **teorema del desdoblamiento**, que determina cómo se descompone toda ley física en sus dos elementos básicos, la ecuación algebraica pura y la relación dimensional entre las unidades de sus dos miembros, proceso en el que aparecen las constantes de homogeneidad, que evidencian la diferencia entre las ecuaciones de la métrica matemática, en las que dichas constantes son siempre la unidad, de ahí que el desdoblamiento no produzca ningún cambio en sus formulaciones, y las mediciones físicas, en las que en general no se tiene por qué cumplir dicha restricción.

Y con este resultado culmina lo que llamamos álgebra diádica sui géneris aplicada a las magnitudes físicas, toda vez que en definitiva las mediciones no son sino díadas formadas por parejas de elementos heterogéneos estrechamente vinculados entre sí: un primario multiplicador y un secundario dimensional innúmero.

Por el momento, el logro más espectacular y llamativo del álgebra de magnitudes es el descubrimiento de la **dimensión «dismétrica»** de toda magnitud y, en concreto, la **«dismetría» del espacio**, que brota con naturalidad desde la lógica rigurosa del *Álgebra diádica de magnitudes*. Creemos con firmeza que los **espacios «dismétricos»** están llamados a transformar la Física. Su primer desarrollo básico se expone en la segunda parte de esta obra. La observación «dismétrica» es inobjetable e irrenunciable, y supone dar un deslumbrante giro copernicano a la Física moderna, frente a la elemental e invisible isometría imperante desde los orígenes de la ciencia. El *Álgebra diádica de magnitudes* sigue en principio abnegadamente la dogmática tradición isométrica, limitándose prácticamente a descubrir, describir y resolver la paradoja de «aritmetización» de la Física y la hipótesis imposible del Sistema Internacional de Unidades, pero pronto se encuentra de forma imprevista con la **«dismetría»**, que marca un nuevo rumbo que promete la aparición de un inagotable semillero de innovaciones físicas, que sin duda sabrán apreciar muchos investigadores emprendedores. Se trata de un descubrimiento inevitable para la lógica e irrenunciable para Física.

La paradoja de «aritmetización» de la Física se encubre de modo pernicioso con la hipótesis falsa del Sistema Internacional de Unidades, admitida por todo el mundo por convencionalismo tácito y cómodo, por lo común inconsciente, que da la apariencia de rigor donde solo hay arbitrariedad: se admite universalmente por hipótesis que las magnitudes físicas formen un grupo multiplicativo abeliano, lo que no se puede sostener con ningún álgebra rigurosa, que requiere definir las leyes multiplicativas externas generatrices, para las que no se pueden concebir los inversos en el mismo sentido que para las leyes internas.

Parte I: *Primera álgebra de magnitudes* (álgebra diádica)

Aquí no nos limitamos a enunciar sin más dicha hipótesis falsa, sino que se identifica y se resuelve el problema con la primera álgebra coherente de la historia de la Física. Nadie bien informado e imparcial sostendrá después de estudiar la materia, que debe mantenerse esa hipótesis absurda porque la Física haya dado grandes frutos, porque a esta excusa se opondría que cuántos más frutos daría sin esa falsedad en sus principios.

Además, resulta que lejos de buscar una rectificación, el Sistema Internacional de Unidades ha consolidado ese principio erróneo en su normativa más reciente, otorgando carta de naturaleza a la omisión de un álgebra no aritmética para las magnitudes físicas. En efecto, en su apartado 2.1 el Sistema Internacional define las cantidades de magnitudes de esta manera: «*El valor de una magnitud se expresa generalmente mediante el producto de un número y una unidad. La unidad es simplemente un ejemplo particular del valor de la magnitud en cuestión, utilizado como referencia, y el número es la relación entre el valor de la magnitud y la unidad*».

Observamos ya un primer defecto sustancial: el Sistema Internacional habla del producto de un número por una unidad y de la relación entre el valor de la magnitud y la unidad sin definir en absoluto estas operaciones, admitiendo con ello tácitamente que se correspondan con las operaciones aritméticas, aunque obviamente las unidades y las cantidades de magnitudes no son números abstractos, sino cuantías de fenómenos físicos. Este error se confirma más adelante en el apartado 5.2, donde se dice: «*Los Símbolos de las unidades son entidades matemáticas y no abreviaturas*». Es sorprendente y desde luego inadmisible que se haga esta afirmación temeraria para referirse a porciones concretas de fenómenos físicos, que manifiestamente no se pueden identificar con los entes numéricos. Por un lado el Sistema Internacional habla de símbolos de las unidades físicas y al mismo tiempo afirma que esos símbolos son entidades matemáticas no abreviaturas, sin especificar a qué entidades matemáticas se refiere. En el mismo apartado se sigue diciendo: «*Para formar los productos y cocientes de los símbolos de las unidades, se aplican las reglas habituales de multiplicación o división algebraica».* Con ello se confirma la delirante equiparación de las unidades físicas y los números ordinarios. En otro caso, esos misteriosos símbolos presentarían para el Sistema Internacional el carácter de entes matemáticos no identificados.

En el apartado 5.4.1 el Sistema Internacional define sin duda su falso principio y afirma lo siguiente: «*Los símbolos de las unidades se tratan como entidades matemáticas. Cuando se expresa el valor de una magnitud como producto de un valor numérico por una unidad, tanto el valor numérico como la unidad pueden tratarse conforme a las reglas ordinarias del álgebra. Este procedimiento constituye el cálculo de magnitudes, o álgebra de magnitudes».*

Si no fuese porque estamos ante algo muy importante, este párrafo movería a risa. No es serio afirmar que una regla arbitraria que consienta operar con las unidades físicas mediante las leyes del álgebra ordinaria constituya nada menos que el álgebra de magnitudes que fundamenta toda la Física.

Por tanto, el Sistema Internacional de Unidades normaliza la «aritmetización» de la Física y cae de lleno en la trampa de construir una simbología arbitraria sin el menor significado físico, de modo que absolutamente nadie, ni los físicos más eminentes, es capaz de explicar qué significa una multiplicación tan simple en apariencia como un metro por un kilogramo. Todos, como fieles vasallos, seguimos con obediencia ciega ese mandato del Sistema Internacional, sin tan siquiera preguntarnos el porqué de esa álgebra ficticia para las magnitudes físicas, sin caer en la cuenta de que, pensando aritméticamente, no es posible responder a la elemental pregunta: ¿cuál es el multiplicador, el metro o el kilogramo? Sencillamente porque ese multiplicador no se puede cuantificar con un simple número, porque el metro y el kilogramo no son números, sino cantidades innúmeras de fenómenos físicos.

Otra consecuencia relevante del álgebra verdadera es que los inversos del álgebra ordinaria para las unidades físicas no existen en el sentido corriente, a pesar de que el Sistema Internacional les concede entidad propia de manera reiterada. Así, en el apartado

5.4.6 señala que los cocientes entre unidades se pueden escribir a/b o $a\times b^{-1}$, identificando b^{-1} con el cociente inexistente $1/b$. Por ejemplo, tomemos el metro m, y busquemos el cociente $1/m$. Si alguien conoce un ente que multiplicado por la cantidad de longitud implícita en un *metro* dé el número abstracto 1 merecería un premio muy especial. El álgebra diádica explica por qué no se puede encontrar ese cociente, por lo que se requiere redefinir los inversos de este tipo con propuestas como la de nuestro anexo.

Como contraste con tal servidumbre intelectual, al observar cómo opera Newton en sus *Principia* se aprecia que él no cayó en esa absurda trampa de «aritmetizar» la Física. Fiel a su estilo meticuloso, empieza con algunas definiciones aclaratorias. Destacamos las que vienen a propósito: «*I. La cantidad de materia es la medida de la misma originada de su densidad y volumen conjuntamente*»; «*II. La cantidad de movimiento es la medida del mismo obtenida de la velocidad y de la cantidad de materia conjuntamente*»; «*VI. Magnitud absoluta de la fuerza centrípeta es la medida mayor o menor de la misma según la eficacia de la causa que la expande desde un centro en todas las direcciones en torno*»; «*VII. La magnitud acelerativa de la fuerza centrípeta es su medida proporcional a la velocidad que genera en un tiempo dado*»; «*VIII. La magnitud motriz de la fuerza centrípeta es la medida de la misma proporcional al movimiento que genera en un tiempo dado*».

En estas definiciones ya se observa un hecho llamativo que choca frontalmente con la fórmula del Sistema Internacional. Newton solo habla de «medidas» sin unidades. Su concepto de «medida» es «las veces, enteras o fraccionarias, que la cantidad de magnitud contiene a su unidad». Resulta así que toda medida es el número multiplicador de la unidad establecido mediante una medición de cierta cantidad de magnitud, por lo que se puede operar con las medidas usando las leyes aritméticas. De este modo Newton salva la falta de un álgebra de magnitudes y se sirve de la aritmética de su tiempo, pero lo hace con coherencia lógica.

A continuación Newton da forma a sus axiomas o leyes del movimiento, bien conocidos, y los enuncia de esta manera: «*Ley*

Parte I: *Primera álgebra de magnitudes* (álgebra diádica)

I. Todo cuerpo persevera en su estado de reposo o movimiento uniforme y rectilíneo a no ser en tanto que sea obligado por fuerzas impresas a cambiar su estado»; «Ley II. El cambio de movimiento es <u>proporcional</u> a la fuerza motriz impresa y ocurre según la línea recta a lo largo de la cual aquella fuerza se imprime»; «Ley III. Con toda acción ocurre siempre una reacción igual y contraria. O sea, las acciones mutuas de los cuerpos siempre son iguales y dirigidas en direcciones opuestas».

En la Ley II Newton habla de «proporcionalidad», pero ¿a qué clase de proporción se refiere? La respuesta está en los *Principia* y no es precisamente la proporcionalidad aritmética. Ahora bien, si no se refiere a la proporcionalidad de razones aritméticas, ¿qué quiere decir Newton con el término «proporcional»?

Newton asimila las cantidades de magnitudes físicas a figuras geométricas, como hacían también los antiguos griegos. Por lo que cuando habla de adición, sustracción, multiplicación o razón entre cantidades de magnitudes se está refiriendo a estas operaciones con segmentos, áreas o volúmenes, no con números, que reserva exclusivamente para las medidas físicas. Por tanto, utiliza la aritmética para operar con medidas y la geometría para operar con cantidades de magnitudes. Y así es como debe hacerse, porque medida y cantidad no son la misma cosa. La medida es el número que representa una cantidad de magnitud en relación con cierta unidad, es el multiplicador de la unidad; mientras que cantidad es la unión de medida y unidad para expresar porciones concretas de magnitudes.

No es posible operar seriamente con magnitudes solo mediante la aritmética, porque las operaciones con números abstractos son leyes de composición internas y, como se muestra a lo largo de este texto, especialmente a partir del apartado XII, las operaciones con magnitudes requieren nuevas **leyes de composición externas generatrices**, que producen las magnitudes compuestas nacidas de las fundamentales, única forma de dotar de sentido físico a la leyes y ecuaciones de la Física. Y estas operaciones generatrices no son ni mucho menos como las aritméticas, ostentando diferencias muy notables como, por ejemplo, la inexistencia de elementos inversos para las cantidades de magnitudes, por lo que no pueden existir para las leyes generatrices las díadas unitarias ni las inversas y, por tanto, no puede existir el inverso de ninguna unidad, como se explica en el apartado XIV. Ello supone que, así como el inverso del número 2 es el racional $1/2$, no se pueden encontrar de esta misma forma los inversos de un metro, de un kilogramo ni de un segundo. Insistimos, en el anexo proponemos una solución abstracta para configurar los inversos diádicos.

Nuestro camino de modernización abstracta comienza con la observación de que las operaciones con magnitudes no son «aritmetizables», pero sí se pueden «geometrizar» por afinidad con las operaciones geométricas con segmentos, áreas y volúmenes. Desde luego estas operaciones no son las aritméticas, porque no relacionan números sino elementos de la geometría. Luego, concebimos las formas diádicas, elementos matemáticos que representan las innúmeras cantidades de magnitudes físicas. Sobre los conjuntos de díadas definimos las operaciones internas y externas para dotarlos de estructura algebraica. Y enseguida emerge la «dismetría» y las consecuencias trascendentales de esta **verdad físico-matemática**, dos de ellas muy importantes: primera, las propiedades del espacio vacío, que no se presenta como inerte sino como un ente activo que produce por sí solo efectos físicos, caracterizado por los **tensores «dismétricos»** del apartado XXXVI; y segunda, la inmortal *ley de variación diádica* del XXXVII, que prueba el hecho ignorado de que **lo natural es la «dismetría»**, una verdad actualmente invisible para la Física aritmética, y cuyos fundamentos se exponen en la segunda parte de esta obra. Se prueban resultados tan originales como la inexistencia de las constantes universales en sentido absoluto, analizando las variaciones «dismétricas» del número pi y de la velocidad de la luz, y se culmina la obra con nociones sobre los **tensores «dismétricos»**, que caracterizan las propiedades del espacio vacío en ausencia, por tanto, de toda perturbación material.

Y así se llegan a identificar los dos tensores «dismétricos» principales, llamados **tensor de deformación y tensor de densidad**

del espacio vacío, acreditando a su vez con el cálculo tensorial que en un espacio «dimétrico» vacío ni la velocidad de la luz es constante ni sus trayectorias son rectilíneas, aunque no haya materia ni energía presentes, estableciendo un **nuevo concepto del espacio vacío**, que deja de ser un ente pasivo e inerte, pasando a convertirse en un elemento activo capaz de producir por sí solo efectos físicos y, asimismo, con naturaleza y facultades propias con potencia para condicionar los fenómenos físicos.

La complejidad que ello conlleva asusta en primera impresión, pero resulta que la «dismetría» se puede matematizar mediante la propiedad fundamental de las magnitudes que venimos a denominar **densidad «dismétrica»**, que resulta ser adimensional y, por tanto, numérica pura, lo que sin duda conecta mágicamente pero con perfecto rigor matemático las magnitudes con los números abstractos.

La pasión por transmitir la importancia del tema es posible que nos haya empujado a caer en redundancias o exabruptos. Pedimos disculpas por ello y aseguramos que no hay la menor intención maliciosa. La causa no es otra que nuestra firme creencia en que lo importante es la Física y su integridad, con preferencia a toda sensibilidad o interés subjetivos. A su vez, se ha procurado usar un lenguaje matemático no demasiado abstruso, porque nuestra intención es que esta álgebra diádica abstracta y su «dismetría» universal sean accesibles a la mayor parte de los intelectos, incluidos los de nivel preuniversitario. Para ello, nos hemos esforzado en respetar la episteme, aplicando el método lógico algebraico, que razona paso a paso con fundamento únicamente en las definiciones y propiedades previamente asentadas, salvando así cualquier prejuicio cegador del entendimiento. Deseamos haber conseguido explicarnos bien, sin ofender a nadie, y esperamos haber aclarado la transcendencia filosófica y práctica para el futuro de la Física del álgebra diádica de magnitudes y su revelación inicial, la «dismetría».

J. M. Arnaiz

Apartado I
DEFINICIONES DE MAGNITUD Y CANTIDAD [2]

El primer obstáculo a superar en el análisis de los fenómenos físicos es concretar qué ha de entenderse por magnitud. La contemplación de la naturaleza inspira los conceptos mentales de longitud, superficie, volumen, tiempo, velocidad, aceleración, masa, fuerza, energía y otros muchos. Cada uno de estos entes no se presentan siempre con la misma intensidad, resultando que se pueden establecer entre sus distintas porciones relaciones de «igualdad» o de «mayor» o «menor que». De modo que por comparación fáctica podemos establecer si una cierta porción de longitud sea igual, mayor o menor que otra, al igual que dos porciones de superficies o de volúmenes o de intervalos de tiempo, etc. Este hecho nos permite concebir la definición de **magnitud física** como toda propiedad que permita establecer entre sus diferentes porciones relaciones de igualdad y desigualdad. Por otra parte, la **cantidad implícita** en toda porción de una magnitud es la extensión, grado o intensidad con que se manifiesta[3]. En el caso de la magnitud longitud, cualquier recta la representa, una porción sería todo segmento de la recta, la cantidad de longitud implícita

---

[2] En inglés es común considerar los términos cantidad y magnitud como sinónimos. Y esto es un problema para que los angloparlantes entiendan la sustancial diferencia para la Física entre los significados de esos dos conceptos. La magnitud en Física se refiere a una propiedad natural medible. En cambio, la cantidad implícita en una porción de magnitud es la que simboliza precisamente esa medición. Por tanto, se recomienda a los lectores en esa lengua que procuren entender y diferenciar con rigor esos dos conceptos fundamentales para el álgebra diádica y la «dismetría».

[3] Una versión más elemental del álgebra de magnitudes, aunque igualmente significativa, puede encontrarse en otro título del mismo autor, «Lección 3» de *Matematizar 3*.

en un segmento sería innúmera y se refiere a la extensión verdadera del segmento. Como toda cantidad de magnitud es innúmera, es decir, no se puede reducir a un número abstracto, para expresarla analíticamente y poder operar con diversas cantidades, hay que simbolizarla con un objeto matemático que indirectamente la represente. Ese elemento matemático surge del proceso de medición y está formado por un par integrado por un número abstracto u otro ente multiplicador y una porción de magnitud cualquiera que se toma como unidad. La unidad física es innúmera, por lo que se sustituye por un símbolo abstracto. Es vital diferenciar la cantidad física o real implícita en una porción de magnitud frente al par matemático que la representa.

Pongamos un ejemplo. Cuando decimos que la distancia entre dos puntos es de cuatro metros, lo escribimos abreviadamente 4 m. En esta nomenclatura tenemos los siguientes significados: la magnitud a que no referimos es la longitud, la abreviatura m significa que **hemos tomado como referencia la cantidad de longitud innúmera implícita en la porción que llamamos unidad patrón o metro** para medir la distancia, por tanto m significa una cantidad de longitud que no es explícita porque no se puede expresar numéricamente, por lo que se simboliza con una letra. A su vez, el número abstracto 4 hace las veces de multiplicador de m y significa que la distancia establecida es tal que se corresponde con cuatro veces la cantidad de longitud implícita en la unidad patrón m. Es frecuente confundir el 4 con una cantidad de longitud, lo cual es un error de concepto fundamental, porque el 4 solo es un número abstracto que por sí solo no indica magnitud, solo al asociarlo con una unidad como m el par así formado adquiere en este caso el significado de cantidad de la magnitud longitud. Por tanto, la diferencia entre magnitud y cantidad es clara, 4 m significa una cantidad que se refiere a la magnitud longitud. Como la unidad m no es numerable, la cantidad 4 m tampoco lo es, pero esa cantidad innúmera queda representada por el par matemático 4 m. Si el mismo número se asocia con otra cantidad de magnitud, por ejemplo, el kilogramo, el par que forman el número abstracto 4 y la cantidad de masa innúmera implícita en la unidad patrón, simbolizada *kg*, adquiere el significado de cantidad de cuatro veces la cantidad implícita en el kilogramo, expresada 4 *kg*, de la magnitud que llamamos masa. Aquí la cantidad es el significado del par 4 *kg* y la magnitud aludida es la masa. La cantidad de masa no es el par 4 *kg*, este no es más que el símbolo matemático de la cantidad real implícita en una cierta porción de masa.

¿Por qué decimos que toda cantidad de cualquier magnitud es innúmera? Tomemos la longitud. La distancia entre dos puntos del espacio es una cantidad de longitud real o verdadera. ¿Cómo expresarla? Por mucho que indaguemos no la podemos asociar con ningún número. Por tanto, lo que hacemos es inventar la medición. Tomamos una porción de magnitud o segmento que suponemos incluye una cierta cantidad de longitud y lo llamamos unidad patrón. Damos por obvio que el segmento contiene implícita una cierta cantidad de longitud. Como no la podemos expresar numéricamente, le asignamos un símbolo para representarla, por ejemplo, *m*. Así, para medir la distancia entre dos puntos, nos basta con averiguar cuántas veces cabe yuxtapuesto el segmento patrón en la distancia a establecer. Admitimos tácitamente que la cantidad de longitud implícita en el segmento patrón no varía a lo largo de la distancia a medir, y ya podemos decir que la cantidad de longitud existente entre los dos puntos en cuestión es esas veces la cantidad de longitud presente en el segmento patrón, que nos parece constante. Hemos establecido así una medición formada por un par de elementos: un número y una unidad patrón innúmera. Este par decimos que representa simbólicamente el valor real de la cantidad de longitud medida, 4 *m* en el ejemplo. De este modo salvamos el hecho de no poder numerar directamente la magnitud longitud y damos por sentado que la medición la sustituye. Esta imposibilidad se presenta para cualquier otra magnitud, por lo que siempre existe la necesidad de la medición y de establecer unidades patrón asociadas a la magnitud cuyas cantidades queremos establecer. Así expresamos simbólicamente las cantidades de magnitud que nos parecen verdaderas mediante pares de medición o díadas, definidas en el apartado III, que constan de un número multiplicador y una porción o unidad física innúmera que parece producir mediciones constantes. Es importante reconocer que $4\,m$ es el símbolo o díada que se asocia a la cantidad de longitud física, real o verdadera que se quiere representar. **Entender la diferencia entre símbolo y significado, es decir, entre díada y cantidad de magnitud real, es crucial para apreciar el fenómeno «dismétrico», donde un mismo patrón puede indicar cantidades diferentes.**

Cuando se estudien las operaciones con cantidades físicas se comprenderá que la definición coherente de magnitud se refiere a **toda propiedad física afín a la longitud**, con el objeto de dar conexión lógica al álgebra de magnitudes. A lo largo de este trabajo se irá concretando paulatinamente en qué consiste esa afinidad, que nos permitirá definir las diversas leyes de composición para dotar de estructura algebraica a las cantidades de magnitudes físicas.

Quien siga atentamente los razonamientos expuestos en el texto descubrirá poco a poco la **riqueza que esconden las magnitudes**. Por ejemplo, provisionalmente en el *Álgebra diádica de magnitudes* se asume, como siempre se ha hecho de manera automática y sin tomar conciencia de ello, que toda porción de magnitud idéntica a una misma unidad patrón parece que siempre se asociará con la misma cantidad de magnitud real de forma absolutamente constante y en toda situación o circunstancia. Sin embargo, nada impide, y además es necesario para la lógica y la ciencia, formular la previsión genérica, esto es, que porciones iguales a una misma unidad patrón puedan identificarse con diferentes cantidades de magnitud verdaderas en función de diversas causas, por ejemplo, la posición, el tiempo o el entorno material. Esta opción más amplia, que llamaremos **variante «dismétrica»**, supera los límites de la actual **hipótesis isométrica**, admitida tácitamente, y es objeto de estudio específico en la segunda parte de esta obra, cuyo atento examen se recomienda encarecidamente, porque introduce al lector en los originales **espacios «dismétricos»**, novedad nacida del orden algebraico diádico y fecunda herramienta matemática que producirá inagotables innovaciones científicas.

Apartado II

DEFINICIÓN DE MEDICIÓN DE LA
CANTIDAD DE UNA MAGNITUD

Los razonamientos del apartado I nos permiten definir la medición de una cantidad de magnitud de esta forma: **llamaremos medir a la aplicación de cualquier procedimiento que permita representar la cantidad implícita en una porción de magnitud mediante el par formado por dos elementos heterogéneos, uno matemático y otro físico, el primero con la función de multiplicador del segundo, que es cualquier símbolo que represente una cantidad de magnitud innúmera**. El orden de escritura de estos dos entes es indiferente, pero convenimos en escribir primero el elemento matemático seguido del elemento físico.

Por definición de magnitud, sus cantidades podrán ser tratadas como cantidades de longitud, dada la afinidad que hemos postulado. Por tanto, las diversas cantidades serán comparables en términos de «igualdad», «mayor que», o «menor que» como si fuesen segmentos geométricos. ¿Qué cantidad de longitud está implícita en un segmento determinado? Es obvio que esa cantidad no se muestra a la observación directa, por lo que hemos de cuantificarla indirectamente, debemos fijarla de algún modo relativo. Cualquier segmento se puede fragmentar en segmentos iguales, es decir, geométricamente congruentes. Si se supone que la cantidad de longitud implícita en cada uno de estos segmentos menores es la misma, tenemos la **hipótesis isométrica** tradicional, frente a la opción más general que llamamos **«dismetría»** en la segunda parte del texto, que permite diferentes longitudes implícitas en segmentos congruentes. Siempre es posible elegir de manera arbitraria un segmento cualquiera como unidad de longitud para construir múltiplos y submúltiplos suyos que permitan comparar esa unidad con otros segmentos y observar cuántas unidades o fracciones de la unidad contiene un segmento dado. Esta acción la hemos llamado medición y, dada la afinidad de las magnitudes con la longitud, admitimos que es válida para cualquier magnitud. El resultado de la medición será un número real u otro ente matemático, que indique el número de unidades o fracciones de la unidad que contiene la cantidad de magnitud que se mide. Se obtiene así un par heterogéneo: el elemento físico ϕ que representa la cantidad de magnitud de referencia, cuya cuantía es innúmera, por lo que se sustituye por dicho símbolo abstracto; y el elemento matemático multiplicador μ del multiplicando ϕ. El par heterogéneo así formado diremos que representa la cantidad real de la magnitud considerada y la expresaremos mediante cualquiera de las formas $\mu\,\phi$, $(\mu\,\phi)$, (μ, ϕ) o $\mu \times \phi$, que llamaremos **medición** significante de esa cantidad real. Definimos la **medida** como el elemento matemático multiplicador resultante de una medición, coincidiendo con Newton. Y esto no es caprichoso, porque, si tenemos $\mu \times \phi = \varphi$, siendo φ la cantidad de magnitud a medir con la unidad ϕ, es clara la división $\varphi / \phi = \mu$. De modo que, si la medida se define como las veces enteras o fraccionarias que la cantidad φ contiene a su unidad ϕ, resulta que la medida es la razón φ / ϕ, que es el multiplicador μ. En el apartado XI se detalla esta operación de división.

La medición simboliza la cantidad de magnitud real implícita en el fenómeno medido, mostrando su valor relativo a cierta cantidad de magnitud tomada como patrón de referencia, cuyo valor verdadero no es numerable, por lo que es sustituido por un símbolo abstracto. La comparación se hace por congruencia geométrica afín. Suponer que segmentos congruentes incluyen implícitas las mismas cantidades de longitud es la hipótesis isométrica común. Reconocer la observación más general sobre que segmentos congruentes puedan contener implícitas cantidades de longitud diferentes resulta esencial para apreciar el fenómeno «dismétrico», objeto de la segunda parte de este trabajo a partir del apartado XXX. Esto significa que **congruencia matemática no es sinónimo de igualdad física**, con importantes consecuencias, que se esbozan en dicha segunda parte.

Apartado III

DEFINICIÓN DE ENTE CONCRETO O DÍADA FÍSICA CONJUNTOS DIÁDICOS

Consideremos las mediciones más comunes expresadas con números reales de R o vectores de R^3. Hemos llamado medición a la cantidad de una magnitud expresada con la forma $q\ U$, como símbolo de las veces q que una cantidad unitaria U esté presente en un fenómeno, denominando a q multiplicador o medida con la unidad U de la magnitud observada. Y análogamente si la medida fuese un vector $\overline{q}$. No hay que confundir el término «medida» o multiplicador, con la «cantidad medida» correspondiente a una medición. Aquí la palabra «medida» es el participio del verbo «medir». La medición es el producto de la medida por la unidad, que se puede expresar con el símbolo de multiplicación común $q \times U$, y la cantidad que representa se refiere al valor que arroje la medición en función del valor supuestamente verdadero de la cantidad de magnitud implícita en la unidad U, **cuantía innúmera pero que se tiene en cuenta en todo momento con la abstracción de simbolizarla con un signo que la sustituya.** La expresión $q \times U$ como fórmula abstracta de cualquier cantidad de magnitud asociada a la unidad U revela la presencia del par (q, U) formado por los elementos q y U, y por comodidad nada impide escribirla más brevemente con la forma $q\ U$, en representación de un ente matemático formado por un multiplicador, número real, vector u otro objeto matemático, y un multiplicando o cantidad dimensional asociada a cierta magnitud. Este ente recién nacido que alude a la **medición** física, también puede recibir un nombre matemático, por ejemplo, **ente concreto** o **díada física**, y a sus elementos los llamaremos primario, medida, elemento matemático o multiplicador q o $\overline{q}$, y unidad U, secundario, elemento físico, parte dimensional o multiplicando. El primario es la parte matemática de la díada. El secundario es la parte física o dimensional. Quizá fuese adecuado para el secundario el nombre de número unitario o número físico, o cualquier otro título sugestivo; pero, como el nombre no hace a las cosas, no perderemos el tiempo en esta pequeñez, sino que atenderemos a lo importante, que es la naturaleza del ente concreto, nacido realmente de la acción de contar y juntar cierto número de veces enteras o fraccionarias el patrón U, operación que, repetimos, puede indicarse como producto de un número por una cantidad de magnitud determinada notada $q\times U$ o $q\times(1\ U)$; o, si la medida es vectorial, $\overline{q}\times U$ o $\overline{q}\times(1\ U)$, donde $(1\ U)$, aunque no se especifique, corresponde a una supuesta cantidad verdadera de la magnitud interesada, establecida por su definición empírica y tomada como patrón unitario elemental de dicha magnitud. Y la cantidad indicada no hay problema en admitir, por definición, que no dependa del orden de escritura, por lo que la misma cantidad será $q\times(1\ U)$ que $(1\ U)\times q$, lo que equivale a axiomatizar la propiedad conmutativa de esta simbología. En resumen, es necesario fijar un principio que permita construir razonamientos ulteriores, y lo llamaremos **postulado fundamental a tener presente en las operaciones con díadas**, cuyo enunciado es que el símbolo de la medición $q\ U$ significa que la cantidad real es q veces enteras o fraccionarias la cantidad implícita en la unidad U, lo cual se indica mediante las tres formas de la definición siguiente:

$$q\ U = q\times(1\ U) = (1\ U)\times q \qquad [3.1]$$

Como definiremos en el apartado siguiente, aquí adelantamos que el signo igual significa que todos los miembros simbolizan la misma cantidad de magnitud, por lo que son sustituibles entre sí.

A su vez, en el caso de un primario vectorial $\overline{q}$, el concreto $\overline{q}\ U$ debe simbolizar la cantidad de una **magnitud vectorial** que tenga la misma dirección y sentido que $\overline{q}$ y cuyo módulo sea el número de veces enteras o fraccionarias igual al módulo de $|\overline{q}|$ la cantidad de la magnitud contenida en la unidad U. Como en el caso escalar, se admitirán como indicativas de este significado las tres notaciones siguientes:

$$\overline{q}\ U = \overline{q}\times(1\ U) = (1\ U)\times\overline{q} \qquad [3.2]$$

Por tanto, a la vista de [3.1] y [3.2] no cabe distinguir entre unidades escalares y vectoriales, porque, tanto para unas como para las otras, toda unidad o cantidad de magnitud U debe admitirse por axioma algebraico que se identifique con la díada escalar $(1\ U)$ y que el elemento numérico que actúe como multiplicador de la díada sea q o $|\overline{q}|$, según se asocie con una magnitud de índole escalar en R o vectorial en R^3, o con otro ente matemático que sirva de multiplicador.

Las magnitudes cuyos multiplicadores sean tales que $q\in R$ y que puedan tomar cualquier valor se denominan continuas, en cambio, aquellas en que los multiplicadores solo puedan ser números enteros, con $q\in Z$, se llaman discretas. Se observa que las operaciones con magnitudes discretas quedan comprendidas en las continuas, puesto que sus primarios vendrán representadas por números enteros, que es un subconjunto de los números reales, por lo que las continuas presentan mayor generalidad que las magnitudes discretas; y las continuas quedarán explicadas en abstracto en todo caso por medio de la afinidad con la longitud, que las representa ficticiamente a todas, porque cualquiera de ellas se puede asimilar a la recta real, resultando en todo caso el mismo esquema de razonamiento.

La elección de unidades para cualquier magnitud es arbitraria. Por tanto, **la definición amplia de díada física es la que corresponde a todo par formado por un primario matemático multiplicador, número o vector u otro, y un secundario integrado por cualquier símbolo o símbolos que designen una cierta cantidad de magnitud no especificada e innúmera.**

En el apartado I hemos definido la magnitud como **toda propiedad física afín a la longitud**. Hemos dicho que esto significa que las cantidades de magnitudes pueden tratarse como si fueran segmentos geométricos. Y esto nos sirve para **formular en abstracto el concepto de díada**. Así, cualquier cantidad ϕ de una magnitud se puede asociar con un segmento de longitud arbitraria, que puede sumarse consigo mismo por yuxtaposición las veces que marque un elemento multiplicador o descomponerse en segmentos iguales de menor extensión en tantos como indique un elemento divisor, de acuerdo con las operaciones geométricas elementales, que suponemos conoce el lector. De este modo podemos formar con la cantidad de magnitud ϕ otras cantidades definidas por un elemento multiplicador μ, entero o fraccionario, que simbolizamos con la forma multiplicativa $\mu \times \phi$. Esta operación es la que se desarrolla en el apartado IX, asignándola el símbolo de ley de composición «∘». El factor μ generalmente es un elemento del conjunto de los números reales R o un vector de R^3. Una vez obtenida la cantidad homogénea $\mu \times \phi$ de ϕ, es obvio que $\mu \times \phi$ podemos observarla como un par de elementos heterogéneos μ y ϕ. Recordemos que μ aislado no es una cantidad de longitud, solo es un ente matemático abstracto. Ahora nada nos impide dar nombre a ese par con la denominación **díada abstracta**, eligiendo para notar estos pares simbologías como $\mu\ \phi$, $(\mu\ \phi)$, (μ,ϕ) o $\mu \times \phi$. Como ya hemos visto, diremos que μ es el primario, elemento matemático o multiplicador de la díada, y llamaremos a la cantidad de magnitud ϕ secundario, unidad física, parte dimensional o multiplicando. La díada es, por tanto, el reflejo matemático del proceso de medir, mediante el cual, una unidad fraccionada en otras menores e iguales entre sí, permite formular una medición con la forma de pares del tipo (μ,ϕ). Toda medición es una díada, pero una díada abstracta no tiene por qué ser una medición. Para que las operaciones con díadas, que representan cantidades de magnitudes, verifiquen las propiedades asociativa conmutativa y distributiva, veremos en los apartados siguientes que el conjunto de los multiplicadores $\{\mu\}$ ha de tener estructura de cuerpo, como R. Si designamos μ_1 al elemento unitario multiplicativo de dicho conjunto $\{\mu\}$, postulamos que $\mu_1 \times \phi = \phi$ para cualquier ϕ, y podemos ampliar las formas de expresar la misma cantidad de una magnitud señalada por una díada (μ,ϕ) con $\mu \times (\mu_1,\phi)$ y $(\mu_1,\phi) \times \mu$. El conjunto de todas las díadas formadas con el conjunto de multiplicadores $\{\mu\}$ y asociados a la cantidad de magnitud ϕ se podría representar en abstracto con la grafía $\{\{\mu\},\phi\}$, que llamaremos **conjunto diádico**. Así, por definición, el conjunto diádico de ϕ sobre el cuerpo de multiplicadores $\{\mu\}$ es, por definición, $\{\{\mu\},\phi\} = \{(\mu,\phi) \mid \mu \in \{\mu\}\}$.

Parte I: *Primera álgebra de magnitudes* (álgebra diádica)

Establecida así la definición de las díadas físicas y los conjuntos diádicos, de nada servirían si no se diera forma a las leyes de composición que permitan operar con ellos, dotándolos de estructura algebraica. Y este es el meollo de la tarea capital para resolver la laguna descrita al principio de este trabajo, como lo es justificar debidamente las operaciones con cantidades de las diferentes magnitudes físicas, que es el objeto de la primera parte de esta obra, en la que se utilizarán indistintamente los términos **concreto** o **díada física** para nombrar los elementos básicos que representan simbólicamente toda cantidad de magnitud.

Se mantiene el nombre de concreto por el peso histórico de este concepto, que durante mucho tiempo ha servido para diferenciar los números abstractos, aquellos que indican una cantidad sin especificar ninguna unidad y formados por un único elemento matemático, de los números concretos clásicos, que indican una cantidad asociados a la unidad a que se refieren. No obstante, el nombre **díada** es nuestro preferido para los pares heterogéneos asociados a toda cantidad física, razón por la que se reserva el nombre de álgebra diádica a las diversas estructuras que surgen de las leyes de composición que se van a definir para las díadas, simbolizadas indistintamente con las formas $q\,U$, $(q\,U)$ o (q,U). Y análogamente para las vectoriales, sustituyendo q por $\vec{q}$.

Para desarrollar formalmente el álgebra diádica es preciso definir epistémicamente la adición de díadas, la multiplicación de una díada por un escalar, por ejemplo, un número real, la sustracción de díadas, la multiplicación y división de díadas escalares, y los productos escalar y vectorial de díadas vectoriales. Establecidas estas operaciones se podrán deducir por medios lógicos, con fines más bien teóricos, otras operaciones derivadas como la potenciación, la radicación o la logaritmación de díadas escalares, de la misma manera que la sustracción y la división las derivamos de la adición y de la multiplicación.

Particularizando para el cuerpo R, sea una díada (μ,ϕ), que representa una cantidad de cierta magnitud, donde μ y ϕ pueden ser cualesquiera; si la magnitud es escalar, $\mu=q$ será un número real con $q\in R$. Cualquier cantidad de la magnitud dada se puede tomar como unidad $\phi=U$, al conjunto universal de todas ellas lo señalaremos con $\{U\}$; por tanto, tendremos que toda unidad U estará en el conjunto total de cantidades $\{U\}$ y escribiremos $U\in\{U\}$. Se concluye con esta notación que toda díada (q,U) será un elemento del conjunto de todas las díadas posibles, que indicaremos $\{R,U\}$ y lo llamaremos **conjunto diádico** de la magnitud considerada relativo a la cantidad U; este conjunto a su vez es evidente que se construye con el producto cartesiano de R y $\{U\}$, es decir, $\{R,U\}=R\times\{U\}$. Reiteramos que U representa cualquier cantidad de la magnitud en cuestión, que en todo caso podría tomarse como patrón. Observamos que $\{R,U\}=\{U\}$. Obviamente, para toda cantidad $U_0\in\{U\}$ el conjunto diádico construido con ella $\{R,U_0\}$ es completo, comprende todas las cantidades de magnitud, por lo que coincide con $\{R,U\}$, conque $\{R,U_0\}=\{R,U\}$. Las díadas pueden componerse entre sí mediante leyes de composición internas, definidas estableciendo aplicaciones del producto cartesiano $\{R,U\}\times\{R,U\}$ en el mismo $\{R,U\}$; y también pueden componerse con los elementos de otros conjuntos, como por ejemplo R, mediante leyes de composición externas tales como aplicaciones de $R\times\{R,U\}$ en $\{R,U\}$, por lo que hay que abordar la tarea de establecer para ellos un álgebra adecuada. Comprobaremos que las condiciones de cuerpo de R son necesarias para que la estructura diádica mantenga las propiedades asociativa, conmutativa y distributiva en sus operaciones. En cambio, veremos que los entes diádicos carecen de elementos unitario e inverso en el sentido que se refiere a las leyes de composición internas propias de la estructura de grupo. En resumen, para las magnitudes escalares tenemos las siguientes definiciones analíticas fundamentales:

$\{U\}=\{$conjunto de todas las cantidades U de una magnitud$\}$
Conjunto diádico de U sobre R: $\{R,U\}=\{(q,U)\,|\,q\in R\}=R\times\{U\}$
Toda díada es $(q,U)\in\{R,U\}$ con $q\in R$ y $U\in\{U\}$

A su vez, las díadas vectoriales forman un conjunto que se puede simbolizar $\{R^3,U\}$ o si se prefiere $\{\mathbf{V}^3,U\}$ o $\{\mathbf{E}^3,U\}$, que son notaciones equivalentes usadas indistintamente, son susceptibles de componerse entre sí mediante leyes de composición internas, con aplicaciones del producto cartesiano $\{R^3,U\}\times\{R^3,U\}$ en $\{R^3,U\}$; y también pueden componerse con los elementos de otros conjuntos, como por ejemplo R, mediante leyes de composición externas, con aplicaciones de $R\times\{R^3,U\}$ en $\{R^3,U\}$, por lo que también se abordará la tarea de establecer para ellos un álgebra adecuada, que habremos de procurar sea lo más isomorfa posible con la estructura del espacio vectorial R^3 sobre R.

Las leyes de composición anteriores veremos que no ofrecen demasiada dificultad para su formulación analítica, porque son todas **operaciones aditivas** construidas sobre una misma magnitud, tal como se definen en los apartados V a XI, a pesar de lo cual revelan importantes propiedades, resolviendo, por ejemplo, los misterios históricos de la naturaleza adimensional de las magnitudes angulares, y propiciando a su vez el desarrollo de nuevos e importantes conceptos como la densidad «dismétrica».

Encontraremos más resistencia en la fundamentación de las **operaciones multiplicativas** basadas en dos o más magnitudes iguales o diferentes con unidades cualesquiera U_1 y U_2 para el caso de dos factores, cuyas definiciones y propiedades se establecen en los apartados XII a XVII. Se logrará, no obstante, establecer aplicaciones coherentes entre conjuntos como $\{R,U_1\}\times\{R,U_2\}$ y $\{R,U_C\}$, donde U_C indica una nueva unidad compuesta producida cuando se opera sobre U_1 y U_2 para las magnitudes escalares y análogamente para las vectoriales. Y esta notable capacidad generadora de nuevas magnitudes es precisamente la nota característica de tales operaciones multiplicativas. Los conjuntos $\{R,U_1\}$ y $\{R,U_2\}$ pueden ser iguales, cuando se refieren a la misma magnitud, pero **el conjunto diádico $\{R,U_C\}$ siempre será distinto de los dos anteriores, porque sus elementos son cantidades de una magnitud diferente, nacida al multiplicar magnitudes de acuerdo con lo expuesto en el apartado XII.** Así resulta que, incluso cuando $\{R,U_1\}$ y $\{R,U_2\}$ sean el mismo conjunto, por ejemplo, si ambos se refirieran a la magnitud longitud, resultará que $\{R,U_C\}$ representa todas las cantidades que puede tomar un área, porque el producto de dos longitudes da lugar a una nueva magnitud compuesta con ellas que llamamos superficie o área. De este modo aparecen las que podríamos llamar **leyes de composición externas generatrices**, que tienen la cualidad especial de producir nuevas magnitudes a partir de la multiplicación de otras cualesquiera. Hecho esto, se comprenderá que esa mayor dificultad de tales operaciones multiplicativas es la que ha provocado que todos, incluido el Sistema Internacional de Unidades, las hayamos ignorado y sustituido por una fácil, arbitraria e ilusoria hipótesis indeseable de «aritmetización» de las magnitudes, error que hemos asumido dejándonos engañar por la simbología aritmética y creando conceptos erróneos. Por ejemplo, las unidades físicas y cualquier cantidad de magnitud no pueden tener inversos multiplicativos como si se tratase de operaciones internas, porque la multiplicación de magnitudes es externa generatriz. Así que notaciones como U^{-1} deben reformularse, como se expone en el apartado XIV y en el anexo. Simbologías como m^{-1}, s^{-1} o kg^{-1} hay que definirlas ex profeso para las magnitudes físicas. Nótese también que no toda ley externa es generatriz, aunque toda ley generatriz ha de ser externa. Por ejemplo, aplicaciones de $R \times \{R, U\}$ en $\{R, U\}$, siendo externas, no generan una nueva magnitud, porque el conjunto $\{R, U\}$, imagen de esa ley externa, es uno de los conjuntos iniciales. Las generatrices son leyes imprescindibles para el álgebra de magnitudes, pues toda formulación física se construye con ellas, dando lugar a nuevas magnitudes compuestas. Por ejemplo, la *segunda ley de Newton* implica componer masa y aceleración, relacionándolas con otra magnitud diferente que es la fuerza. A su vez, componiendo la longitud y el tiempo surge una nueva magnitud que es la velocidad, u operando con la masa y el volumen generamos otra magnitud que es la densidad.

En todo caso, es claro que **el álgebra de magnitudes ha de obedecer a criterios operacionales con díadas**, por lo que hemos de establecer leyes de composición específicas que permitan construir estructuras sui géneris y tengan en cuenta la naturaleza diádica de los fenómenos físicos, evitando simplificaciones ilusorias.

Apartado IV

DEFINICIONES DE HOMOGENEIDAD, UNIFORMIDAD E IGUALDAD

Dos díadas escalares $a_1\ U_1$ y $a_2\ U_2$, formadas cada una de ellas por un número real y una unidad, diremos que son **homogéneas** si y solo si se refieren a cantidades de la misma magnitud, es decir, si sus unidades U_1 y U_2 simbolizan cantidades empíricas no numerables de la misma magnitud.

A su vez, los concretos o díadas cuya unidad sea la misma diremos que son **uniformes**. Así que todos los elementos de un conjunto como $\{R, U\}$ son concretos escalares uniformes.

Por otra parte, dos concretos o díadas escalares homogéneos $a_1\ U_1$ y $a_2\ U_2$ diremos que son iguales si y solo si, por definición, describen la misma cantidad de la magnitud asociada, y la **igualdad** la simbolizaremos con el signo igual usual con una expresión como la siguiente:

$$a_1\ U_1 = a_2\ U_2 \qquad [4.1]$$

El conjunto $\{R, U_1\}$ determina todas las cantidades de la magnitud asociada con referencia a la unidad U_1. A su vez, el conjunto $\{R, U_2\}$ determina también todas las cantidades de la misma magnitud vinculadas a la unidad U_2. Los elementos iguales de ambos conjuntos quedan relacionados por la ecuación [4.1]. En estas condiciones, el criterio de igualdad de dos concretos o díadas escalares uniformes no puede establecerse de otro modo más conveniente que este: diremos que dos concretos uniformes $a_1\ U$ y $a_2\ U$ son iguales si y solo si tienen la misma parte numérica o medida, es decir, si son iguales los números reales $a_1 = a_2$.

Lo dicho para los concretos escalares respecto a la homogeneidad y uniformidad ha de ser análogo para las díadas vectoriales $\overline{a}_1\ U_1$ y $\overline{a}_2\ U_2$, y en cuanto a la igualdad ha de significar que ambas díadas se refieran a la misma cantidad de la magnitud vectorial en cuestión. La expresión analítica de igualdad debe responder lógicamente a la ecuación diádica:

$$\overline{a}_1\ U_1 = \overline{a}_2\ U_2 \qquad [4.2]$$

Si los concretos fuesen uniformes, resultará $U_1 = U_2 = U$, y se dirá que dos díadas vectoriales uniformes $\overline{a}_1\ U$ y $\overline{a}_2\ U$ son iguales si y solo si se verifica la igualdad vectorial $\overline{a}_1 = \overline{a}_2$.

Dadas dos unidades homogéneas U_1 y U_2, es decir, asociadas a una misma magnitud, es preciso axiomatizar, porque las observaciones físicas así lo aconsejan, que existe un número real k tal que:

$$U_2 = (1, U_2) = k\ U_1 \qquad [4.3]$$

Este enunciado lo denominaremos **axioma de continuidad** y propiciará la transformación de cantidades de magnitudes homogéneas, vinculándolas a una misma unidad, lo que permitirá sumar entes concretos homogéneos, como luego veremos. En particular, si las unidades son uniformes, se tendrá $k = 1 \in \mathbb{R}$. Debemos advertir que el significado algebraico de [4.3] quedará completo con la definición [9.1] de multiplicación de un escalar por un ente diádico.

Obsérvese una condición esencial de la definición de igualdad, cual es que solo pueden compararse cantidades homogéneas, es decir de una misma magnitud, por lo que **toda ecuación física de igualdad establece una ley que relaciona las cantidades de magnitudes especificadas mediante operaciones del álgebra diádica predefinida y ambos miembros han de ser homogéneos.**

Al final de los apartados IX y XI completamos el concepto de igualdad diádica una vez definidas las operaciones que permiten establecerla con rigor algebraico: la multiplicación de un escalar por una díada y la división diádica homogénea.

Apartado V
DEFINICIÓN DE ADICIÓN DIÁDICA

Una primera observación a tener presente al definir las operaciones con entes diádicos es que deben respetarse ciertas reglas de índole axiomática, a tenor de las observaciones racionales de los hechos. Así, para sumar concretos se requiere que los sumandos sean homogéneos, es decir, que se refieran a la misma magnitud, aunque sería admisible que las unidades expresadas en los sumandos no fueran la misma. No tendría sentido sumar metros con kilogramos, porque el resultado no se podría indicar en ninguna de las unidades de los sumandos; pero sí que tiene coherencia sumar segundos y horas, porque la magnitud asociada a ambas unidades es el tiempo, por lo que pueden sumarse y expresar la suma en segundos u horas, aunque para ello uno de los sumandos debería convertirse a la unidad del otro, pues si no la suma de unidades distintas carecería también de sentido y debería rechazarse, porque la adición diádica consiste de hecho en contar los elementos de los sumandos y de los que se pueda afirmar que son iguales.

Por tanto, hay que admitir como axioma previo y necesario para que la adición diádica sea válida que en toda suma de entes concretos los sumandos deben referirse a la misma magnitud, es decir, los sumandos deben ser homogéneos, y antes de sumarlos deben representarse en la misma unidad, enunciado que podríamos denominar el **axioma de uniformidad** de la adición. Dicha transformación siempre será posible en virtud del axioma de continuidad.

Comencemos con la adición de díadas escalares. La suma no puede concebirse de otro modo que estableciendo una ley de composición interna llamada adición entre los concretos escalares uniformes, mediante una aplicación del producto cartesiano

$\{R,U\}\times\{R,U\}$ en $\{R,U\}$. De este modo, cuando los sumandos estén ya expresados en la misma unidad U de cierta magnitud, esto es, cuando sean uniformes, la suma de dos díadas escalares $a\ U$ y $b\ U$ se puede escribir $a\ U + b\ U$, con el significado de contar el número de unidades U que acogen los dos sumandos a la vez; y aquí ya no cabe más remedio que admitir como resultado de la suma la afirmación de que sea igual a $(a+b)$ unidades U, que se escribiría con la forma diádica $(a+b)\ U$, porque lo que se suman son cantidades de elementos iguales todos a la cantidad simbolizada con la letra U, que es aritmética elemental, con lo que se llega con pleno fundamento a una aplicación del conjunto producto cartesiano $\{R,U\}\times\{R,U\}$ en $\{R,U\}$, caracterizada por la fórmula abstracta que describe la ecuación de **definición de adición de concretos escalares**:

$$a\ U + b\ U = (a+b)\ U \qquad [5.1]$$

Observando la definición anterior, se debe hacer énfasis, aun a riesgo de parecer reiterativos, en que representa la adición de elementos iguales a la cantidad de la unidad considerada, por lo que debería leerse con un significado como el siguiente: la adición de a cantidades iguales a la cantidad de la unidad U sumadas a b cantidades iguales a la cantidad de la unidad U es igual a la suma de números reales $(a+b)$ cantidades iguales a la cantidad de la unidad U; con lo cual se reduce la adición de concretos a la adición de números reales con perfecta precisión.

Para no reiterar con pesadez la expresión «cantidades iguales a la cantidad de la unidad U», la sustituimos simplemente por la letra U, y así hablaremos simplemente de «a unidades U», de «b unidades U» o de «$(a+b)$ unidades U».

Debemos advertir que el **principio de economía simbólica** nos lleva a identificar con el mismo símbolo leyes de composición diferentes: en efecto, la ecuación de definición de la adición concreta [5.1] incluye en el primer miembro el signo más en $a\ U + b\ U$, con el significado de adición de concretos escalares, mientras que el mismo signo del segundo miembro en $(a+b)\ U$ se refiere a la adición del cuerpo de los números reales.

De una manera más abstracta y simbólica pero equivalente en resultado se podría observar que la adición de concretos escalares se comporta analíticamente como si U fuese un número, ya que podría considerarse que refleja la forma distributiva, lo que permite considerar que para operar con la adición de concretos escalares baste hacerlo simbólicamente como si el símbolo de la unidad de los sumandos fuese un elemento algebraico más y luego leer el resultado con el significado de que la adición de concretos sea un ente diádico con un primario igual a la adición en R de las partes reales de los sumandos, asociada a la misma unidad que estos.

Veamos un ejemplo de adición: si quisieran sumarse la cantidad de tiempo de 2 minutos, abreviadamente 2 *min*, y la cantidad de tiempo de 15 segundos, expresado 15 *s*, suma que simbólicamente es 2 *min*+15 *s*, ambos sumandos son homogéneos, porque se refieren a la misma magnitud, el tiempo, luego se pueden sumar; pero antes deben expresarse en la misma unidad de tiempo, dado el axioma de uniformidad de la adición; sea esta el segundo, por definición de minuto, tendremos 2 *min*=120 *s*, conque la suma a calcular es 120 *s*+15 *s*, y ahora, puesto que los sumandos especifican cantidades de la misma unidad, por lo que son uniformes, basta sumar las partes numéricas de acuerdo con la definición de adición para afirmar que la suma es 135 *s*. Se podría haber razonado operando simbólicamente con la propiedad distributiva para la letra *s* de la siguiente manera, aplicando en primer lugar el axioma de uniformidad de la adición para poner los minutos en segundos:

$$2\ min+15\ s=120\ s+15\ s=(120+15)\ s=135\ s$$

Y el resultado se leería con el significado de que la suma de 2 minutos y 15 segundos resulta igual a 135 segundos. Por tanto, la adición de díadas escalares uniformes admite operar en términos analíticos abstractos con los símbolos de las unidades como si de elementos algebraicos se tratase, aunque sin perder de vista el significado propio de la notación indicada. Si se piensa bien, no es extraña esta circunstancia, porque cuando se indica 15 *s* el significado es 15×1 s, es decir, que 15 s representa realmente 15 veces la cantidad de la magnitud tiempo contenida en un segundo, **cantidad esta no expresable numéricamente que se simboliza con la letra s**, es decir, el producto del número real 15 por s; así que el comportamiento distributivo del símbolo s en el esquema de razonamiento anterior no es ilógico, sino innegable. Simplemente, el número 15 actúa respecto de la cantidad de tiempo s como **multiplicador**.

En el caso de la adición de concretos vectoriales el esquema de razonamiento para definir esta operación es totalmente similar al de los escalares, con la salvedad de que la estructura que le sirve de soporte es la del espacio vectorial R^3 o V^3 y, por tanto, la adición a la que se reduce no es la de R sino la vectorial, de acuerdo con la ecuación de **definición de adición de concretos vectoriales** siguiente:

$$\overline{a}\ U + \overline{b}\ U = (\overline{a} + \overline{b})\ U \qquad [5.2]$$

Nótese que la adición del segundo miembro de [5.2] no es la de R, como en el caso de [5.1], sino la adición vectorial de R^3 o V^3; mientras que el signo de adición del primer miembro señala la suma de concretos vectoriales aquí definida. El mismo signo de adición para dos leyes de composición diferentes.

Si se quiere ser más precisos en la diferenciación de las leyes de composición que intervienen, aunque solo sea a efectos didácticos, para explicitar mejor los significados precisos de las definiciones [5.1] y [5.2] deben identificarse con los de las ecuaciones exactas, que diferencian las operaciones y que se podrían escribir con «⊕» para las adiciones diádicas escalar o vectorial, así como «+» para las sumas de escalares o de vectores. Así resultan las expresiones analíticas explícitas de las adiciones diádicas escalar y vectorial:

$$a\ U \oplus b\ U = (a+b)\ U \qquad [5.3]$$

$$\overline{a}\ U \oplus \overline{b}\ U = (\overline{a} + \overline{b})\ U \qquad [5.4]$$

Y aún así, como ocurre con el signo «+» entre escalares o vectores, que alude a dos operaciones distintas, no estaríamos distinguiendo en las grafías todas las que intervienen, aunque son fáciles de interpretar por la naturaleza de los elementos que conectan, de modo que, si el signo de operación «$\oplus$» se situase entre díadas escalares, la adición sería la diádica escalar; y, si enlazara díadas vectoriales, la suma sería la diádica vectorial.

En lo que precede, para poder materializar la adición diádica hemos exigido que las unidades de los sumandos sean la misma, lo que hemos denominado axioma de uniformidad; sin embargo, existe una excepción que sí permite la adición de cantidades no uniformes sin reducirlas a una unidad común: el caso en que los primarios sean iguales. En este supuesto, nada impide expresar analíticamente la adición cuando las unidades homogéneas de los sumandos sean distintas. Así, dadas dos unidades de la misma magnitud U_1 y U_2, por el postulado de afinidad y el isomorfismo con la adición geométrica de segmentos descritos en el apartado XXVIII, artículo 13, resulta que sumar cantidades de magnitudes se corresponde biunívocamente por afinidad con la adición de segmentos, con lo cual la díada en notación explícita $(q, U_1 \oplus U_2)$, equivale a la suma $(q, U_1) \oplus (q, U_2)$, por lo que se puede indicar:

$$(q, U_1 \oplus U_2) = (q, U_1) \oplus (q, U_2)$$

O con la notación clásica que venimos utilizando también podemos expresar lo anterior con la forma:

$$q\ U_1 \oplus U_2 = q\ U_1 \oplus q\ U_2$$

Y la misma excepción puede establecerse para las magnitudes vectoriales, resultando para ambas notaciones indistintas:

$$(\overline{q}, U_1 \oplus U_2) = (\overline{q}, U_1) \oplus (\overline{q}, U_2)$$
$$\overline{q}\ U_1 \oplus U_2 = \overline{q}\ U_1 \oplus \overline{q}\ U_2$$

Apartado VI
PROPIEDADES CONMUTATIVA Y ASOCIATIVA DE LA ADICIÓN DIÁDICA

En primer lugar, analicemos la adición de díadas escalares. Una vez definida esta ley interna sobre el conjunto de los concretos escalares $\{R, U\}$, cabe preguntarse si resultará ser conmutativa para dos de sus elementos cualesquiera $a\ U$ y $b\ U$. La definición de adición concreta [5.3] permite escribir la igualdad:

$$a\ U \oplus b\ U = (a+b)\ U$$

La propiedad conmutativa de la adición de los números reales en R determina que $a+b=b+a$ luego, en efecto, la díada $(a+b)\ U$ es la misma que $(b+a)\ U$, que a su vez es $b\ U \oplus a\ U$, y con ello la adición diádica escalar verifica la propiedad conmutativa:

$$a\ U \oplus b\ U = b\ U \oplus a\ U$$

Además, esta adición concreta es asociativa, porque, partiendo de la adición triple $(a\ U \oplus b\ U) \oplus c\ U$, la definición [5.3] de adición diádica permite escribir sin problemas la igualdad:

$$(a\ U \oplus b\ U) \oplus c\ U = [(a+b)\ U \oplus c\ U] = [(a+b)+c]\ U \qquad [6.1]$$

Como la adición de números reales es asociativa, tendremos en el grupo aditivo de R la igualdad:

$$(a+b)+c = a+(b+c)$$

Por lo que está justificada la relación entre los concretos escalares que se indican a continuación:

$$[(a+b)+c]\ U = [a+(b+c)]\ U$$

La definición de adición [5.3] permite descomponer el segundo miembro en la suma diádica de concretos:

$[a+(b+c)]\ U = a\ U \oplus (b+c)\ U = a\ U \oplus (b\ U \oplus c\ U)$ [6.2]

Así que la díada inicial $(a\ U + b\ U) + c\ U$ de [6.1] es la misma que el concreto del segundo miembro en [6.2], que es $a\ U \oplus (b\ U \oplus c\ U)$, resultado que podemos llamar propiedad asociativa de la adición diádica, escrita analíticamente con la igualdad:

$$(a\ U \oplus b\ U) \oplus c\ U = a\ U \oplus (b\ U \oplus c\ U)$$

En cuanto a la adición de díadas vectoriales, con un razonamiento idéntico al de los escalares, pero con la única salvedad de que, en vez de las propiedades conmutativa y asociativa de los números reales de R, basándose en las propiedades conmutativa y asociativa de la adición de vectores en R^3 o V^3, se concluyen las propiedades conmutativa y asociativa de la adición [5.4] de díadas vectoriales, cuyas formas analíticas son:

$$\overline{a}\ U \oplus \overline{b}\ U = \overline{b}\ U \oplus \overline{a}\ U$$
$$(\overline{a}\ U \oplus \overline{b}\ U) \oplus \overline{c}\ U = \overline{a}\ U \oplus (\overline{b}\ U \oplus \overline{c}\ U)$$

Apartado VII

EXISTENCIA DE ELEMENTOS NEUTRO Y SIMÉTRICO PARA LA ADICIÓN DIÁDICA

Veamos que la adición de díadas escalares definida sobre $\{R, U\}$ es una ley de composición interna tal que existe elemento neutro. En efecto, observamos con facilidad que el concreto $0\ U$, siendo 0 el cero real, es tal que sumado a cualquier concreto $a\ U$ verifica el siguiente razonamiento:

$$a\ U \oplus 0\ U = 0\ U \oplus a\ U \qquad [7.1]$$

La igualdad anterior es consecuencia de la propiedad conmutativa. A su vez, la definición [5.3] de adición de díadas escalares permite escribir:

$$a\ U \oplus 0\ U = (a+0)\ U \ \text{y}\ 0\ U \oplus a\ U = (0+a)\ U$$

El cero o elemento neutro de los números reales es tal que $a+0$ es lo mismo que $0+a$ e igual en ambos casos a a, con lo que se tiene:

$$a+0=0+a=a$$

Por tanto, los dos miembros de la primera relación [7.1] son iguales a $a\ U$:

$$a\ U \oplus 0\ U = 0\ U \oplus a\ U = a\ U$$

Y ello significa, por definición de elemento neutro, que la díada $0\ U$ lo es de la ley de composición interna llamada adición diádica y definida en $\{R, U\}$ mediante [5.3].

Además, para todo ente concreto escalar $a\ U$ se puede formar siempre el $(-a)\ U$, porque en R existe el opuesto $-a$ de todo $a \in R$, en virtud de la estructura de grupo aditivo del conjunto R de los números reales, y de tal suerte que es $a+(-a)=0$; de modo que,

Parte I: *Primera álgebra de magnitudes* (álgebra diádica)

sumando las dos díadas indicadas, aplicando la definición de adición y operando con los números reales, se tiene la cadena de igualdades:

$$a\ U \oplus (-a)\ U = [a + (-a)]\ U = 0\ U$$

Y así resulta que $(-a)\ U$ es el concreto escalar opuesto por la derecha del $a\ U$. La propiedad conmutativa hace innecesario comprobar la condición de elemento neutro por la izquierda $(-a)\ U \oplus a\ U$, que también se satisface; y, en suma, para todo concreto escalar $a\ U$ existe otro con la forma $(-a)\ U$ tal que, sumados ambos por la derecha o por la izquierda, dan el elemento neutro $0\ U$, lo que significa que el conjunto de las díadas escalares $\{R, U\}$, formado con los reales R y la unidad U, y dotado de la ley de composición interna de la adición definida por [5.3], tiene la estructura de grupo abeliano, porque la adición verifica las propiedades conmutativa y asociativa, existe elemento neutro y para todo concreto existe su opuesto[4].

A su vez, para los concretos vectoriales $\{R^3, U\}$ y, dada la estructura de grupo para la adición vectorial de R^3 o $\mathbf{V}^3$, que son el mismo espacio simbolizado de dos formas distintas, existen los vectores neutro o nulo $\overline{0}$ y simétrico u opuesto $-\overline{a}$ de todo vector $\overline{a}$, por lo que, mediante un esquema de razonamiento idéntico al anterior, con $\overline{a} + \overline{0} = \overline{0} + \overline{a} = \overline{a}$ y con $\overline{a} + (-\overline{a}) = (-\overline{a}) + \overline{a} = \overline{0}$, se puede concluir que existen las díadas vectoriales nula y opuesta, y que son las indicadas por los símbolos $\overline{0}\ U$, para el concreto vectorial nulo, y $(-\overline{a})\ U$, para la díada vectorial opuesta de cualquier otra $\overline{a}\ U$, porque con [5.4] se hilan los siguientes razonamientos:

$$\overline{a}\ U \oplus \overline{0}\ U = \overline{0}\ U \oplus \overline{a}\ U = (\overline{a} + \overline{0})\ U = (\overline{0} + \overline{a})\ U = \overline{a}\ U$$

$$\overline{a}\ U \oplus (-\overline{a})\ U = [\overline{a} + (-\overline{a})]\ U = [(-\overline{a}) + \overline{a}]\ U = (-\overline{a})\ U \oplus \overline{a}\ U = \overline{0}\ U$$

---

[4] Una introducción a las estructuras algebraicas se puede encontrar en el temario del mismo autor, «Lección 37» de *Matematizar 1*.

Apartado VIII
DEFINICIÓN DE SUSTRACCIÓN DIÁDICA

La operación genérica llamada sustracción deriva de la adición, por lo que, para ser coherentes con este criterio algebraico, habrá que admitir que la sustracción de entes diádicos deba satisfacer el mismo axioma de uniformidad de operar con unidades iguales, y ello porque la definición de sustracción concreta no puede tener otro fundamento que la adición diádica, en la que todos los términos están asociados a la misma unidad, lo que nos lleva a la siguiente formulación: **la sustracción de un minuendo y un sustraendo, siendo ambos concretos escalares del conjunto $\{R,U\}$ o vectoriales del conjunto $\{R^3,U\}$, se dice igual a la diferencia si y solo si el sustraendo sumado a la diferencia iguala al minuendo.**

De modo que la adición y la sustracción exigen por la condición de ley de composición interna que los sumandos, en un caso, o el minuendo y el sustraendo, en el otro, se refieran a la misma unidad, es decir, que sean uniformes. Dada la estructura de grupo abeliano de $\{R,U\}$ y de $\{R^3,U\}$, no tenemos problema en definir la resta de entes concretos como la suma del minuendo y el opuesto del sustraendo, que siempre existe, como hemos asentado en el apartado anterior, y así se tendrá un resultado que sumado al sustraendo será igual al minuendo, de acuerdo con la definición genérica, conveniente y usual que viene admitiéndose para la resta de entes numéricos. De modo que estaremos de acuerdo en indicar la **resta de dos díadas escalares** cualesquiera $a\ U$ y $b\ U$ como la aplicación de $\{R,U\}\times\{R,U\}$ en $\{R,U\}$ definida con la fórmula siguiente, que asume, como la adición, que se restan cantidades uniformes referidas a la misma unidad, porque opera como ley de composición interna sobre el conjunto de los concretos escalares $\{R,U\}$, y escrita aplicando la economía simbólica de operaciones queda así:

Parte I: *Primera álgebra de magnitudes* (álgebra diádica)

$$a\ U - b\ U = [a + (-b)]\ U = (a - b)\ U \qquad [8.1]$$

Con esta definición se reduce la sustracción concreta o diádica escalar a la de R y, como apuntamos para la adición, el mismo signo de resta con el guion se utiliza con significados diferentes, porque en [8.1] el menos de $a\ U - b\ U$ se refiere a la sustracción de díadas escalares y el menos de $(a-b)\ U$ señala la sustracción de números reales.

A su vez, **la resta o sustracción de dos díadas vectoriales** cualesquiera $\overline{a}\ U$ y $\overline{b}\ U$ queda definida como la escalar con la aplicación de $\{R^3, U\} \times \{R^3, U\}$ en $\{R^3, U\}$ tal que, como la adición, asume que se restan cantidades uniformes referidas a la misma unidad, porque opera como ley de composición interna sobre el conjunto de los concretos vectoriales $\{R^3, U\}$, y ello de acuerdo con la ecuación de definición:

$$\overline{a}\ U - \overline{b}\ U = [\overline{a} + (-\overline{b})]\ U = (\overline{a} - \overline{b})\ U \qquad [8.2]$$

Aquí también hay que notar, como apreciamos en la adición, que las definiciones son tales que la abreviatura o símbolo de la unidad se comporta a efectos de escritura formal con la propiedad distributiva, como si el símbolo unitario fuese un elemento algebraico más.

Por tanto, deben advertirse los diferentes significados que corresponden al mismo signo con que se indican las distintas operaciones, según los elementos entre los que se sitúe, por lo que los significados precisos de las definiciones [8.1] y [8.2] deben entenderse como los de las ecuaciones exactas, que diferencian las leyes de composición y que se podrían escribir con «⊖» para las diferencias diádicas escalar o vectorial, así como «−» para las restas de escalares o de vectores, de esta manera:

$$a\ U \ominus b\ U = [a + (-b)]\ U = (a - b)\ U \qquad [8.3]$$

$$\overline{a}\ U \ominus \overline{b}\ U = [\overline{a} + (-\overline{b})]\ U = (\overline{a} - \overline{b})\ U \qquad [8.4]$$

Como ya hemos indicado, con el símbolo $-b$ se denota el número real opuesto de b, y con $-\overline{b}$ el vector opuesto de $\overline{b}$.

Parte I: *Primera álgebra de magnitudes* (álgebra diádica)

La resta diádica se puede deducir a partir de la adición y en función del criterio genérico de sustracción. Para ello, consideremos la suma escalar siguiente:

$$d\ U \oplus s\ U = m\ U \qquad [8.5]$$

Simplemente se ha adaptado la simbología de la adición para indicar con las letras m a un minuendo, s a un sustraendo y d para la diferencia que les corresponda. El criterio usual de sustracción, como operación que, dada una adición, permite obtener uno de los sumandos en función de la suma y del otro sumando, autoriza a establecer la diferencia diádica, distinguida con el signo «$\ominus$», mediante la ecuación:

$$m\ U \ominus s\ U = d\ U \qquad [8.6]$$

La definición [5.3] de adición diádica aplicada a [8.5], nos permite escribir:

$$(d+s)\ U = m\ U \qquad [8.7]$$

El criterio de igualdad del apartado IV aplicado a la expresión [8.7] nos proporciona la relación $(d+s)=m$, y la sustracción en R nos lleva a escribir $d=m-s$. De modo que, sustituyendo d en [8.6], se tiene:

$$m\ U \ominus s\ U = (m-s)\ U \qquad [8.8]$$

La conclusión [8.8] es idéntica a la definición [8.1], y significa que la diferencia diádica entre dos concretos escalares, llamados minuendo y sustraendo, es un concreto llamado diferencia cuyo primario es la sustracción en R de los primarios y con el mismo secundario que ellos.

El razonamiento para la sustracción de díadas vectoriales es completamente análogo al anterior con escalares, dada la estructura de grupo aditivo y abeliano de R^3, que presenta las mismas propiedades formales para la suma de vectores que se dan con los números reales.

Apartado IX
DEFINICIÓN DE MULTIPLICACIÓN DE UN ESCALAR POR UNA DÍADA

Si una cantidad $a\ U$ o (a, U) de cierta magnitud escalar, del conjunto de los concretos uniformes $\{R, U\}$, se multiplica por un número real p, por definición, vamos a establecer que el resultado es una díada tal que su medida o primario es el producto real $a \times p$. De momento usaremos el mismo signo de multiplicación para la nueva operación, pero sabiendo que no es el producto de números reales, sino la multiplicación de un escalar por una cantidad de magnitud. Luego detallaremos una simbología propia para poner de manifiesto la diferencia entre estas dos operaciones. En términos analíticos la definición de este producto es:

$$(a\ U) \times p = (a \times p)\ U \qquad [9.1]$$

Si en el producto $(a\ U) \times p$ se conmutan sus factores para formar la multiplicación $p \times (a\ U)$, hemos de establecer por definición conveniente que ambas cantidades coinciden, por lo que se puede admitir axiomáticamente la **propiedad conmutativa** del producto de un número real por un concreto escalar, expresándola analíticamente mediante la expresión:

$$(a\ U) \times p = p \times (a\ U) \qquad [9.2]$$

En interés de la precisión matemática no está de más aclarar que la definición del producto de un escalar por un concreto, definida aquí analíticamente con las ecuaciones de definición [9.1] y [9.2], no representan sino una ley de composición externa o aplicación del producto cartesiano $R \times \{R, U\}$ en $\{R, U\}$ por la izquierda y la simétrica por la derecha de $\{R, U\} \times R$ en $\{R, U\}$.

Tendría que resultar ocioso ya recordar que el mismo signo de multiplicación, generalmente el aspa «×» o un espacio en blanco, se utilizan para simbolizar leyes de composición diferentes, según cuáles sean las parejas de elementos entre los que aparezcan. No obstante, precisémoslo: indicando «×» el producto de R, designando «•» el producto de un escalar por un vector, y señalando con el signo «∘» el producto de un número real por un elemento diádico escalar o vectorial, las definiciones [9.1] y [9.2] deben interpretarse conforme a las expresiones explícitas:

$$(a\ U)\circ p = p\circ(a\ U) = (a\times p)\ U = (p\times a)\ U$$
$$(\overline{a}\ U)\circ p = p\circ(\overline{a}\ U) = (\overline{a}\bullet p)\ U = (p\bullet\overline{a})\ U$$

Asimismo, se observa que las definiciones anteriores permiten manipular simbólicamente la unidad U como si fuese un elemento algebraico más, tal que formalmente en la escritura y junto a los otros elementos aparentan ser conmutativos y asociativos, aunque las operaciones en cada miembro sean distintas.

Multiplicando el elemento nulo de R o cero por cualquier concreto escalar $a\ U$ de $\{R, U\}$, se tendrá:

$$0\circ(a\ U) = (a\ U)\circ 0 = (0\times a)\ U = (a\times 0)\ U = 0\ U$$

Es decir, que cualquier concreto de $\{R, U\}$ multiplicado por el escalar cero, $0 \in R$, elemento nulo de la adición en R, por la derecha y por la izquierda, es igual al elemento nulo $0\ U \in \{R, U\}$.

A su vez, el elemento unidad para la multiplicación de R, que usualmente se simboliza con el número 1, es tal que compuesto con esta nueva ley externa, deja inalterado cualquier concreto escalar, lo que podemos comprobar sin más que tomar el genérico $a\ U$ y componerlo con la unidad de R, de acuerdo con el razonamiento que se fundamenta en [9.1], [9.2] y en la condición del 1 como elemento unitario del producto en R, que es tal que $a\times 1 = 1\times a = a$, todo lo cual motiva el siguiente razonamiento:

$$1\circ(a\ U) = (a\ U)\circ 1 = (1\times a)\ U = (a\times 1)\ U = a\ U$$

De modo que, en efecto, la unidad $1 \in R$ del grupo multiplicativo R, es tal que opera como escalar unitario para la ley externa «∘» de $R\times\{R, U\}$ en $\{R, U\}$ o $\{R, U\}\times R$ en $\{R, U\}$.

A su vez, para las díadas vectoriales uniformes de $\{R^3, U\}$, la multiplicación por un escalar «∘» debe referirse a la ley externa «•» del espacio vectorial R^3 o V^3 sobre R, con la definición que presenta la misma forma de [9.1] y [9.2], aunque con el significado propio de esta estructura algebraica:

$$(\overline{a}\ U) \circ p = (\overline{a} \bullet p)\ U \qquad [9.3]$$

$$(\overline{a}\ U) \circ p = p \circ (\overline{a}\ U) \qquad [9.4]$$

Estas ecuaciones de definición representan una ley de composición externa «∘» o aplicación del producto cartesiano $R \times \{R^3, U\}$ en $\{R^3, U\}$ por la izquierda y de $\{R^3, U\} \times R$ en $\{R^3, U\}$ por la derecha, definida en función de la ley externa «•» de R^3 o V^3 sobre R. La estructura de espacio vectorial de R^3 garantiza que para los elementos nulo y unidad de R se tenga que es $0 \bullet \overline{a} = \overline{a} \bullet 0 = \overline{0}$, siendo $\overline{0}$ el vector nulo de la adición vectorial en R^3, y $1 \bullet \overline{a} = \overline{a} \bullet 1 = \overline{a}$, siendo 1 el elemento unidad de la multiplicación en R, por lo que también aquí se tienen las mismas propiedades deducidas para las díadas escalares, de acuerdo con los siguientes esquemas ilativos:

$$0 \circ (\overline{a}\ U) = (\overline{a}\ U) \circ 0 = (0 \bullet \overline{a})\ U = = (\overline{a} \bullet 0)\ U = \overline{0}\ U$$

$$1 \circ (\overline{a}\ U) = (\overline{a}\ U) \circ 1 = (1 \bullet \overline{a})\ U = (\overline{a} \bullet 1)\ U = \overline{a}\ U$$

Una vez definida esta operación, ya estamos en condiciones de completar el **criterio de igualdad diádica** del apartado IV. Sean dos díadas iguales $(a_1\ U_1) = (a_2\ U_2)$, el axioma de continuidad garantiza que exista $k \in R$ tal que $U_1 = k \circ U_2$. Notemos que la cantidad U_1 es la forma abreviada de la díada $(1\ U_1)$ y la U_2 es la misma cantidad que $(1\ U_2)$, por lo que tenemos:

$$U_1 = (1\ U_1) = k \circ U_2 = k \circ (1\ U_2) = (k\ U_2)$$

$$(a_1\ U_1) = a_1 \circ (1\ U_1) = a_1 \circ (k\ U_2) = [(a_1 \times k)\ U_2] = (a_2\ U_2)$$

Y así, el criterio de igualdad de díadas uniformes, que exige la igualdad de los primarios, nos da $a_2 = a_1 \times k$. Por tanto, admitiendo por axioma que toda igualdad diádica $(a_1\ U_1) = (a_2\ U_2)$ requiere homogeneidad, es decir, que las díadas iguales han de referirse a la misma magnitud, puesto que el axioma de continuidad garantiza que exista k tal que $U_1 = k \circ U_2$, resulta que los primarios diádicos han de satisfacer a su vez que $a_2 = a_1 \times k$. Por lo tanto, si dos díadas son iguales, la razón diádica de las unidades o secundarios, que definiremos con precisión en el apartado XI y que aquí deducimos por intuición, es la inversa de la razón aritmética de las medidas o primarios.

Utilicemos a continuación para mayor claridad la notación diádica con coma interior. **La definición de multiplicación por un escalar permite escribir** $(a, U) = a \circ (1, U) = a \circ U$, **luego,** $(a, U) = a \circ U$. Debemos preguntarnos qué le ocurre a una díada (a, U) cuando su unidad se multiplica por un número p. Tenemos:

$$(a, p \circ U) = a \circ (1, p \circ U) = a \circ (p \circ U) = a \circ (p, U) = (a \times p, U)$$

Es decir, que si el secundario de una díada (a, U) se multiplica por un número p, la díada resultante es $(a \times p, U)$, que es la misma que se obtiene al aplicar la definición de producto por un escalar. Conque podemos concluir la siguiente propiedad: **en el producto de una díada por un escalar resulta indiferente multiplicar su primario o su secundario por dicho número.**

Dicho con otras palabras, cuando en una díada se multiplica solo el primario o solo el secundario por un número, la cantidad de magnitud queda multiplicada por ese mismo número. Esta propiedad nos será útil posteriormente para razonamientos con la **división diádica homogénea** y cuando lleguemos a formular las **clases de equivalencia** de cantidades de cualquier magnitud.

Definido el producto exterior de un número p por una díada (a, U) con la expresión $p \circ (a, U) = (p \times a, U)$, basta tomar $(p \times a, U)$ como dividendo, p como divisor y (a, U) como cociente para tener definida la división de una díada por un número, dando por resultado un cociente diádico. Es inmediato observar que **la díada del cociente tiene por primario el cociente numérico entre el primario del dividendo y el número del divisor.** A su vez, observamos que la división de una díada por un número da como cociente otra díada uniforme con la primera del dividendo.

Apartado X

PROPIEDADES DISTRIBUTIVAS DE LA MULTIPLICACIÓN DIÁDICA POR UN ESCALAR

Dados el escalar o número real p de R y los concretos escalares $a\ U$ y $b\ U$ de $\{R, U\}$, compongamos la díada $p \circ (a\ U \oplus b\ U)$ por la izquierda, idéntico razonamiento se tendría para el producto por la derecha. Diferenciemos los signos de cada operación. La definición de adición concreta escalar [5.3] permitirá escribir:

$$p \circ (a\ U \oplus b\ U) = p \circ [(a+b)\ U] \qquad [10.1]$$

La definición del producto de un escalar por una díada, descrita por [9.3] y [9.4], permite transformar el segundo miembro de la anterior expresión:

$$p \circ [(a+b)\ U] = [p \times (a+b)]\ U$$

La propiedad distributiva del producto respecto de la suma en R es $p \times (a+b) = (p \times a) + (p \times b)$, lo que autoriza la conversión:

$$[p \times (a+b)]\ U = [(p \times a) + (p \times b)]\ U$$

La definición de adición concreta [5.3] propicia descomponer el segundo miembro en dos sumandos:

$$[(p \times a) + (p \times b)]\ U = (p \times a)\ U \oplus (p \times b)\ U \qquad [10.2]$$

En conclusión, el primer miembro de la igualdad [10.1] es igual al segundo miembro de [10.2], resultando la forma escrita de la propiedad distributiva del producto por la izquierda de un escalar respecto de la adición diádica:

$$p \circ (a\ U \oplus b\ U) = (p \times a)\ U \oplus (p \times b)\ U$$

Y mediante un razonamiento completamente similar, se concluye también la propiedad distributiva por la derecha:

$$(a\ U \oplus b\ U) \circ p = (a \times p)\ U \oplus (b \times p)\ U$$

Como en R son $p \times a = a \times p$ y $p \times b = b \times p$, verificamos la igualdad $p \circ (a\ U \oplus b\ U) = (a\ U \oplus b\ U) \circ p$, en coherencia con el axioma de conmutatividad [9.2].

Para comprobar que también se verifica la recíproca, tomemos dos escalares p y q de R, y una díada $a\ U$ de $\{R, U\}$. Compongamos la díada $(p+q) \circ (a\ U)$. Por definición de esta ley externa con [9.1] y [9.2] o sus explícitas [9.3] y [9.4], tendremos por la izquierda y análogamente resultará por la derecha:

$$(p+q) \circ (a\ U) = [(p+q) \times a]\ U \qquad [10.3]$$

La propiedad distributiva en R, con $(p+q) \times a = (p \times a) + (q \times a)$, justifica dar el siguiente paso lógico y escribir:

$$[(p+q) \times a]\ U = [(p \times a) + (q \times a)]\ U$$

La definición de adición de concretos [5.3] motiva el paso a la siguiente línea de razonamiento:

$$[(p \times a) + (q \times a)]\ U = (p \times a)\ U \oplus (q \times a)\ U \qquad [10.4]$$

Por tanto, el primer miembro de la expresión [10.3] que inicia el razonamiento es igual al segundo de la última [10.4], reflejando la propiedad distributiva recíproca por la izquierda:

$$(p+q) \circ (a\ U) = (p \times a)\ U \oplus (q \times a)\ U$$

Idéntico esquema se presenta para la recíproca por la derecha, con el resultado:

$$(a\ U) \circ (p+q) = (a \times p)\ U \oplus (a \times q)\ U$$

Como en R son $p \times a = a \times p$ y $q \times a = a \times q$, comprobamos la igualdad $(p+q) \circ (a\ U) = (a\ U) \circ (p+q)$, en coherencia con el axioma [9.2] de la conmutatividad.

Mediante un esquema de razonamiento totalmente análogo aplicado a la definición de sustracción concreta dada por la simplificada [8.1] o su explícita [8.3] se llega a las propiedades distributivas del producto por un escalar respecto a las restas diádica y real, por la izquierda y por la derecha, que se pueden expresar mediante las cuatro ecuaciones siguientes:

$$p \circ (a\ U \ominus b\ U) = (p \times a)\ U \ominus (p \times b)\ U$$

$$(p-q) \circ (a\ U) = (p \times a)\ U \ominus (q \times a)\ U$$

$$(a\ U \ominus b\ U) \circ p = (a \times p)\ U \ominus (b \times p)\ U$$

$$(a\ U) \circ (p-q) = (a \times p)\ U \ominus (a \times q)\ U$$

Aun a riesgo de hacernos pesados, debe observarse nuevamente que, por economía simbólica, es usual escribir las expresiones con los mismos símbolos de multiplicación, adición y sustracción, para referirse indistintamente a las respectivas leyes de composición en R y en $\{R, U\}$, por lo que, en función de las posiciones de tales signos entre los pares compuestos, habrá que atribuirles los significados adecuados. Con tal principio de economía simbólica, las ecuaciones deducidas antes quedarían simplificadas así:

$$p \times (a\ U + b\ U) = (p \times a)\ U + (p \times b)\ U$$

$$(p+q) \times (a\ U) = (p \times a)\ U + (q \times a)\ U$$

$$(a\ U + b\ U) \times p = (a \times p)\ U + (b \times p)\ U$$

$$(a\ U) \times (p+q) = (a \times p)\ U + (a \times q)\ U$$

$$p \times (a\ U - b\ U) = (p \times a)\ U - (p \times b)\ U$$

$$(p-q) \times (a\ U) = (p \times a)\ U - (q \times a)\ U$$

$$(a\ U - b\ U) \times p = (a \times p)\ U - (b \times p)\ U$$

$$(a\ U) \times (p-q) = (a \times p)\ U - (a \times q)\ U$$

Para las díadas vectoriales de $\{R^3, U\}$, mediante un esquema lógico idéntico, aunque con base en la definición de adición de concretos vectoriales [5.2] o su explícita [5.4] y en la propiedad distributiva, que garantiza la propia estructura del espacio vectorial R^3, tendremos las mismas ecuaciones formales que para los concretos escalares, por la izquierda y por la derecha, aunque ahora referidas a las díadas vectoriales. Con todas las operaciones explícitas tendremos:

Parte I: *Primera álgebra de magnitudes* (álgebra diádica)

$$p \circ (\overline{a}\ U \oplus \overline{b}\ U) = (p \bullet \overline{a})\ U \oplus (p \bullet \overline{b})\ U$$

$$(p+q) \circ (\overline{a}\ U) = (p \bullet \overline{a})\ U \oplus (q \bullet \overline{a})\ U$$

$$p \circ (\overline{a}\ U \ominus \overline{b}\ U) = (p \bullet \overline{a})\ U \ominus (p \bullet \overline{b})\ U$$

$$(p-q) \circ (\overline{a}\ U) = (p \bullet \overline{a})\ U \ominus (q \bullet \overline{a})\ U$$

$$(\overline{a}\ U \oplus \overline{b}\ U) \circ p = (\overline{a} \bullet p)\ U \oplus (\overline{b} \bullet p)\ U$$

$$(\overline{a}\ U) \circ (p+q) = (\overline{a} \bullet p)\ U \oplus (\overline{a} \bullet q)\ U$$

$$(\overline{a}\ U \ominus \overline{b}\ U) \circ p = (\overline{a} \bullet p)\ U \ominus (\overline{b} \bullet p)\ U$$

$$(p-q) \circ (\overline{a}\ U) = (p \bullet \overline{a})\ U \ominus (q \bullet \overline{a})\ U$$

Y, aplicando el principio de economía simbólica, aparecen correlativas las mismas expresiones simplificadas:

$$p \times (\overline{a}\ U + \overline{b}\ U) = (p \times \overline{a})\ U + (p \times \overline{b})\ U$$

$$(p+q) \times (\overline{a}\ U) = (p \times \overline{a})\ U + (q \times \overline{a})\ U$$

$$p \times (\overline{a}\ U - \overline{b}\ U) = (p \times \overline{a})\ U - (p \times \overline{b})\ U$$

$$(p-q) \times (\overline{a}\ U) = (p \times \overline{a})\ U - (q \times \overline{a})\ U$$

$$(\overline{a}\ U + \overline{b}\ U) \times p = (\overline{a} \times p)\ U + (\overline{b} \times p)\ U$$

$$(\overline{a}\ U) \times (p+q) = (\overline{a} \times p)\ U + (\overline{a} \times q)\ U$$

$$(\overline{a}\ U - \overline{b}\ U) \times p = (\overline{a} \times p)\ U - (\overline{b} \times p)\ U$$

$$(p-q) \times (\overline{a}\ U) = (p \times \overline{a})\ U - (q \times \overline{a})\ U$$

En todo caso, aunque las operaciones de los primeros y segundos miembros no coinciden, queda justificado manipular todos los elementos, incluido el unitario U, con la ficción de que todos sean términos algebraicos de R o de R^3, aunque realmente U no lo sea, y ello en base a las definiciones y propiedades de estas leyes externas, no porque la ilusión de la mera simbología de las fórmulas simplificadas lo justifique en modo alguno.

Apartado XI
DEFINICIÓN DE DIVISIÓN ENTRE DÍADAS HOMOGÉNEAS

Abordemos en primer lugar el cociente entre dos unidades homogéneas, y recordemos que las unidades son siempre concretos escalares. Para ello, sean las unidades homogéneas U_1 y U_2 de una misma magnitud, el axioma de continuidad [4.3] permite asegurar que exista el número real k tal que $U_2 = k\ U_1$. La definición simbólica [3.1] de concreto escalar determina que esta expresión signifique lo mismo que esta: $(1\ U_2) = k \times (1\ U_1)$. Obsérvese que realmente dicha multiplicación es la diádica simbolizada con «∘», dada por $(1\ U_2) = k \circ (1\ U_1)$. El concepto común de división permite considerar en abstracto que $(1\ U_2)$ se asocie a un dividendo, que $(1\ U_1)$ sea un divisor y que k sea un cociente, y así se podrá considerar que la división entre $(1\ U_2)$ y $(1\ U_1)$, que nada impide simbolizar con la forma de un cociente con doble barra $(1\ U_2)/\!/(1\ U_1)$, o lo que significaría lo mismo $U_2/\!/U_1$, resultará igual a un cociente k, que es un número real. De ello podemos concluir que la razón o división entre dos unidades homogéneas siempre ha de ser igual a un número real. Si las unidades fuesen la misma, se tendría que k es la unidad de R, es decir, el cociente de toda unidad entre sí misma será la unidad real, lo que justifica la manera de operar simplificando los símbolos de las unidades que aparecen en el numerador y el denominador de las ecuaciones físicas. Observamos así que es en el axioma de continuidad [4.3] donde se halla el germen de la definición de división de unidades homogéneas.

Para practicar, razonemos con economía simbólica y tomemos ahora dos concretos escalares homogéneos $a_1\ U_1$ y $a_2\ U_2$, sabemos que existe k tal que $U_2 = k\ U_1$, de modo que el concreto $a_2\ U_2$, dada la definición [3.1] de concreto escalar, se podrá escribir así:

Parte I: *Primera álgebra de magnitudes* (álgebra diádica)

$$a_2\ U_2 = a_2 \times (1\ U_2) = a_2 \times (k\ U_1) = (a_2 \times k)\ U_1$$

Multiplicando la igualdad por a_1 y, operando con el producto [9.1] y [9.2] por un escalar y las leyes de R, se tendrá:

$$a_1 \times (a_2\ U_2) = a_1 \times [(a_2 \times k)\ U_1] = (a_1 \times a_2 \times k)\ U_1 = (a_2 \times k)(a_1\ U_1)$$

Multiplicando ahora por a_1^{-1}, sabiendo que $a_1 \times a_1^{-1} = a_1^{-1} \times a_1 = 1$, porque estos entes son elementos de R, tendremos:

$$(a_2\ U_2) = (a_1^{-1} \times a_2 \times k)(a_1\ U_1)$$

Imaginando que $(a_2\ U_2)$ sea un dividendo y $(a_1\ U_1)$ un divisor, el cociente entre ambos, que se puede simbolizar con la notación común $(a_2\ U_2)/(a_1\ U_1)$, vendrá dado por el número real que resulte de la operación del segundo miembro de [11.1]:

$$\frac{a_2\ U_2}{a_1\ U_1} = a_1^{-1} \times a_2 \times k = \frac{a_2}{a_1} \times k \qquad [11.1]$$

Lo que significa que el cociente entre dos díadas escalares homogéneas cualesquiera es el número real dado por el último miembro de la ecuación de definición [11.1].

Para concretos vectoriales hemos de advertir que el álgebra vectorial es tal que la multiplicación por un escalar relaciona vectores colineales, por lo que la división concreta, solo será posible cuando los primarios de dividendo y divisor sean a su vez colineales. De modo que sean ahora los concretos vectoriales $\overline{a}_1\ U_1$ y $\overline{a}_2\ U_2$, tales que los vectores $\overline{a}_1$ y $\overline{a}_2$ sean colineales y que las unidades U_1 y U_2 sean homogéneas. Como en el caso anterior de concretos escalares, la homogeneidad supone que exista k tal que $U_2 = k\ U_1$. A su vez, el álgebra vectorial asegura que exista un escalar λ tal que $\overline{a}_2 = \lambda \times \overline{a}_1$. Operando con el álgebra vectorial y sirviéndonos de la definición [9.3] y [9.4] de producto concreto por un escalar, podremos escribir con plena justificación el siguiente razonamiento:

$$\overline{a}_2\ U_2 = (\lambda \times \overline{a}_1)(k\ U_1) = [(\lambda \times \overline{a}_1) \times k]\ U_1 =$$

$$=[(\lambda\times k)\times\overline{a}_1]\ U_1=(\lambda\times k)\times(\overline{a}_1\ U_1)$$

Observando el primer y el último miembro, de acuerdo con el criterio usual de división, podemos asumir que $(\overline{a}_2\ U_2)$ sea un dividendo, que $(\overline{a}_1\ U_1)$ sea un divisor y que $(\lambda\times k)$ sea un cociente. Con ello, llegaremos a la formulación de división entre concretos vectoriales colineales y homogéneos, que con la simbología usual quedará establecida mediante la siguiente ecuación de definición:

$$\frac{\overline{a_2\ U_2}}{\overline{a_1\ U_1}} = \lambda\times k \qquad [11.2]$$

De modo que, por definición, el cociente de dos concretos vectoriales colineales es el escalar $(\lambda\times k)\in\mathbb{R}$.

Este apartado lo hemos desarrollado y razonado con intención teniendo en cuenta el principio de economía simbólica, sin diferenciar explícitamente las operaciones homónimas de multiplicación y división, por lo que, en rigor, las divisiones [11.1] y [11.2] deberían escribirse con su propio signo de cociente diádico, para el que al principio habíamos elegido la doble barra, con lo que explícitamente dichas ecuaciones deberían entender así:

$$\frac{a_2\ U_2}{\overline{\overline{a_1\ U_1}}} = \frac{a_2}{a_1}\times k$$

$$\frac{\overline{a_2\ U_2}}{\overline{\overline{a_1\ U_1}}} = \lambda\times k$$

Estas expresiones justifican la simplificación de las unidades en numerador y denominador, de modo que la razón diádica de dos cantidades homogéneas dará como resultado siempre un número real determinado. Por otra parte, es posible concebir otras dos divisiones diádicas, que señalaremos también con doble raya, aunque se trate de leyes de composición diferentes: las que corresponden a un dividendo diádico, escalar o vectorial, dividido entre un divisor que sea un número real. Basta observar las ecuaciones anteriores para deducir estas otras dos, que relacionan todos los elementos de la división de una díada escalar por un número real y la división de una díada vectorial por un número real, de acuerdo con las dos ecuaciones siguientes:

$$\frac{a_2 \, U_2}{\dfrac{a_2}{a_1} \times k} = a_1 \, U_1 \qquad [11.3]$$

$$\frac{\overline{a}_2 \, U_2}{\lambda \times k} = \overline{a}_1 \, U_1 \qquad [11.4]$$

Por tanto, la división de una díada escalar por un número real produce otra díada escalar, pero no una cualquiera, sino la establecida por la ecuación [11.3]. A su vez, la división de una díada vectorial entre un número real dará lugar a otra díada vectorial colineal tal que verifique la ecuación [11.4].

Siguiendo con la compleción del **criterio de igualdad diádica**, para indicar que dos cantidades de la misma magnitud $(a_1 \, U_1)$ y $(a_2 \, U_2)$ son iguales, escribiremos $(a_1 \, U_1) = (a_2 \, U_2)$. Los paréntesis son superfluos, pero los especificamos para marcar bien los pares diádicos. Por la multiplicación escalar antes definida podremos escribir $(a_2 \, U_2) = 1 \circ (a_2 \, U_2)$, con lo cual $(a_1 \, U_1) = 1 \circ (a_2 \, U_2)$. Y en esta igualdad podemos definir $(a_1 \, U_1)$ como dividendo, $(a_2 \, U_2)$ como divisor y 1 como cociente, respecto de la multiplicación «∘», lo que podemos notar $(a_1 \, U_1) /\!/ (a_2 \, U_2) = 1$. Puesto que esta operación la hemos llamado división diádica homogénea, tendremos que el cociente diádico de dos díadas iguales, representativas de la misma cantidad de cierta magnitud, es la unidad de los números reales.

Al final del artículo 7 del apartado XXVIII se desarrolla con mayor precisión algebraica la equivalencia diádica y sus clases, así como las relaciones de orden total «menor o igual que» y «menor que» en el conjunto M = {m} de todas las cantidades m de cualquier magnitud.

Apartado XII
DEFINICIÓN DE MULTIPLICACIÓN DIÁDICA DE CONCRETOS ESCALARES

Así como la adición de díadas se define como una ley interna, veremos que la geometría nos enseña que la multiplicación debe concebirse como **ley externa generatriz**. Para fundamentar este concepto comenzaremos refiriéndonos al experimento geométrico de las áreas y de los volúmenes, descrito en la figura 1, que nos revela cómo la multiplicación de longitudes definida por la geometría métrica da lugar a dos nuevas magnitudes, la superficie y el volumen, según que los factores multiplicados sean dos longitudes o tres, respectivamente[5].

Observamos que, si se toman dos longitudes $a\ U_1$ y $b\ U_2$, donde U_1 y U_2 sean dos unidades cualesquiera de longitud, y cuyas medidas a y b sean números enteros, es decir, a y $b \in Z$, formando con ambas longitudes un rectángulo abstracto sin escala de base $a\ U_1$ y altura $b\ U_2$, la magnitud que llamamos área o superficie del rectángulo así formado quedaría expresada como un concreto escalar igual a $a \times b$ veces el área de un rectángulo elemental de base la unidad U_1 y de altura la unidad U_2, lo que se indicaría con la forma diádica $(a \times b)\ (U_1 \times U_2)$. Esta operación geométrica se denomina multiplicación de longitudes, y observamos de inmediato que no se corresponde con la noción algebraica clásica de tantas veces el multiplicando como indique el multiplicador, que reduciéndose a una adición, exigiría homogeneidad en ambos factores, es decir, deberían estar referidos a la misma unidad, y a

---

[5] Si el lector no estuviera familiarizado con la multiplicación geométrica de segmentos, o lo que es igual, de longitudes, puede consultar el desarrollo detallado de este tema en la «Lección 32» de *Matematizar 1* y en la «Lección 3» de *Matematizar 3*, ambas publicaciones del temario del mismo autor.

Experimento geométrico de las áreas

Dadas dos longitudes expresadas en la misma unidad U, si se forma un **rectángulo abstracto sin escala** con sus partes numéricas, se observa que, dividiéndolo en cuadrados ideales de lado la unidad, el número de éstos resulta igual al producto de las medidas de las longitudes dadas respecto de la unidad. Esta observación de la geometría permite definir el producto de dos longitudes $a\ U$ y $b\ U$ o dos números concretos con la misma unidad, interpretándola como un área que se simboliza:

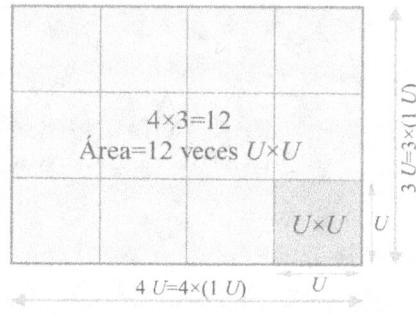

$$a\ U \times b\ U = (a \times b)\ (U \times U) = (a \times b)\ U^2$$

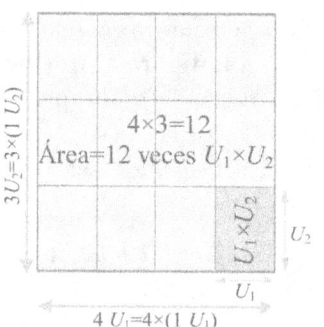

A la izquierda el caso en que las longitudes o concretos no se expresan en la misma unidad $a\ U_1$ y $b\ U_2$, en el rectángulo abstracto construido con ellas se observa que su producto se puede asociar a la magnitud denominada área, que queda medida por medio de rectángulos iguales a la unidad de área simbolizada $U_1 \times U_2$, justificándose la misma definición de producto:

$$a\ U_1 \times b\ U_2 = (a \times b)\ (U_1 \times U_2)$$

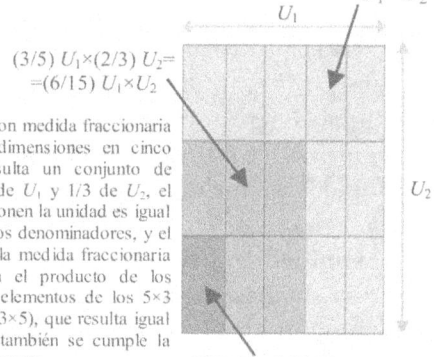

A la derecha el producto de dos longitudes con medida fraccionaria $(3/5)\ U_1 \times (2/3)\ U_2$. Dividiendo una de las dimensiones en cinco segmentos iguales y en tres la otra, resulta un conjunto de rectángulos iguales cuyos lados miden $1/5$ de U_1 y $1/3$ de U_2, el número de estos elementos iguales que componen la unidad es igual a $5 \times 3 = 15$, que coincide con el producto de los denominadores, y el número de elementos iguales que caben en la medida fraccionaria supuesta es de $3 \times 2 = 6$, que coincide con el producto de los numeradores; el área fraccionaria será 3×2 elementos de los 5×3 rectángulos totales, que es la fracción $(2 \times 3)/(3 \times 5)$, que resulta igual al producto $(3/5) \times (2/3) = 6/15$, conque aquí también se cumple la forma de la definición de la multiplicación concreta.

Figura 1

su vez el producto vendría dado también en esa misma unidad. Por el contrario, la multiplicación geométrica permite que las longitudes se expresen en unidades diferentes, a condición de que la unidad en que se mida el producto sea un rectángulo abstracto de dimensiones precisamente iguales a las unidades en que vengan expresados los factores o segmentos multiplicados.

Si las medidas de los segmentos viniesen dadas, en vez de con números enteros, con números racionales, las díadas $(p/q)\ U_1$ y $(r/s)\ U_2$, se observa igualmente que el área del rectángulo abstracto formado con ambas medidas también se puede expresar como el concreto escalar con parte numérica igual al producto de los racionales iniciales, según la definición de multiplicación de fracciones, que se corresponde con el número racional que tenga por numerador el producto de los numeradores y por denominador el producto de los denominadores, y ello como multiplicador del área del rectángulo unitario que tenga por base y altura las unidades dadas U_1 y U_2, lo que se expresaría analíticamente con la forma escrita $[(p \times r)/(q \times s)]\ (U_1 \times U_2)$.

En suma, dados dos segmentos o longitudes cualesquiera $a\ U_1$ y $b\ U_2$, formando con ellas un rectángulo abstracto y tomando como unidad de superficie el rectángulo unitario que tenga por dimensiones U_1 y U_2, que son las unidades de las longitudes multiplicadas, cuya área se escribirá, por definición, en forma del producto $U_1 \times U_2$, resulta que el área del rectángulo queda medida con el concreto escalar $(a \times b)\ (U_1 \times U_2)$.

Pues bien, este hecho geométrico sirve de fundamento para definir la multiplicación de longitudes, y por generalización axiomática, conceptúa también la **multiplicación de cantidades de magnitudes escalares** o **díadas** $a\ U_1$ y $b\ U_2$, no importa cuáles sean las unidades que a ellos estén asociadas, de acuerdo con la expresión analítica:

$$a\ U_1 * b\ U_2 = (a \times b)\ (U_1 * U_2) \qquad [12.1]$$

La ecuación de definición anterior simboliza una ley de composición externa del producto cartesiano $\{R, U_1\} \times \{R, U_2\}$ en $\{R, U_1 * U_2\}$. De modo que la multiplicación de concretos no opera sobre el mismo conjunto, como se tenía con la adición, que es una ley interna, sino que los tres conjuntos implicados en la multiplicación, en general, pueden ser distintos. Si las unidades de los concretos multiplicados coincidiesen, designándolas con la letra U, la ley externa generatriz de la multiplicación aplicaría el producto cartesiano $\{R, U\} \times \{R, U\}$ en $\{R, U * U\}$. El producto

$U*U$, por conveniencia simbólica, se representa por definición con la forma de potencia U^2, de modo que el conjunto $\{R, U*U\}$ se puede escribir también $\{R, U^2\}$. Y aquí ya vemos con claridad cómo surge la notación de los metros cuadrados m^2, o de los segundos al cuadrado s^2, o de cualquier otra unidad elevada al cuadrado U^2; con lo cual, queda explicada la incógnita que eminentes filósofos matemáticos de la talla de Fourier o Maxwell se preguntaban, tal como expusimos en el exordio, sobre cuál podría ser el sentido o motivación de la multiplicación y de las potencias de unidades o magnitudes físicas. A su vez, las división entre cantidades de magnitudes escalares cualesquiera y, por ende, entre unidades no homogéneas, también quedará descrita y justificada más adelante, en cuanto se la conciba como operación derivada de la multiplicación.

Al igual que con las anteriores definiciones sobre leyes de composición, hay que advertir aquí que el producto de $a\ U_1 *b\ U_2$ significa la multiplicación diádica recién definida, que el producto de $(a \times b)$ señala a la multiplicación de los números reales, y que el asterisco de $(U_1 * U_2)$ se refiere nuevamente a la multiplicación de díadas, en este supuesto como caso particular que multiplica las dos unidades, con el significado de $(U_1 * U_2) = (1\ U_1) * (1\ U_2)$.

Si en lugar de dos segmentos o longitudes pensamos en componer tres, $a\ U_1$, $b\ U_2$ y $c\ U_3$, donde U_1, U_2 y U_3 sean tres unidades de longitud, que pueden ser distintas, la multiplicación geométrica de segmentos se define como la composición de un paralelepípedo recto abstracto con las dimensiones de los tres segmentos. Observamos que resulta así un volumen determinado, que puede medirse en función del volumen de los paralelepípedos unitarios de dimensiones U_1, U_2 y U_3, que puede indicarse con la forma del producto $U_1 \times U_2 \times U_3$, con el significado de la nueva unidad de la magnitud volumen creada de este modo; pues bien, el volumen total quedará descrito por el producto real de la parte numérica de las longitudes multiplicadas, que es $a \times b \times c$, o número de veces que el volumen total comprende al volumen unitario abstracto o no especificado numéricamente $U_1 \times U_2 \times U_3$. En la figura 2 se representa un ejemplo numérico con longitudes que ilustra el razonamiento. Con lo cual, todo lo dicho se puede incluir en una formulación analítica, que define la multiplicación geométrica de tres cantidades de longitudes o segmentos y, generalizada en abstracto, de tres cantidades de magnitudes o concretos escalares cualesquiera, de acuerdo con la ecuación de definición siguiente:

Significado experimental del producto geométrico de tres longitudes, y por abstracción de tres magnitudes cualesquiera

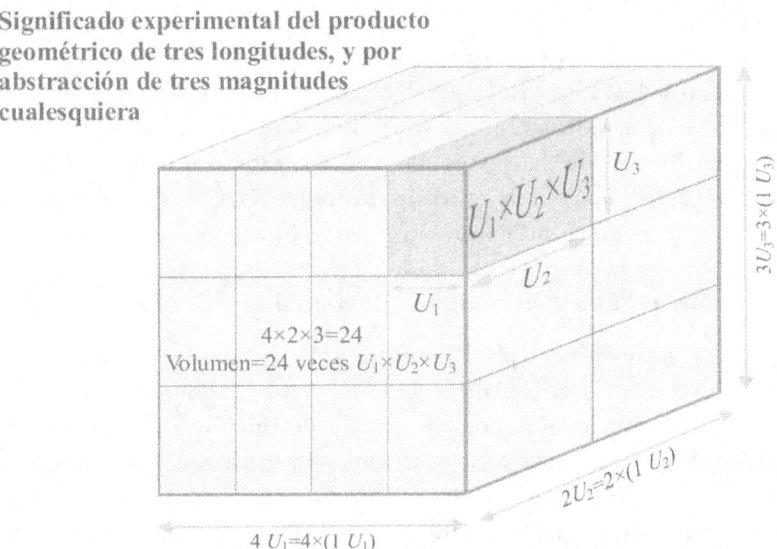

Dadas tres longitudes $4\,U_1$, $2\,U_2$ y $3\,U_3$, se puede formar con ellas un paralelepípedo recto abstracto sin escala y descomponerlo idealmente delimitando en cada arista la longitud simbólica que corresponda. Resultan así una serie de paralelepípedos con las mismas medidas unitarias ideales, por lo que son congruentes e iguales. La nueva magnitud que resulta de componer tres longitudes se denomina volumen, y el hecho de que el número de paralelepípedos elementales resulte igual a 24 permite referirse a la cantidad de volumen indicando que mide 24 veces uno de esos elementos, que nada impide simbolizar con la notación semejante a la algebraica $U_1 \times U_2 \times U_3$, escribiendo este resultado $24\,(U_1 \times U_2 \times U_3)$. Con ello, la operación de componer tres longitudes consistente en formar con ellas un paralelepípedo recto se puede denominar multiplicación de los números concretos iniciales dados por tres longitudes, y esta operación se simboliza $(4\,U_1) \times (2\,U_2) \times (3\,U_3) = (4 \times 2 \times 3)\,(U_1 \times U_2 \times U_3)$, resultando que la parte numérica es dada por $4 \times 2 \times 3 = 24$. De modo que, en general, se puede definir que multiplicar concretos es obtener otro concreto cuyo elemento numérico es el producto usual de las partes numéricas de los factores y cuya dimensión se expresa como producto de las unidades de los factores. Como los elementos unitarios quedan compuestos de la misma manera con independencia del orden en que se compongan las unidades de los factores, deben axiomatizarse las propiedades conmutativa y asociativa de la multiplicación concreta.

Figura 2

Parte I: *Primera álgebra de magnitudes* (álgebra diádica)

$$a\ U_1 * b\ U_2 * c\ U_3 = (a \times b \times c)\ (U_1 * U_2 * U_3) \qquad [12.2]$$

La ecuación [12.2] es la forma analítica de la ley de composición externa del producto cartesiano $\{R,U_1\} \times \{R,U_2\} \times \{R,U_3\}$ en $\{R,U_1 * U_2 * U_3\}$. De modo que la multiplicación de tres díadas, como cuando opera sobre dos, no actúa sobre el mismo conjunto, sino que los conjuntos relacionados por ella, en general, pueden ser distintos. Si las unidades de los concretos multiplicados coincidiesen, designándolas con la letra U, la **ley externa generatriz de la nueva magnitud** aplicaría el conjunto producto cartesiano $\{R,U\} \times \{R,U\} \times \{R,U\}$ en $\{R,U*U*U\}$. El término $U*U*U$, por conveniencia simbólica, se designa por definición con la forma de la potencia U^3, de modo que el conjunto $\{R,U*U*U\}$ se puede escribir también $\{R,U^3\}$. Y volvemos a apreciar con claridad cómo surge con coherencia matemática la notación de las nuevas unidades generadas, metros cúbicos m^3, segundos al cubo s^3, o cualquier otra unidad elevada al cubo U^3.

Para describir explícitamente sin economía simbólica la multiplicación diádica, diferenciamos con el signo asterisco «*» esta operación en las ecuaciones de definición [12.1] y [12.2]. Evitamos el carácter «⊗» para no confundirla con el producto tensorial. Tales definiciones proporcionan la motivación lógica para generalizar la definición del producto de concretos escalares con cualquier número n de factores y unidades U_1, U_2, hasta U_n; mediante una aplicación del producto cartesiano múltiple $\{R,U_1\} \times \{R,U_2\} \times \ldots \times \{R,U_n\}$ en $\{R,U_1 * U_2 * \ldots * U_n\}$, de modo que, dadas las díadas $a_1\ U_1$, $a_2\ U_2$, hasta $a_n\ U_n$, el producto diádico quedará definido por la ecuación genérica:

$$a_1\ U_1 * a_2\ U_2 * \ldots * a_n\ U_n =$$
$$= (a_1 \times a_2 \times \ldots \times a_n)\ (U_1 * U_2 * \ldots * U_n) \qquad [12.3]$$

La multiplicación del primer miembro «*» es la diádica, así como la que aparece entre las unidades U_i del segundo miembro; mientras que la multiplicación señalada con el signo del aspa «×» entre los números a_i simboliza el producto de los números reales. Si todas las unidades fuesen la misma, con $U_i = U$ para todo i, con la misma notación de potencias en K, se tendrá en este caso la siguiente expresión:

$$a_1 \, U * a_2 \, U * \ldots * a_n \, U = (a_1 \times a_2 \times \ldots \times a_n)(U * U * \ldots * U) =$$

$$= (a_1 \times a_2 \times \ldots \times a_n) \, U^n \text{ con } U^n = U * U * \ldots * U \text{ y } n \text{ factores}$$

Apartado XIII

PROPIEDADES CONMUTATIVA Y ASOCIATIVA DE LA MULTIPLICACIÓN DE DÍADAS ESCALARES

Teniendo en cuenta que el rectángulo abstracto que integra la unidad de la multiplicación de dos concretos ha de presentar geométricamente la misma cantidad de área tanto si se toma por base U_1 y altura U_2, como si la base se hace igual a U_2 y la altura a U_1, porque ambos rectángulos serán geométricamente congruentes y, por tanto, de igual área, está justificado **axiomatizar la conmutatividad de la multiplicación de unidades sean las que sean**:

$$U_1 * U_2 = U_2 * U_1 \qquad [13.1]$$

Y este axioma inevitable trae como consecuencia que el producto de dos díadas escalares cualesquiera resulte conmutativo. En efecto, dadas las díadas $a\ U_1$ y $b\ U_2$, la ecuación [12.1] de definición del producto explicitado es:

$$a\ U_1 * b\ U_2 = (a \times b)\ (U_1 * U_2) \qquad [13.2]$$

El axioma conmutativo [13.1] de las unidades y la propiedad conmutativa de la multiplicación en R de números reales permiten escribir:

$$(a \times b)\ (U_1 * U_2) = (b \times a)\ (U_2 * U_1)$$

La misma ecuación [12.1] de definición de la multiplicación justifica el siguiente paso lógico:

$$(b \times a)\ (U_2 * U_1) = b\ U_2 * a\ U_1 \qquad [13.3]$$

Resultando como conclusión que el primer miembro de [13.2] es igual al segundo miembro de [13.3], cuyo significado es el de la propiedad conmutativa de la multiplicación de concretos:

$$a\ U_1 * b\ U_2 = b\ U_2 * a\ U_1$$

Si en lugar de dos factores se tuvieran tres, habría que considerar que el paralelepípedo recto unitario abstracto formado con las unidades U_1, U_2 y U_3 deberá incluir la misma cantidad de volumen con independencia de cómo se ordenen sus aristas, porque todos ellos resultarán geométricamente congruentes e iguales; de modo que también aquí estamos obligados a axiomatizar que el producto concreto de tres unidades sea conmutativo, lo que se escribirá:

$$U_1 * U_2 * U_3 = U_1 * U_3 * U_2 = U_2 * U_1 * U_3 =$$
$$= U_2 * U_3 * U_1 = U_3 * U_1 * U_2 = U_3 * U_2 * U_1$$

Ello significa que las unidades puedan multiplicarse en cualquier orden, porque el producto diádico siempre representará la misma cantidad de la magnitud compuesta. Este axioma, asociado a la propiedad conmutativa de la multiplicación de números reales para cualquier número de factores, permite concluir, con la misma facilidad que para el producto de dos díadas, que en el caso de tres también se pueda afirmar la conmutatividad del producto diádico, sin importar el orden de las díadas multiplicadas. Y, generalizado en abstracto para cualquier número de factores, este fundamento geométrico nos autoriza a **postular que el producto diádico sea conmutativo cualesquiera que sean los factores diádicos multiplicados.**

Como es usual, entendiendo los paréntesis como un mandato de prioridad en las operaciones que agrupen, con los mismos fundamentos geométricos indicados, **la multiplicación de unidades debe axiomatizarse que sea asociativa**, lo que significa que las unidades se puedan asociar de cualquier modo en la multiplicación sin variar su producto:

$$U_1 * (U_2 * U_3) = (U_1 * U_2) * U_3 = U_1 * U_2 * U_3 \qquad [13.4]$$

Con lo que la propiedad asociativa general es inmediata. En efecto, sea el producto $a\ U_1 * (b\ U_2 * c\ U_3)$, por la definición descrita en [12.3], tendremos:

$$a\ U_1*(b\ U_2*c\ U_3)=$$
$$=a\ U_1*[(b\times c)\ (U_2*U_3)]=$$
$$=[a\times(b\times c)]\ [U_1*(U_2*U_3)] \qquad [13.5]$$

La propiedad asociativa del producto en R es $a\times(b\times c)=(a\times b)\times c$, con lo que, sustituyendo en [13.5] y teniendo en cuenta [13.4]:

$$[a\times(b\times c)]\ [U_1*(U_2*U_3)]=[(a\times b)\times c]\ [(U_1*U_2)*U_3]$$

La definición [12.3] de la multiplicación de entes concretos escalares permite escribir:

$$[(a\times b)\times c]\ [(U_1*U_2)*U_3]=$$
$$=[(a\times b)\ (U_1*U_2)]*c\ U_3=$$
$$=(a\ U_1*b\ U_2)*c\ U_3 \qquad [13.6]$$

Puesto que el primer miembro de [13.5] es igual al último de [13.6], resulta finalmente la propiedad asociativa de la multiplicación diádica de concretos escalares:

$$a\ U_1*(b\ U_2*c\ U_3)=(a\ U_1*b\ U_2)*c\ U_3$$

Por tanto, las díadas escalares se comportan con la forma asociativa en razón de la definición de multiplicación diádica y de sus propiedades, no porque deba admitirse de plano la validez de la lógica simbólica tradicional, cuya falta de fundamento previo es patente y radicalmente inaceptable, pues a todas luces consiste en un esquema no válido de razonamiento.

Apartado XIV
INEXISTENCIA DE ELEMENTOS UNIDAD NI INVERSO PARA LA MULTIPLICACIÓN DE DÍADAS ESCALARES

Dado un conjunto de díadas escalares asociadas a la unidad U, que simbólicamente hemos indicado con la notación $\{R,U\}$, sea 1 la unidad multiplicativa en R, cuya existencia está garantizada por la estructura de cuerpo del conjunto de los números reales; así que siempre será posible formar el concreto 1 U de $\{R,U\}$. Podría intuirse que la díada 1 U habría de ser el elemento unitario de la multiplicación de díadas homogéneas. Para comprobarlo tomemos otro elemento cualquiera a U de $\{R,U\}$, siendo a cualquier número de R. El producto entre ambos dará a U^2, porque la multiplicación a $U*1$ U, por la ecuación de definición [12.1] y la condición de elemento unitario en R, permiten escribir lo siguiente:

$$a\ U*1\ U=(a\times 1)\ (U*U)=a\ U^2$$

La propiedad conmutativa de la multiplicación concreta, seguida de los mismos dos fundamentos anteriores, nos llevan a hilar este razonamiento:

$$a\ U*1\ U=1\ U*a\ U=(1\times a)\ (U*U)=a\ U^2$$

Luego, en todo caso 1 U es tal que multiplicado diádicamente por cualquier díada a U da otra díada a U^2, con el mismo primario a, pero con distinto secundario, U en un caso y U^2 en el otro. Observando que U^2 es una unidad de otra magnitud diferente de la magnitud que corresponde a la unidad U, las díadas a U y a U^2 son diferentes y se puede afirmar que 1 U no es el elemento neutro o unidad de la multiplicación concreta definida sobre $\{R,U\}$. Es más, como esto sucedería con cualquier elemento de $\{R,U\}$, porque al multiplicarlo por a U siempre resultaría otra magnitud distinta medible en la unidad U^2, se puede concluir que no es posible encontrar ningún elemento de $\{R,U\}$ que se comporte como un típico elemento unitario. Insistimos, es así porque la multiplicación concreta o diádica es una ley externa generatriz que aplica el producto cartesiano $\{R,U\}\times\{R,U\}$ en $\{R,U^2\}$, y resulta que los elementos de $\{R,U^2\}$ son diferentes de los de $\{R,U\}$, porque sus partes unitarias son unidades de magnitudes diversas, conque ambos conjuntos son distintos y ello impide que se pueda verificar el comportamiento algebraico propio del concepto de elemento unitario.

Con el elemento inverso sucede algo análogo. Para todo concreto $a\ U$ no nulo, es decir, con $a\neq 0$, dada la estructura de cuerpo de R, existe el $a^{-1}\ U$, siendo a^{-1} el inverso de a para el producto de los reales. Se podría sospechar que la díada $a^{-1}\ U$ sea la inversa de $a\ U$, pero esa díada es tal que multiplicada diádicamente con la otra produce la díada $a\ U * a^{-1}\ U$. Conque, considerando la definición [12.1], sabiendo que en R es $a\times a^{-1}=1$, y teniendo en cuenta la propiedad conmutativa en la segunda cadena de igualdades, tenemos con facilidad el esquema de razonamiento de las dos líneas siguientes:

$$a\ U * a^{-1}\ U = (a\times a^{-1})\ (U * U) = 1\ U^2$$

$$a\ U * a^{-1}\ U = a^{-1}\ U * a\ U = (a^{-1}\times a)\ (U * U) = 1\ U^2$$

Como $1\ U$ es una díada de diferente magnitud que la $1\ U^2$, no pueden ser iguales y este resultado nos permite asegurar que $a^{-1}\ U$ no es el inverso para la multiplicación del concreto $a\ U$, porque U^2 es una unidad de cierta magnitud siempre distinta de la magnitud asociada a U. Y esto sucede no solo para la díada $a^{-1}\ U$, sino para cualquier otra, ya que al multiplicarla con $a\ U$ producirá en todo caso una cantidad de otra magnitud, a la que pertenece la unidad $U^2\neq U$, por lo que los secundarios siempre serán diferentes y nunca podrá aplicarse el criterio de igualdad diádica.

Lo anterior se refuerza con el hecho de que, como para esta ley de composición no existe elemento unitario, porque es ley externa generatriz, tampoco puede existir elemento inverso en el sentido estricto del álgebra ordinaria, dejando a salvo posibles innovaciones, porque no podrá multiplicarse cualquier díada por otra de modo que resulte un elemento que no existe.

A este mismo resultado se llega rápidamente de la forma siguiente: puesto que el conjunto $\{R,U\}$ es distinto del $\{R,U^2\}$, para la multiplicación diádica o aplicación de $\{R,U\}\times\{R,U\}$ en $\{R,U^2\}$, no se pueden encontrar en $\{R,U\}$ los elementos unidad ni inversos de cualquier díada de $\{R,U\}$, porque el producto de cualquier elemento de $\{R,U\}$ por otro elemento del mismo conjunto produce elementos de otro conjunto, es decir, que los factores pertenecen a una magnitud diferente de su multiplicación, por lo que no se les puede aplicar el criterio de igualdad diádica. En particular, no se pueden encontrar los elementos inversos U^{-1} de la unidad $U=(1,U)$. Así que las notaciones de unidades con exponentes negativos, tales como m^{-1}, kg^{-1} o s^{-1} son absurdas e inexistentes, salvo que se les dé el significado adecuado y coherente como divisores de la división diádica que se definirá más adelante. Como se comprobará oportunamente, esos símbolos, que no pueden asociarse racionalmente a ninguna cantidad de magnitud, han de tener como único significado algebraico coherente el de meras indicaciones de que las magnitudes indicadas con exponentes negativos forman parte del divisor de cierta unidad compuesta en forma de cociente, resultante de las leyes de composición del álgebra diádica.

Si esto es así para la multiplicación de díadas homogéneas, tanto más para los productos heterogéneos o aplicaciones de $\{R,U_1\}\times\{R,U_2\}$ en $\{R,U_1*U_2\}$, ya que en estos los tres conjuntos relacionados son distintos, por lo que están asociados a mediciones de magnitudes diferentes entre las que no se puede establecer la relación de igualdad.

De modo que la multiplicación de mediciones físicas o díadas escalares no puede satisfacer nunca las condiciones algebraicas de existencia de elementos unidad ni inverso, apartándose en este aspecto del isomorfismo con el cuerpo de los números reales.

Parte I: *Primera álgebra de magnitudes* (álgebra diádica)

Podría juzgarse que se ha dado un rodeo innecesario para demostrar la obvia inexistencia de elementos unitarios e inversos respecto de las multiplicaciones diádicas, pero hemos querido apuntalar al máximo este hecho, que por su carácter negativo presenta siempre una mayor resistencia probatoria, para refutar su vigente presumida existencia, dado que actualmente el Sistema Internacional de Unidades admite por mero convencionalismo que el conjunto de las magnitudes físicas tiene estructura de grupo multiplicativo abeliano en el que toda magnitud se puede expresar en función de las potencias enteras de un número determinado de magnitudes llamadas de base.

El álgebra de magnitudes aquí establecida nos manifiesta que no puede haber tal grupo multiplicativo abeliano, porque las operaciones definidas son leyes externas y, por tanto, carentes de elementos unitarios e inversos, dos cualidades que no pueden faltar en todo grupo. Estamos, pues, ante un craso error del Sistema Internacional de Unidades, propiciado por la omisión de definición de las leyes de composición multiplicativas para las magnitudes físicas. Omisión que queda salvada con plena coherencia física y matemática en esta *Primera álgebra de magnitudes*.

Sin perjuicio de lo anterior, en el anexo incluido al final del texto se desarrolla una teoría, entre las muchas posibles, sobre el sentido lógico de álgebra diádica que parece habría de corresponder al significado de las magnitudes unitarias e inversas.

Apartado XV
PROPIEDAD DISTRIBUTIVA DE LA MULTIPLICACIÓN SOBRE LA ADICIÓN DEL ÁLGEBRA DIÁDICA

Comprobemos si se cumple el comportamiento distributivo de la multiplicación diádica respecto de la adición de mediciones. Para ello, tomemos los concretos $a\ U_1$, $b\ U_2$ y $c\ U_2$. Se han elegido el segundo y el tercer concreto con la misma unidad para que sean uniformes y puedan sumarse. Formemos la díada compuesta $a\ U_1*(b\ U_2 \oplus c\ U_2)$. La ecuación [5.3] de definición de la adición fundamenta el primer paso lógico:

$$a\ U_1*(b\ U_2 \oplus c\ U_2) = a\ U_1*[(b+c)\ U_2)] \qquad [15.1]$$

La ecuación [12.1] de definición del producto diádico permite escribir la igualdad:

$$a\ U_1*[(b+c)\ U_2)] = [a\times(b+c)]\ (U_1*U_2)$$

La propiedad distributiva del producto respecto de la multiplicación en el cuerpo R de los reales es $a\times(b+c)=(a\times b)+(a\times c)$ y autoriza a escribir:

$$[a\times(b+c)]\ (U_1*U_2) = [(a\times b)+(a\times c)]\ (U_1*U_2)$$

La definición [5.3] de adición de díadas, nos facilita avanzar nuevamente en el razonamiento, bastando desdoblar la suma del segundo miembro:

$$[(a\times b)+(a\times c)]\ (U_1*U_2) = (a\times b)\ (U_1*U_2) \oplus (a\times c)\ (U_1*U_2)$$

La definición [12.1] del producto nos conduce directamente a la expresión:

$$(a\times b)\ (U_1*U_2) \oplus (a\times c)\ (U_1*U_2) =$$
$$= (a\ U_1*b\ U_2) \oplus (a\ U_1*c\ U_2) \qquad [15.2]$$

La conclusión brota de la igualdad entre el primer miembro de la ecuación [15.1] y el segundo de [15.2]:

$$a\ U_1 * (b\ U_2 \oplus c\ U_2) = (a\ U_1 * b\ U_2) \oplus (a\ U_1 * c\ U_2)$$

Esta fórmula reproduce la conocida forma distributiva, que aquí refleja esa propiedad del producto respecto de la suma de díadas escalares y para unidades iguales se reduce a:

$$a\ U * (b\ U \oplus c\ U) = (a\ U * b\ U) \oplus (a\ U * c\ U)$$

En todo caso, los símbolos de las unidades se comportan formalmente como cualquier otro elemento algebraico; pero, como para las demás propiedades analizadas, ello no es consecuencia inmediata de la operativa simbólica, sino debido a las definiciones y propiedades del álgebra diádica.

Como consecuencia de todo lo expuesto hasta aquí en los apartados anteriores, cualquier conjunto de mediciones escalares referidas a la misma unidad $\{R, U\}$, dotado de las leyes internas que hemos denominado adición y multiplicación diádicas, que responden a las ecuaciones de definición [5.3] y [12.1], verificaría todas las condiciones que configuran la estructura algebraica de cuerpo conmutativo, si no fuera porque la multiplicación concreta es una ley externa en vez de interna, haciendo imposible la existencia de los elementos unidad e inverso. No obstante, la estructura algebraica de los elementos diádicos escalares resulta isomorfa con la del cuerpo de los números reales. Por otra parte, hemos constatado el hecho de que todo conjunto de concretos homogéneos escalares $\{R, U\}$ o vectoriales $\{R^3, U\}$, dotado de la ley de composición interna de la adición, definida en el apartado V, y con la ley externa de la multiplicación por un escalar, definida en el apartado IX, satisface todas las condiciones de un espacio vectorial sobre el cuerpo R de los números reales[6].

---

[6] La estructura de espacio vectorial se puede encontrar en la «Lección 32» de *Matematizar 1*, sobre los fundamentos de las estructuras algebraicas, y con mayor extensión en la «Lección 2» de *Matematizar 2*, que estudia los espacios vectoriales.

Apartado XVI
DEFINICIÓN DE DIVISIÓN DIÁDICA ENTRE MEDICIONES ESCALARES

En el apartado XI definimos la división entre concretos escalares homogéneos en función de la multiplicación diádica por un escalar. En este apartado definiremos la división en base a la multiplicación de díadas definida mediante la ecuación de definición [12.1]. Con ella la multiplicación diádica con dos factores establece la relación entre el multiplicando, el multiplicador y el producto, mediante un rectángulo abstracto en que la base sea el multiplicando, la altura el multiplicador y el área del rectángulo el producto. Pues bien, cambiando la simbología e identificando dicha área con un dividendo, una de sus dimensiones con un divisor y la otra con el cociente resultante, se tendrá la noción de división como operación tal que el cociente multiplicado por el divisor sea igual al dividendo, y todo ello mediante el álgebra diádica de las mediciones.

Comencemos dando forma a la división entre dos unidades cualesquiera U_1 y U_2. Nada nos impide establecer como símbolo del cociente entre ambas una notación similar a la de elementos algebraicos abstractos, por ejemplo, separándolos con dos barras inclinadas u horizontales $U_1/\!/U_2$. Hay que atender al hecho de que la unidad U_1, dividendo, quedará aquí asociada al área del rectángulo abstracto de dimensiones U_2, divisor, y $U_1/\!/U_2$, cociente. Por tanto, las unidades relacionadas por el producto diádico deberán satisfacer la ecuación siguiente:

$$(U_1/\!/U_2)*U_2 = U_1 \qquad [16.1]$$

Es vital observar que [16.1] justifica la regla de simplificación de los factores U_2, como ocurriría con el álgebra de R, pero no porque se aplique esta, sino porque la definición diádica del producto mediante rectángulos abstractos crea un álgebra específica que así lo determina.

En estas condiciones, la escritura de la división entre los concretos o díadas $a\ U_1$ y $b\ U_2$, con $b \neq 0$, debe tener la forma simbólica de esta ecuación de definición:

$$\frac{\overline{a\,U_1}}{\overline{b\,U_2}} = \frac{a}{b}\frac{U_1}{U_2} \qquad [16.2]$$

La ecuación epistémica [16.2] quedará plenamente justificada al comprobar que satisface la condición de que el producto concreto del cociente por el divisor sea igual al dividendo. Para ello, escribamos dicho producto diádico y operemos con las propiedades de R y teniendo en cuenta la ecuación [16.1] de definición del cociente de unidades, resultando:

$$\left(\frac{a}{b}\frac{U_1}{U_2}\right) * (b\,U_2) = \left(\frac{a}{b} \times b\right)\left(\frac{U_1}{U_2} * U_2\right) = a\,U_1$$

Por lo que la definición [16.2] está motivada y suficientemente fundamentada, porque describe con el criterio general de la división el cociente entre dos díadas o concretos escalares cualesquiera.

Es posible deducir la definición [16.2] sin más que atender al concepto genérico de división. Para ello, basta con imaginar un rectángulo abstracto cuya superficie quede identificada con un dividendo diádico $a\ U_1$, una de sus dimensiones con $b\ U_2$ y la otra con el cociente concreto $c\ (U_1 /\!/ U_2)$. La unidad asociada a c debe identificarse con el cociente diádico de unidades $U_1 /\!/ U_2$, porque el rectángulo unitario ha de tener por área la unidad U_1 y por dimensiones U_2 y $U_1 /\!/ U_2$, tal como se vio para [16.1]. De la misma manera, las tres díadas indicadas no pueden ser independientes, sino que deben satisfacer la condición de la división, es decir, que el cociente multiplicado por el divisor debe dar el dividendo; o, dicho de otro modo, el producto diádico de las dos dimensiones del rectángulo abstracto debe ser igual a su superficie; y ello se escribirá analíticamente así:

$$a\,U_1 = b\,U_2 * c\frac{U_1}{U_2} \qquad [16.3]$$

La igualdad [16.3] se puede interpretar como una división diádica, para lo cual basta considerar el factor c ($U_1 /\!/ U_2$) como el cociente entre la superficie total del rectángulo abstracto $a\,U_1$ y la otra de sus dos dimensiones $b\,U_2$. Y ello analíticamente se podrá describir de esta manera:

$$c\frac{U_1}{U_2} = \frac{a\,U_1}{b\,U_2}$$

La geometría del rectángulo abstracto es tal que $a = b \times c$, por lo que $c = a/b$ con el álgebra de R. De modo que, sustituyendo $c=a/b$ en el primer miembro de la última igualdad, tendremos finalmente esta otra:

$$c\frac{U_1}{U_2} = \frac{a\,U_1}{b\,U_2} = \frac{a}{b}\frac{U_1}{U_2}$$

Y ya se observa entre los términos segundo y tercero la misma igualdad de la definición [16.2], para establecer la división diádica entre las díadas $a\,U_1$ y $b\,U_2$, que allí se postuló y aquí se ha deducido mediante el razonamiento precedente. Conque se puede concluir que el cociente de dos díadas es igual a un concreto cuyo primario es el cociente ordinario de los primarios de los factores y cuyo secundario es la división diádica de las unidades del dividendo y del divisor. Expresado analíticamente:

$$\frac{a\,U_1}{b\,U_2} = \frac{a}{b}\frac{U_1}{U_2} \qquad [16.4]$$

Comprobamos de este modo, como para el resto de las operaciones anteriormente analizadas, que los símbolos de las unidades se comportan idealmente como los demás elementos de R, pero esta consecuencia no es debida a la lógica simbólica tradicional, e insistimos, sería un error craso e inadmisible considerarlo así, porque hemos justificado irrefutablemente que ese comportamiento formal se debe al concepto de multiplicación diádica mediante rectángulos abstractos.

Por otra parte, advirtamos que con la doble barra se ha simbolizado la división de concretos escalares analizada en este capítulo, operación distinta del cociente de díadas homogéneas del apartado XI, que hemos convenido en representar con ese mismo signo. Y es que la diversidad de leyes algebraicas es tal que, aunque se busque la exhaustividad simbólica por claridad didáctica, resulta inevitable y hasta a veces conveniente recurrir en cierto grado al principio de economía simbólica, si no se quisiera caer en una especie de confusa batahola operacional.

Para visualizar mejor el funcionamiento de la división diádica, analicemos el caso de la magnitud que se conoce con el nombre de densidad. El análisis comienza con la observación de que los cuerpos presentan dos magnitudes propias, el volumen que ocupan y la masa que corresponde a ese volumen. La geometría del caso sería la descrita en la figura 3. Se puede empezar definiendo un rectángulo abstracto tal que su área se identifique con la cantidad de masa del cuerpo considerado, que supondremos igual a $M\ kg$, y una de sus dimensiones con la cantidad de volumen que ocupa esa misma masa, indicada por $V\ m^3$. No es incongruente que un volumen quede representado por una longitud, porque en álgebra diádica o física la cantidad de cualquier magnitud se puede semejar indistintamente, por definición, con un segmento, con un área, con un volumen o con un hipervolumen. A su vez, en este caso, estas dos magnitudes, masa y volumen, quedan relacionadas entre sí mediante el producto diádico y a través de otra magnitud representada por la segunda dimensión del rectángulo abstracto. Simbolicemos la cantidad de esta tercera magnitud con $d\ U_d$ y para entendernos llamémosla densidad. Las tres magnitudes así relacionadas, la masa, el volumen y la densidad, es claro que no son independientes, sino que deben satisfacer la condición

Análisis diádico de la magnitud compuesta llamada DENSIDAD

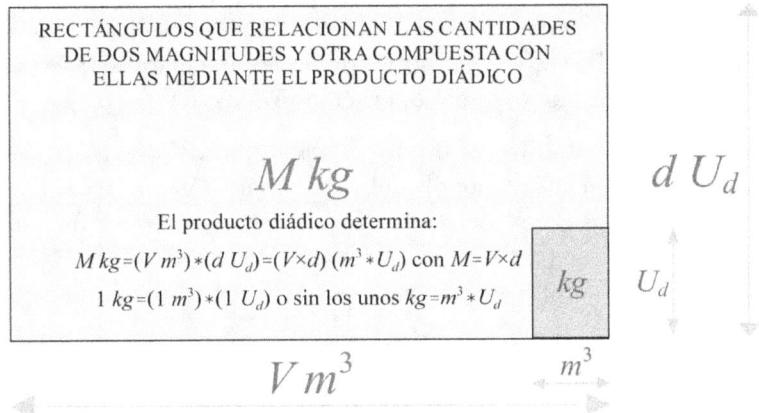

Dado un cuerpo de masa $M\ kg$ y volumen $V\ m^3$, el producto diádico permite relacionar estas cantidades con la de una tercera magnitud derivada de las primeras y llamada densidad, tal que $M\ kg$ se corresponda con el área del rectángulo de dimensiones iguales a las otras dos, $V\ m^3$ y $d\ U_d$. De este modo, la medida de la densidad es dada por el cociente diádico $M\ kg//V\ m^3$. A su vez, en el rectángulo unitario las tres unidades de las magnitudes relacionadas han de ser tales que la unidad de densidad U_d sea el cociente diádico entre un kg y un m^3, es decir, $1\ U_d=(1\ kg)//(1\ m^3)$ o escrito abreviadamente $U_d=kg//m^3$.

Figura 3

impuesta por el producto diádico, esto es la ecuación concreta siguiente:

$$M\ kg=(V\ m^3)*(d\ U_d) \qquad [16.5]$$

En el rectángulo unitario de dimensiones $1\ m^3$ y $1\ U_d$, cuya área debe identificarse con la cantidad de masa igual a $1\ kg$, se tendrá:

$$1\ kg=(1\ m^3)*(1\ U_d),\ \text{abreviadamente}\ kg=m^3*U_d \qquad [16.6]$$

La definición de producto diádico [12.1] transforma la expresión [16.5] en esta otra:

$$M\ kg=(V\times d)\ (m^3*U_d) \qquad [16.7]$$

Parte I: *Primera álgebra de magnitudes* (álgebra diádica)

La ecuación [16.7] significa que la cantidad de masa $M\ kg$ o área del rectángulo es igual a $V \times d$ veces el área del rectángulo unitario de dimensiones $1\ m^3$ y $1\ U_d$, que se simboliza con el producto diádico $m^3 * U_d$ y que ha de ser igual a la unidad de masa o kg, dada la ecuación de la operación producto [16.6].

El producto diádico es tal que $M = V \times d$, multiplicación que es la de R, con la justificación del experimento geométrico de las áreas expuesto en el apartado XII. Expresándolo en forma de cociente en R, se tendrá:

$$d = \frac{M}{V} \qquad [16.8]$$

A su vez, el criterio general de división que nace de la multiplicación, aplicado a los productos diádicos [16.5] y [16.6], permite simbolizarlos de esta otra manera:

$$d\,U_d = \frac{M\ kg}{V\ m^3} \ ;\ U_d = \frac{kg}{m^3}$$

Teniendo en cuenta [16.8] y la segunda de las dos últimas ecuaciones, sustituyendo d y U_d en el primer miembro de la primera de estas, resulta:

$$\frac{M\ kg}{V\ m^3} = \frac{M}{V}\,\frac{kg}{m^3} \qquad [16.9]$$

Se observa que [16.9] indica el mismo resultado que [16.4] o cociente diádico genérico, en el supuesto presente aplicado al caso de la densidad y sus otras dos magnitudes relacionadas por el producto diádico. La lectura de [16.9] debe entenderse así: el cociente diádico entre una cantidad de masa $M\ kg$ y una cantidad de volumen $V\ m^3$ es la cantidad de una magnitud compuesta denominada densidad, que resulta igual a la díada física o concreto cuyo primario sea el cociente real de los primarios M y V, y cuyo secundario sea el cociente diádico de los secundarios, es decir, en este caso la unidad de masa o kilogramo kg entre la unidad de volumen o metro cubico m^3. Aún a riesgo de resultar reiterativos, se hace hincapié en el concepto «cantidad» para que no se olvide la naturaleza diádica de los entes que se componen.

El significado físico de la densidad puede valorarse sin más que multiplicarla por la unidad de volumen para determinar la masa que le corresponda, de acuerdo con el siguiente razonamiento de álgebra física:

$$\left(1\,m^3\right) * \left(d\,\frac{kg}{m^3}\right) = \left(1 \times d\right) \left(m^3 * \frac{kg}{m^3}\right)$$

La unidad compuesta del segundo miembro indica el producto diádico del m^3 por el cociente diádico $kg /\!/ m^3$, que es U_d, por lo que se trata del rectángulo unitario que tenga por superficie abstracta un kg; de modo que pueden simplificarse como en R los símbolos de m^3 que aparecen a la vez como multiplicador y como divisor, pero no por las propiedades de R, sino por la propia definición de producto diádico con rectángulos abstractos, conforme se define en el apartado XII. En estas condiciones, se concluye que el primer miembro ha de ser igual a $d\,kg$, con lo que se observa que la masa de la unidad de volumen denominada m^3 es precisamente $d\,kg$; y este ha de ser el significado de la densidad: masa de cada unidad de volumen de los cuerpos materiales.

Otro caso significativo y análogo al de la densidad es la magnitud compuesta llamada velocidad. Su análisis parte de la observación material de que todo móvil emplea un cierto tiempo en recorrer cada distancia específica. Así que supongamos que la distancia $L\,m$, que es una longitud medida en metros, se cubra en un intervalo $t\,s$, tiempo expresado en segundos. Nada nos impide montar el rectángulo abstracto de la figura 4, que tiene por área $L\,m$ y tal que uno de sus lados sea $t\,s$, de modo que la otra dimensión quedará establecida unívocamente por ambas medidas. No es incongruente que el área represente la longitud $L\,m$, aunque geométricamente esto no parezca tener sentido, porque estamos operando en abstracto con el álgebra diádica de magnitudes. El argumento para la magnitud velocidad es completamente análogo al visto anteriormente para la densidad; no obstante, se desarrolla nuevamente paso a paso para mayor claridad expositiva.

En este supuesto, las tres magnitudes relacionadas son la longitud, el tiempo y la velocidad, que no son independientes, sino que deben satisfacer la condición impuesta por el producto diádico, esto es:

$$L\ m = (t\ s) * (v\ U_v) \qquad [16.10]$$

En el rectángulo unitario de dimensiones 1 s y 1 U_v, cuya área debe identificarse con la cantidad de longitud igual a 1 m, se tendrá:

$$1\ m = (1\ s) * (1\ U_v),\ \text{abreviadamente}\ m = s * U_v \qquad [16.11]$$

Análisis diádico de la magnitud compuesta llamada VELOCIDAD

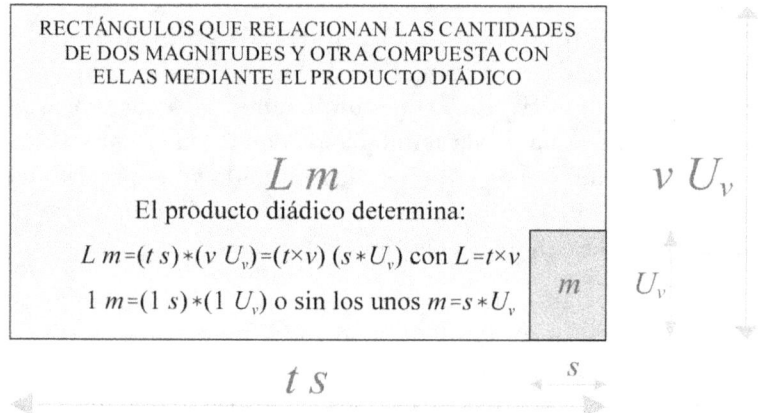

Dado un móvil que recorra la distancia $L\ m$ en el tiempo de $t\ s$, el producto diádico permite relacionar estas cantidades con la de una tercera magnitud derivada de las primeras y llamada velocidad, tal que $L\ m$ se corresponda con el área del rectángulo de dimensiones iguales a las otras dos, $t\ s$ y $v\ U_v$. De este modo, la medida de la velocidad es dada por el cociente diádico $L\ m//t\ s$. A su vez, en el rectángulo unitario las tres unidades de las magnitudes relacionadas han de ser tales que la unidad de velocidad U_v sea el cociente diádico entre un m y un s, es decir, $1\ U_v = (1\ m)//(1\ s)$ o escrito abreviadamente $U_v = m//s$.

Figura 4

La definición de producto diádico [12.1] transforma la expresión [16.10] en esta otra:

$$L\,m = (t \times v)\,(s * U_v) \qquad [16.12]$$

La ecuación [16.12] significa que la cantidad de longitud $L\,m$ o área del rectángulo es igual a $t \times v$ veces el área del rectángulo unitario de dimensiones $1\ s$ y $1\ U_v$, que se simboliza con el producto diádico $s * U_v$ y que ha de ser igual a la unidad de longitud o m, dada la ecuación de la operación producto [16.11].

El producto diádico es tal que $L = t \times v$, multiplicación que es la de R, con la justificación del experimento geométrico de las áreas expuesto en el apartado XII. Expresándolo en forma de cociente en R, se tendrá:

$$v = \frac{L}{t} \qquad [16.13]$$

A su vez, el criterio general de división que nace de la multiplicación, aplicado a los productos diádicos [16.10] y [16.11], permite simbolizarlos de esta otra manera:

$$v\,U_v = \frac{L\,m}{t\,s}\ ;\ \ U_v = \frac{m}{s}$$

Teniendo en cuenta [16.13] y la segunda de las dos últimas ecuaciones, sustituyendo v y U_v en el primer miembro de la primera de estas, resulta:

$$\frac{L\,m}{t\,s} = \frac{L}{t}\frac{m}{s} \qquad [16.14]$$

Se observa que [16.14] indica el mismo resultado que [16.4] o cociente diádico genérico, en el supuesto presente aplicado al caso de la velocidad y sus otras dos magnitudes relacionadas por el producto diádico. La lectura de [16.14] debe entenderse así: el cociente diádico entre una cantidad de longitud $L\,m$ y una cantidad de tiempo $t\,s$ es la cantidad de una magnitud compuesta denominada velocidad, que resulta igual al concreto cuyo primario sea el cociente real de los primarios L y v, y cuyo secundario sea el cociente diádico de los secundarios, es decir, en este caso la unidad de longitud o metro m entre la unidad de tiempo o segundo s.

El significado físico de la velocidad puede valorarse sin más que multiplicarla por la unidad de tiempo para determinar la longitud que le corresponda, de acuerdo con el siguiente razonamiento de álgebra física:

$$(1s) * \left(v \frac{m}{s}\right) = (1 \times v) \left(s * \frac{m}{s}\right)$$

La unidad compuesta del segundo miembro indica el producto diádico de un segundo s por el cociente diádico $m/\!/s$, que es U_v, por lo que se trata del rectángulo unitario que tenga por superficie abstracta un metro; de modo que pueden simplificarse como en R los símbolos de s que aparecen a la vez como multiplicador y como divisor, pero no por las propiedades de R, sino por la propia definición de producto diádico con rectángulos abstractos, conforme se define en el apartado XII. En estas condiciones, se concluye que el primer miembro ha de ser igual a $v\,m$, con lo que se observa que la longitud recorrida en la unidad de tiempo denominada segundo s es precisamente $v\,m$; y este ha de ser el significado de la velocidad: longitud o distancia recorrida en cada unidad de tiempo.

Cualquier otra magnitud derivada de otras dos mediante la división diádica mostrará un análisis completamente análogo a los de la densidad y la velocidad, sin más que tener en cuenta las unidades que correspondan al dividendo y al divisor, que determinarán la unidad compuesta en que deba medirse la magnitud derivada o cociente.

Finalmente, debemos dar a continuación el significado en álgebra diádica de los exponentes negativos, que no es sino una simple notación para escribir la división. Tomemos la definición [14.4], es obvio que nada nos impide escribirla con la notación de producto, siguiendo los pasos del álgebra ordinaria, de acuerdo con la siguiente notación:

$$\frac{aU_1}{bU_2} = \frac{a}{b}\frac{U_1}{U_2} = \frac{a}{b}\left(U_1 * U_2^{-1}\right)$$

Pero aquí hay que advertir que la notación del inverso U_2^{-1} no significa que exista un ente tal que multiplicado por U_2 dé la unidad de los números reales, porque hemos demostrado en el apartado XIV que tal cosa no existe. Allí concluimos que U_2^{-1} no puede ser una cantidad de la misma magnitud U_2, por lo que la notación diádica $U_1 * U_2^{-1}$ debe considerarse equivalente al cociente diádico $U_1 /\!/ U_2$, únicamente a efectos simbólicos.

Por tanto, en álgebra diádica de magnitudes, a diferencia de lo que ocurre en las estructuras algebraicas aritméticas, las notaciones inversas con unidades o cantidades físicas tienen significado propio y no se corresponden con el fantasma de elementos inversos aislados de las operaciones internas, sino con divisores de alguna razón que no puede faltar. Así, en general, una expresión como $U_1 * U_2^{-n}$ no significa el producto de U_1 por el figurado elemento inverso de U_2^n (ver apartado siguiente sobre potenciación), sino que representa el cociente diádico $U_1 /\!/ U_2^n$, resultante de la operación de dividir el dividendo U_1 entre la potencia U_2^n. Insistimos, $U_1 * U_2^{-n}$ no denota el producto de la cantidad U_1 por la cantidad inversa U_2^{-n}, que no tiene sentido físico. En geometría afín simboliza un rectángulo de superficie abstracta U_1 y lados U_2^n y $U_1 /\!/ U_2^n$. A su vez, con nomenclatura de operación algebraica, la expresión indicada por $U_1 /\!/ U_2^n = U_1 * U_2^{-n}$ interviene en una ley de composición externa generatriz que aplica el producto cartesiano $\{R, U_1\} \times \{R, U_2^n\}$ en el conjunto diádico $\{R, U_1 /\!/ U_2^n\}$, que es una división diádica. Como ya se ha indicado, en el anexo al final del texto se desarrollan con mayor precisión algebraica los inversos diádicos específicos para las leyes de composición externas generatrices, propias de las magnitudes.

Apartado XVII

DEFINICIÓN DE POTENCIACIÓN Y RADICACIÓN DE DÍADAS ESCALARES

La ecuación de definición [12.3] del producto concreto nos permite definir sin controversia la potenciación. Consideremos un elemento $a\ U$ del conjunto $\{R, U\}$ y sea n un número natural cualquiera de N, llamaremos potencia n de $a\ U$ al concreto escalar $(a\ U)^n$ definido por la ecuación siguiente:

$$(a\ U)^n = (a^n)\ (U^n) \qquad [17.1]$$

Se exige que n sea natural, porque la definición de la ley de multiplicación concreta opera sobre unidades íntegras, no sobre fracciones de unidades, concepto este que carecería de sentido por la propia definición de unidad.

Analicemos el significado de la ecuación [17.1] que define la potencia de un concreto escalar, porque no es extraño encontrar opiniones que la juzguen de obvia, pues suponen esos entendimientos que obedezca al álgebra más elemental de los números reales. Pues bien, tal prejuicio significaría no haber comprendido nada del álgebra de magnitudes, veamos por qué: la ecuación [17.1] no relaciona números reales sino díadas físicas escalares; si sus elementos fuesen considerados números reales, significaría que la potencia n del producto $a\ U$ sería igual al producto de las potencias de los factores $(a^n) \times (U^n)$; sin embargo, puesto que $a\ U$ no es un producto de números reales, sino una cantidad de alguna magnitud, con el significado de la cantidad de ella igual a a veces la de la unidad U, su potencia n, dada por [17.1], significa la medida a^n de otra magnitud en la unidad indicada por $U^n = U * U * \ldots * U$, con n factores, y este producto no es el real sino el diádico de mediciones escalares que nace por la abstracción de la multiplicación de los segmentos geométricos.

Parte I: *Primera álgebra de magnitudes* (álgebra diádica)

Así, pues, la ecuación de definición [17.1] no es obvia por el álgebra de R, sino que es una consecuencia motivada en dos causas: la primera, debida al hecho geométrico derivado de la definición de multiplicación de segmentos y de su posterior abstracción genérica; la segunda, porque al desarrollar el álgebra de las cantidades de magnitudes conducimos la simbología por la senda de la semejanza formal con la común de los números reales, para que la notación resultante sea isomorfa con esta. Pero, desde luego, el álgebra diádica, como todo ente matemático o científico, no se puede considerar válida ni obvia sin haberla definido adecuadamente con carácter previo, tal como estamos haciendo aquí o por medio de cualquier otro esquema de definiciones apropiadas. De ahí los escrúpulos que muestran eminentes autores como Planck o Maxwell, entre otros muchos, en relación con las operaciones con magnitudes y con los significados de las expresiones construidas con ellas, tal como esbozamos en el exordio, inquietudes que solo pueden salvarse mediante la definición de un álgebra epistémica que dé soporte a las operaciones con magnitudes, pues la sorprendente laguna científica existente en esta materia no es admisible, y solventarla es el objeto de este humilde y bien intencionado trabajo.

Definida la potenciación, es inmediata la formulación de la radicación. Para ello, el primer paso habrá de ser fijar la raíz natural de una unidad cualquiera U, que puede establecerse analíticamente con la ecuación de definición siguiente:

$\sqrt[n]{U} = U_n$ tal que $U_n * U_n * \ldots * U_n = U$ con n factores

Esta ecuación de definición permite definir analíticamente la raíz diádica natural n de cualquier concreto $a\ U$:

$$\sqrt[n]{a\ U} = \sqrt[n]{a}\ U_n \qquad [17.2]$$

La definición [17.2] podría también tacharse de obvia con la base errónea de asimilarla a una expresión algebraica de R, lo cual se puede refutar con los mismos motivos dados para la potenciación.

Apartado XVIII

DEFINICIÓN DE LOGARITMACIÓN DIÁDICA ESCALAR Y LA LEGENDARIA REGLA DE CÁLCULO

La ecuación [17.1] de definición de la potenciación de mediciones, en combinación con la multiplicación y la división diádicas de las operaciones [12.3] y [16.2] permiten definir de manera isomorfa con R la noción de logaritmación. Basta considerar que en [17.1] el número n represente el logaritmo en la base (a U) del concreto escalar dado e igual a [(a^n) (U^n)]. Así, el logaritmo diádico queda establecido como se hace a continuación: dada una díada (a U^n) llamada antilogaritmo, y otra (b U) llamada base, se dirá que el número real n es el logaritmo diádico en la base considerada del antilogaritmo indicado si y solo si se verifica la condición que (b $U)^n = (a$ U^n), lo cual se escribirá con la forma siguiente:

$$\mathscr{L}og_{(b\ U)}(a\ U^n) = n \qquad [18.1]$$

La intención de esta definición no es otra que mantener el isomorfismo con la definición de logaritmo en R, de ahí que, a tenor del criterio de igualdad diádica, haya de ser $b^n = a$, lo que supone como consecuencia que en R también sea n el logaritmo base b de a, es decir:

$$log_b(a) = n$$

Recuérdese que, para que la definición logarítmica sea coherente y reproduzca una función biunívoca y continua entre todo logaritmo n y su correspondiente antilogaritmo asociado a, ha de ser la base b positiva y distinta de la unidad ($b>0$ y $b \neq 1$). Recuérdense también las notaciones equivalentes:

$$b^n = a \Leftrightarrow log_b(a) = n;\ b^{log_b(a)} = a;\ antilog_b(n) = a;\ antilog_b(n) = b^n$$

Comprobemos si el logaritmo diádico satisface las importantes propiedades que se dan en R, en cuanto a que el logaritmo de un producto sea igual a la suma de los logaritmos, y el de un cociente sea la diferencia de logaritmos. Para ello, tómese una base ($b\ U$) y dos antilogaritmos diádicos ($a_1\ U^m$) y ($a_2\ U^n$). Está claro que m y n son, por definición, los logaritmos diádicos de estos dos antilogaritmos, por lo que se verifican:

$$(b\ U)^m = (a_1\ U^m) \text{ y } (b\ U)^m = (a_2\ U^n) \qquad [18.2]$$

Multiplicando diádicamente estas dos ecuaciones, se llega a la formulación:

$$(b\ U)^m * (b\ U)^n = (a_1\ U^m) * (a_2\ U^n)$$

La definición [12.3] del producto diádico escalar permite transformar el primer miembro de esta fórmula en este otro:

$$(b\ U)^{m+n} = (a_1\ U^m) * (a_2\ U^n)$$

Leyendo esta ecuación con arreglo a la definición de logaritmo diádico [18.1] se tiene que $m+n$ es el logaritmo base ($b\ U$) del producto diádico ($a_1\ U^m$)*($a_2\ U^n$); por lo que, siendo m el logaritmo del primer factor y n el del segundo, se tiene que el logaritmo de un producto diádico es la suma de los logaritmos de los factores.

De manera totalmente análoga, simplemente dividiendo diádicamente miembro a miembro las ecuaciones [18.2], se concluye que el logaritmo de un cociente diádico es la diferencia de los logaritmos, en virtud del siguiente razonamiento:

$$\frac{(b\,U^m)}{(b\,U^n)} = (b\,U^{m-n}) = \frac{(a_1\,U^m)}{(a_2\,U^n)}$$

En efecto, se observa que $m-n$ es el logaritmo del cociente diádico y, a su vez, $m-n$ es la diferencia de los logaritmos de numerador y denominador.

Ya se ha establecido que las leyes de composición diádicas tienen como fundamento el álgebra de los segmentos geométricos.

De ahí que no se pueda omitir una de las aplicaciones más espectaculares de la fascinante relación existente entre la adición de segmentos, la logaritmación y las operaciones aritméticas. Se trata de la **regla de cálculo**, que facilitó el desarrollo de la tecnología durante siglos. Baste decir que puentes como el Golden Gate y tantas grandes obras de ingeniería o que las misiones Apolo de la NASA fueron posibles gracias a este ingenioso instrumento de cálculo, hasta que la electrónica moderna lo retiró de la circulación, no sin cierta pérdida de adiestramiento en cálculo mental y fundamentos matemáticos, menoscabando sobre todo la calidad de la educación, puesto que la regla de cálculo insuflaba esos valores en quienes la entendieran. Pues bien, **la regla de cálculo se basa en el álgebra diádica y en las propiedades de los logaritmos**, que permiten convertir la multiplicación numérica en una suma geométrica de segmentos y la división numérica en una sustracción geométrica de segmentos, además de otras operaciones tales como la potenciación numérica, que se reduce a la adición geométrica de segmentos a través del doble logaritmo. En todo caso, el principio de la regla de cálculo es siempre el mismo: el álgebra geométrica aditiva de segmentos o longitudes. Veamos a continuación los fundamentos de dicho principio.

Una regla de cálculo es un dispositivo que consta de tres elementos: una parte fija o regla; otra regla móvil que se traslada sobre la otra con movimiento rectilíneo, llamada reglilla; y un cursor, que sirve para mejorar la precisión de las lecturas e indicar las líneas verticales que relacionen las lecturas sobre la regla y la reglilla. El hecho de poder deslizar la reglilla sobre la regla es claro que permite reproducir con facilidad la adición y la sustracción geométricas de segmentos. Para ello, basta disponer una cierta cantidad de longitud o segmento S_1 sobre la regla, yuxtaponer otro segmento S_2, este situado sobre la reglilla, y hacer coincidir el extremo final de S_1 con el inicial de S_2. De este modo el segmento suma vendrá dado por la adición diádica $S_1 \oplus S_2$. A su vez, la sustracción de segmentos se reproduce con la reglilla situando el extremo final de S_2 sobre el final de S_1, resultando la diferencia geométrica $S_1 \ominus S_2$. El esquema de la figura 5 aclara lo

REGLA DE CÁLCULO
Escalas lineales para la unidad de diseño U en regla y reglilla
Configuraciones para la adición y sustracción aritméticas

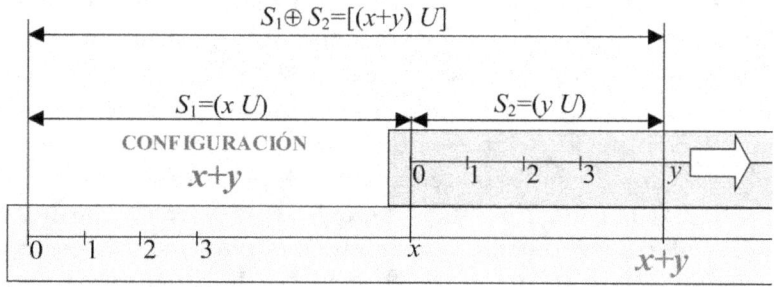

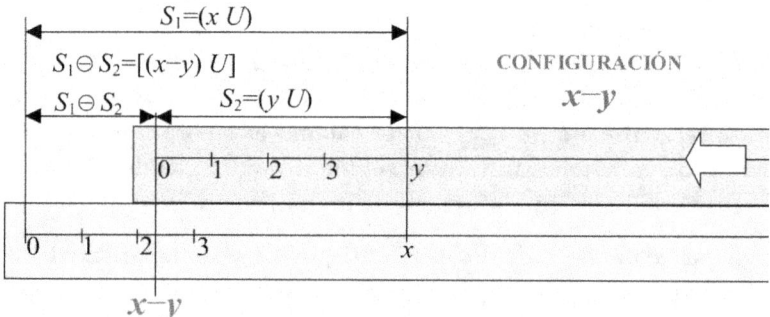

Con escalas lineales en la unidad de longitud de diseño U, las distancias al origen son longitudes o díadas $(x\,U)$ o $(y\,U)$, de modo que la adición y la sustracción de segmentos sirve para materializar la adición y la sustracción aritméticas.

Figura 5

anterior y lo que viene a continuación. Si tanto la regla como la reglilla se gradúan en una cierta unidad de longitud U y de forma proporcional, formando escalas lineales en regla y reglilla, la regla de cálculo permitirá reproducir la adición y la sustracción de números, representativos de las medidas de los segmentos en la unidad de longitud U establecida por el diseño.

Y a continuación es donde viene la gran aportación de los logaritmos a los cálculos matemáticos: si la regla y la reglilla, en vez de graduaciones lineales, se disponen con escala logarítmica en cualquier base b y siempre con referencia a la unidad de longitud de diseño U, la adición de segmentos reproducirá la multiplicación aritmética y la sustracción de segmentos materializará la división aritmética. Veamos por qué con ayuda de la figura 6: dadas dos díadas ($M\ U$), supuesto multiplicando, y el multiplicador ($m\ U$),

REGLA DE CÁLCULO
Escalas logarítmicas para la unidad de diseño U en regla y reglilla
Configuraciones para la multiplicación y división aritméticas

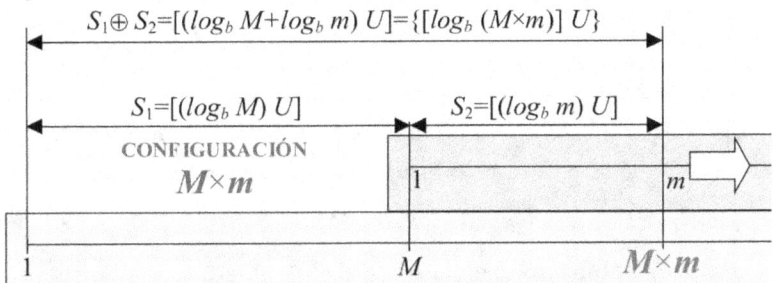

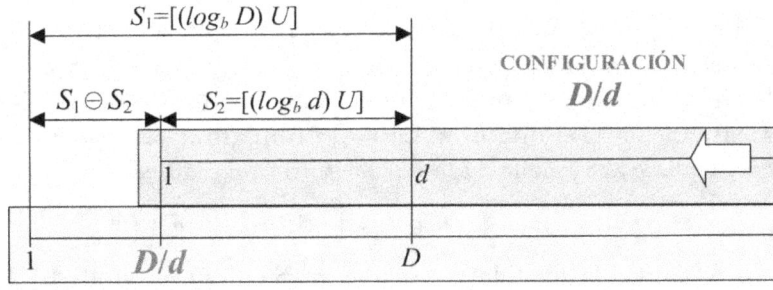

Con escalas logarítmicas la suma geométrica de segmentos reproduce la multiplicación aritmética y la diferencia de segmentos materializa la división aritmética.

Figura 6

busquemos sobre la regla el número que indica la medida M, indicativa del multiplicando. Ello equivale a establecer el segmento S_1 tal que su medida en la unidad de diseño U sea el logaritmo en la base b de M, es decir, $log_b\ M$. Situemos sobre la reglilla el número m, que indicará el multiplicador o medida del segmento S_2, que es $log_b\ m$. Hay que notar que **en la regla y en la reglilla no se etiquetan las medidas de los logaritmos, sino los propios antilogaritmos** M y m, como es usual en las escalas logarítmicas, para que se puedan leer directa y cómodamente el multiplicando y el multiplicador. Esta es la razón por la que en escala logarítmica la graduación empieza en uno, que es el antilogaritmo base b de cero, pues $b^0 = 1$. De modo que, si en escala lineal la graduación con la unidad de longitud U de una en una es 0, 1, 2, 3, etc., en escala logarítmica con base b la graduación correlativa de unidad en unidad se marca con los antilogaritmos de la sucesión anterior, resultando así la serie b^0, b^1, b^2, b^3, etc. En estas condiciones, la adición geométrica de los segmentos S_1 y S_2, simbolizada $S_1 \oplus S_2$, tendrá por medida la suma de los logaritmos:

$$log_b\ M + log_b\ m = log_b\ (M \times m)$$

Por tanto, buscando en la regla el extremo del segmento $S_1 \oplus S_2$, que ha de estar en la vertical de m, se leerá el resultado del producto aritmético $M \times m$.

La configuración para la división es la inversa de la anterior y se basa en la sustracción geométrica de segmentos con escala logarítmica. Sobre la regla se busca el dividendo D y en la reglilla se sitúa encima el divisor d. Con esta configuración el segmento diferencia $S_1 \ominus S_2$ viene dado por la expresión diádica:

$$S_1 \ominus S_2 = [(log_b\ D - log_b\ d)\ U] = \{[(log_b\ (D/d)]\ U\}$$

Por tanto, la medida del segmento $S_1 \ominus S_2$ en la unidad U es $log_b\ (D/d)$, resultando que el cociente aritmético entre D y d está señalado en la regla por la vertical del origen de la reglilla, marcado con el uno. Configuración que obviamente coincide con la multiplicación del cociente D/d por d para obtener D, y que podría considerarse la prueba geométrica de la división.

REGLA DE CÁLCULO
Escala logarítmica L en la reglilla para la unidad de diseño U
y escala doblemente logarítmica LL en la regla
Configuración para la potenciación aritmética

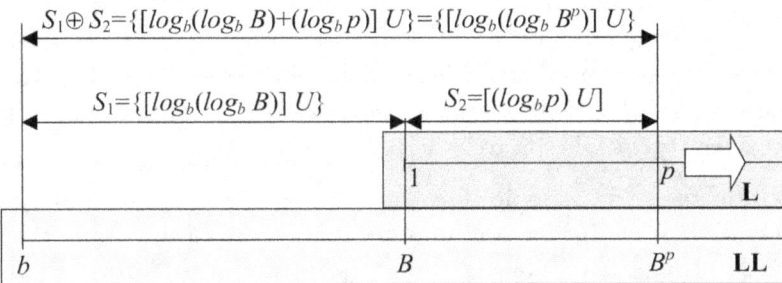

Con escalas doblemente logarítmica LL en la regla y logarítimica L en la reglilla, la configuración de la potencia B^p resulta como la que correspondería a la multiplicación $B \times p$, pero aquí con el significado de potencia, en vez de producto.

Figura 7

La última operación que se analizará es la potenciación, con ayuda de la figura 7. En escala doblemente logarítmica, que se simboliza LL, el punto de referencia de la regla debe ser el antilogaritmo del antilogaritmo base b de cero, que es b. Con esta disposición, tómese la potencia aritmética $B^p = x$ y apliquemos la logaritmación en cualquier base b, resultando la igualdad indicada a continuación:

$$log_b B^p = p \times log_b B = log_b x$$

En la identidad anterior calculemos nuevamente el logaritmo base b, se tendrá:

$$log_b(p \times log_b B) = log_b p + log_b(log_b B) = log_b(log_b x)$$

Sean los segmentos $S_1 = \{[log_b(log_b B)] \ U\}$ y $S_2 = [(log_b p) \ U]$. La adición geométrica de estos dos segmentos queda representada por la forma analítica y el razonamiento expuestos en la siguiente secuencia lógica:

$$S_1 \oplus S_2 = \{[log_b(log_b B)] \ U\} \oplus [(log_b p) \ U] = \{[log_b(log_b B) + log_b p] \ U\} =$$
$$= \{[log_b(log_b x)] \ U\} = \{[log_b(log_b B^p)] \ U\}$$

En conclusión, la configuración resultante indica que, tomando sobre la regla en escala doblemente logarítmica LL la base B de la potencia, moviendo la reglilla en escala logarítmica L hasta situar su origen sobre B y leyendo en ella la cantidad p, la potencia $x = B^p$ se encontrará sobre la regla LL en la vertical de p.

La regla de cálculo fue posible tras la invención de los logaritmos en 1614 por el matemático escocés John Napier. En 1622 el inglés William Aughtred, el primero en utilizar la letra griega π para simbolizar el cociente constante entre la longitud de toda circunferencia y su diámetro, fue quien supo aplicar las propiedades de los logaritmos para operar con números y es considerado el inventor de la regla de cálculo. Hasta 1972, cuando aparecen las primeras calculadoras de bolsillo electrónicas, la regla de cálculo fue un instrumento emblemático e imprescindible para los técnicos de todos los ámbitos, fue ampliamente utilizada en Europa y EEUU. Su fabricación se detuvo a partir de 1975 por el avance de los equipos informáticos modernos al alcance de todos.

Para operar con la regla de cálculo se requiere entender los fundamentos matemáticos en que se basa, así como se precisa habilidad en cálculo mental, a fin de poder establecer las partes entera y decimal de los resultados para las diferentes operaciones y configuraciones. De ahí que sea un instrumento de gran potencial pedagógico. Aunque sus prestaciones prácticas han quedado atrás por los avances de la electrónica, no es menos cierto que su estrecha relación con la matemática y, en especial, con el álgebra diádica aditiva, la convierten en una herramienta docente de primer orden. Y ello sin olvidar que se trata de un instrumento icónico y asistente muy potente de los técnicos y científicos hasta los años setenta del siglo XX, con cuya aportación fue posible el vigoroso desarrollo social de la reciente modernidad.

Apartado XIX

DEFINICIÓN DE LOS PRODUCTOS ESCALAR Y VECTORIAL DE DÍADAS VECTORIALES [7]

En Física las magnitudes vectoriales se sirven de los vectores matemáticos y de productos entre vectores denominados producto escalar y producto vectorial. Es usual indicar el escalar con un punto matemático «·» y el vectorial con la misma aspa «×» utilizada como símbolo de las diversas multiplicaciones, por el principio de economía simbólica; aunque aquí con el significado de esta especie de producto entre vectores. Sabemos que ello no debe inducir a error, porque, en virtud de cuáles sean los elementos multiplicados, el significado del signo de multiplicación quedará establecido, aunque sea el mismo para operaciones diferentes. Así, si los operadores son números reales, el aspa indicará la multiplicación en R; si se multiplican concretos escalares, se referirá al producto de estos entes; si se compone un número real y un vector, la multiplicación señalada con «×» será la ley externa del espacio vectorial R^3 sobre R; si los factores son vectores, esta misma aspa indicará el producto vectorial de vectores; o, si se multiplican concretos vectoriales, el producto será el vectorial concreto, que nos disponemos a definir aquí. Y algo parecido cabe indicar sobre el signo del producto escalar con un punto «·», que puede adoptar diversos significados en función del contexto de los factores. No obstante, en lo que sigue distinguiremos cada símbolo

---

[7] Los productos escalar y vectorial de vectores de R^3 o V^3 o E^3, que son tres notaciones más o menos sinónimas e isomorfas, así como sus propiedades, se pueden encontrar en la «Lección 5» de *Matematizar 2*. A *grosso modo* tenemos los dos espacios de los puntos y vectores geométricos, cuando se los asocia entre sí se da forma al espacio afín, si además se define el producto escalar o conexión interior de vectores resulta el espacio euclidiano, todo ello en tres dimensiones; y, por simple generalización abstracta, se definen para cualquier dimensión *n*.

específico, para mayor claridad pedagógica. El punto matemático «·» indicará la operación producto escalar de vectores, el ángulo «∧» señalará el producto vectorial de vectores, y para los homónimos diádicos de cantidades de magnitudes vectoriales reservaremos el círculo con un punto «⊙» para el producto diádico escalar y el círculo con asterisco «⊛» para el producto diádico vectorial.

Tanto el producto escalar como el vectorial de magnitudes vectoriales no hay mejor manera de definirlos que en función de sus homónimos de los vectores matemáticos. Comencemos por el producto escalar de dos díadas vectoriales $\overline{a}\ U_1$ y $\overline{b}\ U_2$ de los espacios vectoriales diádicos o concretos $\{R^3, U_1\}$ y $\{R^3, U_2\}$. Distinguimos aquí los primeros elementos $\overline{a}$ y $\overline{b}$ de los pares como vectores matemáticos de R^3, porque para los escalares ni el producto escalar ni el vectorial tienen sentido. Tenemos que definir el producto escalar de dichos concretos vectoriales con la siguiente ecuación de definición:

$$\overline{a}\ U_1 \odot \overline{b}\ U_2 = (\overline{a} \cdot \overline{b})\,(U_1 * U_2) \qquad [19.1]$$

Es decir, por definición, el producto escalar de dos concretos vectoriales mide una magnitud escalar con el concreto escalar del conjunto $\{R, U_1 * U_2\}$ tal que su primario sea el producto escalar de los primarios vectoriales de los factores y la unidad el producto diádico o concreto de las unidades de los factores.

En cuanto al producto vectorial tendremos por su parte y de manera análoga la siguiente ecuación de definición:

$$\overline{a}\ U_1 \circledast \overline{b}\ U_2 = (\overline{a} \wedge \overline{b})\,(U_1 * U_2) \qquad [19.2]$$

En este caso, por definición, el producto vectorial de dos concretos vectoriales mide una magnitud vectorial con el concreto del conjunto $\{R^3, U_1 * U_2\}$ tal que su primario sea otro vector igual al producto vectorial de los vectores que integran los primarios de los concretos o díadas dados, y cuya unidad sea el producto diádico de las unidades de los factores.

Parte I: *Primera álgebra de magnitudes* (álgebra diádica)

Las fórmulas de definición [19.1] y [19.2] facilitarán la interpretación correcta de las ecuaciones físicas en que intervengan estas leyes de composición, como la magnitud trabajo del concreto fuerza, en el caso del producto escalar, o la magnitud momento atinente a la díada fuerza, para el producto vectorial.

El producto escalar de vectores de R^3 es conmutativo, asociativo respecto de los escalares de R y distributivo respecto de la adición vectorial, propiedades del espacio vectorial R^3 que se reproducen en el álgebra concreta vectorial, como se puede comprobar con facilidad, tal como se hace en lo que sigue.

La propiedad conmutativa del producto escalar se deduce a partir de la ecuación de definición [19.1]. La conmutatividad del producto escalar de vectores es tal que se tiene $\overline{a} \cdot \overline{b} = \overline{b} \cdot \overline{a}$. La propiedad conmutativa axiomática [13.1] de la multiplicación de unidades $U_1 * U_2 = U_2 * U_1$, expuesta al principio del apartado XIII, produce como consecuencia la siguiente cadena de igualdades:

$$\overline{a} \ U_1 \odot \overline{b} \ U_2 = (\overline{a} \cdot \overline{b})(U_1 * U_2) = (\overline{b} \cdot \overline{a})(U_2 * U_1) = \overline{b} \ U_2 \odot \overline{a} \ U_1$$

La propiedad asociativa en relación con el producto por un escalar p de R por la izquierda, análogamente resulta por la derecha, queda establecida por los razonamientos que se exponen a continuación, basados en el comportamiento asociativo de las correspondientes operaciones con escalares y vectores, así como en la definición [19.1] del producto escalar de concretos vectoriales:

$$p \circ (\overline{a} \ U_1 \odot \overline{b} \ U_2) = p \circ [(\overline{a} \cdot \overline{b})(U_1 * U_2)] \qquad [19.3]$$

Las definiciones [9.1] y [9.2] de multiplicación de un escalar por un concreto escalar, o sus explícitas [9.3] y [9.4], justifican que:

$$p \circ [(\overline{a} \cdot \overline{b})(U_1 * U_2)] = [p \times (\overline{a} \cdot \overline{b})](U_1 * U_2)$$

Para vectores, se tiene que $p \times (\overline{a} \cdot \overline{b}) = (p \bullet \overline{a}) \cdot \overline{b}$, lo que permite escribir:

$$[p \times (\overline{a} \cdot \overline{b})](U_1 * U_2) = [(p \bullet \overline{a}) \cdot \overline{b})](U_1 * U_2) \qquad [19.4]$$

La definición [19.1] del producto escalar de díadas o concretos vectoriales nos lleva a:

$[(p\bullet\overline{a})\cdot\overline{b})]\,(U_1*U_2)=(p\bullet\overline{a})\,U_1\odot\overline{b}\,U_2$

Y nuevamente las definiciones [9.3] y [9.4] nos autorizan a escribir la siguiente igualdad:

$$(p\bullet\overline{a})\,U_1\odot\overline{b}\,U_2=[p\circ(\overline{a}\,U_1)]\odot\overline{b}\,U_2 \qquad [19.5]$$

Con lo que, resultando iguales el primer miembro de [19.3] y el segundo de [19.5], se tiene la primera propiedad asociativa del producto escalar, que queda descrita mediante la siguiente expresión:

$$p\circ(\overline{a}\,U_1\odot\overline{b}\,U_2)=[p\circ(\overline{a}\,U_1)]\odot\overline{b}\,U_2$$

A su vez, para vectores, se tiene que $p\times(\overline{a}\cdot\overline{b})=\overline{a}\cdot(p\bullet\overline{b})$, lo que permite escribir el primer miembro de [19.4] así:

$$[p\times(\overline{a}\cdot\overline{b})]\,(U_1*U_2)=[\overline{a}\cdot(p\bullet\overline{b})]\,(U_1*U_2)$$

La definición [19.1] del producto escalar de concretos vectoriales nos conduce a:

$$[\overline{a}\cdot(p\bullet\overline{b})]\,(U_1*U_2)=\overline{a}\,U_1\odot(p\bullet\overline{b})\,U_2$$

Otra vez la definición [9.3] y [9.4] nos lleva a escribir la siguiente igualdad:

$$\overline{a}\,U_1\odot(p\bullet\overline{b})\,U_2=\overline{a}\,U_1\odot[p\circ(\overline{b}\,U_2)] \qquad [19.6]$$

Y, resultando iguales el primer miembro de [19.3] y el segundo de [19.6], tenemos la segunda propiedad asociativa del producto escalar:

$$p\circ(\overline{a}\,U_1\odot\overline{b}\,U_2)=\overline{a}\,U_1\odot[p\circ(\overline{b}\,U_2)]$$

La propiedad distributiva del producto escalar diádico respecto de la adición de concretos vectoriales se deriva igualmente de la correspondiente de los vectores de R^3. Se describe el razonamiento por la izquierda, análogamente se hilaría por la derecha. La definición [5.4] de adición de concretos vectoriales sirve para dar el primer paso del razonamiento:

$$\overline{a}\,U_1\odot(\overline{b}\,U_2\oplus\overline{c}\,U_2)=\overline{a}\,U_1\odot[(\overline{b}+\overline{c})\,U_2] \qquad [19.7]$$

Nótese que el principio de uniformidad de la adición requiere que los sumandos se refieran a la misma unidad U_2.

La definición [19.1] del producto escalar de concretos vectoriales nos autoriza a escribir el segundo miembro de [19.7] con la forma:

$$\overline{a}\ U_1 \odot [(\overline{b} + \overline{c})\ U_2] = [\overline{a} \cdot (\overline{b} + \overline{c})]\ (U_1 * U_2)$$

La propiedad distributiva del producto escalar de vectores de R^3 es $\overline{a} \cdot (\overline{b} + \overline{c}) = (\overline{a} \cdot \overline{b}) + (\overline{a} \cdot \overline{c})$, lo que nos lleva a:

$$[\overline{a} \cdot (\overline{b} + \overline{c})]\ (U_1 * U_2) = [(\overline{a} \cdot \overline{b}) + (\overline{a} \cdot \overline{c})]\ (U_1 * U_2)$$

La definición [5.3] de adición de concretos escalares justifica la igualdad:

$$[(\overline{a} \cdot \overline{b}) + (\overline{a} \cdot \overline{c})]\ (U_1 * U_2) = [(\overline{a} \cdot \overline{b})\ (U_1 * U_2)] \oplus [(\overline{a} \cdot \overline{c})\ (U_1 * U_2)]$$

Y en virtud de la definición [19.1] del producto escalar de díadas vectoriales llegamos a:

$$[(\overline{a} \cdot \overline{b})\ (U_1 * U_2)] \oplus [(\overline{a} \cdot \overline{c})\ (U_1 * U_2)] =$$
$$= [(\overline{a}\ U_1) \odot (\overline{b}\ U_2)] \oplus [(\overline{a}\ U_1) \odot (\overline{c}\ U_2)] \qquad [19.8]$$

Resultando iguales el primer miembro de [19.7] y el segundo de [19.8], queda explícita la propiedad distributiva del producto escalar de concretos vectoriales respecto de su adición diádica, con la forma analítica:

$$\overline{a}\ U_1 \odot (\overline{b}\ U_2 \oplus \overline{c}\ U_2) = [(\overline{a}\ U_1) \odot (\overline{b}\ U_2)] \oplus [(\overline{a}\ U_1) \odot (\overline{c}\ U_2)]$$

A su vez, para el producto vectorial de concretos debemos utilizar las propiedades de la multiplicación vectorial de vectores de R^3, que sabemos no es conmutativa, sino anticonmutativa o antisimétrica, que no es asociativa, y que sí verifica la propiedad distributiva. La anticonmutatividad del producto vectorial de vectores se escribe $\overline{a} \wedge \overline{b} = -\overline{b} \wedge \overline{a}$, junto con la definición [19.2] y por el axioma conmutativo [13.1] para la multiplicación de unidades $U_1 * U_2 = U_2 * U_1$, tenemos el siguiente razonamiento lógico de álgebra diádica o concreta en relación con esta falta de simetría:

Parte I: *Primera álgebra de magnitudes* (álgebra diádica)

$$\overline{a}\ U_1 \circledast \overline{b}\ U_2 = (\overline{a} \wedge \overline{b})\ (U_1 * U_2) = -(\overline{b} \wedge \overline{a})\ (U_2 * U_1) = -\overline{b}\ U_2 \circledast \overline{a}\ U_1$$

Aprovechamos para desarrollar otra forma asociativa, que también se verifica con el producto vectorial y que se comprueba aquí de manera similar, que es la propiedad asociativa en relación con el producto por dos escalares p y q de R por la izquierda, resulta análoga por la derecha. Queda establecida por la ilación que se expone seguidamente, basada en el comportamiento asociativo de las correspondientes operaciones con escalares y vectores, así como en las definiciones [9.3] y [9.4] del producto por escalares de concretos vectoriales:

$$(p \circ \overline{a}\ U_1) \circledast (q \circ \overline{b}\ U_2) = [(p \bullet \overline{a})\ U_1] * [(q \bullet \overline{b})\ U_2] \qquad [19.9]$$

La definición [19.2] del producto diádico vectorial de concretos vectoriales justifica que:

$$[(p \bullet \overline{a})\ U_1] * [(q \bullet \overline{b})\ U_2] = [(p \bullet \overline{a}) \wedge (q \bullet \overline{b})]\ (U_1 * U_2)$$

En álgebra de vectores se tiene $(p \bullet \overline{a}) \wedge (q \bullet \overline{b}) = (p \times q) \bullet (\overline{a} \wedge \overline{b})$, con el significado que debe darse a los signos de multiplicación, según cuáles sean los elementos que compongan: en $(p \bullet \overline{a})$ y $(q \bullet \overline{b})$ se trata de la multiplicación de escalares por vectores, en $(p \times q)$ señala la multiplicación de escalares de R y en $\overline{a} \wedge \overline{b}$ describe el producto vectorial de vectores. En estas condiciones, tenemos:

$$[(p \bullet \overline{a}) \wedge (q \bullet \overline{b})]\ (U_1 * U_2) = [(p \times q) \bullet (\overline{a} \wedge \overline{b})]\ (U_1 * U_2)$$

La ley de composición definida por [9.3] y [9.4] o multiplicación de un escalar por un concreto vectorial nos lleva a:

$$[(p \times q) \bullet (\overline{a} \wedge \overline{b})]\ (U_1 * U_2) = (p \times q) \circ [(\overline{a} \wedge \overline{b})\ (U_1 * U_2)]$$

La definición [19.2] de producto vectorial concreto de díadas vectoriales nos permite escribir:

$$(p \times q) \circ [(\overline{a} \wedge \overline{b})\ (U_1 * U_2)] =$$
$$= (p \times q) \circ [(\overline{a}\ U_1) \circledast (\overline{b}\ U_2)] \qquad [19.20]$$

Y, resultando iguales el primer miembro de [19.19] y el segundo de [19.20], tenemos la forma analítica de la propiedad asociativa investigada:

Parte I: *Primera álgebra de magnitudes* (álgebra diádica)

$$(p \circ \overline{a}\ U_1) \circledast (q \circ \overline{b}\ U_2) = (p \times q) \circ [(\overline{a}\ U_1) \circledast (\overline{b}\ U_2)] \quad [19.21]$$

Por lo que se refiere a la propiedad distributiva del producto vectorial de díadas vectoriales, se deduce con facilidad análoga mediante el siguiente razonamiento, que comenzamos con la definición [5.4] de la adición de díadas vectoriales uniformes aplicada al primer miembro de [19.22]:

$$\overline{a}\ U_1 \circledast (\overline{b}\ U_2 \oplus \overline{c}\ U_2) = \overline{a}\ U_1 \circledast [(\overline{b} + \overline{c})\ U_2] \quad [19.22]$$

La definición [19.2] del propio producto vectorial nos legitima para escribir:

$$\overline{a}\ U_1 \circledast [(\overline{b} + \overline{c})\ U_2] = [\overline{a} \wedge (\overline{b} + \overline{c})]\ (U_1 * U_2)$$

La propiedad distributiva del producto vectorial de vectores de $\mathbb{R}^3$ es $\overline{a} \wedge (\overline{b} + \overline{c}) = (\overline{a} \wedge \overline{b}) + (\overline{a} \wedge \overline{c})$, con lo cual:

$$[\overline{a} \wedge (\overline{b} + \overline{c})]\ (U_1 * U_2) = [(\overline{a} \wedge \overline{b}) + (\overline{a} \wedge \overline{c})]\ (U_1 * U_2)$$

La definición [5.4] de adición de concretos vectoriales nos lleva a la siguiente línea del razonamiento:

$$[(\overline{a} \wedge \overline{b}) + (\overline{a} \wedge \overline{c})]\ (U_1 * U_2) = [(\overline{a} \wedge \overline{b})\ (U_1 * U_2)] \oplus [(\overline{a} \wedge \overline{c})\ (U_1 * U_2)]$$

Con la definición [19.2] del producto vectorial de concretos vectoriales llegamos a:

$$[(\overline{a} \wedge \overline{b})\ (U_1 * U_2)] \oplus [(\overline{a} \wedge \overline{c})\ (U_1 * U_2)] =$$
$$= [(\overline{a}\ U_1) \circledast (\overline{b}\ U_2)] \oplus [(\overline{a}\ U_1) \circledast (\overline{c}\ U_2)] \quad [19.23]$$

Y, resultando que el primer miembro de [19.22] es igual al segundo de [19.23], llegamos a la forma analítica de la propiedad distributiva:

$$\overline{a}\ U_1 \circledast (\overline{b}\ U_2 \oplus \overline{c}\ U_2) =$$
$$= [(\overline{a}\ U_1) \circledast (\overline{b}\ U_2)] \oplus [(\overline{a}\ U_1) \circledast (\overline{c}\ U_2)] \quad [19.24]$$

Nótese, como ya se ha apuntado antes, que en las propiedades distributivas se han sumado concretos referidos a la misma unidad U_2, porque hemos establecido que la adición diádica exija que los sumandos sean uniformes.

Parte I: *Primera álgebra de magnitudes* (álgebra diádica)

En este apartado no se ha aplicado deliberadamente de manera absoluta el principio de economía simbólica, para poner de manifiesto las diversas leyes de composición que intervienen en las propiedades que las relacionan. Sin embargo, en la práctica científica o educacional es usual señalar con los mismos signos de adición todas las operaciones aditivas, así como se identifican con el mismo grafo de multiplicación todas la leyes multiplicativas, y lo mismo cabe decir sobre las restas o las divisiones. No obstante, el hechizo que ello provoca lleva a razonar bajo el efecto de la ilusión simbólica que esta simplificación produce, puesto que los elementos con los que se opera se aparecen como si fuesen entes de R, y la costumbre asociada a las propiedades de los números reales induce a razonar inconscientemente con el error que supone admitir subliminalmente esta fantasía, provocando que, aunque se llegue a conclusiones correctas, en realidad el argumento lógico no es válido, porque se pasa por alto la verdadera naturaleza algebraica de las leyes de composición relacionadas por las ecuaciones.

Cuando se aplica el principio de economía simbólica es obligado esforzarse en observar que los mismos signos utilizados para operaciones diversas representan leyes de composición diferentes según la naturaleza de los elementos entre los que se sitúen. Así, cuando se escriben entre escalares, se refieren a la adición, a la multiplicación, a la resta o al cociente de R; cuando se encuentren entre vectores, indicarán la adición o sustracción vectorial, el producto escalar o el producto vectorial en R^3; y, situados entre entes diádicos, se referirán a las operaciones diádicas de $\{R, U\}$ o $\{R^3, U\}$. De otro modo, no se habría entendido de verdad el razonamiento algebraico, aunque en apariencia la conclusión pueda resultar acertada simbólicamente.

Apartado XX

DEFINICIÓN DE PRODUCTO DIÁDICO ENTRE UN CONCRETO ESCALAR Y OTRO VECTORIAL

Otra ley de composición que es preciso definir, porque aparece constantemente en las ecuaciones físicas, es la multiplicación de concretos escalares por otros vectoriales. Para ello, sea la díada escalar $a\ U_1$ de $\{R, U_1\}$ y la vectorial $\overline{b}\ U_2$ de $\{R^3, U_2\}$. Utilicemos para esta ley de composición el signo «⊚». Contamos para establecer la definición de este producto con la ley externa del espacio vectorial R^3 sobre R y la multiplicación diádica, por lo que no cabe mejor formulación que con las dos ecuaciones de definición siguientes:

$$a\ U_1 \circledcirc \overline{b}\ U_2 = (a \bullet \overline{b})\ (U_1 * U_2) \qquad [20.1]$$

$$\overline{b}\ U_2 \circledcirc a\ U_1 = (\overline{b} \bullet a)\ (U_2 * U_1) \qquad [20.2]$$

En [20.1] y [20.2] el signo «⊚» del primer miembro simboliza la ley de composición que estamos definiendo, el producto de un concreto escalar por otro vectorial, el signo «•» puesto en el factor $(a \bullet \overline{b})$ del segundo miembro señala la ley externa de R^3 sobre R, aplicación de $R \times R^3$ en R^3, o producto de un escalar por un vector, y las multiplicaciones de los términos $(U_1 * U_2)$ y $(U_2 * U_1)$ señalan el producto diádico de dos concretos escalares, definido en el apartado XII. Aunque sea usual usar el mismo signo «×» para todas estas leyes multiplicativas.

En razón de la estructura algebraica del espacio vectorial R^3, así como por el axioma conmutativo [13.1] de la multiplicación de unidades concretas, se puede escribir:

$$a\ U_1 \circledcirc \overline{b}\ U_2 = (a \bullet \overline{b})\ (U_1 * U_2) = (\overline{b} \bullet a)\ (U_2 * U_1) \qquad [20.3]$$

La definición [20.2] de esta nueva ley de composición conduce a la identidad:

$$(\overline{b} \bullet a)(U_2 * U_1) = \overline{b} \, U_2 \odot a \, U_1 \qquad [20.4]$$

Y, resultando iguales el primer miembro de [20.3] y el segundo de [20.4], se concluye la propiedad conmutativa de la operación definida por [20.1] y [20.2]:

$$a \, U_1 \odot \overline{b} \, U_2 = \overline{b} \, U_2 \odot a \, U_1$$

Esta nueva operación encierra muchas posibilidades. Por ejemplo, el número real a podría indicar el producto escalar de dos vectores $a = \overline{a}_1 \cdot \overline{a}_2$, y este sería el caso del producto escalar de los entes diádicos vectoriales $\overline{a}_1 \, A_1$ y $\overline{a}_2 \, A_2$, donde la unidad U_1 vendría dada por la compuesta $U_1 = A_1 * A_2$. En estas condiciones, la ecuación [20.1] se convertiría en:

$$[(\overline{a}_1 \, A_1) \odot (\overline{a}_2 \, A_2)] \odot \overline{b} \, U_2 = [(\overline{a}_1 \cdot \overline{a}_2) \bullet \overline{b}] \, (A_1 * A_2 * U_2) \qquad [20.5]$$

Al producto $(\overline{a}_1 \cdot \overline{a}_2) \bullet \overline{b}$ en R^3 se le pueden aplicar todas las propiedades vectoriales que le son propias.

Por su parte, la díada vectorial $\overline{b} \, U_2$ puede ser tal que venga dada por un producto diádico vectorial $\overline{b} \, U_2 = \overline{b}_1 \, B_1 \circledast \overline{b}_2 \, B_2$, con lo que se tendría para [20.1] la forma:

$$a \, U_1 \odot (\overline{b}_1 \, B_1 \circledast \overline{b}_2 \, B_2) = [a \bullet (\overline{b}_1 \wedge \overline{b}_2)] \, (U_1 * B_1 * B_2) \qquad [20.6]$$

Al producto vectorial $a \bullet (\overline{b}_1 \wedge \overline{b}_2)$ en R^3 se le pueden aplicar todas las propiedades propias de este espacio.

En ambas hipótesis de [20.5] y [20.6] se han escrito las unidades compuestas teniendo en cuenta su propiedad asociativa [13.4].

Se deja al lector la sencilla comprobación de que la ley de composición diádica definida en este apartado verifica todas las formas asociativas y distributivas.

A su vez, las definiciones [20.1] y [20.2] permiten deducir las correspondientes divisiones de este producto sin más que tomar los segundos miembros como dividendo y uno de los factores de los primeros miembros como divisor, resultando el cociente escalar entre un dividendo vectorial y un divisor vectorial, y el cociente vectorial entre un dividendo vectorial y un divisor escalar.

Apartado XXI

DEFINICIÓN DE ENTES DIÁDICOS O CONCRETOS IMAGINARIOS Y DE SUS LEYES DE COMPOSICIÓN

Nos hemos servido de las estructuras algebraicas de R y de R^3 para definir los entes y leyes de composición de las díadas escalares y vectoriales. Sin embargo, todavía disponemos de una estructura algebraica de sumo interés, el cuerpo C de los números complejos o imaginarios[8]. Recordemos que los números imaginarios se definen como pares de números reales x e y relacionados con el número $i=\sqrt{-1}$ y simbolizados con la forma $z=x+i\times y$. Así que convenimos en definir en base a ellos los entes concretos imaginarios como aquellos en los que el primario sea un elemento $z \in C$ y en cuyo secundario se disponga una unidad, que habrá de ser necesariamente escalar, dado el axioma establecido al efecto en el apartado III. Este nuevo ente lo simbolizaremos con la notación $z\ U$, y el conjunto de los concretos imaginarios homogéneos se escribirá $\{C, U\}$.

Una vez creada la díada imaginaria y sus conjuntos $\{C, U\}$, deben acometerse las definiciones de sus leyes de composición internas y externas. En primer lugar, siguiendo el orden habitual, debe empezarse por la adición: sean los concretos imaginarios $z_1\ U$ y $z_2\ U$, que habrán de ser homogéneos, dado el axioma de uniformidad, exigible también en este caso, porque sabemos que los números imaginarios operan como vectores en el plano R^2. Así que definimos la ley interna aditiva «$\oplus$» o aplicación del producto cartesiano $\{C, U\} \times \{C, U\}$ en $\{C, U\}$, mediante esta ecuación de definición:

---

[8] En la «Lección 42» de *Matematizar 1* se analiza la estructura algebraica del cuerpo C de los números imaginarios con sus leyes de composición.

Parte I: *Primera álgebra de magnitudes* (álgebra diádica)

$$z_1 \ U \oplus z_2 \ U = (z_1 + z_2) \ U$$

La adición del primer miembro corresponde a la suma de concretos imaginarios definida aquí y difiere de las aditivas de diádicas escalares o vectoriales, aunque se señalen todas con el mismo signo «⊕»; mientras que la adición del término $z_1 + z_2$ es la suma de C, que también difiere de la adición de R y que es conmutativa y asociativa, dada la estructura de grupo aditivo abeliano de C, lo que conlleva las propiedades conmutativa y asociativa de la adición de concretos imaginarios, que exponemos ya sucintamente, para no resultar en exceso reiterativos en los razonamientos:

$$z_1 \ U \oplus z_2 \ U = (z_1 + z_2) \ U = (z_2 + z_1) \ U = z_2 \ U \oplus z_1 \ U$$

$$z_1 \ U \oplus (z_2 \ U \oplus z_3 \ U) = z_1 \ U \oplus (z_2 + z_3) \ U = [z_1 + (z_2 + z_3)] \ U =$$

$$= [(z_1 + z_2) + z_3] \ U = (z_1 + z_2) \ U \oplus z_3 \ U = (z_1 \ U \oplus z_2 \ U) \oplus z_3 \ U$$

De manera análoga podemos definir y definimos la ley externa generatriz multiplicativa «∗», o aplicación del conjunto producto cartesiano $\{C, U_1\} \times \{C, U_2\}$ en $\{C, U_1 \ast U_2\}$ que responde a la ecuación de definición:

$$z_1 \ U_1 \ast z_2 \ U_2 = (z_1 \times z_2) \ (U_1 \ast U_2)$$

La multiplicación del primer miembro es la diádica de concretos imaginarios que se define en la propia ecuación y difiere de la diádica con entes reales, aunque se indique con el mismo signo «∗», mientras que el producto del término $z_1 \times z_2$ es la multiplicación de C, no la de R, y es conmutativa y asociativa, dada la estructura de cuerpo conmutativo de C. Todo ello, junto con el axioma conmutativo [13.1] y el asociativo [13.4] del producto de unidades, nos lleva a las propiedades conmutativa y asociativa del producto diádico «⊛» de mediciones imaginarias:

$$z_1 \ U_1 \ast z_2 \ U_2 = (z_1 \times z_2) \ (U_1 \ast U_2) = (z_2 \times z_1) \ (U_2 \ast U_1) = z_2 \ U_2 \ast z_1 \ U_1$$

$$z_1 \ U_1 \ast (z_2 \ U_2 \ast z_3 \ U_3) = z_1 \ U_1 \ast (z_2 \times z_3) \ (U_2 \ast U_3) =$$

$$= [z_1 \times (z_2 \times z_3)] \ (U_1 \ast U_2 \ast U_3) = [(z_1 \times z_2) \times z_3] \ (U_1 \ast U_2 \ast U_3) =$$

$$=(z_1 \times z_2)\,(U_1 * U_2) * z_3\ U_3 = (z_1\ U_1 * z_2\ U_2) * z_3\ U_3$$

De manera totalmente isomorfa con los razonamientos seguidos para $\{R, U\}$, puesto que C tiene la misma estructura algebraica que R, cada uno de estos dos conjuntos numéricos con sus propias leyes internas aditiva y multiplicativa, e incluso en analogía con $\{R^3, U\}$, puesto que C también se comporta como espacio vectorial sobre R, se deducen el resto de propiedades y se definen las demás leyes de composición para $\{C, U\}$. Con ello y recordando que la parte aditiva se tiene que referir a la misma unidad U, dado el axioma de uniformidad, tendremos la propiedad distributiva del producto respecto de la adición de concretos imaginarios:

$$z_1\ U_1 * (z_2\ U \oplus z_3\ U) = z_1\ U_1 * (z_2 + z_3)\ U =$$
$$= [z_1 \times (z_2 + z_3)]\,(U_1 * U) = [(z_1 \times z_2) + (z_1 \times z_3)]\,(U_1 * U) =$$
$$= (z_1 \times z_2)\,(U_1 * U) + (z_1 \times z_3)\,(U_1 * U) = (z_1\ U_1 * z_2\ U) \oplus (z_1\ U_1 * z_3\ U)$$

La definición de la multiplicación por un escalar p de C, que a su vez podría ser singularmente un elemento de R, porque $R \subset C$, debe asociarse con una aplicación del producto cartesiano $C \times \{C, U\}$ en $\{C, U\}$ por la izquierda, y $\{C, U\} \times C$ en $\{C, U\}$ por la derecha, con las ecuaciones de definición:

$$p \circ (z\ U) = (p \times z)\ U$$
$$(z\ U) \circ p = (z \times p)\ U$$

Dado que en C se tiene la propiedad conmutativa $p \times z = z \times p$, es inmediato que la multiplicación concreta imaginaria por un escalar imaginario o real resulta conmutativa:

$$p \circ (z\ U) = (z\ U) \circ p$$

Las propiedades de C garantizan el comportamiento asociativo de esta multiplicación diádica por dos escalares p y q de C, o singularmente de R, ya que $R \subset C$:

$$(p \times q) \circ (z\ U) = [(p \times q) \times z]\ U = [p \times (q \times z)]\ U = p \circ [(q \times z)\ U]$$

También se verifican para esta ley diversas propiedades distributivas como las siguientes:

$$p\circ(z_1\ U\oplus z_2\ U)=p\circ[(z_1+z_2)\ U]=[p\times(z_1+z_2)]\ U=$$
$$[(p\times z_1)+(p\times z_2)]\ U=(p\times z_1)\ U\oplus(p\times z_2)\ U=$$
$$=[p\circ(z_1\ U)]\oplus[p\circ(z_2\ U)]$$
$$(p+q)\circ(z\ U)=[(p+q)\times z]\ U=[(p\times z)+(q\times z)]\ U=$$
$$=(p\times z)\ U\oplus(q\times z)\ U=[p\circ(z\ U)]\oplus[q\circ(z\ U)]$$

En suma, observamos también aquí cómo se acomodan las estructuras algebraicas díadicas de los primarios a las ya establecidas para los entes matemáticos de R, R^3 o C, de manera que los secundarios o parte dimensional respondan de manera independiente a la generalización del álgebra de los segmentos geométricos, con el **postulado de afinidad**, derivado de la posibilidad de establecer correspondencias biunívocas entre la cantidades de longitud de los segmentos geométricos y las cantidades de cualquier otra magnitud, con lo que se justifican las operaciones con magnitudes afines a la longitud en base al álgebra geométrica.

A su vez, las formas simbólicas de las reglas usuales se mantienen con todos los términos, incluidos los símbolos de las unidades, como consecuencia de las definiciones y propiedades de las múltiples leyes de composición que configuran las diversas estructuras algebraicas díadicas.

Apartado XXII

EFECTOS DEL PRINCIPIO
DE ECONOMÍA SIMBÓLICA

A lo largo del desarrollo de esta primera álgebra física hemos observado cómo se generaliza en abstracto el experimento geométrico de la multiplicación de segmentos o longitudes, dando lugar al álgebra genérica de los concretos o díadas, como representantes matemáticos de las cantidades de las magnitudes físicas. Hemos advertido reiteradamente sobre el efecto hipnótico que puede producir acogerse a la economía simbólica, entendida como la simplificación de signos para las distintas operaciones de la misma especie, tales como las aditivas, denotadas todas con la típica cruz «+», las multiplicativas indicadas genéricamente, por ejemplo, con el aspa «×», las restas con el guión «–» o las divisiones con la barra «/». Para romper ese hechizo y advertir a efectos pedagógicos sobre lo fácil que resulta fascinarse por él y creer que se comprenda lo que realmente permanezca en la oscuridad, hemos hecho un esfuerzo de detalle simbólico, para explicitar el máximo número de leyes de composición distinguibles entre sí, así como las relaciones que surgen entre ellas; aunque, dado el gran número de estas, como la simbología es limitada y tampoco tendría utilidad llevar al extremo absoluto tal diferenciación, es inevitable y hasta conveniente que algunas compartan signos comunes, lo cual no es obstáculo para que el fenómeno pueda explicarse con suficiente claridad didáctica.

Para una mejor visión de conjunto se pueden detallar los símbolos de las operaciones que intervienen en el álgebra diádica, representada con el signo $\mathscr{D}$, a diferencia de las estructuras de R, C y R^3 o cualquier otra. Tales operaciones son las propias de las estructuras usuales y las definidas específicamente para los entes concretos. De este modo resulta el siguiente esquema sinóptico:

Parte I: *Primera álgebra de magnitudes* (álgebra diádica)

Tipo de ley de composición diádica / Apartado de la *Primera álgebra de magnitudes*		Álgebra numérica ordinaria (ver nota) En R y C	Álgebra numérica ordinaria (ver nota) En R^3	Álgebra diádica o física En $\mathscr{D}$	Con el principio de economía simbólica
Magnitudes escalares y vectoriales	Adición (V)	+	+	$\oplus$	+
	Sustracción (VIII)	−	−	$\ominus$	−
	Multiplicación por un número (IX)	×	•	○	×
	División homogénea (XI)	/ ÷		// ≑	/ ÷
Magnitudes escalares	Multiplicación heterogénea (XII)	×		✶	×
	División heterogénea (XVI)			// ≑	/ ÷
Magnitudes vectoriales	Producto escalar (XIX)		•	⊙	•
	Producto vectorial (XIX)		∧	⊛	×
	Producto de magnitudes mixtas (XX)			⊚	×

(Nota) Los símbolos de las operaciones en R, C y R^3 obviamente se refieren a la adición, sustracción, multiplicación y división propias de estas estructuras algebraicas, no a las diádicas o concretas que se definen en los apartados de la primera columna.

Tomemos, por ejemplo, la expresión [19.21], que es el resultado de un razonamiento previo con el álgebra diádica:

$$(p \circ \overline{a}\ U_1) \circledast (q \circ \overline{b}\ U_2) = (p \times q) \circ [(\overline{a}\ U_1) \circledast (\overline{b}\ U_2)]$$

El signo «○» indica la operación multiplicativa de un escalar de R por una díada vectorial; por su parte, con «⊛» se representa la ley de composición denominada producto vectorial de díadas vectoriales; y, finalmente, con el símbolo «×» se nombra la multiplicación de números reales. El principio de economía simbólica consiste en denotar todas estas leyes de composición de la misma especie multiplicativa con el mismo carácter, por ejemplo, el aspa «×». Y con ello resulta la notación tradicional:

$$(p \times \overline{a}\ U_1) \times (q \times \overline{b}\ U_2) = (p \times q) \times [(\overline{a}\ U_1) \times (\overline{b}\ U_2)]$$

Observando esta última expresión, salvo que se tenga pericia algebraica, resulta difícil sustraerse de la ilusión que provoca el signo constante del aspa «×» y se tiende a creer con facilidad que la propiedad que describe la igualdad sea evidente por las leyes propias de R^3. Sin embargo, no es así, porque lo que relaciona son díadas físicas, y el significado completo de la igualdad viene dado por el razonamiento algebraico que ha conducido a la deducción de [19.21], en virtud de las diferentes leyes de composición que relaciona la propia ecuación y específicamente definidas entre los espacios $\{R^3, U_1\}$, $\{R^3, U_2\}$ y $\{R^3, U_1 * U_2\}$.

Lo mismo cabe decir sobre cualquier otra expresión del álgebra diádica, como por ejemplo, la propiedad distributiva descrita en [19.24]:

$$\overline{a}\ U_1 \circledast (\overline{b}\ U_2 \oplus \overline{c}\ U_2) = [(\overline{a}\ U_1) \circledast (\overline{b}\ U_2)] \oplus [(\overline{a}\ U_1) \circledast (\overline{c}\ U_2)]$$

Si se sustituyen los signos aditivo «⊕», que se refiere a la suma de díadas vectoriales, y el multiplicativo «⊛», que simboliza el producto vectorial diádico de concretos vectoriales, por los usuales «+» y «×», se tendrá la igualdad simplificada o implícita:

$$\overline{a}\ U_1 \times (\overline{b}\ U_2 + \overline{c}\ U_2) = [(\overline{a}\ U_1) \times (\overline{b}\ U_2)] + [(\overline{a}\ U_1) \times (\overline{c}\ U_2)]$$

La observación de la ecuación, salvo que se sepa distinguir cada operación en función de los elementos que relaciona, seduce al intelecto casi sin remedio, haciéndole creer que la propiedad distributiva se cumpla de modo inmediato; sin embargo, no es así, porque estamos ante una igualdad del álgebra física, para cuya deducción ha debido seguirse todo un razonamiento exhaustivo, como el presentado en su lugar para la ecuación [19.24].

Así que la apariencia isomorfa del álgebra física con las estructuras de R o R^3, que se aprecia cuando se aplica el principio de economía simbólica, no es ni muchos menos presumible, como en la práctica se ha venido presuponiendo no sin buena dosis de incertidumbre y negligencia, sugeridas en sus escritos por los mejores autores; aunque otras mentes menos rigurosas, embelesadas por la simbología de la manera descrita antes, pudieran creer en esa impostura y dar por obvias las propiedades diádicas que requieren prueba específica. Lo cual, no por ser común, deja de resultar erróneo y claramente arbitrario, violando la lógica más elemental del conocimiento y olvidando o despreciando la obligación algebraica de definir las leyes de composición entre entes destinados a representar cantidades de magnitudes científicas relacionadas mediante ecuaciones físicas.

Por lo tanto, el principio de economía simbólica llevaría de manera directa a la conclusión de que para operar con cantidades de magnitudes se pudiera confiar en la apariencia isomorfa con las operaciones de R y de R^3, admitiendo como evidente la siguiente regla formal:

Para componer entes concretos o díadas físicas basta con especificar en las ecuaciones las abreviaturas o símbolos de las unidades que intervengan y operar con estos según las leyes algebraicas de los números reales y de los vectores geométricos, y considerando que multipliquen a las medidas que acompañan, que se podrán manipular de igual modo; lo que supone simplemente fingir que las unidades sean elementos algebraicos comunes.

Sin embargo, ya hemos justificado suficientemente que, aunque esta regla pueda tener utilidad práctica, no debe ser admitida con el único fundamento de la mera lógica simbólica y su apariencia isomorfa con las estructuras de R y de R^3, sino que es consecuencia lógica del álgebra física definida y desarrollada a través de las diversas leyes de composición debidamente configuradas.

Afortunadamente, la regla enunciada es correcta, como lo demuestra el álgebra física, pero la tradición ha llegado a ella por un razonamiento no válido[9], lo que resulta inadmisible y justifica aún más la necesidad del álgebra de magnitudes, aunque solo fuera porque la Física debe asentarse en buenos cimientos lógicos,

---

[9] En la «Lección 1» de *Matematizar 3* se desarrolla un método matemático de la lógica y se describe cómo un razonamiento no válido podría conducir a una conclusión correcta, sin que ello suponga que tales esquemas lógicos sean admisibles.

por lo que no se comprende que hasta la fecha haya permanecido oculta en la impostura descrita por una regla operativa sin prueba previa, que ahora podemos entender justificada plenamente y antes era mero capricho de la intuición más vulgar. Pero hay otra razón si cabe más trascendente para apreciar la necesidad inapelable del álgebra diádica o física, y es que nos revela algo de suma importancia, que no es sino cómo se construyen las unidades compuestas, que son todas ellas fruto de la generalización abstracta de la multiplicación geométrica de segmentos o longitudes; así que, como en esta abstracción se observa una buena dosis de arbitrariedad inseparable de las ecuaciones de definición, ello ha de movernos a la mayor prudencia cuando se pretenda valorar la esencia de cualesquiera de esas magnitudes derivadas, porque en principio no tienen otro carácter que el de entes matemáticos originados por unas leyes de composición definidas por medio de una ilusión que generaliza la multiplicación geométrica de segmentos, asimilando artificialmente cualquier cantidad de toda magnitud a una cantidad de longitud o segmento abstracto[10].

Por otra pate, debe advertirse que la regla descrita tiene excepciones, como cualquier simplificación intelectual, porque hemos observado que la multiplicación de díadas, definida en el apartado XII, dada su condición de ley de composición externa, no permite la existencia de los elementos unitario ni inverso, lo que distancia a la estructura de las díadas escalares de la del cuerpo de los reales. Ello alerta sobre el significado que ha de darse a los exponentes negativos que aparecen a menudo en las ecuaciones físicas, porque no pueden tener otro sentido que simbolizar de esa forma los divisores o denominadores en que aparezcan potencias de unidades; pero en absoluto pueden indicar el inverso de ninguna unidad, porque tal ente no existe, salvo que encontremos la manera de definirlo para las leyes de composición

---

[10] Una exposición algo más elemental, pero igualmente válida para el entendimiento del álgebra de magnitudes, se encuentra en el temario del mismo autor, «Lección 3» de *Matematizar 3*.

externas generatrices. Por tanto, la regla aquí establecida no puede sustituir en modo alguno el álgebra de magnitudes y solo debe entenderse como ayuda que agiliza la práctica operativa, pero sin darle mayor trascendencia, porque otra cosa solo podría inducir errores graves en el análisis de las magnitudes y ecuaciones físicas.

Una razón más vulgar sobre la necesidad del álgebra diádica, aunque no menos concluyente, es que repudiarla sería algo así como legitimar que la tabla de multiplicar aritmética también quedase sujeta al arbitrio de cada cual, y sobre esto no parece que ningún seso normal pueda tener duda alguna.

Además, esta *Álgebra diádica de magnitudes* señala con claridad la posibilidad de construir otras más abstractas y complejas, ligadas a estructuras algebraicas de dimensiones superiores a tres, o incluso a otras métricas no euclidianas, lo que sin duda habrá de contribuir al desarrollo de modelos innovadores de la Física teórica.

Entretanto, con las leyes de composición definidas en esta monografía se pueden fundamentar todas las operaciones que puedan encontrarse en las ecuaciones físicas, por lo que, aunque no hayan quedado analizados todos los casos posibles, tarea que resultaría penosa y hasta inviable, con los métodos de análisis empleados se podría resolver cualquier supuesto imaginable.

Apartado XXIII
CLASES DE MAGNITUDES

Hemos dedicado los apartados I y II a los conceptos de cantidad, magnitud y medición, que se refieren a tres entes fundamentales de la Física, y hemos convenido que las mediciones sean representadas por los entes diádicos y su específica álgebra, que permite definir unas unidades a partir de otras, de modo que, componiendo algunas de ellas, se deducirán las demás en función de la teoría a que pertenezcan. Se llaman **primarias** o **simples** las magnitudes a partir de las cuales se establecen otras por medio del álgebra de magnitudes y las **leyes externas generatrices** de los apartados XII a XVII. Las que se expresen en función de las primeras se dirá que son **secundarias** o **compuestas**. Diversos autores suelen nombrar a las secundarias magnitudes **derivadas**. A su vez, también llamaremos **fundamentales** a las magnitudes que se tomen como base de un determinado sistema dimensional, para componerlas algebraicamente según proceda. Por último, terminaremos con la introducción de un nuevo concepto de magnitud, derivado de la variante general «dismétrica», que definiremos al final de este apartado. Con relación a este criterio estableceremos los conceptos innovadores de magnitudes **rígidas** y **flexibles**.

La verdad es que no existe unanimidad en la nomenclatura ordinaria, aunque ello nos parece irrelevante, pues lo esencial en cada caso concreto será establecer cuáles sean las magnitudes independientes para el álgebra abstracta, porque estas magnitudes no compuestas serán las que más luz puedan arrojar sobre el sentido físico de los fenómenos analizados.

La Física es una ciencia experimental, pero sus experimentos, descritos mediante el lenguaje común, solo servirían para acumular conocimiento histórico con escaso valor prospectivo: de nada serviría conocer la trayectoria de una partícula si no hubiera forma de comprender las leyes de su movimiento. Sin embargo, si los hechos científicos se escriben en lenguaje matemático, aprovechando los entes de esta ciencia abstracta para acoplar en ellos las observaciones naturales, sucede algo maravilloso: los números, los vectores, las funciones y demás instrumentos matemáticos permiten organizar las observaciones de modo que brotan relaciones invariantes entre las diferentes variables establecidas, que permiten determinar unas en función de otras. Dichas variables desde el punto de vista matemático son para la Física u otras ciencias mediciones de magnitudes, al estilo de las lineales, superficiales o volumétricas de la geometría.

Se observa en la naturaleza que hay fenómenos como el tiempo o la distancia que carecen de dirección, aunque puedan tomarse en un sentido o su opuesto; estos cabe representarlos mediante mediciones escalares del tipo $\{R, U\}$, cuya parte real puede ser positiva o negativa, para lo que bastará una convención sobre el sentido adoptado como positivo, y se podrá operar de acuerdo con el álgebra diádica. Otras magnitudes como la masa se muestran siempre positivas, lo que constituye un caso particular de las anteriores. A su vez, otros fenómenos como una velocidad o una fuerza, además de su tamaño o cantidad, no son indiferentes a la dirección ni al sentido dentro de ella, por lo que estos hechos físicos encajan muy bien como vectores y habrá que referirlos a un sistema de referencia adecuado en el que se podrán determinar sus componentes para operar con ellas de acuerdo con el álgebra vectorial; en el campo diádico se podrán representar por el conjunto $\{R^3, U\}$, si su ámbito fuese el espacio euclídeo de tres dimensiones, o en general $\{R^n, U\}$ para un espacio de dimensión n. De este modo comprobamos que la gran clasificación de las magnitudes físicas que reflejan determinadas propiedades naturales se tiene que establecer entre estas dos: **escalares** y **vectoriales**; así, una vez admitida esta conceptuación, resulta que la Física queda absorbida por las propiedades y composiciones de los números y los vectores, integrantes de sus correspondientes entes diádicos, con lo cual se habrá conseguido la magia de

Parte I: *Primera álgebra de magnitudes* (álgebra diádica)

subsumir los hechos naturales en las oportunas leyes matemáticas abstractas preexistentes, aprovechando el contenido de verdad general de estos entes para insuflarlos con significados físicos. Por consiguiente, la primera operación física atinente a la medida es identificar una magnitud y fundamentar su naturaleza escalar o vectorial, para establecer el tipo de álgebra que se va a implementar al operar con las mediciones, y de acuerdo también con la imprescindible álgebra diádica.

No se debe dejar de observar que el álgebra vectorial puede referirse a la que es propia del cuerpo de los números complejos, con sus específicas leyes de composición, porque ya se sabe que algunos fenómenos naturales quedan subsumidos por la estructura algebraica conferida a tales números imaginarios; parece increíble, pero es un hecho, que una abstracción matemática como el álgebra compleja, nacida mucho antes que la corriente alterna, sirva para explicar los fenómenos eléctricos de esa naturaleza; aunque a veces, también haya que reconocer que la Física estimula el desarrollo de estructuras matemáticas, lo cual no cambia el hecho de que la Física quede incluida en todo caso en la matemática. Así que podríamos indicar metafóricamente que hacer Física no es sino reducir la abstracción matemática a una forma concreta que se justifica por los ensayos pertinentes, lo que supone que la Física pueda considerarse como la matemática del experimento.

Son ejemplos de magnitudes escalares la longitud, el área, el volumen, el tiempo, la masa, la densidad, la temperatura, el trabajo, la energía, la potencia, la intensidad de corriente eléctrica en conductores lineales, el voltaje, entre otras muchas. Por su parte, son magnitudes vectoriales el desplazamiento de un móvil, la velocidad, la aceleración, la fuerza y todas las que queden caracterizadas por una cantidad o modulo, una dirección y un sentido de acción.

Las magnitudes que muestran a sus elementos indivisibles se llaman **discretas** y como unidad fundamental se puede tomar el propio elemento que las determina; por ejemplo, los vehículos matriculados, los habitantes de un país, los envases de una industria y similares son ejemplos de magnitudes discretas. Por el contrario, las magnitudes físicas como la longitud, el peso, la temperatura o la energía no tienen esta característica discreta y cualquier cantidad por pequeña que sea resulta divisible en otras más pequeñas, tales magnitudes se denominan **continuas** y no hay mejores referentes a ellas que los números reales, dada su continuidad simbolizada en la recta real. Las magnitudes continuas son tales que no dejan otra opción que establecer el patrón mediante referencias físicas experimentales que indican implícitamente una cierta cantidad unitaria no determinable ni expresable numéricamente de la magnitud medida y señalada mediante un símbolo abstracto específico y arbitrario, quedando representadas matemáticamente por un conjunto diádico del tipo $\{R,U\}$ o $\{R^n,U\}$, según que sean escalares o vectoriales, respectivamente. Por su parte, las magnitudes **discretas**, que sí muestran elementos unitarios naturales, se pueden describir matemáticamente con díadas formados con el conjunto N de los números naturales, denotado $\{N,U\}$, si las medidas solo pudieran ser positivas, o el de los enteros Z, referido al conjunto concreto $\{Z,U\}$, si las medidas pudieran ser positivas y negativas.

Adentrándonos en el universo diádico, no se nos puede escapar una observación importante e inobjetable que amplía de modo sustancial el campo matemático para representar fenómenos físicos. Toda díada está compuesta de dos elementos, un primario matemático, número, vector o tensor, y un secundario físico indicativo de una realidad material que se toma como unidad patrón de alguna magnitud, el metro, el kilogramo o el segundo, por ejemplo. Entonces, toda medición queda establecida por ese par de elementos estrechamente vinculados entre sí, que hemos dado en llamar número concreto, díada física o simplemente medición. Desde el principio de los tiempos la tendencia a la «aritmetización» de la Física a puesto la atención en las medidas de las cantidades de magnitudes, asumiendo tácitamente que las unidades patrón debieran tener siempre la misma cantidad invariable de la magnitud implícita en ellas. En esta invariancia se basa precisamente el Sistema Internacional de Unidades. Así, siempre se ha presupuesto que el metro patrón haya de contener la misma cantidad de longitud en cualquier posición del espacio y bajo cualquier circunstancia. Y la misma suposición se atribuye al kilogramo patrón y al segundo patrón. Podríamos distinguir esta hipótesis con el calificativo de **isometría**. Sin embargo, nada nos impide formular la previsión opuesta y más general de imaginar que la cantidad de cada magnitud implícita en los patrones físicos puedan variar de un punto a otro del espacio, por diversas causas que no interesan de momento en esta fase de formulación abstracta y lógica de la herramienta matemática del álgebra diádica. Esta variante nueva podemos nombrarla con el término **«dismetría»** y consiste en lo siguiente:

Tomemos una unidad patrón cualquiera U de alguna magnitud, como podrían ser el metro o el kilogramo. Para ello bastaría preparar un varilla recta de cierta extensión indicativa de una longitud o un cuerpo material formado por una determinada agrupación de materia, que llamaremos masa o pesa. Estos elementos materiales pueden presentar la misma cantidad de su magnitud asociada en todos los puntos del espacio-tiempo, hipótesis isométrica, o por el contrario, los mismos cuerpos físicos pueden variar en su cantidad de magnitud implícita dependiendo de la posición y el entorno, que es la previsión «dismetrica» con la que se completan las dos posibilidades lógicas existentes y que es mas genérica que la primera hipótesis, que queda contenida en ella como caso particular.

Sea un punto O del espacio y simbolicemos U_O la cantidad de longitud o de masa que la varilla o la pesa consideradas contengan implícitas en dicho punto. Sea un punto P cualquiera del espacio y designemos U_P la cantidad implícita en P de longitud o de masa de los mismos elementos materiales, que son la varilla y la pesa seleccionadas, de modo que se podrá establecer la razón diádica $U_P // U_O$. Como estamos ante magnitudes homogéneas, esta razón corresponde a la división del apartado XI, que sabemos da como resultado siempre un número real y, por tanto, adimensional. Designemos a este número con el símbolo δ_P. Llamaremos a este cociente densidad «dismétrica» de la magnitud en cuestión en el punto P en relación con el punto O. Obviamente, se tiene la relación $U_P = \delta_P \circ U_O$, donde la operación «∘» es la multiplicación de una medición por un escalar del apartado IX, expresión esta que también podríamos haber establecido desde el principio sin más que considerar que U_P habrá de ser una cantidad igual a δ_P veces la cantidad de la misma magnitud implícita en U_O, definiendo el número real δ_P como la densidad «dismétrica» de la magnitud considerada en P respecto de O.

Cuando la densidad «dismétrica» δ_P sea constante, nos hallaremos en un espacio isométrico. En cambio, cuando varíe de alguna forma nos encontraremos con un espacio «dismétrico». De este modo nace la «dismetría» como herramienta matemática más amplia y potente que la isometría actual para representar fenómenos naurales en ámbitos diversos y variables.

En la segunda parte de este trabajo se desarrolla con más extensión la matematización de la «dismetría» así como algunas consecuencias y aplicaciones para generalizar las leyes físicas con la formulación «dismétrica», poniendo de manifiesto que nos hallamos ante una fecunda herramienta matemática que permite desarrollar una nueva Física. Aquí nos limitamos a introducir los innovadores conceptos de **magnitudes flexibles** y los **espacios «dismétricos»** resultantes de la posible variación de las diversas mediciones que los mismos patrones pueden arrojar en cada punto del espacio-tiempo.

Apartado XXIV
IGUALDAD, IDENTIDAD, ECUACIÓN Y LEY FÍSICA

En Física los experimentos tienen por objeto determinar **relaciones invariantes** expresadas con el álgebra diádica entre cantidades de diversas magnitudes y posibles **constantes**[11] que las relacionen y es usual aplicar el principio de economía simbólica con operaciones de la misma especie. Por ejemplo, la *segunda ley de Newton* establece que la razón entre la cantidad de fuerza aplicada a un cuerpo y la cantidad de aceleración que le confiere es constante, y esta constante es precisamente lo que se denomina masa de inercia del cuerpo. Esta ley o relación invariante se simboliza mediante la ecuación diádica abreviada $\overline{F}=m\odot\overline{a}$, producto diádico entre un concreto escalar y otro vectorial, o económicamente $\overline{F}=m\times\overline{a}$, donde $\overline{F}$ y $\overline{a}$ son vectores, que venimos distinguiendo con el guion superior, aunque pudiera servir cualquier otra simbología, y m es un número real positivo, y todos los factores acompañados de sus unidades inseparables.

Las ecuaciones que igualan díadas vectoriales semejantes a $\overline{F}=m\times\overline{a}$ en realidad deberían escribirse en forma explícita, $\overline{F}\ U_F=m\ U_m\odot\overline{a}\ U_a$, donde U_F sea la unidad de fuerza, U_m la unidad de masa y U_a la unidad de aceleración. Por homogeneidad, estas unidades no pueden ser independientes y habrá de existir entre ellas la relación $U_F=U_m*U_a$, económicamente $U_F=U_m\times U_a$, pues de otro modo las díadas del primer y del segundo miembro no se podrían igualar, de acuerdo con el criterio de igualdad del apartado IV. A su vez, toda ecuación diádica vectorial se podrá reducir siempre a formas escalares, sirviéndonos de la figura 8: sea

---

[11] No cuestionaremos aquí la existencia de las constantes físicas, en el sentido ordinario del término, aunque en la segunda parte de este trabajo se motivan las razones por las que en los espacios «dismétricos» se debe revisar esta noción.

Parte I: *Primera álgebra de magnitudes* (álgebra diádica)

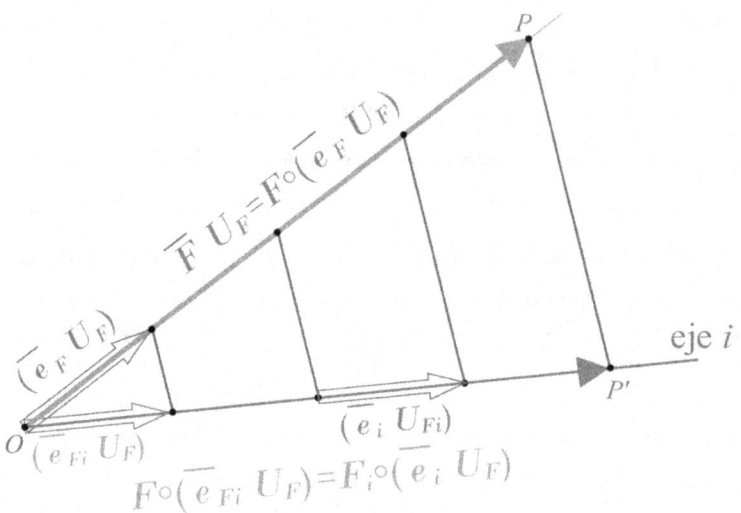

Geométricamente se tiene que, si OP', proyección paralela y en general oblicua de OP sobre un eje i cualquiera, se mide mediante la unidad U_{Fi}, resulta la díada $F\,U_{Fi}$. Si el mismo segmento OP' se mide con la unidad U_F, resulta la díada $F_i\,U_F$. Luego, para que OP' quede referido a la misma unidad U_F de OP, basta expresar la medida mediante la proyección F_i de OP.

Figura 8

$\overline{e}_F$ el versor o vector unitario en la dirección de $\overline{F}$, estará ligado a la díada vectorial $(\overline{e}_F\,U_F)$ y se tendrá así que la igualdad $\overline{F}U_F = F\circ(\overline{e}_F\,U_F)$, donde F sea la componente de $\overline{F}$ sobre $\overline{e}_F$ y el módulo de $\overline{e}_F$ represente una longitud abstracta igual a la unidad de fuerza U_F. Sea una base cualquiera de $\mathbb{R}^3$, cuyos versores se indican $\overline{e}_1$, $\overline{e}_2$ y $\overline{e}_3$, abreviadamente $\{\overline{e}_i\}$, con $i=1, 2, 3$. Admitimos la ficción geométrica de que $\overline{e}_i$ tenga por módulo la unidad de longitud abstracta en representación de U_F, es decir, que los módulos de $\overline{e}_F$ y $\overline{e}_i$ son iguales y fingimos que representen la unidad U_F. Definimos $\overline{e}_{Fi}$ como la proyección o componente sobre el eje i del versor $\overline{e}_F$, su módulo representará la cantidad U_{Fi}, o fingida proyección de U_F sobre el mismo eje i, porque U_F no es una longitud. Designemos por F_i las componentes de $\overline{F}$ sobre cada eje i. El *Teorema de Tales* garantiza lo siguiente: dado un segmento dividido en longitudes iguales a cierta unidad de longitud, proyectando paralelamente las divisiones sobre otra recta, resultan igual cantidad de unidades proyectadas que en el segmento origen, de modo que la medida del segmento proyectado en unidades proyectadas es la misma que la medida del segmento original en las primeras unidades[12]. Aplicando esta propiedad geométrica al vector $\overline{F}$ y su proyección F_i sobre un eje i, se tendrá que F_i quedará representada por el concreto escalar $F\ U_{Fi}$; queremos averiguar cuánto ha de valer F_i para que la proyección quede representada por el concreto $F_i\ U_F$. Los vectores $\overline{e}_{Fi}$ y $\overline{e}_i$ son colineales, por lo que existirá un escalar k_i tal que $\overline{e}_{Fi}=k_i\bullet \overline{e}_i$, con lo cual, la relación entre U_{Fi} y U_F debe admitirse que sea la misma, con $U_{Fi}=k_i\circ U_F$, resultado al que también llegaríamos mediante el axioma de continuidad del apartado IV. En estas condiciones, se tendrá:

$$F_i\ U_F = F\ U_{Fi} = F\circ(k_i\circ U_F) = (k_i\times F)\ U_F$$

De acuerdo con el criterio de igualdad del apartado IV, se llega a la conclusión de que para todo i, es:

$$F_i = k_i \times F$$

Por tanto, la medida F_i del segmento OP' en la unidad U_F en relación con la medida F de OP con igual unidad está en la misma razón k_i que los vectores colineales $\overline{e}_i$ y $\overline{e}_{Fi}$, proyección de $\overline{e}_{Fi}$. Y así se justifica que para determinar la proyección sobre un eje cualquiera de toda díada vectorial $\overline{F}U_F$ es suficiente hallar la componente $F_i = k_i \times F$ de $\overline{F}_i$, resultando la díada proyectada $\overline{F}_iU_F$.

Y así resulta la importante propiedad olvidada que podríamos enunciar así: **dada una medición vectorial, su proyección sobre un eje cualquiera está en la misma razón diádica que el versor de la díada proyectado sobre dicho eje entre el versor de este mismo eje.**

---

[12] El enunciado, el significado y la deducción geométrica del *Teorema de Tales* se puede encontrar en la «Lección 26» de *Matematizar 1*.

Aplicando esta propiedad al vector aceleración, la ecuación concreta vectorial de la *segunda ley de Newton* $\overline{F}\ U_F = m\ U_m \odot \overline{a}\ U_a$ se desdobla en sus tres componentes escalares, referidas a las mismas unidades U_F, U_m y U_a:

$$F_i\ U_F = m\ U_m * a_i\ U_a \text{ con } i = 1, 2, 3$$

Insistimos, el lioso razonamiento precedente de álgebra diádica pone de manifiesto que el criterio de asignación de unidades a una fórmula vectorial no es ni mucho menos evidente, como se muestra negligentemente en los ámbitos docentes. Así se manifiesta por el hecho de que el segmento OP mide F veces U_F y el segmento OP' mide F veces U_{Fi}, debido al *Teorema de Tales*. La misma medida F, pero distintas unidades U_F y U_{Fi}. De ahí que, para expresar OP' en la misma unidad U_F que OP, se deba tener en cuenta el coeficiente k_i, dado por la trigonometría.

No obstante, está claro en todo caso que toda ecuación física vectorial se podrá transformar en sus correspondientes escalares, una por cada eje de referencia, y **con las mismas unidades**, por lo que a partir de aquí nos limitaremos a analizar únicamente ecuaciones de naturaleza diádica escalar. Y así, la forma de igualdad de las ecuaciones supone implícitamente que las díadas del primer y del segundo miembro deban ser homogéneas, de conformidad con el criterio establecido por [4.1], con lo cual se tendrá en general que $a_1\ U_1 = a_2\ U_2$. Multiplicando por el número real a_1^{-1} inverso de a_1, resulta inmediatamente la ecuación concreta:

$$a_1^{-1} \circ (a_1\ U_1) = a_1^{-1} \circ (a_2\ U_2)$$

De acuerdo con el álgebra de R, con la definición [3.1] y con la multiplicación de un concreto por un escalar, operación definida en el apartado IX, tendremos:

$$U_1 = (a_1^{-1} \times a_2)\ U_2$$

Que también se puede escribir con la notación fraccionaria de los números reales:

$$U_1 = \frac{a_2}{a_1}\ U_2$$

Finalmente, en virtud de la definición de división de unidades homogéneas, analizada en el apartado XI, tendremos como conclusión:

$$\frac{a_2}{a_1} = \frac{U_1}{U_2} \qquad [24.1]$$

La ecuación [24.1] parecería obvia, si se admitiese sin más que con los símbolos de las unidades se opere como si fueran elementos de R; pero no lo son, por lo que el segundo miembro no indica un cociente aritmético sino diádico entre unidades de magnitudes homogéneas, el del apartado XI, por lo que la fórmula [24.1] requiere, tal como hemos justificado aquí, aplicar un álgebra diádica como la desarrollada en esta monografía, de modo que solo después de haberla justificado con el fundamento de las leyes de composición de las díadas escalares, aplicadas a la igualdad de díadas homogéneas, adquiere el importante significado que se le viene atribuyendo desde Fourier, aunque teniendo en cuenta aquí el cociente diádico del segundo miembro: **el cociente aritmético de las medidas de una misma cantidad de cierta magnitud expresada con unidades homogéneas es igual a la razón diádica inversa entre las unidades.**

Precisamente tal razón entre las unidades es el cociente que se olvidan justificar los esquemas de análisis dimensional, a causa de la ausencia absoluta de un álgebra física, pues se limitan a operar con los símbolos de unidades como si fuesen elementos de R sin ocuparse del porqué los componen de esa manera y admitiendo sin más lo que la intuición subjetiva pueda dictar al respecto; de ahí que, en base a este prejuicio, las diversas teorías de análisis dimensional empiecen por la ecuación [24.1] «aritmetizada», interpretando el cociente entre unidades como un cociente numérico; mientras que nosotros hemos recorrido previamente todo un largo camino algebraico y riguroso para fundamentar esa misma fórmula y dar testimonio de su significado inequívoco, rechazando toda forma operacional arbitraria, que hemos pretendido salvar en este trabajo con la postulación genérica del álgebra de magnitudes y específicamente para [24.1] en su apartado XI, definiendo en forma precisa el cociente entre unidades homogéneas.

Las ecuaciones de la Física como la vectorial clásica «aritmetizada» $\overline{F}=m\times \overline{a}$ o en su formulación diádica completa $\overline{F}\ U_F = m\ U_m \odot \overline{a}\ U_a$ se denominan **leyes universales**, porque tienen la característica de que son formas simbólicas matemáticas que subsumen la observación empírica, por lo que, para que tengan sentido inequívoco, sus elementos, en este caso $\overline{F}$, m y $\overline{a}$, deben ser establecidos mediante oportunas definiciones epistémicas, para construir un conocimiento exacto de las observaciones, bien fundamentado, y labrado metódica y racionalmente.

En cambio, otras ecuaciones, como por ejemplo la que establece la velocidad en función de la distancia recorrida en cierto tiempo, o en términos matemáticos la derivada del vector posición respecto del tiempo, son consecuencia única de la arbitrariedad del pensamiento físico para componer magnitudes. En este caso, la velocidad sería una magnitud derivada de las magnitudes de longitud y tiempo, por lo que no se requiere una definición epistémica de la velocidad, sino solo una ecuación de definición en función de dichas magnitudes primarias. De ahí que a este tipo de ecuaciones de la Física deban llamarse **ecuaciones de definición**.

Tanto las leyes universales como las ecuaciones de definición son igualdades entre entes diádicos, por lo que al operar sobre ellas habrá que atenerse a las directrices del álgebra de estos elementos. Así, por ejemplo, para la *segunda ley de Newton* en notación abreviada $\overline{F}=m\odot \overline{a}$, la $\overline{F}$ indica una díada vectorial de $\{R^3, N\}$, donde N es el símbolo de la unidad de fuerza llamada newton, suponiendo que se opere en el Sistema Internacional; por su parte, la masa m indicará otra díada escalar del tipo $\{R, kg\}$, con la unidad de masa llamada kilogramo patrón; y la aceleración $\overline{a}$ pertenecerá al conjunto diádico $\{R^3, m/\!/s^2\}$, referido a la unidad compuesta denominada metro patrón dividido por el segundo patrón elevado al cuadrado diádico, todo ello diádicamente. A su vez, la ley universal $\overline{F}=m\odot \overline{a}$ se desdoblará en tres ecuaciones, una por coordenada, que tendrán la forma $F_i = m * a_i$, con $i=1, 2, 3$, y de modo que F_i, m y a_i serán respectivamente elementos de $\{R,N\}$, $\{R,kg\}$ y $\{R,m/\!/s^2\}$, por lo que habrá que tener siempre presente que tales ecuaciones relacionan entes concretos y que deberá operarse con ellos mediante el álgebra de magnitudes. Obsérvese que la operación «⊚» es la multiplicación del apartado XX, la «∗» es la definida en el apartado XII y la indicada por «//» es la división del apartado XVI, todas ellas **leyes generatrices**.

Sin embargo, a pesar de la claridad de lo dicho, resulta notorio y llamativo que todos los textos de cualquier ámbito científico, incluso los más reputados, olviden absolutamente esta evidencia y desarrollen sus exposiciones y teorías omitiendo toda referencia a las leyes de composición de las unidades físicas, con lo que presentan las ecuaciones científicas como si relacionasen números reales o vectores; algo totalmente erróneo e inapropiado, porque ya hemos justificado suficientemente hasta aquí que los elementos matemáticos básicos de las ciencias físicas son los entes diádicos, requiriendo de un álgebra específica, que no puede dejarse al arbitrio subjetivo de cada cual.

De modo que es necesario y saludable salvar ese vicio unánime con que los textos acometen sin ningún preámbulo ni motivación algebraica las operaciones con unidades, confiando que los lectores o estudiantes sean iluminados por una especie de epifanía que les guíe por la senda correcta de las operaciones con magnitudes.

Esperamos con este trabajo monográfico aportar luz en esta materia y contribuir a desenterrar el pilar olvidado de la ciencia, sentando las bases de un álgebra de magnitudes que proporcione criterios objetivos para juzgar y manipular estos entes con arreglo a su verdadera naturaleza física. En particular, en relación con las ecuaciones físicas objeto de este apartado, su forma genérica vendrá representada por una igualdad como [4.1] de entes concretos escalares homogéneos $a_1\ \underline{U_1} = a_2\ \underline{U_2}$ o por una igualdad como [4.2] para entes vectoriales $\overline{a}_1\ U_1 = \overline{a}_2\ U_2$. El axioma de uniformidad [4.3] permite asegurar en ambos casos que exista $k \in R$ tal que $U_2 = k \circ U_1$. Sustituyendo, tendremos:

$$a_1\ U_1 = a_2\ U_2 = a_2\ (k \circ U_1)$$

Parte I: *Primera álgebra de magnitudes* (álgebra diádica)

$$\overline{a}_1\ U_1 = \overline{a}_2\ U_2 = \overline{a}_2\ (k \circ U_1)$$

Donde «∘» es la multiplicación del apartado IX. Las propiedades de esta operación nos permiten escribir estas ecuaciones escalar y vectorial de la siguiente forma:

$$a_1\ U_1 = a_2\ U_2 = (a_2 \times k)\ U_1$$

$$\overline{a}_1\ U_1 = \overline{a}_2\ U_2 = (\overline{a}_2 \bullet k)\ U_1$$

La operación «×» es la multiplicación de R y «•» es la multiplicación de un número real por un vector. Una vez que ambos miembros son uniformes, el criterio de igualdad del apartado IV establece la identidad de los primarios:

$$a_1 = a_2 \times k = k \times a_2$$

$$\overline{a}_1 = \overline{a}_2 \bullet k = k \bullet \overline{a}_2$$

En resumen, en términos del álgebra de magnitudes, toda ecuación física queda representada por la igualdad de dos entes diádicos, escalares o vectoriales, que han de ser homogéneos sin necesidad de que sean uniformes, y la igualdad de concretos se desdobla en sendas relaciones entre sus primarios y secundarios, de acuerdo con los siguientes esquemas de razonamiento escalar y vectorial:

$$a_1\ U_1 = a_2\ U_2 \Rightarrow \text{Si } U_2 = k \circ U_1 \Rightarrow a_1 = k \times a_2 \qquad [24.2]$$

$$\overline{a}_1\ U_1 = \overline{a}_2\ U_2 \Rightarrow \text{Si } U_2 = k \circ U_1 \Rightarrow \overline{a}_1 = k \bullet \overline{a}_2 \qquad [24.3]$$

En el caso particular de que las ecuaciones físicas identifiquen concretos uniformes, las relaciones entre sus primarios y secundarios corresponderán al caso particular $k=1$.

La descomposición de las igualdades diádicas, descrita por [24.2] y [24.3], será denominada **teorema del desdoblamiento**. Comprobaremos que es de suma importancia para el análisis de cualquier ecuación científica, como se observará en el apartado XXVI sobre las constantes físicas, donde se valoran y desdoblan algunas leyes universales de gran relevancia.

Análisis de la variación de un campo
vectorial a través de un paralelepípedo
elemental en un puno P cualquiera

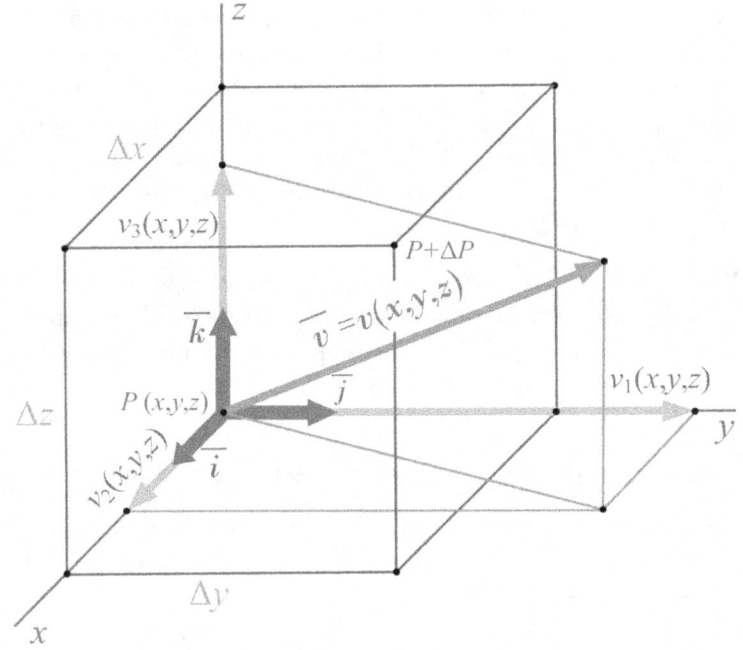

Figura 9

A fin de practicar con el álgebra de magnitudes y observar su funcionalidad, pasemos a deducir algunas ecuaciones físicas de importancia y cierta complejidad. Empecemos con la **ecuación de continuidad de la hidrodinámica**. Imaginemos un fluido en movimiento estacionario. Su estado quedará representado por un campo vectorial diádico con primario definido por una aplicación de R^3 en R^3, independiente del tiempo y simbolizada $\overline{v} = v(x,y,z)$, de modo que cada punto $P(x,y,z)$ del fluido presente una velocidad $\overline{v}$ función de las coordenadas (x,y,z) del punto, con su unidad de medida en el secundario.

Supongamos que la densidad ρ del fluido sea variable, quedará representada por un campo escalar diádico con el primario descrito por la función $\rho=\rho(x,y,z,t)$, que representa una aplicación de R^4 en R, con su unidad de medida en el secundario. Admitamos que ambas funciones $\overline{v}$ y ρ sean derivables.

La figura 9 representa en el espacio geométrico ordinario un paralelepípedo elemental a partir de un punto genérico, tomando los incrementos de las variables Δx, Δy e Δz. Sean los versores $\overline{i}$, $\overline{j}$ y $\overline{k}$ una base ortonormal de R^3 y las componentes de $\overline{v}$ en esta base $v_1(x,y,z)$, $v_2(x,y,z)$ y $v_3(x,y,z)$. Observemos cómo varía la masa del fluido en el interior del citado paralelepípedo en un cierto instante cualquiera t.

Para fijar ideas utilizaremos las unidades del Sistema Internacional. La cantidad de fluido por unidad de tiempo que atraviesa la cara del paralelepípedo que pasa por P y es normal al versor $\overline{i}$ será descrita por el siguiente producto de cuatro entes diádicos:

$$[\rho(x,y,z,t) \ kg/\!/m^3] * [v_1 (x,y,z) \ m/\!/s] * [\Delta y \ m] * [\Delta z \ m] \quad [24.4]$$

De acuerdo con la definición de multiplicación del apartado XII, de sus propiedades y de la división del apartado XVI, la cantidad [24.4] se convierte en la díada:

$$[\rho(x,y,z,t) \times v_1 (x,y,z) \times \Delta y \times \Delta z] \ kg/\!/s \quad [24.5]$$

Análogamente, la cantidad de fluido que atraviesa por unidad de tiempo la cara del paralelepípedo paralela a la anterior y que pasa por el punto $P+\Delta P$ de coordenadas $(x+\Delta x, y+\Delta y, z+\Delta z)$ será dada por:

$$[\rho(x+\Delta x,y,z,t) \times v_1 (x+\Delta x,y,z) \times \Delta y \times \Delta z] \ kg/\!/s \quad [24.6]$$

Hallando la diferencia entre [24.6] y [24.5], dividiéndola y multiplicandola por Δx, por lo que no variará, y por definición de derivada parcial, en el límite cuando Δx tiende a cero, se llega a la variación de la cantidad de fluido que atraviesa ambas caras paralelas del paralelepípedo en el punto $P(x,y,z)$, que estará representada por la expresión:

$$\left[\frac{\partial\left[\rho(x,y,z,t)\times v_1(x,y,z)\right]}{\partial x}\times \Delta x\times \Delta y\times \Delta z\right]\frac{kg}{s} \quad [24.7]$$

De manera análoga, la cantidad de fluido que atraviesa las dos caras paralelas entre sí y normales al versor $\overline{j}$ será dada por:

$$\left[\frac{\partial\left[\rho(x,y,z,t)\times v_2(x,y,z)\right]}{\partial y}\times \Delta x\times \Delta y\times \Delta z\right]\frac{kg}{s} \quad [24.8]$$

Y, finalmente, la cantidad de fluido que atraviesa las dos caras normales al versor $\overline{k}$ será:

$$\left[\frac{\partial\left[\rho(x,y,z,t)\times v_3(x,y,z)\right]}{\partial z}\times \Delta x\times \Delta y\times \Delta z\right]\frac{kg}{s} \quad [24.9]$$

La suma diádica de las cantidades uniformes [24.7], [24.8] y [24.9] indicará la cantidad de fluido que entra o sale del paralelepípedo elemental por unidad de tiempo en el punto $P(x,y,z)$. Dividiendo esa cantidad total entre el concreto [$(\Delta x\times\Delta y\times\Delta z)\ m^3$], de acuerdo con la definición de división del apartado XVI, tendremos dicha cantidad por unidad de volumen geométrico en P indicada por el concreto siguiente:

$$\left[\frac{\partial\left[\rho(x,y,z,t)\times v_1(x,y,z)\right]}{\partial x}+\frac{\partial\left[\rho(x,y,z,t)\times v_2(x,y,z)\right]}{\partial y}+\right.$$
$$\left.+\frac{\partial\left[\rho(x,y,z,t)\times v_3(x,y,z)\right]}{\partial z}\right]\frac{kg}{s*m^3} \quad [24.10]$$

En la teoría matemática de campos se define la divergencia div de un campo vectorial $\overline{A}=A_1(x,y,z)\times \overline{i}+A_2(x,y,z)\times \overline{j}+A_3(x,y,z)\times \overline{k}$ con la expresión:

$$div\ \overline{A}=\frac{\partial A_1(x,y,z)}{\partial x}+\frac{\partial A_2(x,y,z)}{\partial y}+\frac{\partial A_3(x,y,z)}{\partial z}$$

Con esta notación, aplicada al campo vectorial producto $\rho(x,y,z,t) \times \overline{v}(x,y,z)$, el concreto [24.10], dando por puestas las coordenadas x, y, z y t, para simplificar, y recordando que el análisis se está haciendo para un cierto instante t cualquiera, se podrá escribir de forma sintética la variación de la cantidad de fluido en el paralelepípedo con el concreto siguiente:

$$[div\ (\rho \times \overline{v})]\ kg/\!/(s*m^3) \qquad [24.11]$$

Hasta aquí solo hemos tenido en cuenta la variación de masa por causa del movimiento instantáneo del fluido, pero siendo en general variable la densidad con el tiempo, hay que introducir también este efecto. Para ello, debemos observar que la variación de masa por cambio de la densidad en el paralelepípedo elemental del punto P entre los instantes t y $t+\Delta t$ tendrá la forma diádica:

$$[[\rho(x,y,z,t+\Delta t) - \rho(x,y,z,t)] \times (\Delta x \times \Delta y \times \Delta z)]\ kg$$

Dividiendo por la medición [Δt s] y tomando límite cuando Δt tiende a cero, llegamos la díada expresada con la derivada parcial respecto de t para la variación de masa en el paralelepípedo por unidad de tiempo:

$$\left[\frac{\partial [\rho(x,y,z,t)]}{\partial t} \times \Delta x \times \Delta y \times \Delta z \right] \frac{kg}{s}$$

Dividiendo esa cantidad entre el concreto [$(\Delta x \times \Delta y \times \Delta z)\ m^3$] con la operación del apartado XVI, llegamos a la variación de masa por unidad de tiempo y de volumen:

$$\left[\frac{\partial [\rho(x,y,z,t)]}{\partial t} \right] \frac{kg}{s*m^3} \qquad [24.12]$$

Sumando [24.11] y [24.12] llegamos a la variación de masa unitaria total, que escribimos abreviadamente prescindiendo de las coordenadas, que se sobreentienden:

$$\left[div\ (\rho \times \overline{v}) + \frac{\partial \rho}{\partial t} \right] \frac{kg}{s*m^3} \qquad [24.13]$$

Parte I: *Primera álgebra de magnitudes* (álgebra diádica)

Imaginando dos campos escalares que representen la aportación y la pérdida de fluido en cada punto $P(x,y,z)$ por unidad de tiempo y de volumen, que podemos representar mediante $\varphi(x,y,z)$ para las fuentes y $\sigma(x,y,z)$ para los desagües o sumideros, agrupándolas en una única función de campo escalar representada con la forma $\psi(x,y,z) = \varphi(x,y,z) - \sigma(x,y,z)$, donde el signo menos debe tener el significado de disminución de masa, igualando a [24.13], llegamos a la ecuación física conocida como de **continuidad hidrodinámica**:

$$\left[div\left(\rho \times \overline{v}\right)\right]\frac{kg}{s*m^3} = \left[\psi - \frac{\partial \rho}{\partial t}\right]\frac{kg}{s*m^3} \qquad [24.14]$$

Observemos que, de acuerdo con el criterio de igualdad del apartado IV, se ha supuesto que el primer y el segundo miembro de [24.14] sean uniformes, aunque bastaría que fuesen homogéneos, como analizaremos enseguida. En estas condiciones, el teorema del desdoblamiento [24.2] con $k=1$ permitirá escribir la igualdad algebraica sin los secundarios:

$$div\left(\rho \times \overline{v}\right) = \psi - \frac{\partial \rho}{\partial t}$$

En general, si las unidades de longitud, masa y tiempo fuesen U_{L1}, U_{m1} y U_{t1} para el primer miembro, y U_{L2}, U_{m2} y U_{t2} para el segundo, la ecuación [24.4] quedará formulada así:

$$\left[div\left(\rho \times \overline{v}\right)\right]\frac{U_{m1}}{U_{t1}*U_{L1}^3} = \left[\psi - \frac{\partial \rho}{\partial t}\right]\frac{U_{m2}}{U_{t2}*U_{L2}^3} \qquad [24.15]$$

Para simplificar, designando por U_1 y U_2 las unidades compuestas del primer y del segundo miembro, respectivamente, y suponiendo $U_2 = k \circ U_1$, el teorema del desdoblamiento [24.2] nos lleva a la ecuación algebraica genérica:

$$div\left(\rho \times \overline{v}\right) = k \times \left[\psi - \frac{\partial \rho}{\partial t}\right] \qquad [24.16]$$

La fórmula [24.15] es la expresión concreta universal de la ecuación de continuidad hidrodinámica y la [24.16] es su forma de álgebra ordinaria desdoblada.

En el caso particular de que el fluido fuese incompresible, se tendría la densidad constante en el espacio y en el tiempo, la derivada parcial correspondiente se anularía y tendríamos:

$$\rho \times div\ \overline{v} = k \times \psi$$

Si además no hubiese fuentes ni desagües o sumideros, se tendría en todo punto $\psi=0$, con lo cual la ecuación de continuidad quedaría con la forma:

$$div\ \overline{v} = 0$$

Sobra recordar otra vez que, si las unidades del primer y del segundo miembro de la ecuación concreta fuesen uniformes, basta tomar $k=1$ en el desdoblamiento.

Veamos un segundo ejemplo de ecuación física que se refiere al fenómeno de la **conducción del calor**. Consideremos un campo vectorial diádico definido por una aplicación de R^3 en R^3, independiente del tiempo y simbolizada $\overline{Q} = Q(x,y,z)$, de modo que en cada punto $\overline{P}(x,y,z)$ se presente una transferencia de calor dada por el vector $\overline{Q}$, que indica la **corriente calorífica** en unidades de calor por unidad de tiempo y unidad de área en dirección normal, que será función de las coordenadas (x,y,z) del punto. Supongamos que la temperatura T del fluido sea variable, quedará representada por un campo escalar diádico descrito por una función de R^4 en R denotada $T=T(x,y,z,t)$ y su unidad de medida. Admitimos que ambas funciones $\overline{Q}$ y T sean derivables.

Observemos la misma figura 6, en la que ahora tendremos que sustituir $\overline{v}$ por $\overline{Q}$, que son símbolos mudos o indiferentes a efectos del análisis. La figura representa en el espacio geométrico ordinario un paralelepípedo elemental a partir de un punto genérico, tomando los incrementos de las variables Δx, Δy e Δz. Fijando ideas, utilizaremos las unidades del Sistema Internacional para las diferentes magnitudes que intervienen en el fenómeno.

En estas condiciones, la variación de calor debida al campo $\overline{Q}$ en el paralelepípedo elemental y por unidad de volumen vendrá descrita por la misma ecuación [24.11], sin más que sustituir en ella el campo $\rho \times \overline{v}$ por el $\overline{Q}$, asociando a este las unidades que correspondan, situando en el numerador la caloría como unidad de calor, o cualquier otra, lo que nos lleva al concreto siguiente:

$$[div\ \overline{Q}]\ cal /\!/(s*m^3) \qquad [24.17]$$

A continuación es preciso valorar la contribución al calor por la variación del campo térmico en un punto fijo y respecto del tiempo t. Así, siendo c con sus unidades el calor específico del cuerpo, la variación de calor en el paralelepípedo elemental debido al cambio de la temperatura con el tiempo vendrá determinado por el producto de los siguientes entes diádicos:

$$\left[\rho\ \frac{kg}{m^3}\right]*[\Delta x\ m]*[\Delta y\ m]*[\Delta z\ m]*\left[c\ \frac{cal}{kg*K}\right]\times\left[\frac{\partial T}{\partial t}\frac{K}{s}\right]$$

Dividiendo la anterior cantidad entre el concreto que define el volumen del paralelepípedo [$(\Delta x \times \Delta y \times \Delta z)\ m^3$] y operando con el álgebra diádica, llegamos a la expresión de la variación de calor en el punto P debida a la variación térmica:

$$\left[\rho \times c \times \frac{\partial T}{\partial t}\right]\frac{cal}{s*m^3} \qquad [24.18]$$

Sumando las cantidades uniformes [24.17] y [24.18], llegamos a la variación total de calor en el punto P por unidad de tiempo y de volumen:

$$\left[div\ \overline{Q}+\rho \times c \times \frac{\partial T}{\partial t}\right]\frac{cal}{s*m^3}$$

Suponiendo que no existan fuentes ni sumideros de calor, basta igualar a cero la cantidad anterior para tener la ecuación de conducción:

$$\left[div\ \overline{Q}+\rho \times c \times \frac{\partial T}{\partial t}\right]\frac{cal}{s*m^3}=0 \qquad [24.19]$$

La *ley de la conducción del calor* axiomatiza la experiencia de que la relación entre corriente calorífica y la variación de temperatura es dada por:

$$\left[\overline{Q} \, \frac{cal}{s*m^2} \right] = -\left[\lambda \, \frac{cal}{s*m*K} \right] * \left[grad \; T \, \frac{K}{m} \right] \quad [24.20]$$

Donde λ se denomina **coeficiente de conductividad térmica** y es propio de cada sustancia. Su secundario viene expresado por las unidades fundamentales que se indican en [24.20]. A su vez, el operador *grad* o «nabla» ∇ de un campo escalar T es el campo vectorial **gradiente**, que en la teoría del análisis matemático de campos se define en una base ortonormal $(\overline{i}, \overline{j}, \overline{k})$ por la ecuación:

$$grad \, T = \nabla T = \frac{\partial T}{\partial x} \times \overline{i} + \frac{\partial T}{\partial y} \times \overline{j} + \frac{\partial T}{\partial z} \times \overline{k}$$

Sustituyendo [24.20] en [24.19], tenemos la ecuación diádica siguiente:

$$\left[div \left(-\lambda \times grad \; T \right) + \rho \times c \times \frac{\partial T}{\partial t} \right] \frac{cal}{s*m^3} = 0$$

En la teoría matemática de campos se define el operador **laplaciano**, que se representa con la misma letra delta Δ de los incrementos para variables y significa la divergencia del campo vectorial gradiente. Con lo cual, la ecuación anterior se transforma simbólicamente en la conocida ecuación fundamental de la conducción de calor:

$$\left[-\lambda \times \Delta T + \rho \times c \times \frac{\partial T}{\partial t} \right] \frac{cal}{s*m^3} = 0$$

En lo que precede hemos desarrollado dos ecuaciones físicas significativas, que ilustran el procedimiento de deducción que ha de seguirse para analizar en función del álgebra de magnitudes los fenómenos físicos, mediante las operaciones definidas en esta monografía para los entes diádicos de la Física.

Los dos fenómenos analizados no tienen relación alguna entre sí, porque se refieren a realidades materiales muy diferentes; sin embargo, las componentes matemáticas de los primarios de las magnitudes descritas son muy parecidas y en algunos aspectos aparecen idénticas o al menos isomorfas. Por el contrario, la diferente naturaleza entre ambos casos queda patente en las unidades de los secundarios, que son distintas porque se refieren a magnitudes dispares. Ello evidencia que el aparato matemático de los primarios puede adquirir diferentes significados en función del contexto del hecho que se investigue, y de ahí la importancia de no perder de vista los secundarios y sus unidades, que determinan las magnitudes intervinientes en cada fenómeno, pues de otro modo resultaría imposible entender con plenitud el sentido físico de las ecuaciones deducidas.

Así se ha puesto de manifiesto la importancia de operar con díadas en vez de con los entes algebraicos ordinarios, pues de otro modo, aparte de la incorrección objetiva que ello supone, las ecuaciones pierden gran parte de su significación, deviniendo en meras simbologías muy elegantes de índole matemática, aunque físicamente abstrusas.

Por el contrario, las operaciones con díadas permiten establecer pasos lógicos sin la menor confusión, como se puede observar en la división diádica que da lugar a la cantidad [24.10], que deduce inequívocamente un cociente entre mediciones, ambos con sus dos elementos primario y secundario, quedando establecidos sin ambigüedad por medio de esa ley de composición. Con todo ello se pone de manifiesto el **procedimiento generador** conveniente para determinar sistemáticamente las formulaciones científicas, operando en primer lugar no solo con simples entes algebraicos vulgares, sino con cantidades de magnitudes, para después igualar las que sean homogéneas y que deban identificarse entre sí, en virtud de su propia naturaleza observada, para **crear una ecuación física**.

Observamos en ese proceso la decisiva intervención de las **leyes de composición externas generatrices**, sin las cuales la Física se vaciaría de contenido. Y así es como el álgebra de magnitudes ayuda decisivamente a la mejor comprensión y exacta formulación de los fenómenos naturales analizados, quedando al mismo tiempo establecidas las leyes de composición imprescindibles para que el lenguaje físico sea completo y unívoco, a salvo de interpretaciones subjetivas, intuitivas o arbitrarias.

Aclaremos finalmente que el **criterio de igualdad diádica** lo hemos establecido con la condición general de que las díadas iguales representen la misma cantidad de magnitud. Esta definición nos abre tres posibilidades: primera, que las díadas de ambos miembros sean homogéneas, en cuyo caso se hablará de **identidad**; segunda, que la díada de uno de los miembros sea generada por las del otro por medio de las operaciones generatrices, en cuyo supuesto la igualdad representará una **ecuación física**; y tercera, que una ecuación física haya sido establecida experimentalmente, lo que da lugar a una igualdad que llamaremos **ley física**.

Por ejemplo, toda igualdad de cantidades homogéneas como $150 \ cm = 1{,}50 \ m$ son identidades. Las igualdades que relacionan díadas mediante operaciones generatrices, tales como la definición de superficie $3 \ m * 2 \ m = 6 \ m^2$ o la velocidad $6 \ m /\!/ 2 \ s = 3 \ m /\!/ s$, son ecuaciones físicas. Y, finalmente, relaciones empíricas generatrices como la *segunda ley de Newton*, $2 \ kg * 6 \ m /\!/ s^2 = 12 \ N$, son leyes físicas.

Por tanto, las definiciones de las operaciones aditivas son identidades (apartados V a XI); las definiciones de las operaciones multiplicativas generatrices son ecuaciones (apartados XII a XX); y formulaciones tales como la *segunda ley de Newton* son leyes físicas. No obstante, por comodidad en la práctica usamos como sinónimos los términos igualdad, identidad y ecuación, simplificación que carece de relevancia físico-matemática.

Apartado XXV

DEFINICIÓN DE DIMENSIONES
DE LAS MAGNITUDES FÍSICAS

Decía lord Kelvin: «Hay algo sumamente interesante en el hecho de que podamos establecer un sistema métrico basado en una unidad de longitud y en una unidad de tiempo. No hay en ello nada nuevo, pues es ya conocido desde los tiempos de Newton, pero conserva todo su interés y actualidad».

Aunque Kelvin reducía la base dimensional a dos magnitudes, la longitud y el tiempo, a las que hoy en día se les ha incorporado la masa, su reflexión es, no obstante, válida. Un sistema racional o coherente de unidades debe ser tal que incluya el mínimo número de magnitudes fundamentales de las que se deriven todas las demás. De ahí que tradicionalmente se hayan conformado tres sistemas de unidades: Sistema Cegesimal, Sistema Internacional y Sistema Técnico o Terrestre. El **Sistema Cegesimal**, conocido por las siglas CGS, iniciales de las unidades centímetro, gramo y segundo, que son las adoptadas como unidades primarias de las magnitudes fundamentales de longitud, masa y tiempo; hay que observar que el gramo, simbolizado g, es la milésima parte del kilogramo patrón. Por su parte, el **Sistema Internacional** o MKS, por las iniciales de metro, kilogramo y segundo, que son las unidades primarias adoptadas por este sistema, es el recomendado por el Comité Internacional de Pesas y Medidas y fue implantado en España por ley en 1967. Finalmente, el **Sistema Terrestre o Técnico** difiere de los anteriores en que no se sirve de la masa como magnitud fundamental, sino de la fuerza, que es la acción que interesa a las aplicaciones técnicas, por lo que suele utilizarse con frecuencia en el ámbito de la ingeniería; las otras dos magnitudes fundamentales corresponden a la longitud y el tiempo, con sus unidades primarias el metro y el segundo, y como unidad primaria de fuerza se establece el **kilopondio**, definido como la fuerza con que la Tierra atrae a una masa de un kilogramo en un punto de latitud igual a 45 grados a nivel del mar, donde la aceleración de la gravedad es de 980,665 centímetros por segundo al cuadrado, abreviadamente 980,665 $cm /\!/ s^2$ o «aritmetizando» 980,665 cm/s^2.

Lo expuesto permite abordar el concepto de **dimensión** y de **ecuación dimensional** de una ley universal o de una ecuación de definición. Para concretar, asumamos como sistema de unidades el Internacional, en el que las magnitudes fundamentales son la longitud, la masa y el tiempo, que abreviadamente se denotarán a efectos dimensionales con las iniciales L, M y T. Supóngase que se quiere hallar la forma simbólica que represente la composición de las magnitudes de una superficie sin cantidades ni unidades, solo especificando las magnitudes interesadas; la forma dimensional de una superficie se simbolizará $[S]$, los corchetes para aludir a ecuación dimensional y la S para indicar la magnitud propia de una superficie; es claro que toda unidad de superficie, por la definición de multiplicación concreta, es el producto geométrico de dos longitudes, lo que puede escribirse, haciendo abstracción de las unidades y atendiendo solo a las magnitudes, con $[S]=L*L=L^2$, y esta es, por definición, la forma de la ecuación dimensional de la magnitud denominada superficie, descrita por el cuadrado de dos longitudes simbólicas. Con los corchetes se indica el significado de que la ecuación que sigue no atiende a valores concretos de cantidades, sino que se limita a componer cantidades en abstracto de las magnitudes indicadas en el segundo miembro. Para el ejemplo de la superficie, ello significa que esta magnitud deriva de la longitud y equivale a una longitud multiplicada geométricamente por otra longitud, relación que deberán respetar las respectivas unidades de superficie y longitud. Recuérdese que la multiplicación geométrica nada tiene que ver con la aritmética, por las razones expuestas ampliamente en este trabajo. Por tanto, no debe olvidarse que este producto se refiere al de los entes diádicos, aunque vulgarmente coincida en nomenclatura con la multiplicación de los números reales, con la fuerza vigente de la hipótesis falsa del Sistema Internacional de

Parte I: *Primera álgebra de magnitudes* (álgebra diádica)

Unidades, que atribuye erróneamente a las magnitudes la estructura de grupo multiplicativo abeliano, como ya hemos advertido con anterioridad. Con el volumen V se tiene igualmente la ecuación dimensional simbólica $[V] = L*L*L = L^3$, de modo que la dimensión de la magnitud atinente al volumen es el cubo geométrico de la magnitud longitud, igual que antes el cubo diádico, no el de R. De manera análoga, la densidad D, como expresión del cociente diádico entre la unidad de masa M y la de volumen V de un cuerpo, tendrá como forma dimensional el cociente geométrico simbolizado $[D] = M/\!/V = M*L^{-3}$, utilizando los exponentes negativos con el significado usual de divisores o denominadores de la misma potencia positiva, lo que significa que la magnitud densidad será derivada de la masa y de la longitud con la expresión dimensional indicada respecto del álgebra diádica. En general, toda ecuación dimensional tendrá la forma del monomio $[X] = L^\alpha * M^\beta * T^\gamma$, donde α, β y γ sean números enteros o fraccionarios, por tanto, positivos o negativos, y se dice que la magnitud derivada X es de α dimensiones con relación a L, de β dimensiones respecto de M y de γ dimensiones con respecto a T.

Por otra parte, no parece dudoso que deba admitirse el **principio de homogeneidad física** o supuesto axiomático de que **las fórmulas físicas simbolicen leyes que debe admitirse sean independientes de las unidades en que se expresen**, lo que exige que en una ecuación que incluya entes concretos las formas dimensionales del primer miembro y del segundo han de coincidir, porque se refieren a la misma magnitud, aunque las respectivas unidades puedan diferir, pero sin dejar de ser homogéneas respecto de las magnitudes fundamentales que las compongan; de este modo las ecuaciones dimensionales se revelan como una comprobación de la homogeneidad de las unidades que intervengan en los miembros de una fórmula, por lo que un defecto de homogeneidad revelará siempre un error de cálculo en su deducción. Y esto se indica enunciando en síntesis que **toda ecuación física debe ser dimensionalmente consistente**, lo que significa, en armonía con [4.1], que **solo se podrán igualar dos entes concretos si viniesen**

expresados en unidades homogéneas, es decir, en unidades de la misma magnitud aunque, se insiste, puedan ser diferentes entre sí, como lo serían, por ejemplo, las unidades $km /\!/ h$ y $m /\!/ s$ en relación con la magnitud derivada llamada velocidad.

En general, puede imaginarse una ley universal o ecuación de definición que venga expresada con la forma escalar siguiente:

$$a\,U = \left(a_1\,U_1\right)^{\delta_1} * \left(a_2\,U_2\right)^{\delta_2} * \ldots * \left(a_n\,U_n\right)^{\delta_n} \quad [25.1]$$

La fórmula [25.1] no es otra cosa que una expresión algebraica montada con entes diádicos escalares, que en general podrá provenir de cada una de las componentes de una ecuación vectorial. Si se cambian las unidades, la misma cantidad $a\,U$ de la magnitud M correspondiente a la unidad U se podrá indicar con el concreto $b\,V$, donde V es otra unidad de la misma magnitud M, por lo que por hipótesis U y V serán unidades homogéneas. Y por el principio de homogeneidad física, el concreto $b\,V$ se podrá expresar con la misma forma de [25.1], es decir, que se tendrá:

$$b\,V = \left(b_1\,V_1\right)^{\delta_1} * \left(b_2\,V_2\right)^{\delta_2} * \ldots * \left(b_n\,V_n\right)^{\delta_n} \quad [25.2]$$

Por hipótesis, las díadas $a\,U$ y $b\,V$ representan la misma cantidad de M, por lo que se pueden igualar los segundos miembros de [25.1] y [25.2], para luego operar con el álgebra diádica, y de los reales cuando corresponda, de acuerdo con [16.2] y [17.1] o, en suma, con la regla única que acoge todas las operaciones concretas, descrita en el apartado XXII; de lo que resulta:

$$\left(\frac{a_1}{b_1}\right)^{\delta_1} \times \left(\frac{a_2}{b_2}\right)^{\delta_2} \times \ldots \times \left(\frac{a_n}{b_n}\right)^{\delta_n} = \left(\frac{V_1}{U_1}\right)^{\delta_1} * \left(\frac{V_2}{U_2}\right)^{\delta_2} * \ldots * \left(\frac{V_n}{U_n}\right)^{\delta_n} \quad [25.3]$$

En la ecuación [25.3] los cocientes entre unidades $V_i /\!/ U_i$ son números reales, en virtud del axioma de continuidad y de la definición de división de concretos homogéneos, establecida en el apartado XI; por lo que la fórmula [25.3], en realidad, relaciona números reales.

Analicemos el significado de los exponentes δ_i. Para ello, siendo M la magnitud derivada asociada a la díada en el primer miembro de [25.1], sean M_i las magnitudes fundamentales que correspondan a los factores $a_i\ U_i$ de los términos del segundo miembro. La ecuación dimensional de M se podrá escribir simbólicamente como la relación entre cantidades de las magnitudes fundamentales, resultando la forma:

$$[M] = M_1^{\delta_1} * M_2^{\delta_2} * \ldots * M_n^{\delta_n} \qquad [25.4]$$

En conclusión, podemos establecer que los términos δ_i indiquen las dimensiones de la magnitud M en la base de magnitudes fundamentales $\{M_i\}$, resultando que los mismos δ_i configuran la ecuación de cambio de unidades [25.3], en la que se aprecia que los exponentes de las razones de las medidas a_i/b_i son los mismos que las razones inversas de las unidades $V_i /\!/ U_i$ cuando se establece un cambio de unidades de $\{U_i\}$ a $\{V_i\}$.

Por base dimensional hemos de entender todo conjunto de magnitudes fundamentales $\{M_i\}$ tal que cualquier otra magnitud derivada se pueda componer mediante el álgebra diádica con las de la base y que estas sean independientes entre sí, es decir, que ninguna de ellas pueda componerse en modo alguno mediante las demás, porque en otro caso, de acuerdo con el significado matemático que se atribuye al concepto de base de una estructura determinada, no se podría hablar de base con propiedad.

Estas consideraciones de matemática elemental nos permiten imaginar dos bases dimensionales de magnitudes $\{M_i\}$ y $\{M'_j\}$, con i tomando los valores de 1 a m, y j de 1 a n. En general, no hay razón para exigir que m y n deban ser iguales. Observamos que cualquier magnitud X podrá componerse con los elementos de las dos bases y nos preguntamos qué relación existirá entre las dimensiones de la magnitud X en ambos sistemas de magnitudes básicas. Para resolver esta cuestión, supongamos que X en la base $\{M_i\}$ tenga las dimensiones δ_i, tomando i los valores de 1 a m, con la expresión dimensional:

$$[X] = M_1^{\delta_1} * M_2^{\delta_2} * \ldots * M_m^{\delta_m} \qquad [25.5]$$

Parte I: *Primera álgebra de magnitudes* (álgebra diádica)

A su vez, la magnitud X en la base $\{M'_j\}$ presentará unas dimensiones δ'_j, con j de 1 a n, y su ecuación dimensional será:

$$[X] = {M'_1}^{\delta'_1} * {M'_2}^{\delta'_2} * \ldots * {M'_n}^{\delta'_n} \qquad [25.6]$$

Puesto que, por hipótesis, $\{M'_j\}$ es una base del sistema de magnitudes establecido en la teoría física considerada, las magnitudes de la primera base $\{M_i\}$ se podrán expresar mediante sus correspondientes ecuaciones dimensionales:

$$[M_1] = {M'_1}^{a_{11}} * {M'_2}^{a_{12}} * \ldots * {M'_n}^{a_{1n}}$$
$$[M_2] = {M'_1}^{a_{21}} * {M'_2}^{a_{22}} * \ldots * {M'_n}^{a_{2n}} \qquad [25.7]$$
$$\cdots\cdots\cdots\cdots\cdots\cdots\cdots\cdots\cdots\cdots\cdots\cdots\cdots\cdots$$
$$[M_m] = {M'_1}^{a_{m1}} * {M'_2}^{a_{m2}} * \ldots * {M'_n}^{a_{mn}}$$

Los coeficientes α_{ij} de [25.7], con i de 1 a m y j desde 1 hasta n, indican las dimensiones de la magnitud M_i de la base antigua respecto de las magnitudes de la base nueva $\{M'_j\}$, es decir, que α_{ij} es, por definición, la dimensión de la magnitud M_i respecto de la magnitud M'_j. Así que, sustituyendo las M_i de [25.7] en [25.5], prescindiendo de los corchetes, dado que su significado no es trascendente a estos efectos, tenemos:

$$[X] = \left({M'_1}^{a_{11}} * {M'_2}^{a_{12}} * \ldots * {M'_n}^{a_{1n}}\right)^{\delta_1} *$$
$$* \left({M'_1}^{a_{21}} * {M'_2}^{a_{22}} * \ldots * {M'_n}^{a_{2n}}\right)^{\delta_2} *$$
$$\cdots\cdots\cdots\cdots\cdots\cdots\cdots\cdots\cdots\cdots\cdots\cdots\cdots\cdots$$
$$* \left({M'_1}^{a_{m1}} * {M'_2}^{a_{m2}} * \ldots * {M'_n}^{a_{mn}}\right)^{\delta_m}$$

Teniendo en cuenta que la potencia de una potencia es otra potencia que tiene por exponente el producto de los exponentes e identificando exponentes con la expresión [25.6] para cada M'_j, resultan las nuevas dimensiones δ'_j de la magnitud X en la base

Parte I: *Primera álgebra de magnitudes* (álgebra diádica)

$\{M'_j\}$ en función de las primeras δ_i respecto de la base $\{M_i\}$ y de las dimensiones α_{ij}, que son las dimensiones de las magnitudes de la primera base respecto de las de la segunda:

$$\delta'_1 = \delta_1 \times \alpha_{11} + \delta_2 \times \alpha_{21} + \ldots + \delta_m \times \alpha_{m1}$$
$$\delta'_2 = \delta_1 \times \alpha_{12} + \delta_2 \times \alpha_{22} + \ldots + \delta_m \times \alpha_{m2} \quad [25.8]$$
$$\ldots\ldots\ldots\ldots\ldots\ldots\ldots\ldots\ldots\ldots\ldots\ldots\ldots\ldots\ldots\ldots\ldots\ldots\ldots$$
$$\delta'_n = \delta_1 \times \alpha_{1n} + \delta_2 \times \alpha_{2n} + \ldots + \delta_m \times \alpha_{mn}$$

El grupo de ecuaciones [25.8] son relaciones entre números reales, por lo que la adición y la multiplicación que aparecen en ellas son las leyes de composición del cuerpo R. Son semejantes y se deducen con análoga ilación a las que resultan para los cambios de base en los espacios vectoriales[13]. Pueden escribirse en forma abreviada con la forma de sumatorio:

$$\delta'_j = \sum_{i=1}^{m} \delta_i \times \alpha_{ij} \quad ; \quad j = 1, 2, \ldots, n \quad [25.9]$$

Para simbolizar estas sumas en álgebra es usual utilizar la **notación concentrada** o **indexada**, que no es sino el convenio de eliminar sumatorios, considerando que el índice repetido en los factores de un monomio signifique o sustituya el sumatorio respecto de él, manteniendo constantes los demás subíndices. Con esta simbología que simplifica la escritura las nuevas dimensiones respecto de las antiguas quedarán expresadas con la siguiente fórmula sintética:

$$\delta'_j = \delta_i \times \alpha_{ij}$$
$$i = 1, 2, \ldots, m; \, j = 1, 2, \ldots, n$$

---

[13] El cambio de base en V^3, generalizable a dimensión n, se expone analíticamente en la «Lección 4» del volumen *Matematizar 2*.

Cabe también simbolizar las ecuaciones de cambio de base mediante la **notación matricial**, resultando la expresión siguiente:

$$\begin{bmatrix} \delta'_1 & \delta'_2 & \ldots & \delta'_n \end{bmatrix} = \begin{bmatrix} \delta_1 & \delta_2 & \ldots & \delta_m \end{bmatrix} \begin{bmatrix} \alpha_{11} & \alpha_{12} & \ldots & \alpha_{1n} \\ \alpha_{21} & \alpha_{22} & \ldots & \alpha_{2n} \\ \ldots & \ldots & \ldots & \ldots \\ \alpha_{m1} & \alpha_{m2} & \ldots & \alpha_{mn} \end{bmatrix}$$

Sirva este apartado como prueba de la conexión lógica con el análisis dimensional usual, una vez salvada la laguna del álgebra de magnitudes, dotando de sentido y fundamento a la ecuación [24.1], que suele marcar el comienzo de los textos de Física como principio abstracto e intuitivo, y que aquí hemos inferido en base a las estructuras de los entes diádicos con sus leyes de composición, y así comprobamos que los aspectos dimensionales de las magnitudes y de las ecuaciones físicas quedan descritos por el modelo del álgebra diádica, fundada en el álgebra geométrica.

A su vez, comprobamos con claridad inapelable que toda ecuación dimensional con la forma $[X] = L^\alpha \times M^\beta \times T^\gamma$ no es más que mera simbología vacía de verdadero significado físico-matemático, mientras no se proceda a la definición previa y precisa de las **leyes de composición externas generatrices**, tal como se establecen en los apartados XII y siguientes de esta álgebra diádica.

Apartado XXVI
LAS CONSTANTES FÍSICAS

En el apartado XXIV hemos analizado el significado que debe darse a las ecuaciones físicas, que han de entenderse como identidades invariantes entre dos entes diádicos, que en el caso famoso de la *segunda ley de Newton*, se refiere a mediciones vectoriales, escrita explícitamente $\overline{F}\ U_F = m\ U_m \odot \overline{a}\ U_a$ (producto del apartado XX) o con economía simbólica $\overline{F}\ U_F = m\ U_m \times \overline{a}\ U_a$ donde U_F sea la unidad de fuerza, U_m la unidad de masa y U_a la unidad de aceleración. Debe admitirse, pues, para esta ley el significado diádico de que la medidión escalar $m\ U_m$ multiplicada por la medición vectorial $\overline{a}\ U_a$ debe ser igual a la díada vectorial $\overline{F}\ U_F$, siendo m un escalar positivo de R, llamado masa de inercia, que presenta un valor específico para cada cuerpo material.

En virtud de [20.1], que define el producto de una díada escalar por otra vectorial, y después con [9.3] y [9.4], se podrá transformar la *segunda ley de Newton* de esta manera explícita:

$$\overline{F}\ U_F = m\ U_m \odot \overline{a}\ U_a = (m \bullet \overline{a})\ (U_m * U_a)] =$$
$$= m \circ [\overline{a}\ (U_m * U_a)] \qquad [26.1]$$

Como por la naturaleza de esta ley m es un escalar, podemos aplicar [11.2] para formar el conciente de concretos vectoriales colineales y homogéneos, con lo que tendremos:

$$\frac{\overline{F}\ U_F}{\overline{a}\ (U_m * U_a)} = m \qquad [26.2]$$

De modo que la *segunda ley de Newton* equivale a entender que el primario de la masa, que es un número real positivo, sea igual al cociente diádico entre $\overline{F}\ U_F$ y $\overline{a}\ (U_m * U_a)$, y que este número es invariable para cada cuerpo o punto material. De modo que nada nos impide considerar que m sea una **constante característica**, sin perjuicio de la condición de magnitud que se atribuye a la masa de inercia[14]. La díada escalar que define la masa del cuerpo tendrá la forma $m\ U_m$ y la unidad de masa no será independiente de las unidades de fuerza y aceleración, porque los elementos $\overline{F}\ U_F$ y $\overline{a}\ (U_m * U_a)$ han de ser homogéneos, en razón de la definición de igualdad [4.2] entre concretos vectoriales. Es más, nada impide establecer las unidades de modo que el primero y el segundo miembro de las ecuaciones físicas sean no solo homogéneos, sino uniformes, y esto es lo usual por comodidad. No obstante, para una mayor generalidad desarrollaremos el supuesto de que dichas díadas sean homogéneas y no uniformes, por lo que, el axioma de continuidad [4.3] determinará que exista $k \in \mathbb{R}$ tal que $U_m * U_a = k \circ U_F$. En estas condiciones, el desdoblamiento de la igualdad de díadas que integra la ecuación física, descrito en [24.3], aplicado a la ecuación [26.1], que se puede escribir:

$$\overline{F}\ U_F = m \circ [\overline{a}\ (U_m * U_a)] = (m \bullet \overline{a})\ (U_m * U_a)$$

Produce las relaciones de primarios y secundarios, apareciendo una ecuación vectorial y una igualdad entre unidades:

$$\overline{F} = k \times m \bullet \overline{a}$$

$$k \circ U_F = U_m * U_a \Rightarrow U_m = (k \circ U_F) /\!/ U_a \qquad [26.3]$$

Recuérdese que el cociente $(k \circ U_F) /\!/ U_a$ no es el ordinario, sino el definido en el apartado XVI. En conclusión, la medición de la constante característica o específica de cada cuerpo llamada masa vendrá dada por una díada escalar cuyo primario o medida estará

---

[14] Se puede discutir que la masa de inercia sea considerada o no una constante característica, dado que la tenemos por una magnitud física fundamental; sin embargo, puesto que admitimos que sea una cantidad constante para cada punto material, no parece descabellado considerarlo así. En todo caso, solo se trata de una mera convención. Por otra parte, con independencia de lo que se acepte al respecto, es innegable el interés del estudio de la *segunda ley de Newton*, una de las imprescindibles de la Física, por lo que hemos decidido incluirla en este apartado, aunque solo sea para observar las consecuencias ilativas del álgebra de magnitudes en el análisis de una ley tan primordial.

determinado por el número real positivo dado por [26.2] y cuyo secundario o unidad tendrá la forma [26.3], con lo cual resultará que la masa vendrá expresada por las díadas homogéneas siguientes:

$$m\,U_m = m\,\circ\dfrac{k\circ U_F}{U_a}$$

Obsérvese que la relación [26.3] entre las unidades de fuerza U_F, de masa U_m y de aceleración U_a significa que no pueden ser independientes. Por otra parte, si las unidades se definiesen de modo que la del primer miembro fuese uniforme con la del segundo de la ecuación física [26.1], se tendría simplemente el caso particular y más usual $k=1$.

Otro ejemplo insigne de constante característica lo encontramos en la conocida *ley de Hooke*. Formulada en lenguaje común, dicha ley establece que la tensión, definida como fuerza por unidad de superficie, es para cada cuerpo proporcional a la deformación, entendida como variación de longitud por unidad de longitud. Aunque tiene naturaleza vectorial, se puede aplicar en términos escalares, como justificamos en el apartado XXIV, y así lo haremos para variar el razonamiento respecto del ejemplo anterior. Para ello, consideremos un alambre de longitud $L\,U_L$ y sección $S\,U_S$, sometido a una fuerza de componente $F\,U_F$ en la dirección de L, por lo que experimentará una variación de longitud $\Delta L\,U_L$, también en la dirección de L, y siendo $E\,U_E$ el factor de proporcionalidad, llamado **módulo de Young**, y así la *ley de Hooke* tendrá la forma de la siguiente ecuación física de álgebra diádica:

$$\dfrac{F\,U_F}{S\,U_S} = E\,U_E * \dfrac{\Delta L\,U_L}{L\,U_L}$$

Las díadas $\Delta L\,U_L$ y $L\,U_L$ son homogéneas y uniformes por hipótesis, porque ambas representan longitudes en la misma unidad, de modo que, a tenor del apartado XI, su cociente diádico habrá de ser un número real, por lo que podemos prescindir de la unidad U_L en numerador y denominador, y la *ley de Hooke* se podrá escribir con la forma:

$$\frac{FU_F}{SU_S} = EU_E \circ \frac{\Delta L}{L}$$

Sean $\sigma = F/S$ la medida de la tensión o fuerza por unidad de superficie en la unidad compuesta asociada $U_F /\!/ U_S$; y sea $\varepsilon = \Delta L/L$ la medida de la deformación o variación de longitud por unidad de longitud, que carece de unidad propia. Con esta notación y por la definición de multiplicación por un escalar [9.1] y [9.2], tendremos la igualdad diádica:

$$\sigma \frac{U_F}{U_S} = (E \times \varepsilon) U_E \qquad [26.4]$$

En general, dada la definición de igualdad [4.1] entre díadas escalares, en la que los elementos identificados no tienen por qué ser uniformes, y en razón del axioma de continuidad [4.3], existirá $k \in \mathbb{R}$ tal que:

$$U_E = k \circ \frac{U_F}{U_S}$$

En estas condiciones, el teorema del desdoblamiento [24.2] para la igualdad de díadas que integran la ecuación física [26.4], se puede escribir, relacionando primarios y secundarios:

$$\sigma = k \times E \times \varepsilon$$

$$k \circ \frac{U_F}{U_S} = U_E \qquad [26.5]$$

Por otra parte, de acuerdo con la definición de división entre díadas escalares homogéneas [11.1], o indistintamente con [16.2], y definido el producto por un escalar mediante [9.1] y [9.2], la *ley de Hooke* [26.4] quedará con la forma:

Parte I: *Primera álgebra de magnitudes* (álgebra diádica)

$$\frac{\sigma \dfrac{U_F}{U_S}}{\varepsilon U_E} = E$$

Ello significa que la razón entre las díadas escalares $\sigma(U_F/\!/U_S)$ y $\varepsilon\, U_E$ será un número real E invariable para cada tipo de alambre. El módulo de Young E deviene así en una constante característica que relaciona específicamente para cada objeto material la relación invariante entre la tensión aplicada y la deformación producida. Con la hipótesis genérica de que las ecuaciones físicas sean igualdades diádicas homogéneas, en este caso con la forma escalar [4.1], el módulo de Young quedará representado por la díada escalar:

$$E\, U_E = (k \times E)\, \frac{U_F}{U_S}$$

También aquí tenemos que la relación [26.5] entre las unidades U_E, U_F y U_S determina la dependencia entre ellas, por lo que no se pueden establecer todas arbitrariamente. Si se definieran las unidades para que resultasen uniformes, se tendría $k=1$.

Aparte de las constantes características o específicas, como la masa de inercia y el módulo de Young, encontramos otras que son independientes de la naturaleza de los cuerpos, conservándose invariables en cualquier caso, y las llamaremos **constantes universales**. Un ejemplo destacado es el **equivalente mecánico del calor**. Sea $T\, U_T$ el trabajo mecánico medido con la unidad U_T, simbolicemos $Q\, U_Q$ la cantidad de calor equivalente al trabajo anterior en la unidad U_Q y escribamos $M\, U_M$ para la constante de proporcionalidad entre esas otras dos magnitudes con la unidad U_M. La ley universal que determina la equivalencia entre calor y trabajo se puede escribir en álgebra diádica con la forma de la expresión:

$$T\, U_T = (M\, U_M) * (Q\, U_Q)$$

Por su naturaleza, se trata de una ecuación física escalar, por lo que tendremos que componer las díadas que intervienen con las operaciones escalares que tenemos definidas. La definición de multiplicación [12.1] nos lleva a la expresión:

$$T\ U_T = (M \times Q)\ (U_M * U_Q) \qquad [26.6]$$

En general, las díadas del primer y del segundo miembro deberán ser homogéneos, sin necesidad de que sean uniformes, dada la definición de igualdad [4.1] para concretos escalares. El axioma de continuidad [4.3] determina que existirá $k \in \mathbb{R}$ tal que $U_M * U_Q = k \circ U_T$. El teorema del desdoblamiento [24.2], aplicado a la ecuación física escalar [26.6], nos permite determinar las dos relaciones que han de satisfacerse entre sus dos primarios y dos secundarios:

$$T = k \times M \times Q$$
$$k \circ U_T = U_M * U_Q \qquad [26.7]$$

Por otra parte, de acuerdo con la definición de división entre díadas escalares homogéneas [11.1], o indistintamente con [16.2], y con el producto por un escalar de [9.1] y [9.2], la ley universal [26.6] quedará con la forma:

$$\frac{T\ U_T}{Q\left(U_M * U_Q\right)} = M$$

Ello significa que la razón entre las díadas escalares $T\ U_T$ y $Q\ (U_M \times U_Q)$ será un número real M invariable e independiente de la naturaleza de los cuerpos, por lo que se dice que es una constante universal llamada equivalente mecánico del calor. Con la hipótesis genérica de que las ecuaciones físicas igualen concretos homogéneos, tal constante quedará representada por la díada escalar:

$$M\ U_M = (k \times M)\frac{U_T}{U_Q}$$

También aquí observamos que la relación [26.7] entre las unidades U_T, U_M y U_Q determina la dependencia entre ellas, por lo que no se pueden establecer las tres arbitrariamente. Si se definieran las unidades para que resultasen uniformes, que sería lo más cómodo, se tendría $k=1$.

Otro ejemplo de este mismo tipo lo encontramos en la *constante de la gravitación universal*. Aunque se la tiene por una sola, la *ley de la gravitación* en realidad son dos: primera, la que describe que dos puntos materiales se atraen con una fuerza, con la dirección de la recta que los une, directamente proporcional al producto de sus masas gravitatorias e inversamente proporcional al cuadrado de la distancia que los separa; y segunda, que para cada punto material es constante la razón entre la masa gravitatoria y la masa de inercia de la *segunda ley de Newton*, y que ambas son manifestaciones de la misma magnitud llamada masa.

Aunque en rigor la *ley de la gravitación* tiene formulación vectorial, como se puede reducir a otra escalar con una sola componente en la dirección de la recta que une los puntos materiales, seguiremos este camino. Para distinguir las dos masas de cada punto material, la de inercia la simbolizaremos m y la gravitatoria μ. Sean U_F la unidad de fuerza, U_m la unidad de masa, tanto gravitatoria como de inercia, y U_L la unidad de longitud para medir la distancia d entre los puntos materiales. En estas condiciones, la ley universal de la gravitación se podrá escribir en álgebra concreta mediante una expresión como la siguiente:

$$F U_F = \frac{(\mu_1 U_m)*(\mu_2 U_m)}{(d U_L)^2}$$

Los subíndices 1 y 2 se emplean para distinguir a cada uno de los dos puntos materiales de masas gravitatorias μ_1 y μ_2, así como las masas de inercia m_1 y m_2. A su vez, siendo H la razón de proporcionalidad entre las masas gravitatoria y de inercia, se escribirán para ambos puntos materiales:

$$\mu_1 U_m = H \circ (m_1 U_m)$$

Parte I: *Primera álgebra de magnitudes* (álgebra diádica)

$$\mu_2 \, U_m = H \circ (m_2 \, U_m)$$

Como H es un cociente entre números diádicos homogéneos, en razón de [11.1], ha de ser un simple número real, por lo que H carece de unidad y es tal que $H \in \mathbb{R}$. Sustituyendo estas dos ecuaciones en la anterior y, operando con [9.1] y [9.2], resulta la formulación de la *ley de la gravitación* con las masas de inercia:

$$F \, U_F = (G \, U_G) * \frac{(m_1 \, U_m) * (m_2 \, U_m)}{(d \, U_L)^2}$$

Siendo $G = H^2$ el factor conocido con el nombre de **constante de la gravitación universal**, y U_G la unidad que le corresponda. Para deducirla, aplicando la definición [12.1] de multiplicación de concretos escalares, llegamos con facilidad a la ecuación de álgebra diádica:

$$F \, U_F = \left(G \times \frac{m_1 \times m_2}{d^2} \right) \left(\frac{U_G * U_m^2}{U_L^2} \right)$$

Como en los ejemplos anteriores, siendo k la relación escalar entre las unidades de ambos miembros, que sería la unidad $k=1$ si hubiera uniformidad, en el caso genérico de que los concretos de la ecuación no sean uniformes, el desdoblamiento de [24.2] nos lleva las dos relaciones entre primarios y secundarios:

$$F = k \times G \times \frac{m_1 \times m_2}{d^2}$$

$$k \circ U_F = \frac{U_G * U_m^2}{U_L^2}$$

De donde resulta que el concreto que representa la constante de la gravitación universal es:

$$G \, U_G = (k \times G) \circ \frac{U_F * U_L^2}{U_m^2} \qquad [26.8]$$

Se podría pensar que fuese contradictorio que, siendo H una constante sin unidades, en cambio resulte que $G=H^2$ sí presente dimensiones. Sin embargo, no hay nada desconcertante en ello, pues lo que sucede es que mientras H queda indicada solo por un número real, dada la definición con $\mu\ U_m = H \circ (m\ U_m)$, que para cada punto material relaciona su masa gravitatoria con la de inercia; en cambio G queda determinada por $G=H^2$ y además por [26.8], lo que supone que su naturaleza deba ser representada por un ente concreto escalar, no únicamente por un número real, de modo que la igualdad $G=H^2$ solo se refiere a su elemento primario y [26.8] determina el secundario.

En el Sistema Internacional de unidades se ha calculado y establecido el valor de G en función del metro m como unidad de longitud, que no hay que confundir con el mismo símbolo utilizado para la masa, del kilogramo kg como unidad de masa y del newton N como unidad de fuerza:

$$G = 6{,}67 \times 10^{-11} \circ \frac{N * m^2}{kg^2} = 6{,}67 \times 10^{-11} \circ \frac{m^3}{s^2 * kg}$$

Para finalizar este apartado debemos advertir que en todos los análisis de constante realizados nos ha aparecido la constante k, relacionada con la homogeneidad y con el axioma de uniformidad de los entes concretos identificados mediante las ecuaciones físicas consideradas. De ahí que deba considerarse esta especie de invariantes a las que llamaremos **constantes de homogeneidad**, y son muy importantes, porque intervienen en el desdoblamiento de las ecuaciones físicas del álgebra concreta en sus correspondientes dos formulaciones algebraica y dimensional, que se derivan respectivamente para sus primarios y secundarios, de acuerdo con lo establecido por [24.2] y [24.3].

A este respecto y a tenor de los análisis precedentes, resulta claro que la tradicional omisión del álgebra diádica o de magnitudes ha olvidado las constantes de homogeneidad, limitándose al caso en que sea $k=1$, y de esta manera el desdoblamiento de las ecuaciones físicas en sus componentes algebraica y dimensional queda reducido a un supuesto específico. Y ello podría contener un vicio crítico que podría distorsionar la apreciación de la verdadera naturaleza de las ecuaciones físicas. Quizá el origen de este defecto tradicional pudiera encontrarse en la importación por la Física del método matemático, que en sus estructuras métricas opera con unidades abstractas y, por tanto, uniformes. El teorema del desdoblamiento evidencia y justifica plenamente que toda ecuación matemática permanezca invariante en este trámite, porque, siendo $k=1$, sucede que el primario y la correspondiente formulación concreta se mantienen idénticos.

En el análisis precedente nos hemos abstraído de la regla indirecta del apartado XXII, de modo que para fundamentar los pasos lógicos de todos los razonamientos nos hemos acogido directamente a las leyes de composición y propiedades del álgebra de magnitudes, como corresponde a la forma de discurrir más precisa y propia de la lógica estricta, reservando para dicha regla la función de simple comprobación de las conclusiones o para examinar a posteriori su propia validez en los casos descritos.

Volvemos a comprobar una vez más que el estudio de las constantes físicas, al igual que el análisis dimensional y que todas las ecuaciones y leyes, no tendría sentido alguno sin haber definido previamente las **leyes de composición externas generatrices** de los apartados XXII y siguientes.

Por otra parte, en el análisis precedente hemos asumido tácitamente la **hipótesis isométrica** clásica, que da por supuesto que la cantidad de magnitud implícita en toda unidad sea siempre invariable. Dejamos la opción contraria para la segunda parte de este trabajo, donde se contempla el **axioma «dismétrico»** y se estudian las peculiaridades de los espacios en que se cumpla, con consecuencias muy relevantes para la supervivencia de las constante físicas.

Apartado XXVII
CONSECUENTES FILOSÓFICOS

Ya nos hemos referido en el apartado XXIV al significado de las ecuaciones de la Física, tanto si se trata de leyes universales como de fórmulas de definición, porque uno de los consiguientes más trascendentes del álgebra de magnitudes es observar que las ecuaciones físicas no relacionan entes algebraicos ordinarios, ya sean números reales o vectores, sino que establecen relaciones entre entes diádicos, definidos en el apartado III. Este hecho parecería derribar el modo de operar descrito en todos los textos, porque en ellos, aunque resulte llamativo y hasta alarmante, no se tiene en cuenta dicha circunstancia indefectible. Sin embargo, el álgebra diádica resulta ser de tal modo que se reduce a la regla única del apartado XXII, de forma que las leyes de composición definidas para estos entes, que son inherentes a la Física, permiten agrupar por un lado la parte algebraica común y, por otro, la parte dimensional, quedando autorizado operar con la ficción o más bien impostura de que los símbolos de las unidades de las magnitudes relacionadas sean vulgares elementos algebraicos, aunque realmente no sea así en absoluto. Y esta propiedad isomórfica salva con mucha dosis de suerte a la negligente y pancista praxis imperante desde antiguo de haber caído en un craso error de consecuencias desastrosas, por haber olvidado instituir como principio la necesaria álgebra de magnitudes que defina las leyes de composición con los números específicos de la ciencia, que son los entes diádicos. Tal praxis ha sido además legitimada por el Sistema Internacional de Unidades y su hipótesis errónea en orden a considerar que las cantidades de magnitudes presenten estructura de grupo multiplicativo abeliano, craso defecto que nadie que haya seguido con atención este trabajo disculparía ni permitiría que se mantuviese vigente a sabiendas de su falsedad. Cualquiera que no sea un facilitón y haya seguido metódicamente las motivaciones expuestas aquí, no tendrá duda de que quien alegase que las operaciones con unidades sean obvias, no habría entendido que en ciencia todo debe asentarse en la experimentación o en la definición, nada ha de quedar sin verificar ni definir. ¿Cómo se podría justificar, entonces, la falta de un álgebra de magnitudes?, siendo el caso que la Física maneja entes paritarios con dos elementos ordenados: primero, el ente algebraico abstracto; y segundo, el elemento unitario de alguna magnitud, que no es ni mucho menos un ente numérico en sentido clásico.

A su vez, tampoco entenderá ningún lector atento y responsable que otros califiquen de misteriosas y hasta de místicas las formas compuestas de las magnitudes físicas, porque no son sino el resultado de generalizar en abstracto el álgebra de los segmentos geométricos. Y en ello no se observa ningún aderezo arcano inalcanzable para el entendimiento humano, más bien todo lo contrario, porque, tras haber definido el álgebra de magnitudes, aprovechando la de la geometría de longitudes, se hace la luz y se constata con suspicacia inevitable cuánta peligrosa arbitrariedad han de esconder las formas compuestas de las magnitudes físicas.

Por tanto, a la vista de la *Primera álgebra de magnitudes* de esta monografía, debemos acostumbrarnos a interpretar las ecuaciones físicas con el significado de relaciones entre entes diádicos, que son los verdaderos elementos de que se sirve la ciencia, distanciándose en este aspecto de la matemática pura de las estructuras algebraicas abstractas; aunque, eso sí, estas son las que operan con el elemento primario o medida de cada magnitud, y ello siempre de conformidad con las leyes de composición definidas para las díadas específicamente.

Para adentrarnos en la filosofía del álgebra de magnitudes, analicemos en primer lugar el caso del trabajo de una fuerza, como manifestación más elemental de lo que se entiende por energía. Por definición, **el trabajo de una fuerza se concibe como el producto escalar de los concretos vectoriales que representen la magnitud llamada fuerza por el concreto que se refiera a la**

magnitud del desplazamiento de su punto de aplicación, de acuerdo con la definición del producto escalar del apartado XIX. En términos dimensionales, tal producto escalar se puede indicar en abstracto como la magnitud fuerza multiplicada por la magnitud longitud. Como toda cantidad de la magnitud fuerza resulta de la multiplicación de una cantidad de la magnitud masa por una cantidad de la magnitud aceleración, el trabajo mecánico es una magnitud derivada, que en el Sistema Internacional tendrá por unidad la dada por la siguiente expresión diádica, que compone magnitudes unitarias:

$$\frac{1\,kg*1\,m^2}{1\,s^2}$$

El resultado de la operación diádica anterior, formada por un producto, dos potencias y un cociente, todos de naturaleza diádica, de las tres unidades fundamentales: kilogramo, metro y segundo, se denomina, por definición, «julio» y se simboliza con la letra J. La magnitud compuesta denominada trabajo mecánico, definida como se ha indicado, no coincide con la noción común de este concepto, asociada al esfuerzo físico. Por ejemplo, para sujetar un objeto pesado colgado de una polea es preciso contrarrestar su peso sujetando con firmeza un extremo de la cuerda; quien resista de este modo la acción del peso sentirá que realiza un gran esfuerzo; pero desde el punto de vista mecánico, si el cuerpo no se mueve, no se habrá realizado ningún trabajo. Por tanto, para la Física, el trabajo es derivado del movimiento del punto de aplicación de toda fuerza y conduce a la noción ambigua de la **energía**, definida como la **capacidad para producir un trabajo**, o quizá mejor dicho, la **facultad de transformarse en trabajo**.

Observamos en la naturaleza multitud de fenómenos que revelan infinidad de los que podríamos entender como depósitos de energía, tales como el viento, capaz de mover un aerogenerador y producir electricidad; o los cuerpos en movimiento, que al chocar con otros los trasladan y producen un trabajo; o la gasolina de un vehículo que, consumida por un motor, lo impulsará de un lugar a otro, produciendo un trabajo; y muchísimos otros casos semejantes fáciles de imaginar. Todos estos depósitos energéticos tienen en común que la energía almacenada no se manifiesta hasta que, por medio de algún artificio adecuado, se libera o se transforma en trabajo. Así, pues, el trabajo puede ser considerado como una de las múltiples manifestaciones de la energía que existen para la Física. Pues bien, aunque se ignore por completo la esencia de lo que llamamos energía con tanta alegría, entendemos que podemos medirla a través de algunas de sus manifestaciones, y en concreto por medio del trabajo, por lo que **hemos de admitir que la energía sea una magnitud medible en las mismas unidades que el trabajo**.

Pongamos algunos ejemplos. Pensemos en un reloj de pesas, observamos que, cuando estas se encuentren en la posición más elevada, la maquinaria del reloj funcionará por la acción del descenso debido al peso hasta la posición más baja de su carrera, venciendo la resistencia de los diversos mecanismos internos; en la posición más baja el reloj se parará y en un punto intermedio solo podrá funcionar durante una fracción de tiempo respecto de la posición más elevada; y ello significaría que las pesas del reloj contengan diferente energía simplemente por la posición en altura que ocupen en cada momento. De donde se infiere que los cuerpos pueden ser depositarios de energía simplemente por razón de la situación en un campo gravitatorio. Esta magnitud suele indicarse por el producto de tres díadas $(M\ kg)*(g\ m/\!/s^2)*(z\ m)$, donde M sea una medida de masa en kilogramos, g la medida de aceleración de la gravedad en metros por segundo al cuadrado diádico y z la medida de cota vertical en metros; se trata de una magnitud derivada con dimensiones de la magnitud trabajo; sin embargo, si z fuese constante, la masa no se movería y no habría trabajo alguno. Ahora bien, si se le dejase caer libremente desde una posición dada, la masa se pondría en movimiento y desarrollaría un trabajo, como en el caso del reloj de pesas. Ello supone que a la magnitud $(M\ kg)*(g\ m/\!/s^2)*(z\ m)$ deba reconocérsele la capacidad de generar trabajo o de transformarse en él, por lo que se admite que sea una manifestación de la energía denominada energía potencial[15], nombre que alude sugerentemente a la calidad de posibilidad, en el sentido de que no se da en acto, pero con certeza se manifestará si se presentasen las condiciones suficientes.

Por otra parte, la mecánica racional considera que una masa M kg en movimiento a velocidad v m∕∕s es portadora de una cantidad de energía por razón de su movimiento que se ha establecido en la conocida fórmula diádica ($½m×v^2$ kg∗m^2∕∕s^2), considerándola otra manifestación de la energía, llamada energía cinética, dado que su expresión dimensional es la misma que la del trabajo mecánico. Esta forma de energía brota de la observación de que una masa en movimiento es tal que, si a ella se opone una fuerza, por ejemplo, disponiendo un peso colgado de una polea y unido a la masa móvil, la fuerza frenará su movimiento y hará ascender el peso, desarrollando un trabajo que equivale a la pérdida de energía cinética de la masa móvil. Por tanto, parece que una masa en movimiento se comporte como un depósito de energía que pueda transformarse en trabajo mediante adecuados artificios[16].

La teoría mecánica deduce el conocido teorema de conservación de la energía, concluyendo que la suma de la energía cinética y de la potencial se mantiene constante, y ello justifica el principio general de conservación de la energía, con el conocido enunciado de que **en la naturaleza la energía ni se crea ni se destruye, sino que se transforma**[17]. Una redacción algo diferente pero equivalente de este principio es la **imposibilidad del móvil perpetuo**, es decir, que

---

[15] El modelo matemático de la función de fuerzas que soporta el concepto de energía potencial se expone en el temario del autor, *Matematizar 3*, pp. 219 y siguientes.

[16] La mecánica racional proporciona la justificación matemática de este hecho físico, mediante el conocido teorema de las fuerzas vivas o de la energía cinética, que se encuentra en *Matematizar 3*, pp. 224, 242 y siguientes.

[17] La justificación mecánica del principio de conservación de la energía se expone en *Matematizar 3*, pp. 225 y siguientes.

no existe ningún mecanismo que produzca energía sin alterarse y sin tomar del exterior una cantidad equivalente. Ello supone que ningún artificio será capaz de producir sin aportación exterior ni siquiera la energía necesaria para vencer los inevitables rozamientos internos entre sus diversos elementos. Son pruebas reiteradas de este principio los innumerables fracasos de tantos inventores quiméricos de todos los tiempos y lugares que infructuosamente han perseguido el movimiento continuo, seductora solución ideal a las necesidades energéticas de la humanidad.

No obstante lo anterior, la experiencia exhibe incontables situaciones en las que parece que la conservación de la energía no se cumpla. Si dejamos caer una piedra desde cierta altura, observamos que al llegar al suelo se detiene y queda en reposo, habiendo perdido su energía potencial y sin mostrar la menor energía cinética. O un ciclista que descienda una pendiente a velocidad constante, accionando los frenos, perderá energía potencial y, sin embargo, no aumentará su velocidad ni, por tanto, su energía cinética. Aparentaría en tales supuestos que la energía se apartase de la ley que marca su conservación. Sin embargo, en estos y en todos los casos que se imaginen, se observa que no ha habido la menor pérdida de energía, sino que esta se ha transformado en otra especie de ella que llamamos calor: se habrán calentado la piedra y el suelo en el primer ejemplo, así como en el caso del ciclista se calentarán los frenos y la llanta.

En la actualidad el **calor** lo definimos como la **energía que pasa de un cuerpo a otro y que causa su dilatación y sus cambios de estado**. Sin embargo, el reconocimiento del calor como otra forma de manifestarse la energía no le resultó fácil a la Física. Hasta 1780 las magnitudes de calor y de temperatura se consideraban semejantes, lo cual era un obstáculo serio para comprender los fenómenos térmicos. En cambio, hoy las distinguimos claramente, entendiendo por **temperatura** la **magnitud que expresa el grado o nivel de calor de los cuerpos**. Hasta finales del siglo XVIII la teoría predominante para explicar la naturaleza del calor suponía que se trataba de un fluido imponderable llamado calórico. La termodinámica actual ha abandonado el calórico y mide la cantidad de calor que pasa de un cuerpo a otro estableciendo un criterio de igualdad, definiendo la adición y eligiendo una unidad. Así, se dice que dos cantidades de calor son iguales cuando, absorbidas por un mismo cuerpo en las mismas condiciones de presión y temperatura, resulte que los cambios en él sean idénticos. El criterio de la adición se concibe con la hipótesis de que la cantidad de calor necesaria para producir en un cuerpo determinada transformación sea proporcional a su masa. Finalmente, como unidad de calor se ha establecido la **caloría**, o cantidad de calor necesario para que un gramo de agua a la presión normal de una atmósfera eleve su temperatura de 14,5 °C a 15,5 °C.

El experimento de James Prescott Joule (1818-1889) conectó la termodinámica con la mecánica y evidenció que el calor deba ser reconocido como una manifestación principal de la energía, porque la experiencia demuestra tenazmente que para la transformación de trabajo mecánico en calor, o viceversa, se verifica siempre el principio de conservación, por lo que se ha podido observar el equivalente mecánico del calor y establecer que la cantidad de calor de la unidad llamada caloría es igual a 4,186 julios. Esta conexión sea quizá el enlace directo que encumbra a la magnitud derivada llamada trabajo mecánico a la categoría de magnitud energética, pues antes de encontrarla, el trabajo era más bien una definición meramente abstracta de esta manifestación matemática de la energía.

El concepto de calor no basta, sin embargo, para formular un enunciado completo del **principio de conservación de la energía**, porque apreciamos casos que requieren algo más, como por ejemplo, no se explica el que una locomotora de carbón se ponga en marcha, aumentando su energía mecánica, sin recibir calor del exterior. Y ello ha de producirse debido a que el carbón que alberga y quema en su hogar debe ser depositario de energía de alguna manera, clase energética que se denomina **energía interna**. El mismo fenómeno se observa, por ejemplo, si se calienta una cierta cantidad de agua, suministrándole un poco de energía, el

Parte I: *Primera álgebra de magnitudes* (álgebra diádica)

aumento de volumen producido por el incremento térmico será muy pequeño, por lo que el trabajo realizado por la expansión en contra de las fuerzas de la presión atmosférica será despreciable, y si a continuación se sumerge en el agua un cuerpo a menor temperatura, este se calentará y el agua perderá la energía almacenada en el calentamiento inicial, lo que sugiere que antes habría quedado almacenada de algún modo en su interior. Y, si bien esta energía interna no se puede conocer en términos absolutos, sí que se pueden observar sus variaciones. Y así, con esta base, en 1847 Helmholtz enunció el principio de conservación en su forma más general, admitiendo que **la cantidad de calor transferida a un cuerpo se emplea en aumentar su energía interna y en producir un trabajo exterior**, enunciado conocido como la *primera ley de la termodinámica*.

Sirva esta breve disquisición para apreciar dos cosas: primera, que estamos refiriéndonos a la energía y sus manifestaciones sin tener conocimiento preciso o quizá sin tener la menor idea de la esencia de esa magnitud; y segunda, que la observación de las magnitudes físicas no solo es cuestión de analizar su forma matemática o dimensional, sino que requiere experimentar y teorizar.

Veamos un ejemplo ilustrador: consideremos un par de fuerzas, recordemos que se trata de dos fuerzas coplanarias iguales y opuestas separadas una cierta distancia; sea M su momento, las dimensiones del momento son las mismas que las de un trabajo, porque se trata del producto de una fuerza por una longitud; la cuestión es, ¿se puede concluir que el momento del par sea una manifestación de la magnitud energía, dado que su expresión dimensional es la de un trabajo? El trabajo elemental dT de un par de fuerzas viene dado por el producto de su momento M por el ángulo diferencial girado $d\theta$, expresado en radianes[18], de acuerdo con la fórmula diferencial primaria entre medidas

---

[18] El análisis detallado de este caso se puede encontrar en el volumen de aplicaciones del temario, *Matematizar 3*, p. 220.

$dT = M \times d\theta$. Recordemos que el radián es una manera de medir ángulos que se define como la longitud de arco de circunferencia igual a un radio, por lo que toda medición de esta magnitud es el cociente entre dos longitudes, la longitud del arco entre la longitud del radio, así que, de acuerdo con el apartado XI, resultará para la medición de los ángulos con radianes un número real abstracto, sin ninguna unidad; y ello motiva que el trabajo del momento tenga la misma forma dimensional que el propio momento. Entonces, ¿cual es la diferencia entre las magnitudes momento de un par y trabajo de un par?; la respuesta habremos de buscarla en el análisis del hecho físico, y así, hemos de entender que la diversidad ha de ser parecida a la distinción entre una fuerza y su trabajo, porque parece apreciable que una fuerza no pueda transformarse en ninguna forma de energía, ya que es por el movimiento de su punto de aplicación por lo que se desarrolla un trabajo. De modo que, análogamente, no es el momento del par lo que produce un trabajo, sino su rotación; y así, habremos de concluir que el momento del par no pueda ser caracterizado como una forma o manifestación de la energía; mientras que el trabajo del par sí debería serlo. Esta reflexión nos alerta sobre la prudencia con que deben juzgarse las magnitudes derivadas, pues solo con su ecuación dimensional no se puede llegar con fundamento a establecer cuál sea su naturaleza, se requiere algo más, y ese plus debe buscarse en la observación física directa de los fenómenos, combinada con la reflexión precisa acerca de lo observado.

Por otra parte, hemos de prevenir en este apartado sobre ciertas notaciones insidiosas, que inducen a confusión y que nacen del tradicional olvido del álgebra diádica. En los textos y en el sistema Internacional de Unidades podemos encontrar simbologías aisladas como s^{-1}, m^{-1} o similares, que parecerían sugerir que se refieran a las unidades inversas del segundo o del metro o de cualquier otro patrón. Sin embargo, descubrimos en el apartado XIV que no existen los elementos unidad ni inverso para la multiplicación de díadas o mediciones escalares, de modo que la notación U^{-1}, siendo U una unidad cualquiera, no puede significar la unidad inversa de U, sino que es otra forma, análoga a la de las potencias numéricas, de escribir un divisor o el denominador de una notación fraccionaria diádica. Veamos un ejemplo: el Sistema Internacional indica con la notación aislada s^{-1} la unidad compuesta con un divisor o denominador igual a un segundo s y un dividendo o numerador sin dimensión, tal como el número de ciclos de una onda o el número de radianes o el número de revoluciones; por ello, aunque no se explicite el dividendo o numerador, debe entenderse presente en función del contexto de la ecuación en que aparezca; así que, por ejemplo, si se refiere a una frecuencia de onda, s^{-1} indicará ciclos por segundo; o si se relaciona con una velocidad angular, significará radianes por segundo o revoluciones por segundo.

Recapitulando: en la *Álgebra diádica de magnitudes* hemos procurado justificar el modo tradicional de operar con mediciones físicas, de acuerdo con la regla única del apartado XXII, deducida en esta monografía en función de unas leyes de composición coherentes entre entes matemáticos diádicos, considerados los representantes idóneos de las cantidades de magnitudes. Para llegar a esa regla hemos debido admitir determinados axiomas y hacer hipótesis o suposiciones tales como que la cantidad de toda magnitud física sea representada por un segmento geométrico abstracto y que así el álgebra geométrica de segmentos sea aplicable a cualesquiera magnitudes. Ello evidencia que la citada regla, insuflada subliminalmente en las inteligencias, porque ni siquiera es mencionada por los textos de cualquier ámbito, y con ello tampoco por los profesores, que la asumen tácitamente sin la menor explicación ni motivación, pasando directamente a operar con los símbolos de las unidades como si fuesen elementos algebraicos ordinarios, infectando los intelectos con este vicio inconsciente y envileciendo la calidad docente, no es ni mucho menos evidente que sea una forma correcta de componer magnitudes, ni siquiera tras haber fundamentado las leyes de composición que la justifican, que más bien contribuyen a ponerla en cuarentena; porque, tras haber revelado las ilusiones que oculta y, habiendo nacido tal costumbre de un craso olvido garrafal, como lo es que las operaciones con mediciones han permanecido hasta ahora sin definir epistémicamente, privando a los símbolos operacionales de las ecuaciones físicas del significado exacto que les corresponda, resulta inevitable sentir desconfianza sobre la dudosa idoneidad de las simulaciones algebraicas que se han admitido para justificar la operativa tradicional y por mero sentido de responsabilidad producir el mínimo trastorno intelectual a la descuidada corriente de pensamiento imperante en esta materia.

Por el contrario, si se cuestionasen esos antecedentes, se abrirían de par en par las puertas a nuevas investigaciones sobre las formas adecuadas de componer magnitudes, ámbito que a día de hoy permanece inexplorado por la esclerosis de la tradición. Y ello, porque bien pudiera suceder, y quizá sea lo más probable, que las magnitudes compuestas no respondiesen del todo bien al álgebra de la geometría euclidiana, lo que estaría provocando un insidioso marasmo en el desarrollo de la Física, que podría salvarse mediante leyes de composición de magnitudes que reflejen con mayor precisión la realidad natural. Y este habrá de ser sin duda el camino a recorrer hacia nuevas álgebras diádicas, que sigan el rumbo de esta primera y que permitan labrar el pilar olvidado de la ciencia, llevándonos quizá hacia nuevos horizontes en la búsqueda de leyes y definiciones que representen mejor que las actuales los fenómenos de la naturaleza.

Por nuestra parte, creemos haber contribuido a ello con el desarrollo del álgebra diádica y en especial con la formulación precisa de las **leyes de composición externas generatrices** de los apartados XII y siguientes, que dotan de significado a todas las leyes y ecuaciones de la física, por lo que, una vez presentadas, se nos hacen imprescindibles y nos parece increíble que no se hayan establecido antes y que hayamos aceptado sin alterarnos esa pseudoálgebra simbólica que no significa nada.

Y con esta reflexión, que alerta sobre esa cuestión primordial pendiente y olvidada de la Física tradicional, se da por finalizada esta *Álgebra diádica de magnitudes*, que habrá de admitir sin duda mejoras, ampliaciones y cambios sustanciales en futuras ediciones; por lo que, tratándose de un tema virgen y pionero, pedimos disculpas por las inevitables imperfecciones u omisiones en las que podamos haber incurrido, propias de toda obra original, que en su primera edición pretende ante todo prevenir del tenaz y tóxico olvido de un soporte primordial de la ciencia, como lo es sin discusión el álgebra de magnitudes. Después de todo, las eventuales faltas de que adolezcan nuestras explicaciones siempre serán más leves y menos nocivas que los prejuicios silenciosos de los descuidos vigentes. Esperamos que las posibles carencias inherentes a toda innovación sean compensadas por el intento honesto de desvelar y labrar este puntal de la ciencia, y con ello confiamos haber contribuido con toda humildad a reciclar los conocimientos físicos de los fieles lectores, añadiendo un cimiento fundamental a su bagaje intelectual y propiciando que gane en lucidez el entendimiento de todo su saber previo, pues para ellos se ha puesto la mejor intención sin escatimar esfuerzos.

No en vano, una primera aportación innovadora y fascinante de esta *Álgebra diádica de magnitudes* son los **espacios «dismétricos»**, que surgen con naturalidad de la sencilla observación de los elementos diádicos, en lo que no está prohibido en absoluto considerar que el secundario, o elemento unitario del par, contenga diferentes cantidades de la magnitud asociada en función de su posición en el espacio y en el tiempo, aun sin variar materialmente el cuerpo o fenómeno tomado como unidad física, y debido a las causas que sean. Esta observación, que podría llamarse **previsión del axioma «dismétrico»**, es una nueva herramienta matemática inapelable, que ha de ser capaz de explicar y describir infinidad de fenómenos naturales, como se esboza en la segunda parte de este trabajo.

Apartado XXVIII

COMPENDIO DE ÁLGEBRA DIÁDICA O FÍSICA
NECESIDAD Y DESARROLLO BÁSICO

En este apartado se compendia la materia desarrollada en la *Álgebra diádica de magnitudes* con una ilación dirigida a profesores y estudiantes universitarios. Un esfuerzo didáctico más para convencer de que hay que corregir la deplorable situación de la Física en sus fundamentos operacionales. La investigación se inspira en el legado filosófico de los padres de la Física moderna, cuyo testimonio advierte sobre las nocivas **presuposiciones subyacentes en la aplicación de operaciones algebraicas comunes a las magnitudes físicas**, resumidas en la hipótesis falsa actual del sistema Internacional de Unidades, que atribuye a las cantidades de magnitudes la estructura de grupo multiplicativo abeliano, con la consecuencia práctica de que se supone arbitrariamente y con buena dosis de absurdo que las operaciones con magnitudes se correspondan con las de los números racionales o fracciones ordinarias. Craso y nocivo error de las más altas instituciones científicas, que lo contamina todo, por lo que deberían apresurarse en remediar esta contaminación insidiosa de la Física, impropia de los tiempos modernos. Aquí se desvela la naturaleza de esta malformación congénita, que intoxica insidiosamente la docencia, cercenando gravemente la calidad educativa y la excelencia científica con principios confusos, privando a todos de su derecho a recibir información cabal, libre de suposiciones latentes o tácitas.

Este trabajo pretende arrojar luz para salvar esta indigna deficiencia. Para ello se desarrolla como remedio un **álgebra física epistémica** basada en la geometría euclidiana, ampliable a otras más complejas. El compendio recoge los principios fundamentales de esta materia increíblemente ausente, privando a la Física de un

Parte I: *Primera álgebra de magnitudes* (álgebra diádica)

pilar fundamental. Algo parecido a que las matemáticas se hubieran construido sin la aritmética. El compendio se organiza en los siguientes artículos:

Número		Página
1	Introducción, marco teórico y antecedentes	187
2	Metodología y resultados	190
3	Definición de ente concreto o díada física e igualdad	193
4	La adición diádica	196
5	Deducción de la sustracción diádica	198
6	Multiplicación diádica por un escalar	200
7	Deducción de la división diádica uniforme	204
8	Multiplicación geométrica de longitudes	217
9	Multiplicación diádica de magnitudes escalares	222
10	Deducción de la división diádica escalar	224
11	Multiplicación entre díadas escalares y vectoriales	226
12	Definición de los productos escalar y vectorial de díadas vectoriales	228
13	Estructura algebraica de los conjuntos diádicos	230
14	Análisis diádico del *Teorema de Tales*	233
15	El *Teorema de Pitágoras*: la primera forma diádica de la matemática	238
16	Forma diádica de las ecuaciones físicas	244
17	Efectos del principio de economía simbólica	247
18	Discusión y conclusiones	249

Artículo 1
INTRODUCCIÓN, MARCO TEÓRICO Y ANTECEDENTES

Desde la iniciación en el estudio elemental de la Física es costumbre servirse de las operaciones con entes que indican cantidades concretas de magnitudes y, por sugestión de las operaciones aritméticas con números abstractos como los reales, se cree con naturalidad que las operaciones concretas deban seguir las mismas reglas de cálculo y es normal no cuestionarse la tradición.

Así que lo que sin escrúpulos se aprende y se enseña a hacer desde pequeños inconscientemente, pareciendo tan natural, en realidad, no solo no es nada evidente, sino que es totalmente incorrecto, puesto que se prescinde de algo capital: de las definiciones epistémicas de las leyes de composición entre entes que representen mediciones o cantidades de magnitudes y de sus unidades. Así que no es extraño que los efectos de esta omisión preocupasen y sigan inquietando a los sabios de la Física de todos los tiempos; es más, lo llamativo es que hayan de ser los prominentes quienes filosofen al respecto y que nadie más discuta la tradición, porque la raíz del problema es muy elemental. A ello se refieren R. M. Cooke y J. Hilgevoord, *The Algebra of Physical Magnitudes*, que resumen los debates de los clásicos de la siguiente manera:

> Los filósofos han estado interesados por mucho tiempo en la cuestión de las presuposiciones subyacentes a la aplicación de operaciones algebraicas a magnitudes físicas, y este interés se ha acelerado como resultado del papel aparente que estas presuposiciones desempeñan en relación con la existencia de variables ocultas subyacentes a la mecánica cuántica. (p. 363)

A estas presuposiciones alude la laguna planteada por el insigne físico español, profesor Julio Palacios, reflejada en el prólogo de su *Análisis dimensional* (segunda edición, 1964, Espasa Calpe). Así describe la vigente incógnita tradicional:

Una opinión muy extendida, que se remonta a Clerk Maxwell, y de la que hemos participado muchos físicos de mi generación, es que dichos símbolos —alude a los paréntesis rectos que encierran los nombres de las distintas magnitudes— y, por tanto, las fórmulas dimensionales se refieren a las unidades, y así se escribe, por ejemplo:

$$1\,ergio = \frac{1\,g \times 1\,cm^2}{1\,s^2}$$

sin caer en la cuenta de que nos veríamos en un aprieto si un alumno inquisitivo nos preguntase cómo se hace para multiplicar un centímetro cuadrado por un gramo y dividir el producto por un segundo elevado a cuadrado. (p. 12)

Dicha omisión incongruente pendiente de resolver en esto de las operaciones con cantidades de magnitudes físicas es perturbadora para la lógica científica, y por ello ha provocado la proliferación de opiniones diversas y contradictorias respecto a su naturaleza y formulación, discusiones a las que se pondría fin simplemente definiendo las leyes de composición necesarias. Un grupo de autores como R. C. Tolman atribuyen a los símbolos de las expresiones dimensionales cierto carácter impenetrable o místico y consideran que «La verdadera esencia de las magnitudes, desde el punto de vista físico, está representada por su fórmula dimensional» (*Physics Review*, p. 25, 1917). Esta hipótesis no parece que pueda ser cierta, porque supondría que magnitudes tan dispares como el momento de una fuerza y su trabajo, que pueden expresarse ambas en «newton*metro», fuesen esencialmente manifestaciones de la misma magnitud, la energía, lo cual parece a todas luces un desvarío inaceptable. Grandes autores como Planck indican que «Tan falto de sentido es hablar de la dimensión "real" de una magnitud como del nombre "real" de un objeto», lo que supondría que las magnitudes físicas habrían de ocultarse al entendimiento. Planck parece indicarnos que no hemos de olvidar que las magnitudes físicas son entes mentales y que, como cualquier otro nombre que señale a un objeto extramental, son fruto de la arbitrariedad del pensamiento. La facción positivista del Círculo de Viena, encabezada por

Bridgman, dispone que «Las dimensiones no tienen en modo alguno valor absoluto, sino que han de definirse, precisamente, a partir del proceso que se utilice para medir la magnitud respectiva» (*Dimensional Analysis*, Yale, University Press). Bridgman parece sugerir nuevamente que en el ámbito de las magnitudes debe de haber una buena dosis de arbitrariedad; lo que incomodaba tanto a Planck, que criticó el positivismo en la famosa conferencia titulada *Religion und Naturwissenschaft*:

> Las opiniones de los positivistas no pueden ser combatidas desde un punto de vista puramente lógico. Y, sin embargo, un examen detenido de las mismas revela que son inadecuadas y estériles, porque prescinden de una circunstancia que tiene importancia decisiva para el progreso científico. Por mucho que alardee el positivismo de estar exento de prejuicios, tiene que partir de una premisa fundamental si no quiere degenerar en un solipsismo ininteligible. Tal premisa consiste en que toda medida física puede ser reproducida de tal modo que el resultado es independiente de la personalidad del observador, del lugar y tiempo en que se efectúa la medición, y de cualquier otra circunstancia. Todo esto revela simplemente que el factor decisivo para el resultado de la medición está fuera del observador y que, en consecuencia, las medidas plantean problemas que implican conexiones causales en una realidad objetiva independiente del observador.

El pandemónium filosófico que resulta en esta materia empuja al conformismo con la manera usual de operar con cantidades de magnitudes sin tan siquiera preguntarse si es compatible con la lógica científica y sin tomar conciencia de la incongruencia que supone la falta de definición epistémica de sus leyes de composición, por lo que para la mayoría este vicio capital, que es real, no existe, afectando gravemente a la calidad docente y a la formación cabal de los alumnos que, al menos, tienen derecho a un currículo que explique la laguna y a decidir su posición intelectual al respecto. Y, por su parte, los físicos y científicos tienen la responsabilidad de fundamentar sus trabajos en bases sólidas y coherentes. ¿Qué clase de físico es aquel que no sabe lo que hace al operar con magnitudes y se conforma con ello?

Artículo 2
METODOLOGÍA Y RESULTADOS

De la misma manera que existen álgebras para los números y vectores abstractos, aceptadas universalmente, debería asentarse un álgebra de los entes diádicos, representantes de las cantidades de magnitudes, porque solo así se acabaría con la confusión e ignorancia imperantes y con el **dogma educativo vigente**, quedando mejor aclarados los significados de las distintas magnitudes compuestas, tal como humildemente se esboza en este compendio.

Existe una magnitud muy conocida e intuitiva, que es la **longitud geométrica**, y esta debe ser el punto de partida para fundamentar un álgebra genérica de magnitudes físicas. Para ello, es preciso establecer primero las leyes de composición de los segmentos, en tanto que son las figuras más elementales, y definir un **álgebra geométrica o gráfica** para componerlos antes de pasar a su correspondiente **álgebra analítica**. La adición geométrica no ofrece ninguna dificultad, basta concebirla como la yuxtaposición gráfica de segmentos, lo que analíticamente exige medirlos con la misma unidad de longitud. En cambio la multiplicación geométrica puede concebirse de modo que produzca nuevas magnitudes a partir de la longitud, el área con dos factores, el volumen con tres, o los hipervolúmenes con más de tres; y los segmentos multiplicados pueden expresarse en unidades de longitud cualesquiera, que no tienen por qué coincidir, como exige la adición. La longitud se dice por ello que sea una magnitud fundamental y las demás se llaman derivadas o compuestas por medio de la multiplicación, debiéndose advertir que esta operación, en principio gráfica, se diferencia sustancialmente con la noción del producto aritmético, dado por la adición de un multiplicando tantas veces como indique el multiplicador.

Cuando se multiplican segmentos de esta forma no es posible atribuir a ninguno de ellos la función de multiplicador aritmético, lo que evidencia que debe diferenciarse claramente esta operación de la multiplicación ordinaria.

Parte I: *Primera álgebra de magnitudes* (álgebra diádica)

Una vez establecida el álgebra de segmentos, nada impide asociar toda cantidad de cualquier magnitud a la cantidad de longitud de un segmento. Para ello, bastaría con identificar la unidad empírica de la magnitud considerada con una unidad de longitud arbitraria o abstracta. De este modo se podría establecer una correspondencia biunívoca entre el conjunto de todas las cantidades de la magnitud dada y el de todas las longitudes abstractas, es decir, sin escala real. El **postulado de afinidad** consiste en admitir la operativa anterior y manejar las cantidades de magnitudes como si fuesen segmentos geométricos abstractos, lo que equivale a suponer que, si bien las magnitudes son diferentes por naturaleza, sus cantidades son afines a las de la magnitud longitud. Este postulado, en combinación con la composición de áreas y volúmenes en el espacio euclídeo, permite definir la multiplicación diádica entre cualesquiera magnitudes escalares.

Partiendo como fundamento del álgebra de los segmentos geométricos, se desarrolla la de longitudes y, por razonable generalización, se llega con relativa facilidad a la definición precisa de las leyes de composición para cualesquiera magnitudes. Con ello quedan al descubierto los entramados ocultos de las unidades derivadas y pueden juzgarse con más acierto los significados que se les pueda atribuir. De modo que la noción de dimensión de toda magnitud ha de considerarse después y no antes de haber concebido un álgebra de magnitudes, cuya expresión matemática analítica son los entes concretos o elementos diádicos.

De ahí que el método seguido en esta exposición debería presentarse según la siguiente secuencia: primero, asentar los conceptos básicos propios de las magnitudes físicas en general; luego, asignarles entidad matemática y crear los entes concretos o diádicos; a continuación definir un álgebra para tales entes especiales, representantes precisos de las cantidades de magnitudes naturales medibles; investigar después el significado de las ecuaciones de definición, de las leyes universales y de otros entes físicos; y, finalmente, explicar los principios del análisis dimensional. Pues bien, así se hace en la parte nuclear precedente de este texto.

No obstante, en un compendio didáctico como el que aquí se realiza, es preciso limitar la extensión y seleccionar lo sustancial, de modo que se vislumbren en conjunto las posibilidades de la compleja álgebra resultante sin mermar la claridad expositiva. De ahí que aquí solo se puedan exponer de la forma más concisa posible los aspectos fundamentales: la definición de los entes concretos o diádicos de la Física, el criterio elemental de igualdad, los conjuntos diádicos y las operaciones básicas de la adición, sustracción, y algunas multiplicaciones y divisiones de magnitudes.

Los resultados de **lo que debería impartirse a los alumnos de ciencias**, en el grado que corresponda a su nivel de estudios, se incluyen en los artículos siguientes, sustituyendo el tóxico **dogma tradicional** por una **lógica algebraica para la Física, razonada y fundamentada con coherencia como exige la ciencia.**

Artículo 3

DEFINICIÓN DE ENTE CONCRETO O DÍADA FÍSICA E IGUALDAD

Se conviene en llamar **medición** a la cantidad, extensión o porción de una magnitud expresada con la forma $q\,U$, como símbolo de las veces q, número real, que una cantidad unitaria U esté presente en un fenómeno, denominando a q medida con la unidad U de la magnitud incluida en el hecho observado. Y análogamente si la medida fuese un vector $\overline{q}$ de R^3.

Las magnitudes cuyas medidas sean tales que $q \in R$ o que $|\overline{q}| \in R$ y que puedan tomar cualquier valor se denominan **continuas**, en cambio, aquellas en que las medidas solo puedan ser números enteros, con $q \in Z$ o $|\overline{q}| \in Z$, se llaman **discretas**. Se observa que las operaciones con magnitudes discretas quedan comprendidas en las continuas, pues sus medidas vendrán representadas por números enteros, subconjunto de los números reales, por lo que las continuas presentan mayor generalidad que las discretas; y las continuas quedarán explicadas en abstracto en muchos casos por medio de la longitud, que las representa ficticiamente a todas, porque cualquiera de ellas se puede asimilar a la recta real, resultando en todo caso el mismo esquema de razonamiento.

De este modo, todo par formado por un número real o un vector, seguido de una unidad que refleje cierta cantidad de alguna magnitud es, por definición, un **ente concreto** o **díada física**.

Si el primario q es un número real, el concreto se llamará **escalar** y significará la cantidad de una magnitud igual a q veces la cantidad de la misma contenida en la unidad, que solo podrá describirse en abstracto mediante algún símbolo asociado empíricamente a algún fenómeno; de modo que la notación $(q\,U)$ o (q,U) o $q\,U$, sin paréntesis superfluos, para representar la medición de una magnitud mediante la unidad U con el número real q tiene naturaleza paritaria, es un par, de ahí el nombre de díada física.

Análogamente, si el primario quedase caracterizado por un vector $\overline{q}$, la díada se dirá que es **vectorial**.

Los entes paritarios escalares asociados a cada unidad U forman conjuntos que se pueden simbolizar $\{R, U\}$, y son susceptibles de componerse entre sí mediante leyes de composición interna, estableciendo aplicaciones del producto cartesiano $\{R, U\} \times \{R, U\}$ en $\{R, U\}$; y también pueden componerse con los elementos de otros conjuntos, como por ejemplo R, mediante leyes de composición externa, con aplicaciones de $R \times \{R, U\}$ en $\{R, U\}$, por lo que hay que abordar la tarea de establecer para ellos un álgebra adecuada, que habrá de procurarse sea lo más isomorfa posible con la estructura del cuerpo de los números reales, porque estos son el modelo universal. Este tipo de operaciones las encuadraremos en las llamadas **escalares aditivas**, señalándolas con el signo «⊕».

Por otra parte, cuando se tengan conjuntos diádicos diversos, asociados a unidades diferentes U_1 y U_2, tales como $\{R, U_1\}$ y $\{R, U_2\}$, se podrán definir leyes de composición externas, que llamaremos **escalares multiplicativas** y simbolizaremos con el asterisco «∗», mediante aplicaciones de $\{R, U_1\} \times \{R, U_2\}$ en $\{R, U_1 * U_2\}$. **Son leyes generadoras de nuevas magnitudes.**

A su vez, las díadas vectoriales forman conjuntos con cada unidad U que se pueden simbolizar $\{R^3, U\}$ y son susceptibles de componerse entre sí mediante leyes de composición interna, con aplicaciones del producto cartesiano $\{R^3, U\} \times \{R^3, U\}$ en $\{R^3, U\}$; y también pueden componerse con los elementos de otros conjuntos, como por ejemplo R, mediante leyes de composición externa, con aplicaciones de $R \times \{R^3, U\}$ en $\{R^3, U\}$, procurando que sea isomorfa con la estructura del espacio vectorial R^3 sobre R. Este tipo de operaciones las encuadraremos en las llamadas **vectoriales aditivas**, señalándolas con el signo «⊕».

De la misma forma que con los conjuntos diádicos escalares, para los vectoriales asociados a unidades diferentes U_1 y U_2, tales como $\{R^3, U_1\}$ y $\{R^3, U_2\}$, se podrán definir leyes de composición externas, llamadas **vectoriales multiplicativas**, que simbolizaremos con el asterisco «*», mediante aplicaciones de $\{R^3, U_1\} \times \{R^3, U_2\}$ en $\{R^3, U_1 * U_2\}$. Como las escalares, estas leyes externas son también **generadoras de nuevas magnitudes**.

Estando formados los entes diádicos por parejas de elementos enlazados entre sí e inseparables, un **primario matemático** del álgebra ordinaria y un **secundario físico** unitario, su álgebra específica deberá obedecer a criterios operacionales con **díadas**, por lo que deben establecerse leyes de composición propias que permitan construir una estructura sui géneris similar a las formas del álgebra diádica clásica, precursora a su vez de la tensorial. Por otra parte, la naturaleza diádica del ente concreto justificaría que fuese indicado con términos como díada concreta, díada física, díada dimensional u otra nomenclatura similar.

Asimismo, se precisa de un **criterio de igualdad diádica**, que habrá de identificar dos elementos concretos cuando la cantidad de la magnitud a que se refieran sea la misma, lo que en términos analíticos significará que, una vez reducidos a la misma unidad de medida, los primarios habrán de coincidir. Así, dadas dos díadas escalares (q_1, U_1) y (q_2, U_2), se dirá que son iguales si y solo si representan la misma cantidad de la magnitud a que pertenecen las unidades U_1 y U_2, indicándose dicha igualdad con la forma $(q_1, U_1) = (q_2, U_2)$. Análogamente si las díadas fuesen vectoriales, se escribiría la igualdad $(\overline{q}_1, U_1) = (\overline{q}_2, U_2)$. Nótese que la igualdad se puede expresar con cualquiera de las formas admitidas para la notación de pares: $(q_1, U_1) = (q_2, U_2)$ o $(q_1\ U_1) = (q_2\ U_2)$ o $q_1\ U_1 = q_2\ U_2$, y de modo similar para las díadas vectoriales: $(\overline{q}_1, U_1) = (\overline{q}_2, U_2)$ o $(\overline{q}_1\ U_1) = (\overline{q}_2\ U_2)$ o $\overline{q}_1\ U_1 = \overline{q}_2\ U_2$.

Al final del artículo 7 de este mismo apartado se generaliza este criterio de igualdad, una vez definidas la multiplicación de un escalar por una díada y la división diádica, que son necesarias para darle sentido completo y preciso.

Artículo 4
LA ADICIÓN DIÁDICA

Existe una magnitud física que puede ser inspiradora de cómo deba operarse con todas las demás, es la longitud. Y precisamente la geometría euclidiana tiene resuelta la manera de componer longitudes, mediante el **álgebra geométrica de segmentos**, que asienta la adición y sustracción de longitudes mediante la yuxtaposición gráfica adecuada de los segmentos a componer, analíticamente mediante la exigencia previa de que las mediciones de los componentes estén referidas a la misma unidad o **axioma de uniformidad**, simplemente para que puedan contarse como elementos iguales. Así, dadas dos cantidades de longitud expresadas, por ejemplo, en centímetros, $(q_1\ cm)$ y $(q_2\ cm)$, la yuxtaposición de estas longitudes tendrá una longitud igual a $[(q_1+q_2)\ cm]$. Identificando esta operación con la adición de segmentos, la suma diádica de longitudes se podría simbolizar con el signo propio «$\oplus$», y la definición analítica de adición de segmentos sería:

$$(q_1\ cm) \oplus (q_2\ cm) = [(q_1+q_2)\ cm]$$

Esta definición se puede generalizar a cualquier magnitud, **idealizando toda cantidad física con la ficción de que sea una cantidad de longitud**, lo que hemos llamado **postulado de afinidad**. Y así se llega con facilidad a la adición diádica genérica como **ley de composición interna** o aplicación del producto cartesiano $\{R,U\} \times \{R,U\}$ en $\{R,U\}$, para las magnitudes escalares, o aplicación de $\{R^3,U\} \times \{R^3,U\}$ en $\{R^3,U\}$, para las vectoriales. Resultan así las dos definiciones analíticas respectivas, que expresadas con paréntesis superfluos, para mayor significación y distinción de sus elementos, son:

$$(q_1\ U) \oplus (q_2\ U) = [(q_1+q_2)\ U]$$
$$(\overline{q}_1\ U) \oplus (\overline{q}_2\ U) = [(\overline{q}_1+\overline{q}_2)\ U]$$

Nótese que, aunque en ambas aparece el mismo signo «$\oplus$» para la adición diádica, en la primera ecuación representa la suma diádica escalar y en la segunda la vectorial, de la misma forma que el signo «+» de la primera es la adición de R y el de la segunda es la suma vectorial de R^3.

Todo lo cual no es más que el reflejo de la existencia de un isomorfismo entre las estructuras de los conjuntos diádicos $\{R, U\}$ y $\{R^3, U\}$.

Obviamente para sumar segmentos no es necesario que sean iguales, por lo que nada impide que los sumandos se puedan expresar en unidades distintas U_1 y U_2 de la misma magnitud. Pero analíticamente no podremos ir más allá de indicar la suma abstracta $(q_1\ U_1) \oplus (q_2\ U_2)$ si los sumandos no se reducen a una misma unidad, y solo si $q_1 = q_2 = q$ esta adición diádica se podrá expresar mediante una sola díada, porque en estos casos se verificará la siguiente propiedad isomorfa con la adición de segmentos, tanto para magnitudes escalares como vectoriales:

$$(q\ U_1 \oplus U_2) = (q\ U_1) \oplus (q\ U_2)$$
$$(\overline{q}\ U_1 \oplus U_2) = (\overline{q}\ U_1) \oplus (\overline{q}\ U_2)$$

Para entenderlo mejor con un ejemplo supongamos la adición de 2 *m* y 51 *cm*. Para hallar la suma 2 *m*⊕51 *cm* es preciso antes convertir los sumandos a metros o a centímetros o a cualquier otra unidad de longitud. Sin embargo, para la adición 2 *m*⊕2 *cm* no se precisa tal conversión, porque se puede expresar la suma en la unidad *m*⊕*cm* con la díada 2 *m*⊕*cm*. Ello equivale a tomar como unidad de longitud un segmento que mida un metro y un centímetro o 101 centímetros, que es la cantidad de longitud correspondiente a la unidad *m*⊕*cm*.

Esta propiedad será especialmente útil para la «dismetría» diferencial del apartado XXXVII, donde servirá para el análisis de la variación infinitesimal de cualquier díada.

Artículo 5

DEDUCCIÓN DE LA SUSTRACCIÓN DIÁDICA

La **resta diádica** se puede deducir a partir de la adición y en función del criterio genérico de sustracción, que establece la diferencia entre un minuendo y un sustraendo como aquel resto o diferencia tal que sumado al sustraendo dé el minuendo. Para ello, sea la suma diádica escalar $(d\ U) \oplus (s\ U) = (m\ U)$. Los paréntesis son prescindibles, pero se mantienen para marcar bien las díadas, y simplemente se ha adaptado la simbología de la adición diádica para indicar con las letras m un minuendo, s un sustraendo y d para la diferencia que les corresponda.

El criterio usual de sustracción, como operación que, dada una adición, permite obtener uno de los sumandos en función de la suma y del otro sumando, no es más que otra forma de escribir la suma inicial, lo que permite establecer la diferencia diádica uniforme, distinguida con el signo «$\ominus$», mediante la ecuación:

$$(m\ U) \ominus (s\ U) = (d\ U)$$

La definición de adición diádica aplicada a la suma inicial permite escribirla con la forma $[(d+s)\ U] = (m\ U)$. El criterio simple de igualdad de díadas consiste en considerarlas iguales cuando coincidan sus primarios y secundarios. La igualdad de primarios lleva a la relación $(d+s) = m$. Por su parte, la definición de sustracción en R conduce a $d = m - s$. De modo que, sustituyendo d en $(m\ U) \ominus (s\ U) = (d\ U)$, se tiene finalmente:

$$(m\ U) \ominus (s\ U) = [(m-s)\ U]$$

Y esta es la definición analítica de sustracción diádica, y significa que la diferencia diádica entre dos díadas escalares uniformes, llamadas minuendo y sustraendo, es una díada llamada diferencia cuyo primario es la sustracción en R de los primarios y con el mismo secundario que ellos. Se trata de una ley de composición interna de $\{R, U\} \times \{R, U\}$ en $\{R, U\}$.

La sustracción de díadas vectoriales uniformes es isomorfa con la escalar, dada la estructura de grupo aditivo y abeliano de R^3, que presenta las mismas propiedades formales para la suma de vectores que se dan con los números reales.

Artículo 6

MULTIPLICACIÓN DIÁDICA POR UN ESCALAR

La adición diádica permite concebir el caso en que todos los sumandos de una suma sean iguales, es decir que, refiriéndose a la misma magnitud o siendo **homogéneos**, además, estén referidos a la misma unidad, o sea, que sean **uniformes**. Así que, siendo p un número real y, dada una díada física escalar $(q\ U)$, con q perteneciente a R, se puede formar la adición diádica $(q\ U) \oplus (q\ U) \oplus \ldots \oplus (q\ U)$ con p sumandos. Pues bien, el resultado de esta suma, que significa p veces la cantidad que represente el par físico $(q\ U)$, se puede simbolizar abreviadamente como una multiplicación indicada por $p \circ (q\ U)$, donde el símbolo «∘» indica la operación de sumar díadas iguales un determinado número de veces. Es evidente la similitud de esta operación con la multiplicación aritmética «×», porque el factor p actúa como multiplicador; sin embargo, su diferencia es notable, porque esta se refiere a operaciones con números reales, mientras que la presente opera con números reales y díadas físicas, luego, los conjuntos que relacionan dichas formas de multiplicación no coinciden, de ahí que en rigor deban ser asignados símbolos operacionales distintos, para no favorecer la confusión algebraica de leyes de composición dispares.

Está claro que la misma suma de elementos diádicos idénticos se puede representar con la forma $(q\ U) \circ p$, sin más que atribuir a p la función de multiplicador por ambos lados, lo que equivale a axiomatizar la **propiedad conmutativa** de esta especie de multiplicación, y con ello su definición analítica se puede escribir así:

$$p \circ (q\ U) = (q\ U) \circ p = (q\ U) \oplus (q\ U) \oplus \ldots \oplus (q\ U) \text{ con } p \text{ sumandos}$$

La definición de adición diádica permite escribir el segundo miembro de la ecuación de definición anterior de esta manera:

$$(q\ U) \oplus (q\ U) \oplus \ldots \oplus (q\ U) = [(q+q+ \ldots +q)\ U] \text{ con } p \text{ sumandos}$$

La definición de multiplicación «×» en R permite escribir la suma abreviada $q+q+ \ldots +q$ con p sumandos, con la forma $p \times q$ o

$q \times p$, porque la multiplicación de R es conmutativa. Por lo que, en conclusión, la **multiplicación de díadas escalares con elementos reales de R** queda establecida por la ecuación:

$$p \circ (q\ U) = (q\ U) \circ p = [(p \times q)\ U] = [(q \times p)\ U]$$

Si la díada fuese de índole vectorial ($\overline{q}\ U$), siendo $\overline{q}$ un elemento de R^3, el desarrollo es análogo. Para ello, empleando el mismo signo «∘» para esta ley de composición, aun sabiendo que se trata de una operación diferente, la suma a describir en este caso sería $(\overline{q}\ U) \oplus (\overline{q}\ U) \oplus \ldots \oplus (\overline{q}\ U)$ con p sumandos; pero aquí el símbolo «⊕» indica la adición diádica vectorial, que permite escribir lo siguiente:

$$(\overline{q}\ U) \oplus (\overline{q}\ U) \oplus \ldots \oplus (\overline{q}\ U) = [(\overline{q} + \overline{q} + \ldots + \overline{q})\ U] \text{ con } p \text{ sumandos}$$

Nótese que el «+» que aparece en esta ecuación no es la adición de R, sino la de R^3, aunque se utilice el mismo signo. Y, como R^3 tiene estructura de espacio vectorial sobre R, designando el producto de un escalar por un vector con el signo «•», se llega a la formulación descrita en la ecuación final de definición:

$$p \circ (\overline{q}\ U) = (\overline{q}\ U) \circ p = [(p \bullet \overline{q})\ U] = [(\overline{q} \bullet p)\ U]$$

La **multiplicación de números reales por díadas escalares** no es sino una ley de composición externa o aplicación del producto cartesiano $R \times \{R, U\}$ en $\{R, U\}$ por la izquierda y la simétrica por la derecha de $\{R, U\} \times R$ en $\{R, U\}$.

A su vez, la **multiplicación de números reales por díadas vectoriales** define una ley de composición externa o aplicación del producto cartesiano $R \times \{R^3, U\}$ en $\{R^3, U\}$ por la izquierda y la simétrica por la derecha de $\{R^3, U\} \times R$ en $\{R^3, U\}$.

Se observa que las formas deducidas para esta especie de multiplicación justifican que pueda operarse simbólicamente como si todos los símbolos fuesen elementos de R, sin serlo realmente, conmutándolos y agrupándolos con las reglas usuales, lo que se debe al isomorfismo que se establece entre las distintas estructuras algebraicas que participan en los razonamientos. Sin embargo, sería erróneo entender tal forma de operar como algo inmediato, porque no lo es, requiere justificación, otra cosa sería contaminar el desarrollo lógico con presuposiciones inadmisibles.

Nótese que en los razonamientos precedentes se ha supuesto tácitamente que el número multiplicador p perteneciente a R sea además entero, puesto que se habla siempre de p sumandos. Sin embargo, pueden repetirse las deducciones lógicas considerando cualquier número racional p/h, con p y h enteros, sin más que formar las sumas $q/h+q/h+ \ldots +q/h$ con p sumandos, es decir, también con p como multiplicador. Y así se completa el porqué de la definición con cualquier número de R, dejando aparte los incomensurables, para los que habría que introducir los conceptos de límite, con lo que también quedarían estos incluidos, cubriendo todo el espectro de los números reales.

Como ya hicimos al final del apartado IX y repetimos aquí por su importancia e inclusión en esta formulación alternativa, debemos preguntarnos qué le ocurre a una díada $(q\ U)$ cuando su unidad se multiplica por un número p. Si la díada $(q\ U)$ señala la cantidad de magnitud igual a q veces la cantidad indicada por U, la nueva díada $(q\, p \circ U)$ debe representar la cantidad de p veces la cantidad $(q\ U)$, lo cual nos permite completar la definición de la operación multiplicativa de este apartado con las siguientes formas analíticas equivalentes:

$$(q\, p \circ U) = p \circ (q\ U) = (p \times q\ U) = (p \times q) \circ U$$
$$(p\ U) = p \circ (1\ U) = p \circ U = (1\, p \circ U)$$

Dicho con palabras comunes, cuando en una díada se multiplica el secundario por un número, la cantidad de magnitud queda multiplicada por ese mismo número. Esta propiedad nos será útil posteriormente para razonamientos con la división diádica homogénea y cuando lleguemos a formular las clases de equivalencia de cantidades de cualquier magnitud.

Definido el producto exterior de un número p por una díada $(q\ U)$ con la expresión $p \circ (q\ U) = (p \times q\ U)$, basta tomar $(p \times q\ U)$ como dividendo, p como divisor y $(q\ U)$ como cociente para tener definida la división de una díada por un número, dando por resultado un cociente diádico. Es inmediato observar que la díada del cociente tiene por primario el cociente numérico entre el primario del dividendo y el número del divisor. A su vez, observamos que la división de una díada por un número da como resultado otra díada uniforme con la primera.

Otra propiedad muy evidente que puede resultar de utilidad en algunas deducciones es la obtención de la forma multiplicativa de toda expresión diádica. A este respecto, dada cualquier díada $(q\ U)$, se puede hilar el siguiente razonamiento:

$$(q\ U) = q\circ(1\ U) = q\circ U$$

Por tanto, la cantidad de magnitud que simboliza una díada cualquiera es el producto de su primario por su secundario.

Artículo 7

DEDUCCIÓN DE LA DIVISIÓN DIÁDICA UNIFORME
Cantidades de magnitud y clases de equivalencia diádica

La multiplicación diádica por un escalar, que relaciona entes concretos referidos a la misma unidad, aprovechando el criterio genérico de dividir, permite deducir la forma analítica de la especie de división en que dividendo y divisor sean díadas uniformes, escalares o vectoriales. En el primer caso, dadas dos díadas $(q_1\ U)$ y $(q_2\ U)$, por las propiedades de R, siempre existirá un número real p tal que $q_1 = p \times q_2$. Ello permite afirmar la igualdad diádica $[(p \times q_2)\ U] = (q_1\ U)$. Así que, considerando la definición de multiplicación de un escalar por un concreto, el primer miembro se puede escribir con la forma $[(p \times q_2)\ U] = p \circ (q_2\ U)$. Combinando ambas ecuaciones, se tiene $p \circ (q_2\ U) = (q_1\ U)$. Y esta expresión, respecto de la forma multiplicativa «$\circ$», se puede interpretar como una división entre el dividendo $(q_1\ U)$ y el divisor $(q_2\ U)$, dando como resultado el cociente $p = q_1 / q_2$.

Distinguiendo esta operación con una **doble barra**, inclinada u horizontal, se llega al resultado de que la **división diádica de elementos escalares uniformes**, es decir, referidos a la misma unidad, ha de dar como resultado un número real, que será precisamente el cociente en R de los primarios entre dividendo y divisor. Analíticamente se tendrá:

$$\frac{(q_1\ U)}{(q_2\ U)} = \frac{q_1}{q_2} = p$$

La observación de esta ecuación prueba que la forma de división aquí establecida opera como la de R, permitiendo simplificar los términos iguales U que aparezcan a la vez en el numerador y en el denominador. Sin embargo, tan sustancial propiedad no se debe a que se aplique dogmáticamente el álgebra de los números reales, sino a las definiciones diádicas que se están formulando. Lo que pasa es que el isomorfismo resultante permite operar con los diversos símbolos como si fueran todos elementos de R, sin serlo, como no lo son las unidades de magnitudes.

Para concretos vectoriales hay que advertir que el álgebra de R^3 es tal que la multiplicación por un escalar relaciona **vectores colineales**, por lo que la división diádica uniforme solo será posible cuando los primarios de dividendo y divisor sean a su vez colineales. De modo que, sean ahora los concretos vectoriales $(\overline{q}_1\, U)$ y $(\overline{q}_2\, U)$, tales que los vectores $\overline{q}_1$ y $\overline{q}_2$ sean colineales. Dada el álgebra del espacio vectorial R^3, es segura la existencia de un escalar p de R tal que $\overline{q}_1 = p \bullet \overline{q}_2$. Operando con el álgebra vectorial y con la definición de producto diádico por un escalar, se podrá escribir con plena justificación el siguiente razonamiento: en R^3, la igualdad inicial $\overline{q}_1 = p \bullet \overline{q}_2$ permite establecer la identidad de las díadas $(\overline{q}_1\, U) = [(p \bullet \overline{q}_2)\, U]$; el producto «∘» convierte el segundo miembro en $[(p \bullet \overline{q}_2)\, U] = p \circ (\overline{q}_2\, U)$, de donde resulta que $(\overline{q}_1\, U) = p \circ (\overline{q}_2\, U)$, y en esta ecuación, en relación con la operación multiplicativa «∘», se puede aplicar el criterio genérico de la división y considerar el factor $(\overline{q}_1\, U)$ como un dividendo, el $(\overline{q}_2\, U)$ como un divisor y p como un cociente, con lo que se concluye que el cociente entre dos díadas vectoriales con primarios colineales y uniformes, es decir, referidos a la misma unidad U, es un número real p tal que $\overline{q}_1 = p \bullet \overline{q}_2$. Expresando esto analíticamente, se tiene la ecuación de definición de este **cociente diádico vectorial uniforme**:

$$\frac{\left(\overline{q}_1\, U\right)}{\left(\overline{q}_2\, U\right)} = p \text{ de R y tal que } \overline{q}_1 = p \bullet \overline{q}_2$$

Se observa también aquí la permisividad de simplificación de los símbolos idénticos U que aparezcan a la vez en el numerador y en el denominador, pero con la diferencia de que el cociente del segundo miembro no es el de R, sino el de R^3, y **solo para vectores colineales**. Con ello quedan manifiestas las presuposiciones que sin ningún rigor se admiten cuando se aplica sin más la tradición simbólica, basada en el principio de economía de signos operacionales, que maneja todos los elementos que relacionan cantidades de magnitudes físicas con la suposición tácita infundada de que se comporten como elementos de R.

Parte I: *Primera álgebra de magnitudes* (álgebra diádica)

Por el contrario, con el álgebra de magnitudes se van justificando una a una las distintas transformaciones permitidas para las ecuaciones diádicas, asentándolas con la **calidad debida al rigor científico, lógico y didáctico**.

En el caso de que las unidades de dividendo y divisor no sean uniformes pero sí homogéneas, se tendrá un dividendo $(q_1\ U_1)$ y un divisor $(q_2\ U_2)$. El axioma de continuidad garantiza que exista un número real k de R tal que $U_1 = k \circ U_2$. Ahora se puede formar y operar diádicamente con el siguiente cociente:

$$\frac{(q_1\ U_1)}{(q_2\ U_2)} = \frac{[q_1\ (k \circ U_2)]}{(q_2\ U_2)} = \frac{[(q_1 \times k) U_2]}{(q_2\ U_2)}$$

Una vez reducidos el numerador y el denominador a unidades uniformes, es decir, iguales, se puede aplicar la propiedad del cociente uniforme y eliminar la unidad U_2 de numerador y denominador, resultando:

$$\frac{[(q_1 \times k) U_2]}{(q_2\ U_2)} = \frac{q_1 \times k}{q_2} = p \times k$$

Se tiene, entonces, que el cociente diádico de dos elementos homogéneos $(q_1\ U_1)$ y $(q_2\ U_2)$, es un número real, sin dimensión, que viene dado por el cociente ordinario del segundo miembro de la expresión anterior.

Para díadas vectoriales homogéneas y no uniformes $(\overline{q}_1\ U_1)$ y $(\overline{q}_2\ U_2)$, con $U_1 = k \circ U_2$, siguiendo el mismo razonamiento anterior, siendo los vectores $\overline{q}_1$ y $\overline{q}_2$ colineales, se verificará $\overline{q}_1 = p \bullet \overline{q}_2$, con $p \in R$, y se podrá formar el cociente de vectores colineales dado por la razón $\overline{q}_1 / \overline{q}_2 = p$. En estas condiciones, se puede hilar el siguiente razonamiento:

$$\frac{[\overline{q}_1\ U_1]}{[\overline{q}_2\ U_2]} = \frac{[\overline{q}_1\ (k \circ U_2)]}{[\overline{q}_2\ U_2]} = \frac{[\overline{q}_1\ U_2]}{[\overline{q}_2\ U_2]} \times k = \frac{\overline{q}_1}{\overline{q}_2} \times k = p \times k$$

En conclusión, el cociente diádico de dos mediciones vectoriales homogéneas, no uniformes y colineales viene dado por el factor $k \times p$, siendo k el número real que representa la razón diádica entre las unidades homogéneas U_1 y U_2 de los secundarios, y p el número real que indica la razón entre los dos vectores colineales $\overline{q}_1$ y $\overline{q}_2$ de los primarios diádicos.

Así ya estamos en condiciones de completar el **criterio de igualdad diádica** del apartado IV. Basta tener en cuenta que el axioma de continuidad garantiza la existencia del número real k tal que $U_1 = k \circ U_2$. De modo que, si dos díadas $(q_1\ U_1)$ y $(q_2\ U_2)$ son iguales, lo que se denota $(q_1\ U_1) = (q_2\ U_2)$, su razón diádica ha de ser obviamente la unidad de los números reales. Por tanto, podemos concluir lo siguiente:

$$\frac{(q_1\ U_1)}{(q_2\ U_2)} = p \times k = 1 \implies p = \frac{1}{k}$$

Hemos comprobado que exactamente la misma relación entre p y k se tiene para díadas vectoriales con medidas colineales. Por consiguiente, tanto para magnitudes escalares como vectoriales se puede afirmar que, **si dos díadas son iguales, la razón algebraica p de sus primarios es la inversa de la razón diádica k de sus secundarios.**

Estas propiedades de la definición de igualdad de cantidades de magnitudes, que recordemos solo tiene sentido para díadas homogéneas, es decir, representativas de la misma magnitud, aunque las unidades a que se refieran sean distintas, son esenciales para la construcción e interpretación de las leyes y ecuaciones de la Física.

Llegados a este punto, vamos a pasar a la definición precisa de las **relaciones binarias** entre las cantidades de una magnitud dada y al establecimiento de la **definición matemática de cantidad de magnitud**.

Se supone en el lector conocimiento básico de esta parte tan fundamental del álgebra moderna. Para ello, tomemos una cantidad cualquiera m, que recordemos no es un número, sino que a lo sumo podremos asimilarla a un segmento de longitud abstracta dada, en virtud del postulado de afinidad, y formemos el conjunto M = {m}, que representa el repertorio completo de todas las cantidades posibles de la magnitud considerada. Establezcamos primero la relación de equivalencia de díadas homogéneas (q_1 U_1) y (q_2 U_2) y luego las relaciones de orden total «menor o igual que» y «menor que».

Hemos dicho de una manera informal que dos díadas son iguales si representan la misma cantidad de magnitud y hemos llegado a formular la relación que deben guardar los primarios y los segundarios en función de la divisiones de números reales y la división diádica homogénea, de modo que la igualdad exige que se cumpla la proporción siguiente:

$$(q_1\,U_1) = (q_2\,U_2) \;\Rightarrow\; \frac{q_1}{q_2} = \frac{U_2}{U_1}$$

Como antes hemos indicado, esto significa que la igualdad diádica requiere que la razón de los números reales q_1/q_2 sea un número real igual a la razón diádica inversa de las unidades $U_2/\!/U_1$. Pues bien, esta propiedad nos va a permitir definir la igualdad como una relación de equivalencia entre díadas.

Tomemos el conjunto D = {(q U)} o conjunto de todas las díadas (q U) de una magnitud cualquiera, con $q \in$ R y $U \in$ M. D también se puede concebir como los productos cartesianos R×{U} o R×M. Y de modo análogo para las díadas vectoriales. En todo caso, en D encontraremos idealmente todas las díadas posibles que pueden formarse para representar las cantidades de la magnitud dada.

Diremos que dos díadas (q_1 U_1) y (q_2 U_2) son equivalentes, si sus elementos verifican la ecuación $q_1/q_2 = U_2/\!/U_1$ y escribiremos (q_1 U_1)~(q_2 U_2) o, si se prefiere, (q_1 U_1) = (q_2 U_2). Nótese, que este signo de igualdad no significa igualdad numérica, como ocurre con las expresiones algebraicas comunes, sino igualdad de cantidades de magnitudes, que no nos cansaremos de repetir no son números, sino a lo sumo segmentos afines, en virtud del postulado de afinidad. La relación así definida, simbolizada «~», es un subconjunto del producto cartesiano D×D y establece en el conjunto D una relación de equivalencia y, por tanto, una clasificación de las díadas $\{(q\ U)\}$ de D en todas sus clases y la correspondiente partición de este conjunto. Resulta muy trivial demostrar que, en efecto, la relación «~» verifica las propiedades reflexiva, simétrica y transitiva, por lo que se trata de una relación de equivalencia. Como toda relación de equivalencia, la partición en clases del conjunto D tiene como significado que cada cantidad de magnitud m de M puede indicarse por un elemento cualquiera de la clase correspondiente, lo que se puede indicar $m = \mathcal{C}(q\ U)$, es decir, la cantidad de magnitud m es la que corresponde a cualquier díada de la clase $\mathcal{C}(q\ U)$, por ejemplo, su representante $(q\ U)$. Dicho de otro modo, cualquier díada de la clase $\mathcal{C}(q\ U)$ indica la misma cantidad de magnitud m. En términos analíticos se puede escribir la definición:

$$m = \mathcal{C}(q\ U) = \{\text{todas las díadas } (x\ X) \text{ tales que } q/x = X/\!/U\}$$

Formando el conjunto cuyos elementos son todas las clases de equivalencia $\{\mathcal{C}(q\ U)\}$ en D con «~», habremos llegado a la definición de M como el conjunto de clases de díadas equivalentes $M = \{\mathcal{C}(q\ U)\}$. Así resulta que M es la partición que corresponde al conjunto cociente de D en función de la relación de equivalencia «~», lo que en álgebra se escribe:

$$\frac{D}{\sim} = M$$

En resumen, una cantidad de magnitud m queda definida por determinada clase de equivalencia $\mathcal{C}(q\ U)$ del conjunto D de todas las díadas. A su vez, el conjunto de todas las clases $\{\mathcal{C}(q\ U)\}$, que es una partición de D, establecida por la relación de equivalencia «~», es por definición el conjunto $M = \{m\} = \{\mathcal{C}(q\ U)\}$ de todas las cantidades m y clases de equivalencia diádica de la magnitud dada.

Debemos observar que la definición de igualdad diádica es sinónimo de la relación de equivalencia «~» definida en D. La igualdad de díadas no exige que sus primarios y secundarios coincidan, sino que supone la pertenencia a la misma clase de equivalencia. Obviamente, como caso particular, la propiedad reflexiva garantiza que dos díadas con los mismos primarios y secundarios sean iguales, porque pertenecen a la misma clase.

Veamos cómo podemos caracterizar analíticamente las clases de equivalencia del conjunto D. Para ello, observemos que el axioma de continuidad garantiza que cualquier unidad U' se pueda expresar en función de otra única dada U mediante el producto $y \circ U = U'$, siendo y un número real. Por tanto, cualquier díada $(x\ U')$ se podrá expresar con la forma $(x\ y \circ U)$ y el conjunto D de todas las díadas quedará formado con una sola unidad U mediante pares numéricos (x,y) con $D = \{(x\ y \circ U)\}$. Es fácil comprobar que las díadas $(x\ y \circ U)$ tales que $x \times y = h$, siendo h un número real cualquiera, son equivalentes. En efecto, tomemos las díadas $(x_1\ y_1 \circ U)$ y $(x_2\ y_2 \circ U)$ e hilemos el siguiente razonamiento:

$$\frac{x_1}{x_2} = \frac{\dfrac{h}{y_1}}{\dfrac{h}{y_2}} = \frac{y_2}{y_1} = \frac{y_2 \circ U}{y_1 \circ U}$$

Por tanto, la razón de los primarios es la inversa de la razón de los secundarios, conque las díadas $(x_1\ y_1 \circ U)$ y $(x_2\ y_2 \circ U)$ satisfacen la condición de equivalencia y pertenecen a la misma clase. Como resulta que ha de verificarse por hipótesis inicial que $x \times y = h$, tenemos que x e y están relacionados por la función $y = h/x$. Si trasladamos esta función a un sistema cartesiano, para cada valor de $h \in R$, la función $y = h/x$ quedará representada gráficamente por una hipérbola o función de proporcionalidad inversa. Luego, la forma gráfica de la partición en clases de equivalencia establecida en $D = \{x\ U'\} = \{(x\ y \circ U)\}$ es un conjunto de infinitas hipérbolas asociadas cada una de ellas a su valor correspondiente $h \in R$. En la figura siguiente se representa esta familia infinita de hipérbolas para $h > 0$ y $h < 0$. Cada curva indica un conjunto de díadas equivalentes entre sí, constitutivas de la partición de D cuyas clases son los elementos del conjunto cociente antes definido:

Expresión gráfica de la partición del conjunto de todas las díadas D en sus clases de equivalencia

$$D = \{x\, U'\} = \{(x\, y \circ U)\} \qquad \frac{D}{\sim} = M$$

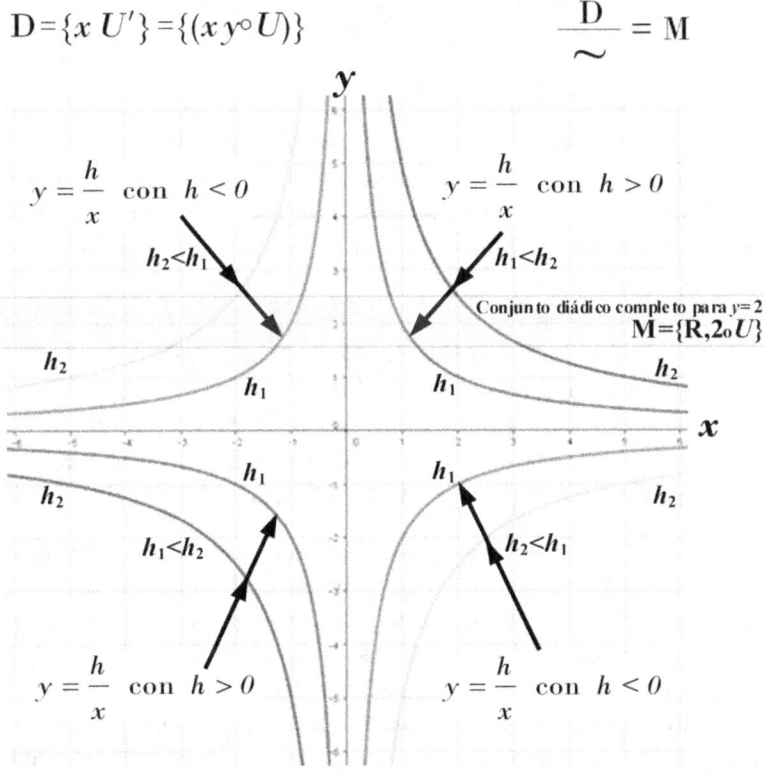

La figura anterior requiere las siguientes precisiones: primera, consideramos en general cantidades de magnitudes algebraicas positivas y negativas; segunda, cada hipérbola vincula las díadas equivalentes entre sí y representa una determinada cantidad de magnitud o elemento del conjunto M en función de los pares numéricos (x,y) de cada hipérbola; tercera, cada recta paralela a las abscisas representa un conjunto diádico completo $\{R, y \circ U\}$, que incluye sin repetición todas las cantidades posibles M de la magnitud dada, por lo que ambos conjuntos se identifican, resultando $M = \{R, y \circ U\}$ para cualquier unidad patrón U y $M = \{R^3, y \circ U\}$ para magnitudes vectoriales.

Pasemos a continuación a definir la relación de orden «menor o igual que», indicada «≤», para los elementos de M. El criterio que ha de satisfacer esta relación, para dos díadas cualesquiera $(q_1\ U_1)$ y $(q_2\ U_2)$ será, por definición:

$$(q_1\ U_1) \leq (q_2\ U_2) \iff \frac{q_1}{q_2} \leq \frac{U_2}{U_1}$$

Cumpliéndose tal condición para las díadas $(q_1\ U_1)$ y $(q_2\ U_2)$, resulta trivial que cualesquiera otras de sus mismas clases han de verificarla, lo que se puede indicar analíticamente con la forma:

$$\mathcal{C}(q_1\ U_1) \leq \mathcal{C}(q_2\ U_2)$$

Por tanto las cantidades de magnitud dadas por $m_1 = \mathcal{C}(q_1\ U_1)$ y $m_2 = \mathcal{C}(q_2\ U_2)$ verificaran $m_1 \leq m_2$ si $q_1/q_2 \leq U_2 /\!\!/ U_1$ y como q_1/q_2 y $U_2 /\!\!/ U_1$ son números reales, **el conjunto M de las cantidades de toda magnitud está ordenado como R**. La relación «≤» para las cantidades de magnitudes es, pues, una relación de orden total.

En efecto, son inmediatas las propiedades reflexiva y transitiva en M. La antisimétrica se comprueba fácilmente, pues, dadas dos cantidades m_1 y m_2 de M, si $m_1 \leq m_2$ y $m_2 \leq m_1$, entonces, $m_1 = m_2$. Estas tres propiedades caracterizan la relación «menor o igual que» como una relación de orden. Además, como dadas dos cantidades cualesquiera m_1 y m_2 de M, es $m_1 \leq m_2$ o $m_2 \leq m_1$, pero no ambas, todos los elementos de M son comparables entre sí y así la relación «menor o igual que» es de orden total. Por tanto, para cualquier magnitud, el conjunto M de todas las cantidades posibles m está totalmente ordenado por la relación «≤», definida por la condición $m_1 \leq m_2$ si y solo si $q_1/q_2 \leq U_2 /\!\!/ U_1$.

Conviene observar que los conjuntos diádicos admiten múltiples representaciones. Aquí hemos partido del conjunto de todas las díadas posibles de una determinada magnitud, y lo hemos llamado D. Este conjunto incluye cantidades iguales para todas las díadas de la misma clase de equivalencia. Sin embargo, también podemos construir conjuntos diádicos completos a partir de una unidad cualquiera U de cierta magnitud. Basta para ello permitir que los primarios de las díadas puedan tomar todos los valores de R. Así, la díada genérica ($q\ U$) permitirá representar cualquier cantidad m sin más que hacer variar q por todo R. Obviamente estos conjuntos no repiten cantidades m y están incluidos en D, pero no tienen por qué ser iguales a D. En este trabajo los representamos con la notación $\{R, U\} \subset D$. Y lo mismo cabe decir sobre las díadas vectoriales, sin más que sustituir R por R^3.

El análisis de la relación «menor que», simbolizada «<», es completamente análogo a la relación «≤» o «menor o igual que» y, como estas relaciones se reducen a las de R, la relación «menor que» en M también es como en R de orden estricto, lo que significa que es irreflexiva, antisimétrica y transitiva; o lo que es igual, no reflexiva ni simétrica, propiedad llamada asimetría, y transitiva. Así que, dadas las cantidades cualesquiera m, m_1, m_2 y m_3 de M, no puede ser $m<m$, propiedad irreflexiva; si $m_1<m_2$, entonces $m_1 \neq m_2$, propiedad asimétrica, que equivale a si $m_1<m_2$, entonces, no puede ser $m_2<m_1$; por otra parte, si $m_1<m_2$ y $m_2<m_3$, entonces, $m_1<m_3$, transitividad; finalmente, si $m_1 \neq m_2$, es $m_1<m_2$ o $m_2<m_1$, pero no ambas, por lo que todos los elementos de M son comparables y con ello la relación «menor que» es de orden total. En conclusión, para cualquier magnitud, el conjunto $M = \{m\}$ de todas las cantidades posibles m está, como R, totalmente ordenado por la relación «<», definida por la condición $m_1 < m_2$ si y solo si $q_1/q_2 < U_2 /\!/ U_1$.

Por otra parte, sabemos que para la notación diádica $(x_1\ y_1 \circ U)$ y $(x_2\ y_2 \circ U)$ la condición de equivalencia es $x \times y = h$. Es decir, que todas las díadas tales que $x_1 \times y_1 = h_1$ pertenecen a la misma clase y representan la misma cantidad de magnitud m_1. Y análogamente para $x_2 \times y_2 = h_2$ y m_2. Así que $(x_1\ y_1 \circ U) \leq (x_2\ y_2 \circ U)$ implica que es $x_1/x_2 \leq y_2/y_1$. Si $h>0$, se tiene $x_1 \times y_1 \leq x_2 \times y_2$ y $h_1 \leq h_2$ con $m_1 \leq m_2$. Si $h<0$, es $x_1 \times y_1 \geq x_2 \times y_2$ y $h_1 \geq h_2$ con $m_1 \geq m_2$. Como $x \times y = h$ **es la medida de m en la unidad U**, el orden de h define el orden de m. Y lo mismo resulta para la relación «menor que». Luego, el orden en $M = \{m\}$ viene dado por el orden de h y sus hipérbolas asociadas, que definen las clases de equivalencia de m para cada h, y así **se puede cuantificar la siempre innúmera cantidad de magnitud m mediante su número real asociado $h \in R$**.

Interpretando las hipérbolas $x \times y = h$ como curvas de nivel respecto del plano (x,y) para una determinada cota h, resulta una superficie hiperbólica que representa todas las cantidades de magnitud posibles en relación con cualquier magnitud.

Así, cada curva de nivel $x \times y = h$ indicará la clase de equivalencia de la cantidad $(x\, y \circ U)$, siendo U una unidad patrón cualquiera de la magnitud dada.

Los ejes x e y para $h = 0$ representan la clase de cantidad de magnitud nula.

De este modo el recorrido de todas las cantidades de cualquier magnitud resulta indicado por una superficie hiperbólica como la que se indica en la siguiente figura:

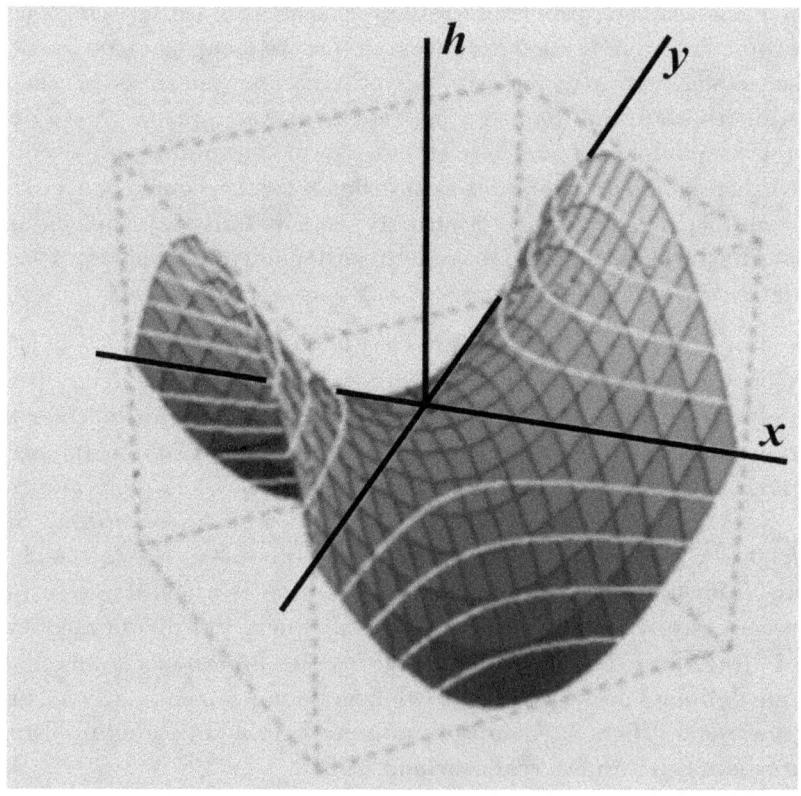

Observamos en la imagen que en los cuadrantes primero y tercero la medida h de magnitud es positiva, se haya por encima del plano (x,y) y crece cuando las curvas de nivel se alejan del centro de coordenadas; mientras que en los cuadrantes segundo y cuarto h se haya por debajo del plano (x,y) y decrece cuanto más alejadas estén las curvas del centro, ya que se trata de cantidades negativas que aumentan en valor absoluto.

En suma, dada una unidad patrón U, el número real h indica la clase de equivalencia de las medidas de cantidades de longitud, o de cualquier otra magnitud, tales que todo par de díadas $(x_1\, y_1 \circ U)$ y $(x_2\, y_2 \circ U)$ sean equivalentes si se verifica la condición de equivalencia $x_1 \times y_1 = x_2 \times y_2 = h$. Por tanto, toda cantidad de magnitud queda determinada por la pareja de número reales (x,y) y la función hiperbólica $f(x,y)=h$ tal que $x \times y = h$. De este modo culminamos la evolución de los números desde los naturales hasta estos pares de números reales que formalizan las cantidades de cualquier magnitud, también conocidas como números concretos.

Recordemos brevemente que los elementos del conjunto N de los números naturales se conceptúan como las clases de equivalencia de los conjuntos numerables. Se amplía este conjunto con los negativos para formar los enteros Z, que se conciben por pares (a,b), siendo a y b naturales, definiendo $a-b=z$ si $a>b$ y $b-a=-z$ si $a<b$, con $z>0$; y definiendo el número entero como cada clase de equivalencia generada por la relación $(a_1,b_1) \sim (a_2,b_2)$ si y solo si $a_1-b_1=a_2-b_2$ o $b_1-a_1=b_2-a_2$. A su vez los enteros llevan a los racionales Q mediante pares (c,d) o en notación fraccionaria c/d, siendo c y d números enteros, concibiéndolos como las clases de equivalencia de la relación $(c_1,d_1) \sim (c_2,d_2)$ si y solo si $a_1 \times d_2 = d_1 \times c_2$, con d_1 y d_2 no nulos; lo que nos lleva a definir el conjunto Q de los números racionales como el conjunto cociente de $Z \times Z^*$ respecto a la relación de equivalencia definida. Ampliando el conjunto Q con los irracionales indicados por las sucesiones convergentes que no tienen límite racional, se llega al conjunto R de los números reales. Y, finamente, tomando pares de números reales (x,y) y una unidad patrón arbitraria U de cualquier magnitud, representamos los números concretos de las cantidades físicas mediante la relación de equivalencia entre díadas definida por $(x_1 y_1 \circ U) \sim (x_2 y_2 \circ U)$ si se verifica $x_1 \times y_1 = x_2 \times y_2 = h$, como se ha establecido anteriormente.

Así que, finalmente, podemos concluir que esta última relación de equivalencia simbolizada como todas con el mismo signo «~», tal que, dados los pares de números reales (x_1, y_1) y (x_2, y_2) de R×R, están relacionados si y solo si $x_1 \times y_1 = x_2 \times y_2$, constituye en el conjunto producto R×R de los números reales consigo mismo una partición en clases de equivalencia o conjunto cociente, que se puede suponer equivalente al conjunto M de todas las posibles cantidades de magnitud y este se identifica con el conjunto diádico $\{x \ y \circ U\}$ en función de cualquier unidad patrón arbitraria U, siendo x e y cualesquiera números reales. De modo que se puede establecer la definición formal siguiente:

$$\frac{R \times R}{\sim} \equiv M = \{x \ y \circ U\}$$

De todo ello resulta que tenemos definido el conjunto de todas las cantidades de magnitud M de tres maneras diferentes, pero todas ellas equivalentes: primera, a partir del conjunto cociente de todas las díadas D con $\frac{D}{\sim} = M$; segunda, mediante el conjunto diádico $\{x \ y \circ U\}$, que utiliza una unidad patrón arbitraria U y todos los pares (x, y) de números reales; y tercera, sirviéndonos únicamente de los números reales, como se acaba de exponer en lo que precede, con el conjunto cociente del producto cartesiano R×R.

No parece dudoso que este resultado es muy significativo para la Física y revela lo importante que para ella es encontrar una verdadera álgebra de magnitudes, que históricamente le ha sido negada. Sin embargo, hemos probado aquí que con técnicas algebraicas sólidas algo tan invisible, escurridizo e intangible como las cantidades de magnitudes físicas pueden ser observadas y reducidas a pares de números reales totalmente precisos y concretos, ligados por una específica relación de equivalencia definida por la multiplicación numérica común.

Artículo 8

MULTIPLICACIÓN GEOMÉTRICA DE LONGITUDES

De la misma manera que se ha generalizado la adición diádica con base en la suma geométrica de segmentos, la multiplicación diádica de magnitudes, pendiente de definición, debe inspirarse en el **producto geométrico de longitudes**. Para ello, lo primero es observar cómo funciona esta operación, que se denotará con el asterisco matemático «*», para diferenciarla del producto aritmético y romper la ilusión errónea que provoca la tradicional identidad de símbolos con que se representan leyes de composición diferentes. De este modo, dados dos segmentos S_1 y S_2, la multiplicación geométrica consiste, por definición, en formar con ellos un rectángulo que tenga por dimensiones los propios segmentos. El producto de dos segmentos no es, pues, otra longitud, sino una magnitud diferente que se denomina área o superficie, cuya forma analítica se puede expresar con un símbolo específico como el producto $S_1 * S_2$. De este modo, los factores de la multiplicación geométrica son dos longitudes, las que correspondan a los segmentos S_1 y S_2, mientras que el producto $S_1 * S_2$ es una cantidad determinada de la nueva magnitud derivada de la longitud y denominada superficie o área.

Se observa en la definición anterior que la multiplicación geométrica no exige que los factores se expresen en unidades uniformes, como ocurre con la adición, porque cualesquiera que sean los segmentos S_1 y S_2 siempre se podrá formar con ellos el correspondiente rectángulo. A su vez, puesto que se trata de una operación geométrica con figuras, que no se expresa numéricamente, ninguno de los factores puede hacer la función de multiplicador, lo que pone en evidencia la «aritmetización» que se le supone arbitrariamente, revelando la incoherencia inaceptable de las actuales formulaciones con magnitudes.

Esta operación presenta una propiedad notable que será el fundamento de la generalización adoptada para la multiplicación de cualesquiera magnitudes. Se trata del siguiente **hecho geométrico**: sean las longitudes de los segmentos S_1 y S_2 dadas por las díadas $(L_1\ U_{L1})$ y $(L_2\ U_{L2})$, donde $L_1 \in R$ e indica la medida de S_1 en la unidad de longitud U_{L1} y $L_2 \in R$ e indica la medida de S_2 en la unidad de longitud U_{L2}. Se recuerda que **los paréntesis son superfluos, pero se expresan para marcar los factores diádicos**. En estas condiciones, se comprueba materialmente que la superficie del rectángulo simbolizado por el producto $S_1 * S_2$ es tal que puede medirse en unidades de área iguales al área del rectángulo unitario que forman las unidades de longitud al multiplicarlas geométricamente, es decir, la superficie indicada por el producto geométrico $U_{L1} * U_{L2}$, y tal medida resulta igual al producto aritmético de los primarios diádicos $L_1 \times L_2$. Expresada esta propiedad analíticamente, se tiene la capital **ecuación fundamental de la multiplicación geométrica**:

$$(L_1\ U_{L1}) * (L_2\ U_{L2}) = [(L_1 \times L_2)\ (U_{L1} * U_{L2})]$$

Hay que observar la diferencia y la relación que esta ecuación epistémica establece entre el producto geométrico de longitudes, simbolizado con un asterisco matemático «$*$», y el producto aritmético ordinario, señalado por la típica aspa «$\times$», así como la correspondencia entre las longitudes de los factores y la superficie resultante al multiplicarlas, es decir, al componerlas con esta operación. Dicha relación es lo que justifica que esta ley de composición sea considerada una operación multiplicativa, pero sin que ello quiera decir ni mucho menos que se trate de la multiplicación ordinaria. Por el contrario, es una ley de composición manifiestamente diferente del producto aritmético de R. En la figura 10 se visualizan y desarrollan los ejemplos que aclaran gráficamente la crucial propiedad descrita en lo que precede.

En el caso de que sean tres los segmentos a multiplicar, S_1, S_2 y S_3, el desarrollo lógico es totalmente análogo, con la diferencia de que su producto geométrico engendra, por definición, en vez de una superficie, un volumen paralelepipédico recto designado simbólicamente $S_1 * S_2 * S_3$ tal que sus dimensiones sean precisamente los tres segmentos multiplicados. También aquí se

Experimento geométrico de las áreas

Dadas dos longitudes expresadas en la misma unidad U_L, si se forma un **rectángulo abstracto sin escala** con sus partes numéricas, se observa que, dividiéndolo en cuadrados ideales de lado igual a la unidad, el número de éstos resulta igual al producto de las medidas de las longitudes dadas respecto de la unidad. Esta observación de la geometría permite definir el producto de dos longitudes $a\, U_L$ y $b\, U_L$ o dos números concretos con la misma unidad, interpretándola como un área que se simboliza:

$$a\, U_L * b\, U_L = [(a \times b)\, (U_L * U_L)] = [(a \times b)\, U_L^2]$$

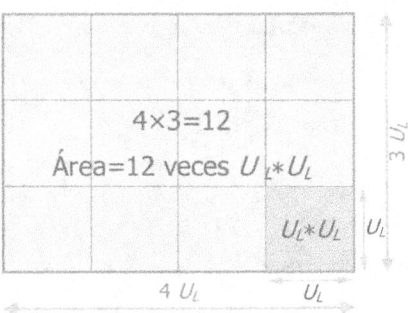

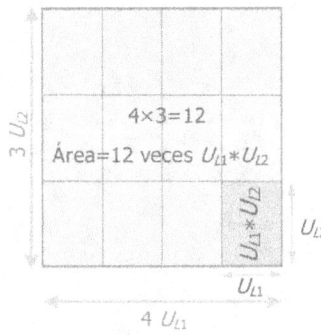

A la izquierda el caso en que las longitudes o concretos no se expresan en la misma unidad $a\, U_{L1}$ y $b\, U_{L2}$, en el rectángulo abstracto construido con ellas se observa que su producto se puede asociar a la magnitud denominada área, que queda medida por medio de rectángulos iguales a la unidad de área simbolizada $U_{L1} * U_{L2}$, justificándose la misma definición de producto:

$$a\, U_{L1} * b\, U_{L2} = [(a \times b)\, (U_{L1} * U_{L2})]$$

$$(3/5)\, U_{L1} * (2/3)\, U_{L2} =$$
$$= [(6/15)\, (U_{L1} * U_{L2})]$$

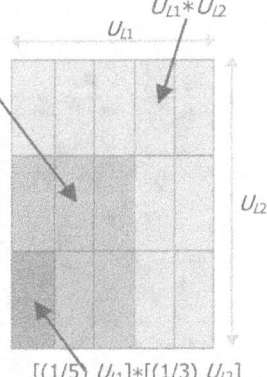

A la derecha el producto de dos longitudes con medida fraccionaria $[(3/5)\, U_{L1}] * [(2/3)\, U_{L2}]$. Dividiendo una de las dimensiones en cinco segmentos iguales y en tres la otra, resulta un conjunto de rectángulos iguales cuyos lados miden 1/5 de U_{L1} y 1/3 de U_{L2}, el número de estos elementos iguales que componen la unidad es igual a 5×3=15, que coincide con el producto de los denominadores, y el número de elementos iguales que caben en la medida fraccionaria supuesta es de 3×2=6, que coincide con el producto de los numeradores; el área fraccionaria será 3×2 elementos de los 5×3 rectángulos totales, que es la fracción (2×3)/(3×5), que resulta igual al producto de fracciones (3/5)×(2/3)=6/15, conque aquí también se cumple la forma de la definición de la multiplicación concreta.

Figura 10

verifica la **ecuación fundamental de la multiplicación geométrica** con tres factores:

$$(L_1\, U_{L1}) * (L_2\, U_{L2})) * (L_3\, U_{L3}) = [(L_1 \times L_2 \times L_3)\, (U_{L1} * U_{L2} * U_{L3})]$$

En la figura 11 se aclara con un ejemplo la definición de esta ley de composición y su propiedad geométrica fundamental, que son

Parte I: *Primera álgebra de magnitudes* (álgebra diádica)

Significado experimental del producto geométrico de tres longitudes

$4 \times 2 \times 3 = 24$

Volumen = 24 veces ($U_{L1} * U_{L2} * U_{L3}$)

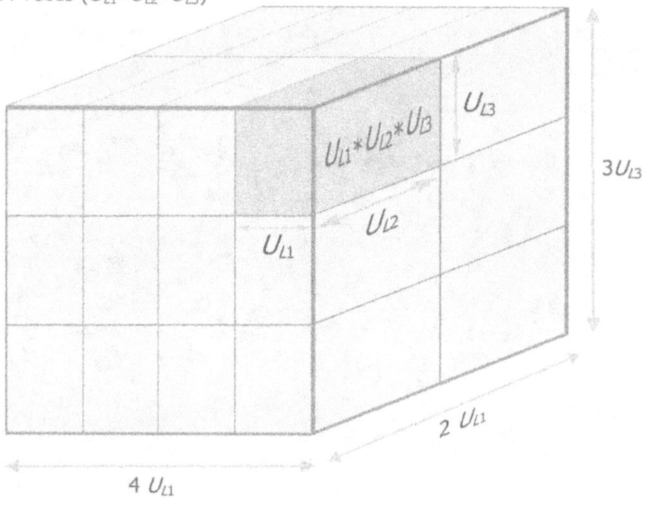

Dadas tres longitudes $4\ U_{L1}$, $2\ U_{L2}$ y $3\ U_{L3}$, se puede formar con ellas un **paralelepípedo recto abstracto sin escala** y descomponerlo idealmente delimitando en cada arista la longitud simbólica que corresponda. Resultan así una serie de paralelepípedos con las mismas medidas unitarias ideales, por lo que son congruentes e iguales. La nueva magnitud que resulta de componer tres longitudes se denomina volumen, y el hecho de que el número de paralelepípedos elementales resulte igual a 24 permite referirse a la cantidad de volumen indicando que mide 24 veces uno de esos elementos, que nada impide simbolizar con la notación semejante a la algebraica $U_{L1}*U_{L2}*U_{L3}$, escribiendo este resultado [24 ($U_{L1}*U_{L2}*U_{L3}$)]. Con ello, la operación de componer tres longitudes consistente en formar con ellas un paralelepípedo recto se puede denominar multiplicación de los números concretos o díadas iniciales dados por tres longitudes, y esta operación se simboliza (4 U_{L1})*(2 U_{L2})*(3 U_{L3})=[(4×2×3) ($U_{L1}*U_{L2}*U_{L3}$)], resultando que la parte numérica es igual a 4×2×3=24. De modo que se puede definir que multiplicar longitudes es obtener otra cantidad de la magnitud llamada volumen cuya medida sea el producto aritmético de las partes numéricas de los factores y cuya unidad de volumen se exprese como producto geométrico de las unidades de los factores. Como los elementos unitarios quedan compuestos de la misma manera con independencia del orden en que se compongan las unidades de los factores, deben axiomatizarse las propiedades conmutativa y asociativa de la multiplicación geométrica.

Figura 11

la base de la generalización que definirá el producto diádico de cualesquiera magnitudes físicas.

Dada la errónea «aritmetización» actual de la composición de longitudes y demás magnitudes físicas, que está tolerada por la hipótesis falsa del Sistema Internacional de Unidades, que atribuye a las magnitudes la estructura de grupo multiplicativo abeliano, es preciso volver a insistir en que la multiplicación de longitudes no se corresponde con el producto ordinario en R, sino que es una operación gráfica, es una ley de composición con segmentos geométricos, en tanto que figuras rectas de una dimensión, de forma tal que con dos segmentos produce una superficie y con tres un volumen. Se trata, por tanto, de una **ley de composición externa generatriz.**

Estamos, pues, ante una concepción errónea en los fundamentos físicos, que es salvada con plena coherencia mediante el álgebra que aquí se establece.

Artículo 9

MULTIPLICACIÓN DIÁDICA DE MAGNITUDES ESCALARES

La multiplicación geométrica de segmentos permite y justifica la generación del producto entre todas las magnitudes escalares. Basta con simular que la cantidad de cierta magnitud quede indicada por un segmento o una cantidad referida a una **unidad de longitud abstracta** que semeje la unidad considerada como cantidad de referencia de esa magnitud, lo que equivale a la observación de que, dadas una unidad de longitud U_L y otra U_M de una magnitud cualquiera M, entre los conjuntos diádicos $\{R, U_L\}$ y $\{R, U_M\}$ es posible establecer correspondencias biunívocas sin más que indentificar imaginariamente la unidad U_M con la U_L, ya que formalmente cualquier elemento ($q\ U_M$) del segundo conjunto podrá asociarse biunívocamente con el elemento ($q\ U_L$) del primero. Diremos en este caso que la magnitud M es afín a la longitud, y la atribución de esta cualidad a las magnitudes físicas lo denominaremos **postulado de afinidad**.

Puesto que hemos definido las magnitudes físicas como aquellas propiedades de la naturaleza susceptibles de medición, y hemos visto que de la medición surgen los conjuntos diádicos, esta definición es equivalente a tener por magnitudes físicas aquellas propiedades naturales afines a la longitud.

De este modo, dadas dos díadas físicas escalares ($q_1\ U_1$) y ($q_2\ U_2$), se define la multiplicación diádica, por generalización de la geométrica, como el **rectángulo abstracto** de superficie indicada por ($q_1\ U_1$)*($q_2\ U_2$) tal que la medida de su área expresada en la **unidad abstracta** $U_1 * U_2$ queda fijada por la ecuación epistémica de definición siguiente:

$$(q_1\ U_1) * (q_2\ U_2) = [(q_1 \times q_2)\ (U_1 * U_2)]$$

Esta ecuación determina una ley de composición que aplica el producto cartesiano $\{R, U_1\} \times \{R, U_2\}$ en $\{R, U_1 * U_2\}$. Se trata de una **ley externa generatriz**, que crea una nueva magnitud cuya unidad es $U_1 * U_2$.

Si los factores diádicos a multiplicar fuesen tres, la multiplicación diádica formaría un **volumen paralelepipédico abstracto**, cuya medida vendría dada por la ecuación de definición:

$$(q_1\ U_1)*(q_2\ U_2)*(q_3\ U_3) = [(q_1 \times q_2 \times q_3)\ (U_1 * U_2 * U_3)]$$

En este caso la ley de composición externa aplica el conjunto producto cartesiano $\{R, U_1\} \times \{R, U_2\} \times \{R, U_3\}$ en $\{R, U_1 * U_2 * U_3\}$.

Y, en general, para un número cualquiera de factores n, la multiplicación diádica de cantidades de magnitudes físicas escalares vendrá definida por un **hipervolumen**, cuya medida estaría determinada por la ecuación analítica siguiente:

$$(q_1\ U_1)*(q_2\ U_2)* \ldots *(q_n\ U_n) =$$
$$= [(q_1 \times q_2 \times \ldots \times q_n)\ (U_1 * U_2 * \ldots * U_n)]$$

La ley de composición externa así definida representa una aplicación o función del conjunto producto cartesiano indicado por $\{R, U_1\} \times \{R, U_2\} \times \ldots \times \{R, U_n\}$ en $\{R, U_1 * U_2 * \ldots * U_n\}$.

La naturaleza externa de estas leyes de composición multiplicativas, como se expuso en el apartado XIV, niegan irrefutablemente la existencia de elementos unidad ni inversos de los entes diádicos, por lo que los exponentes negativos que resulten en las expresiones algebraicas no deben interpretarse como inversos de otras mediciones, sino como denominadores de fracciones diádicas. Se salva así la nociva y escandalosa laguna del sistema Internacional de Unidades en esta materia, que admite notaciones como m^{-1}, kg^{-1} o s^{-1}, sin definir en absoluto a qué clase de entes se refieran estas simbologías, dando por sentado puerilmente que obedezcan al álgebra vulgar, presuposición errónea y garrafal que vicia todo el contenido físico desde la raíz. Craso yerro producido por no preguntarse cuál es el significado del inverso de un metro, de un kilogramo o de un segundo, como correspondería a cualquier físico responsable de su ciencia.

Artículo 10

DEDUCCIÓN DE LA DIVISIÓN DIÁDICA ESCALAR

Es posible deducir la definición analítica del cociente diádico sin más que atender al concepto genérico de división. Para ello, basta con imaginar un rectángulo abstracto cuya superficie quede identificada con un dividendo diádico ($a\ U_1$), una de sus dimensiones con el divisor ($b\ U_2$), con $b \neq 0$, y la otra con el cociente concreto [$c\,(U_1 /\!/ U_2)$]. La unidad asociada a c debe identificarse con el cociente diádico de unidades $U_1 /\!/ U_2$, porque el rectángulo unitario ha de tener por área la unidad U_1 y por dimensiones U_2 y $U_1 /\!/ U_2$. De la misma manera, las tres díadas indicadas no pueden ser independientes, sino que deben satisfacer la condición de la división, es decir, que el cociente multiplicado por el divisor debe ser igual el dividendo; o, dicho de otro modo, el producto diádico de las dos dimensiones del rectángulo abstracto debe ser igual a su superficie; y ello se escribirá analíticamente así:

$$(a\,U_1) = (b\,U_2) * \left(c\,\frac{U_1}{U_2} \right)$$

Los paréntesis son superfluos, pero como de costumbre se mantienen para marcar bien las díadas que intervienen en la fórmula, que se puede interpretar en función del criterio genérico de división, lo que lleva a considerar el factor [$c\,(U_1 /\!/ U_2)$] como el cociente entre la superficie total del rectángulo abstracto ($a\ U_1$) y la otra de sus dos dimensiones ($b\ U_2$). Y ello analíticamente se podrá describir así:

$$\left(c\,\frac{U_1}{U_2} \right) = \frac{(a\,U_1)}{(b\,U_2)}$$

La geometría del rectángulo abstracto es tal que $a = b \times c$, dada la propiedad fundamental de la multiplicación geométrica, por lo que $c = a/b$ con el álgebra de R. De modo que, sustituyendo $c = a/b$ en el primer miembro de la última igualdad, tendremos finalmente esta otra expresión diádica:

Parte I: *Primera álgebra de magnitudes* (álgebra diádica)

$$\left(c\,\frac{U_1}{U_2}\right) = \frac{(a\,U_1)}{(b\,U_2)} = \left(\frac{a}{b}\,\frac{U_1}{U_2}\right)$$

Y ya se observa entre los términos segundo y tercero de esta ecuación la **definición analítica de la división diádica** entre los concretos diádicos escalares $(a\ U_1)$ y $(b\ U_2)$, deducido mediante el razonamiento precedente. Conque se puede concluir que el cociente de esas dos díadas es igual a un elemento diádico cuyo primario es el cociente de los primarios de los factores y cuyo secundario es la división diádica de las unidades del dividendo y del divisor. Expresado analíticamente:

$$\frac{(a\,U_1)}{(b\,U_2)} = \left(\frac{a}{b}\,\frac{U_1}{U_2}\right)$$

Comprobamos de este modo, como para el resto de las operaciones anteriormente analizadas, que los símbolos de las unidades se comportan idealmente como los demás elementos de R, pero esta consecuencia no es debida a la lógica simbólica tradicional, y se insiste, sería un error craso e inadmisible considerarlo así, porque se ha justificado irrefutablemente que ese comportamiento formal se debe al concepto de multiplicación diádica mediante rectángulos abstractos, no es fruto de las propiedades de las operaciones en R. Se trata simplemente de un isomorfismo, no de una identidad en absoluto.

Por otra parte, se advierte que con la **doble barra** se ha simbolizado la división de concretos escalares analizada en este artículo, operación distinta del cociente de díadas homogéneas, que se ha convenido en representar con ese mismo signo. Y es que la diversidad de leyes algebraicas es tal que, aunque se busque la exhaustividad simbólica por claridad pedagógica, resulta inevitable y hasta a veces conveniente recurrir en cierto grado al principio de economía simbólica, pero ello sin que sea permisible confundir las operaciones diferentes señaladas con los mismos signos.

Artículo 11

MULTIPLICACIÓN ENTRE DÍADAS ESCALARES Y VECTORIALES

La *segunda ley de Newton* relaciona cantidades de la magnitud vectorial llamada fuerza con el producto entre la magnitud escalar denominada masa y la magnitud vectorial conocida por aceleración. Sin embargo, nunca se ha definido una multiplicación como esta, sino que se ha presumido tácitamente un comportamiento isomorfo con el álgebra de R, lo cual es un desaguisado inaceptable que obliga a asentarla epistémicamente, al igual que se ha hecho con las demás que la preceden en este trabajo, porque aparece constantemente en las ecuaciones físicas y, sin tales definiciones, los significados de las leyes científicas quedan desnaturalizados y sombríos, aparte de expropiados de todo fundamento lógico y consistencia científica.

Así que la multiplicación de díadas escalares por otras vectoriales ha de componer mediciones escalares $(a\ U_1)$ de $\{R, U_1\}$ con elementos vectoriales $(\overline{b}\ U_2)$ de $\{R^3, U_2\}$. Se puede distinguir esta ley de composición utilizando cualquier signo, por ejemplo, «⊚». Para establecer la definición conveniente de esta forma de producto se puede contar con la ley externa del espacio vectorial R^3 sobre R y la multiplicación diádica, por lo que no cabe mejor formulación que estas dos ecuaciones:

$$(a\ U_1) \circledcirc (\overline{b}\ U_2) = [(a \bullet \overline{b})\ (U_1 * U_2)]$$

$$(\overline{b}\ U_2) \circledcirc (a\ U_1) = [(\overline{b} \bullet a)\ (U_2 * U_1)]$$

El signo «⊚» de los primeros miembros de estas expresiones simboliza la ley de composición que se está definiendo en este artículo, el producto de un par físico escalar por otro vectorial; el signo «•» puesto en los factores $(a \bullet \overline{b})$ y $(\overline{b} \bullet a)$ de los segundos miembros señala la ley externa de R^3 sobre R o producto de un escalar por un vector; y las multiplicaciones de los términos $(U_1 * U_2)$ y $(U_2 * U_1)$ marcan el producto diádico de dos elementos diádicos escalares, definido en el artículo 9.

Parte I: *Primera álgebra de magnitudes* (álgebra diádica)

Sin embargo, como estamos observando con repetición insistente, aún prevalece el contumaz vicio de usar el mismo signo «×» para todas estas leyes multiplicativas, en aplicación del facilitón principio tácito de economía simbólica, cuyos fatales efectos ilusorios y equívocos se advierten a lo largo de este trabajo y con más detalle en el artículo 15.

Aunque pueda resultar ocioso al lector atento, se advierte aquí que el producto definido en este artículo permite, como cualquier otro, establecer como operación derivada la división. Basta para ello contemplar el segundo miembro de las ecuaciones de definición anteriores como un dividendo y cualquiera de los factores del primer miembro como un divisor, resultando el otro factor de este ser el cociente. Así encontramos que el cociente entre la díada vectorial del segundo miembro y la díada escalar del primero da un cociente vectorial; así como el cociente entre la misma díada vectorial del segundo miembro y la otra vectorial del primero da como resultado un cociente escalar. Aunque eso sí, por la propia definición de este producto, los vectores del primer y del segundo miembro han de ser colineales.

Esta división se podría simbolizar con cualquier signo arbitrario; pero, para no incrementar hasta el infinito la simbología operacional, basta distinguirla como un cociente diádico más, por ejemplo, con la doble barra «//». No obstante, el algebrista debe saber distinguir las diversas operaciones no por sus símbolos sino por los elementos que relacionan. La simbología pormenorizada es más un elemento didáctico que necesario y puede resultar farragosa, de donde surge la necesidad de cierta economía simbólica, siempre que no se confundan unas operaciones con otras.

Artículo 12

DEFINICIÓN DE LOS PRODUCTOS ESCALAR Y VECTORIAL DE DÍADAS VECTORIALES

En Física las magnitudes vectoriales se sirven de los vectores matemáticos y de los productos entre vectores denominados producto escalar y producto vectorial. Es usual indicar el escalar con un punto matemático «·» y distinguir con el ángulo «∧» el producto vectorial de vectores.

A su vez, para los homónimos diádicos de cantidades de magnitudes vectoriales se reservarán el círculo con un punto «⊙» para el producto diádico escalar y el círculo con asterisco «⊛» para el producto diádico vectorial.

Tanto el producto escalar como el vectorial de magnitudes vectoriales no hay mejor manera de definirlos que en función de sus homónimos de los vectores matemáticos. Comenzando por el producto escalar de dos concretos vectoriales $(\overline{a}\ U_1)$ y $(\overline{b}\ U_2)$ de los conjuntos diádicos o concretos $\{R^3, \underline{U_1}\}$ y $\{R^3, U_2\}$, se distinguen aquí los primeros elementos $\overline{a}$ y $\overline{b}$ de los pares como vectores de R^3. Y con ello debe definirse el **producto escalar de dos díadas vectoriales** con la ecuación epistémica:

$$(\overline{a}\ U_1) \odot (\overline{b}\ U_2) = [(\overline{a} \cdot \overline{b})\ (U_1 * U_2)]$$

Es decir, por definición, el producto escalar de dos díadas vectoriales mide una magnitud escalar con el par escalar del conjunto $\{R, U_1 * U_2\}$ tal que su primario sea el producto escalar de los primarios vectoriales de los factores y la unidad el producto diádico o concreto de las unidades de los factores.

En cuanto al **producto vectorial de dos díadas vectoriales** se tendrá de manera análoga la siguiente ecuación de definición:

$$(\overline{a}\ U_1) \circledast (\overline{b}\ U_2) = [(\overline{a} \wedge \overline{b})\ (U_1 * U_2)]$$

En este caso, por definición, el producto vectorial de dos concretos vectoriales mide una magnitud vectorial con la díada del conjunto $\{R^3, U_1 * U_2\}$ tal que su primario sea otro vector igual al producto vectorial de los vectores que integran los primarios de los concretos o díadas dados, y cuya unidad sea el producto diádico de las unidades de los factores.

Las dos fórmulas de definición anteriores facilitarán la interpretación correcta de las ecuaciones físicas en que intervengan estas leyes de composición, tales como las magnitudes trabajo y momento de una fuerza, el trabajo para el producto escalar y el momento para el producto vectorial.

En cambio, estas leyes de composición no tendrán sentido para el caso de díadas escalares.

Artículo 13

ESTRUCTURA ALGEBRAICA DE LOS CONJUNTOS DIÁDICOS

Los conjuntos diádicos escalares y vectoriales asociados a una unidad determinada U, simbolizados respectivamente $\{R,U\}$ y $\{R^3,U\}$, dotados con la ley interna aditiva correspondiente, escalar o vectorial, y señalada en ambos casos con el signo «$\oplus$», forman las **estructuras algebraicas $\{R,U,\oplus\}$ y $\{R^3,U,\oplus\}$ con las propiedades de grupo abeliano**, porque resulta relativamente sencillo probar que están definidas por doquier con unicidad y se verifican en ambos casos las propiedades conmutativa, asociativa, existencia de elemento neutro y existencia de elemento simétrico, tal como hacemos en la primera parte de este trabajo.

No ocurre lo mismo con la multiplicación diádica «$*$», porque tratándose de una ley de composición externa, aunque sea conmutativa y asociativa; sin embargo, no pueden existir los elementos unitario ni inversos en el mismo conjunto. Conque **las estructuras $\{R,U,*\}$ y $\{R^3,U,*\}$ no satisfacen las condiciones de grupo**. A su vez, con las dos leyes de composición indicadas, **las estructuras $\{R,U,\oplus,*\}$ y $\{R^3,U,\oplus,*\}$ no satisfacen las propiedades de cuerpo**.

Asociando a los grupos abelianos $\{R,U,\oplus\}$ y $\{R^3,U,\oplus\}$ el cuerpo R de los números reales y considerando la leyes externas respectivas, que se han identificado ambas con el signo «$\circ$» en el artículo 6, tanto para magnitudes escalares como vectoriales, se comprueba con facilidad que estas leyes de composición externas están definidas por doquier y verifican las propiedades siguientes: son asociativas respecto de la multiplicación del cuerpo R; son modulares, lo que significa que el elemento unidad del cuerpo R deja invariante a todo elemento de R y de R^3; son distributivas respecto de las leyes aditivas de R y R^3; y son distributivas respecto de la ley aditiva en el cuerpo R.

En consecuencia, **los grupos abelianos $\{R,U,\oplus\}$ y $\{R^3,U,\oplus\}$ presentan sendas estructuras de espacio vectorial sobre el cuerpo R de los números reales**. Razón por la que los isomorfismos

Parte I: *Primera álgebra de magnitudes* (álgebra diádica)

resultantes permiten operar con los elementos diádicos como si sus diversos componentes fuesen elementos de R, aunque no lo sean realmente y la pertinaz tradición lo presuma subliminal o arbitrariamente. De este modo queda resuelta la incógnita de por qué se puede operar con las magnitudes como se hace usualmente y se salva esta insidiosa laguna, que sugería explicaciones diversas y más bien esotéricas, carentes de fundamento y ajenas al método científico.

En resumen, todo se reduce a resolver la omisión incongruente latente estableciendo las leyes de composición necesarias y en armonía con las estructuras algebraicas usuales. Con ello se llega al isomorfismo entre la estructura de los segmentos geométricos $\{S, \oplus, \circ, *\}$ con el cuerpo de los números reales R, que con sus dos leyes internas, aditiva y multiplicativa, es también un espacio vectorial con el propio cuerpo R como dominio de operadores y la misma multiplicación.

Por su parte, el conjunto de los segmentos geométricos $\{S\}$ con su ley interna aditiva «$\oplus$», su ley externa multiplicativa por un escalar «$\circ$», junto con la operación multiplicativa externa generatriz «$*$», constituye una estructura homóloga de R.

De este modo, la aplicación biyectiva f que hace corresponder a cada segmento $S \in \{S\}$ el número real $x \in R$ que indique su medida con cierta unidad tal que $x = f(S)$ representa el isomorfismo entre $\{S\}$ y R. Con las leyes de composición definidas en $\{S\}$ la aplicación f es tal que, dados los segmentos cualesquiera S, S_1 y S_2 de $\{S\}$, les hace corresponder sus medidas x, x_1 y x_2 de R y se tienen las siguientes propiedades para todo α de R:

$$f(S_1 \oplus S_2) = x_1 + x_2 = f(S_1) + f(S_2)$$

$$f(\alpha \circ S) = \alpha \times x = \alpha \times f(S)$$

$$f(S_1 * S_2) = x_1 \times x_2 = f(S_1) \times f(S_2)$$

Así resultan conectadas la aritmética de R y el álgebra no aritmética de $\{S\}$, convirtiéndose en estructuras isomorfas.

Nótese que la aplicación inversa o recíproca f^{-1} de R en $\{S\}$ es también un isomorfismo, caracterizado por la relación $f^{-1}(x)=S$ para todo $x \in R$ y todo $S \in \{S\}$.

Como ya hemos expuesto en el artículo 7, recordamos nuevamente aquí que los conjuntos diádicos admiten múltiples representaciones. Allí partimos del conjunto de todas las díadas posibles de una determinada magnitud, y lo llamamos D. Este conjunto incluye cantidades iguales para todas las díadas de la misma clase de equivalencia. Sin embargo, también podemos construir conjuntos diádicos completos a partir de una unidad cualquiera U de cierta magnitud, como hemos hecho en este artículo 13. Basta para ello permitir que los primarios de las díadas puedan tomar todos los valores de R. Así, la díada genérica $(q\ U)$ permitirá representar cualquier cantidad m sin más que hacer variar q a lo largo de todo R. Obviamente estos conjuntos no repiten cantidades m y están incluidos en D, pero no tienen por qué ser iguales a D. En este artículo los representamos con la forma analítica $\{R, U\} \subset D$. Y lo mismo tendremos para las díadas vectoriales, sin más que sustituir R por R^3.

Con esta estructura conceptual básica hemos matematizado las sibilinas y escurridizas cantidades de magnitudes físicas, dotándolas de estructura algebraica y, haciendo visibles en el artículo 7 las clases de equivalencia diádica, a su vez las hemos dotado de entidad matemática, significación precisa y orden interno que permite comparalas, superando claramente la histórica omisión de un álgebra de magnitudes verdadera, que ha sido remplazada por un mero formalismo convencional con apariencia de legitimidad en la norma del Sistema Internacional, que autoriza por grave error manifiesto las operaciones aritméticas simbólicas con magnitudes sin ningún sentido algebraico ni físico.

Artículo 14

ANÁLISIS DIÁDICO DEL *TEOREMA DE TALES*

El *Teorema de Tales*[19], en su formulación clásica, se basa en la teoría de las razones y proporciones, con sus específicas nociones de igualdad y adición de segmentos. En suma, **la teoría tradicional asume sustituir los segmentos por su medida en una determinada unidad de longitud**, que puede ser cualquiera e incluso abstracta, pero siempre la misma para todos los segmentos considerados. Es decir, se presupone que los segmentos o longitudes son uniformes. Con este artificio se reducen las razones y proporciones entre segmentos, que son geométricas, a razones y proporciones numéricas abstractas.

Sin embargo, es evidente que un segmento no es un número sin más, sino una cantidad de longitud. Es una díada con la forma $(a\ U_L)$, donde el primario a es de R e indica la medida del segmento en la unidad de longitud U_L. Pues bien, dados dos segmentos expresados con díadas uniformes $(a\ U_L)$ y $(b\ U_L)$, la matemática clásica define la razón entre ellos identificándola con la aritmética de sus primarios a/b. Con ello, el álgebra geométrica es sustituida por el álgebra simbólica, descrita por las medidas de los segmentos en una cierta unidad de longitud uniforme.

De la misma manera, la proporcionalidad geométrica de segmentos queda sustituida por la proporcionalidad de números reales, de modo que dos segmentos dados se dirán proporcionales a otros dos cuando los números que expresan sus medidas en la misma unidad de longitud formen proporción en el conjunto R. Es decir, los segmentos $(a\ U_L)$ y $(b\ U_L)$ se dicen proporcionales a los $(p\ U_L)$ y $(q\ U_L)$, si y solo si se verifica la proporción aritmética $a/b=p/q$. Y aquí es donde este método tradicional peca de pueril, porque no queda en absoluto justificado por qué la unidad de longitud sea ajena a la proporción definida. Y ello incluso a pesar de que, como es sabido, y se va a recordar aquí, la conclusión sea

---

[19] La deducción clásica del *Teorema de Tales* se puede encontrar en la «Lección 26» de *Matematizar 1*.

correcta, aunque esté infundada y no sea epistémica, lo que lleva a pasar por alto determinadas presuposiciones intuitivas y latentes, que quedan en evidencia cuando se realiza un análisis diádico de la proporcionalidad geométrica de segmentos.

La primera cuestión a dilucidar es qué operaciones diádicas la afectan. Pues bien, teniendo en cuenta que relaciona solo longitudes, debe señalarse a la adición de segmentos del artículo 4, de símbolo «⊕», a su operación derivada o multiplicación por un escalar del artículo 6, con el símbolo «∘», y a la división diádica asociada a esta de símbolo «⫽» del artículo 7, donde se ha acreditado que el **cociente diádico de elementos escalares uniformes**, es decir, referidos a la misma unidad, ha de dar como resultado un número real, que será precisamente el cociente en R de los primarios entre dividendo y divisor. De modo que la proporcionalidad de segmentos quedará deducida en $\mathscr{D}$ por la argumentación analítica siguiente:

$$\frac{(aU_L)}{(bU_L)} = \frac{(pU_L)}{(qU_L)} = \frac{a}{b} = \frac{p}{q}$$

Así que la proporcionalidad geométrica o diádica se reduce, en efecto, a la proporcionalidad aritmética de las medidas de los segmentos en la misma unidad de longitud. Pero con el matiz, nada banal desde un punto de vista epistemológico, de que, así como la tradición matemática lo presupone o postula, el álgebra diádica lo deduce inequívocamente, sin dar opción a la intuición ni a la arbitrariedad subjetivas.

Una interrogante que se suscita inmediatamente es si en $\mathscr{D}$ las proporciones también verifican como en R la propiedad de que el producto de los medios sea igual al producto de los extremos. Para comprobarlo hay que recordar que el producto de segmentos es el geométrico del artículo 8, generalizado a cualquier magnitud en el artículo 9, por lo que, dada la proporción de segmentos de la última ecuación, se pueden calcular por separado los productos geométricos $(a\ U_L) * (q\ U_L)$ y $(b\ U_L) * (p\ U_L)$ para comprobar si resultan iguales.

Pues bien, operando según las leyes diádicas, se tienen las ecuaciones:

$$(a\ U_L)*(q\ U_L)=(a\times q)\,(U_L*U_L)$$

$$(b\ U_L)*(p\ U_L)=(b\times p)\,(U_L*U_L)$$

Ambos productos son uniformes, porque se refieren a la unidad compuesta $U_L*U_L=U_L^2$, por lo que para ser iguales, de acuerdo con el criterio diádico de igualdad, deben tener los mismos primarios, Y, en efecto, los tienen, porque en R se cumple la propiedad en estudio $a\times q=b\times p$, lo que permite concluir que las proporciones de segmentos también satisfacen la condición de que el producto de los medios es igual al de los extremos:

Si $\dfrac{(a\,U_L)}{(b\,U_L)}=\dfrac{(p\,U_L)}{(q\,U_L)}$, entonces, $(a\ U_L)*(q\ U_L)=(b\ U_L)*(p\ U_L)$

Se puede comprobar fácilmente que el enunciado recíproco también se verifica, de modo que, si cuatro segmentos satisfacen la igualdad $(a\ U_L)*(q\ U_L)=(b\ U_L)*(p\ U_L)$, deben estar en la proporción diádica correspondiente.

La proporcionalidad de segmentos revela un hecho importante, y es que establece una relación sutil entre la división diádica uniforme del artículo 7 y la multiplicación diádica entre magnitudes escalares de los artículos 8 y 9.

Por otra parte, no debe olvidarse que la proporcionalidad geométrica es la base de la geometría métrica y, por tanto, también de la trigonometría. En la actualidad se ha olvidado este hecho fundamental, con la simplificación algo tramposa de sustituir los segmentos que se componen en las distintas operaciones por sus medidas en la misma unidad de longitud. Y ello, si bien operativamente resulta casualmente correcto, intelectual y pedagógicamente es tóxico, porque se pierde de vista la auténtica significación del álgebra geométrica que, aunque isomorfa en muchos aspectos con la de R, es un álgebra diferente por su naturaleza específica. De modo que, conviene no olvidar cosas tan simples como que las razones trigonométricas no son en sí mismas razones aritméticas, sino divisiones geométricas o diádicas del artículo 7, lo que analíticamente, en el triángulo rectángulo de la figura 12 quedaría expresado así:

$$sen\ C = \frac{AB}{BC} = \frac{(cU_L)}{(aU_L)} = \frac{c}{a}$$

$$cos\ C = \frac{AC}{BC} = \frac{(bU_L)}{(aU_L)} = \frac{b}{a}$$

$$tg\ C = \frac{AB}{AC} = \frac{(cU_L)}{(bU_L)} = \frac{c}{b}$$

Las razones trigonométricas
Paradigma del álgebra diádica

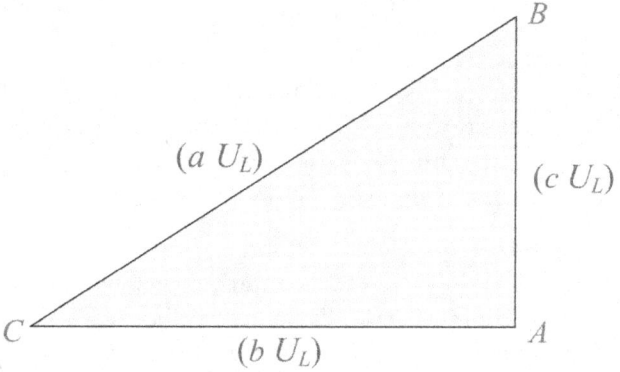

Las razones trigonométricas como el seno, el coseno o la tangente, no son divisiones aritméticas en sí mismas, porque no relacionan números puros, sino segmentos o cantidades de longitudes, por lo que en rigor pertenecen al álgebra geométrica e indican divisiones diádicas entre magnitudes, de acuerdo con la operación analizada en el apartado 7, que sirve de soporte fundamental a la proporcionalidad de segmentos.

Figura 12

Parte I: *Primera álgebra de magnitudes* (álgebra diádica)

Con letras mayúsculas A, B y C se han designado los ángulos y vértices del triángulo, con las parejas de letras AB, AC y BC los segmentos que forman los lados del triángulo, que a su vez quedan expresados por las díadas $AB = (c\ U_L)$, $AC = (b\ U_L)$ y $BC = (a\ U_L)$.

Artículo 15

EL *TEOREMA DE PITÁGORAS*
LA PRIMERA FORMA DIÁDICA DE LA MATEMÁTICA

Los constructores y agrimensores egipcios utilizaban un instrumento muy simple y de gran ingenio, un cordel anudado que marcaba longitudes o segmentos iguales. Con él formaban un triángulo de lados 3, 4 y 5 de esos segmentos, que resultaba ser rectángulo, y así eran capaces de trazar alineaciones perpendiculares. El matemático griego Pitágoras, nacido en Samos el año 580 antes de Cristo, investigó dicha propiedad, conocida por los egipcios para ese triángulo singular de lados proporcionales a 3, 4 y 5, y la generalizó a todos los triángulos tales que uno de sus ángulos sea recto, formulando su famoso *Teorema de Pitágoras*[20].

Pitágoras utilizó el álgebra geométrica para componer segmentos y así concluyó que **el área del cuadrado construido sobre la hipotenusa de un triángulo rectángulo es igual a la suma de las áreas de los cuadrados construidos sobre los catetos**. Tal forma de operar con segmentos, consistente en construir con ellos cuadrados, es la misma con que se define la multiplicación geométrica de longitudes en el artículo 8, que se generaliza a la multiplicación diádica de magnitudes escalares cualesquiera en el artículo 9. Por tanto, el *Teorema de Pitágoras* parece ser la primera formulación diádica de la matemática, tal como se explica en la figura 13.

No obstante, si bien los clásicos diferenciaban de ese modo las operaciones geométricas con segmentos de las aritméticas, en la actualidad se ha aprovechado la propiedad analizada en el artículo 8, sobre el experimento geométrico con áreas y volúmenes, para sustituir el álgebra geométrica por la aritmética, operando únicamente con números que representan las medidas de los segmentos, obviando los propios segmentos. Con ello, el *Teorema*

---

[20] Diversas deducciones del *Teorema de Pitágoras* se pueden encontrar en la «Lección 29» de *Matematizar 1*.

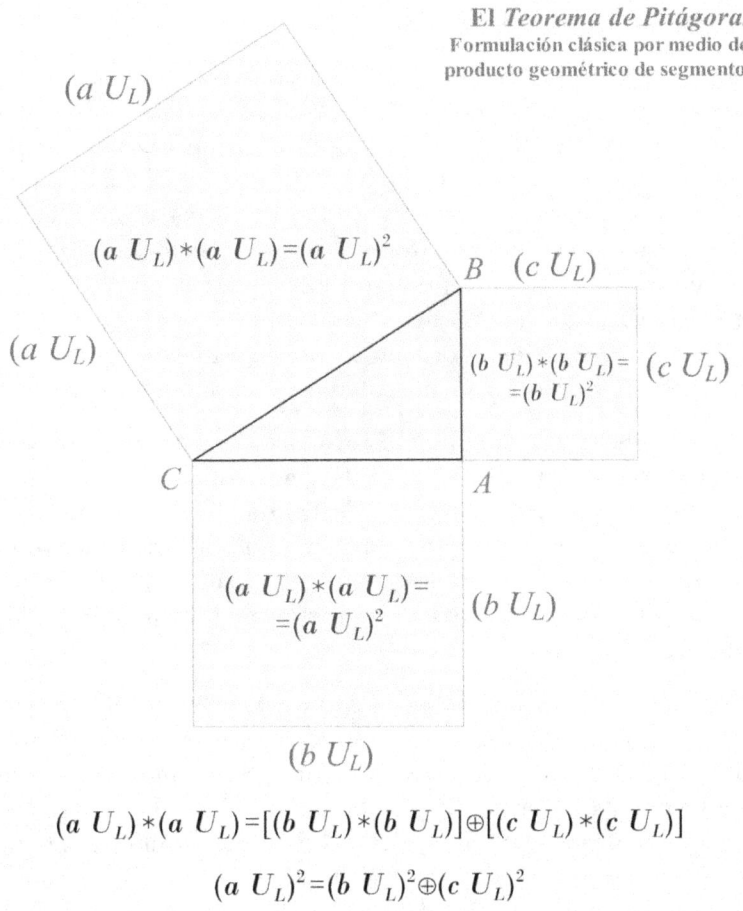

Figura 13

En todo triángulo rectángulo, el área del cuadrado construido sobre la hipotenusa es igual a la suma de las áreas de los cuadrados construidos sobre los catetos.

de *Pitágoras* suele formularse aludiendo a operaciones de R con este enunciado: «**En todo triángulo rectángulo la hipotenusa al cuadrado es igual a la suma de los cuadrados de los catetos, en forma analítica $a^2=b^2+c^2$**». Y esta simplificación aritmética, que omite el origen geométrico de una propiedad tan importante, hace perder gran parte del significado que engloba.

La importancia que los griegos conferían al álgebra geométrica queda patente en el Libro II de los *Elementos* de Euclides. Pese a que es uno de los más cortos, con solo 14 proposiciones, ninguna de las cuales está presente en los libros de texto modernos, para los clásicos sus enunciados tenían una gran trascendencia. Tal disconformidad entre los criterios antiguos y modernos es debida a la imponente fuerza hipnótica de la lógica simbólica, que ha llevado a arrumbar, más que arbitrariamente, los fundamentos o significados de los símbolos, otorgándoles espuriamente sustantividad propia y menoscabando la calidad matemática.

La proposición primera del Libro II enuncia: **«Si tenemos dos líneas rectas y cortamos una de ellas en un número cualquiera de segmentos, entonces, el rectángulo contenido por las dos líneas rectas es igual a los rectángulos contenidos por la línea recta que no fue cortada y cada uno de los segmentos anteriores»**. El significado de esta proposición se puede comprender mejor con el ejemplo de la figura 14:

Sean dos segmentos AB y AD; tómese AD y fórmese la suma arbitraria con, por ejemplo, los tres segmentos S_1, S_2 y S_3, de modo que se tenga $AD = S_1 \oplus S_2 \oplus S_3$, donde «$\oplus$» indica la adición geométrica de longitudes; el rectángulo $ABCD$ será el producto geométrico de los segmentos AB y AD, que se simboliza $AB*AD$ o $S*AD$, si se identifica $S=AB$, y donde el símbolo «$*$» señala la multiplicación geométrica de segmentos; el rectángulo $S*AD$ es la suma de los rectángulos interiores descrita en forma analítica por $S*S_1 \oplus S*S_2 \oplus S*S_3$; de modo que se tiene la conclusión:

$$S*(S_1 \oplus S_2 \oplus S_3) = (S*S_1) \oplus (S*S_2) \oplus (S*S_3)$$

Y esta no es sino la **propiedad distributiva de la multiplicación respecto de la adición diádicas** para segmentos o áreas, operaciones propias del álgebra geométrica.

Otro caso didáctico del efecto de pérdida de significado geométrico provocado por el álgebra simbólica es el **cuadrado de**

Parte I: *Primera álgebra de magnitudes* (álgebra diádica)

Álgebra geométrica clásica
Libro II de los *Elementos* de Euclides
Proposición primera o propiedad distributiva de la
multiplicación respecto de la adición de segmentos

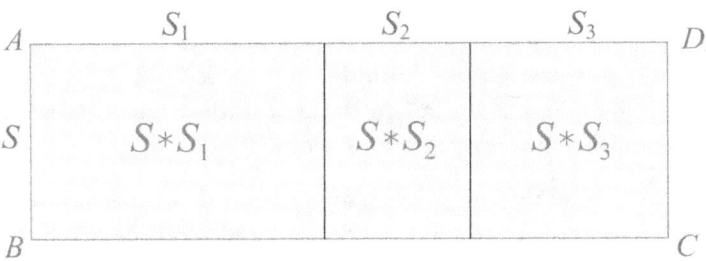

$$S*(S_1 \oplus S_2 \oplus S_3) = (S*S_1) \oplus (S*S_2) \oplus (S*S_3)$$

La multiplicación geométrica de dos segmentos, que consiste en la formación con ellos de rectángulos, satisface la propiedad distributiva respecto de la adición diádica de longitudes o áreas.

Figura 14

un binomio. El álgebra moderna se limita a escribirlo en abstracto con la forma $(a+b)^2 = a^2 + b^2 + 2 \times a \times b$. Pues bien, en el álgebra geométrica antigua se describe esta propiedad en la proposición cuarta del referido Libro II de Euclides: **«Si una linea recta se corta de una manera arbitraria, entonces, el cuadrado construido sobre el total es igual a los cuadrados sobre los dos segmentos y dos veces el rectángulo contenido por ambos segmentos»**. El significado de esta proposición queda aclarado con la figura 15:

Sea el segmento AB y descompóngase en la suma de dos segmentos arbitrarios S_1 y S_2; fórmese el cuadrado $ABCD$, que se descompone en los dos cuadrados y dos rectángulos que se indican en la figura. El área del cuadrado $ABCD$ representa el producto

Parte I: *Primera álgebra de magnitudes* (álgebra diádica)

geométrico $(S_1 \oplus S_2) * (S_1 \oplus S_2) = (S_1 \oplus S_2)^2$ y es igual a la suma del área indicadas por $S_1 * S_1 = S_1^2$, del área $S_2 * S_2 = S_2^2$ y dos veces el área del rectángulo identificado con $S_1 * S_2$; esta suma se puede simbolizar con la ecuación siguiente:

$$(S_1 \oplus S_2)^2 = S_1^2 \oplus S_2^2 \oplus 2 \circ (S_1 * S_2)$$

Nótese que la operación «∘» corresponde a la multiplicación de un escalar por una díada, definida en el artículo 6. Y así se tiene la forma geométrica o diádica del cuadrado de un binomio sin perder un ápice de su significado geométrico.

No cabe duda de que la evidencia visual de los razonamientos geométricos arrojan mucha luz sobre las diferentes propiedades

Significado geométrico del cuadrado de un binomio

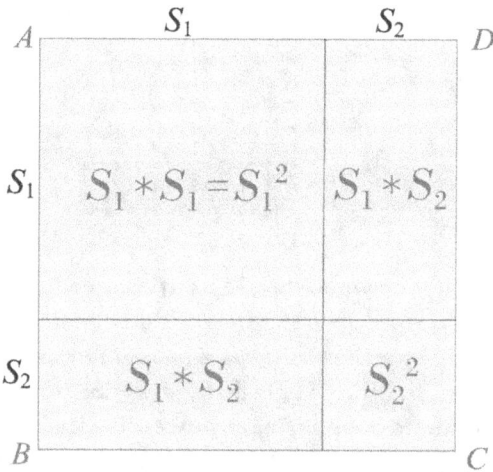

El área del cuadrado *ABCD* es la suma de las cuatro áreas interiores en que se descompone. De esta manera resulta la expresión geométrica o diádica del cuadrado de un binomio abstracto $(a+b)^2 = a^2 + b^2 + 2 \times a \times b$:

$$(S_1 \oplus S_2)^2 = S_1^2 \oplus S_2^2 \oplus 2 \circ (S_1 * S_2)$$

Figura 15

observadas, que se ocultan en las expresiones abstractas modernas, por lo que los estudiantes de enseñanza media de nuestro tiempo son privados de la capacidad de comprender las reglas algebraicas que aplican con un mecanicismo casi indigno de seres inteligentes.

Con estos ejemplos queda patente que **en tiempos de Euclides las magnitudes ya se representaban como segmentos sujetos a los axiomas y teoremas de la geometría.** Es cierto que en esa época no existían las estructuras algebraicas, tal como se conciben hoy en día, lo que ha llevado a algunos a afirmar que los griegos carecían de álgebra, cosa no del todo cierta, porque, aunque incompleta y primitiva, el álgebra geométrica está ahí, pero eso sí, **formulada en proposiciones del lenguaje ordinario** y, por tanto, cercenado el poder de abstracción propio de la simbología de la matemática moderna. Sin embargo, ese mismo poder simbólico y lógico provocan una fascinación muy difícil de contener, induciendo sin querer presuposiciones casi invisibles, como sería el caso de la reducción arbitraria de las operaciones con magnitudes únicamente a su parte numérica, perdiéndose en el camino el significado geométrico de las abstracciones simbólicas así formadas, lo cual puede simplificar la manipulación de estos elementos gráficos, pero en claro detrimento del conocimiento completo de los fenómenos matemáticos y físicos. No hay duda de que un geómetra griego versado en los 14 teoremas del **álgebra geométrica de Euclides** sería mucho más habilidoso en la práctica de la medida que un geómetra experto de la actualidad.

De ahí que la metodología de esta *Primera álgebra de magnitudes* intente combinar las virtudes de ambas técnicas, la clásica, con su elocuente visualización geométrica, y la simbólica, que aporta estructuras y métodos lógicos muy valiosos antes desconocidos, para así tejer un álgebra física moderna, abstracta e ilativa, pero bien cimentada en el álgebra geométrica básica, y con ello **fundamentar, explicar y definir sin omisiones ni incongruencias ni presuposiciones latentes las operaciones con magnitudes.**

Artículo 16
FORMA DIÁDICA DE LAS ECUACIONES FÍSICAS

La multiplicación diádica de magnitudes escalares del artículo 9 y su operación derivada, la división diádica escalar del artículo 10, son las que corresponden a magnitudes físicas como, por ejemplo, la **densidad**. Su análisis podría hacerse así: sea $(M\ kg)$ la díada que expresa la masa de un cuerpo indicada en kilogramos, sea $(V\ m^3)$ el volumen del cuerpo en metros cúbicos. No está prohibido definir una magnitud compuesta, que se denomina densidad e indicada, por ejemplo, con la díada $(d\ U_d)$, donde U_d represente la unidad en que deba medirse la densidad para cumplir con la definición de esta magnitud. Definiendo la densidad como el cociente diádico entre la masa de un cuerpo y el volumen que ocupa, analíticamente se tendrá el siguiente razonamiento:

$$(d\,U_d) = \frac{(M\ kg)}{(V\ m^3)} = \left(\frac{M}{V}\ \frac{kg}{m^3}\right)$$

El criterio de igualdad uniforme de la díadas del primer miembro y del último exige que sean iguales los primarios y los secundarios respectivos, lo que conduce a dos identidades, la primera de R y la segunda del álgebra diádica, que para entendernos venimos simbolizando con la letra $\mathscr{D}$, y con ello, si la unidad U_d del primer miembro se identifica con la del segundo $kg/\!/m^3$, resulta:

$$\text{Si } U_d = \frac{kg}{m^3} \text{ en } \mathscr{D}, \text{ entonces, } d = \frac{M}{V} \text{ en } R$$

El significado físico de la densidad, que es una magnitud compuesta, por definición, a partir de la masa y del volumen, se obtiene sin más que considerar el volumen unitario de un metro cúbico y averiguar su masa, resultando que, siendo $V=1$, la densidad indicará precisamente la masa que corresponda a cada metro cúbico, lo que se expresa comúnmente como «masa por unidad de volumen».

Parte I: *Primera álgebra de magnitudes* (álgebra diádica)

Otras formas de leyes físicas son la que implican productos de magnitudes escalares y vectoriales, tales como la *segunda ley de Newton*. Se trata de la multiplicación del artículo 11. El esquema lógico en este caso habría de ser el siguiente: sea una masa dada por la díada escalar (M kg) y sea la díada vectorial ($\overline{a}$ $m/\!/s^2$) que indique la aceleración de su movimiento. Obsérvese que la unidad de aceleración es un cociente diádico. Sea la díada vectorial ($\overline{F}$ U_F), donde U_F indique la unidad de fuerza uniforme que corresponda para que se satisfaga la igualdad que representa la *segunda ley de Newton*, identidad que debería escribirse en el álgebra $\mathscr{D}$ con la forma ($\overline{F}$ U_F)=(M kg)$\odot$($\overline{a}$ $m/\!/s^2$), donde la multiplicación «$\odot$» se corresponde con la ley de composición del artículo 11. La definición de esta operación permite escribir la ecuación inicial con la forma ($\overline{F}$ U_F)=[($M\bullet\overline{a}$) ($kg*m/\!/s^2$)], en la que aparecen tres leyes de composición: la multiplicación «$\bullet$» de un número real por un vector, la multiplicación diádica escalar «$*$» y la división diádica escalar «$/\!/$». El criterio de igualdad de díadas uniformes, es decir, referidas a la misma unidad, permite desdoblar la última fórmula en sus dos componentes, una del álgebra de R y la otra del álgebra diádica $\mathscr{D}$, resultando:

$$\text{Si } U_F = \frac{kg*m}{s^2} \text{ en } \mathscr{D}, \text{ entonces, } \overline{F} = M \bullet \overline{a} \text{ en } \mathrm{R}^3$$

Se acostumbra a nombrar la unidad U_F con el término newton, abreviadamente N, cuyo significado físico corresponde a la fuerza que debe aplicarse a la masa de un kilogramo para inducir en ella una aceleración de un $m/\!/s^2$, que se leerá «metro por segundo al cuadrado», con el significado de división diádica escalar.

Otro concepto capital de la Física es el **trabajo de una fuerza**, definido como el producto escalar diádico de la magnitud fuerza por la magnitud longitud recorrida por su punto de aplicación. Lo que en $\mathscr{D}$ se escribirá explícitamente, sin las presuposiciones simbólicas tradicionales, (T U_T)=($\overline{F}$ N)$\odot$($\overline{e}$ m), donde (T U_T) denota la díada escalar que mide el trabajo realizado por una cantidad de fuerza señalada con la díada vectorial ($\overline{F}$ N) cuando su punto de aplicación se desplaza según determina la díada vectorial $(\overline{e}\ m)$, simbolizando aquí m la unidad de longitud patrón llamada metro, no la magnitud masa. La multiplicación que corresponde es «⊙», es decir, la diádica escalar del artículo 12. La definición de esta ley de composición permite escribir el trabajo $(T\ U_T)=(\overline{F\cdot e})\ (N*m)$. La multiplicación del punto matemático «·» es el producto escalar de vectores en R^3, mientras que el asterisco «*» simboliza el producto diádico escalar. Como en los casos anteriores, el criterio de igualdad en $\mathscr{D}$ determina la formulación de la unidad compuesta U_T y el primario resultante:

Si $U_T = N*m$ en $\mathscr{D}$, entonces, $T = \overline{F\cdot e}$

La unidad compuesta $U_T = N*m$ en Física se llama julio, y significa el trabajo o energía producido por una fuerza de un newton cuando su punto de aplicación se desplaza una cantidad de longitud igual a un metro.

El último ejemplo significativo de ecuación física que se analizará, es el de la magnitud **momento de una fuerza**. En el álgebra diádica $\mathscr{D}$ el momento $(\overline{\mu}\ U_\mu)$ de una fuerza respecto de un punto debe definirse como el producto diádico vectorial entre el concreto vectorial que indique el vector posición $(\overline{r}\ m)$ del punto de aplicación de la fuerza, respecto de aquel otro a que se refiera el momento, siendo m el metro patrón, y la díada vectorial que representa la fuerza $(\overline{F}\ N)$. En analítica de $\mathscr{D}$ se escribirá con la forma explícita $(\overline{\mu}\ U_\mu)=(\overline{r}\ m)\circledast(\overline{F}\ N)$, donde «⊛» es la multiplicación diádica vectorial del artículo 12. De acuerdo con la definición de esta ley de composición, es permisible poner $(\overline{\mu}\ U_\mu)=[(\overline{r\wedge F})\ (m*N)]$. La multiplicación «∧» es el producto vectorial de vectores en R^3, mientras que el asterisco «*» simboliza el producto diádico escalar. El criterio de igualdad en $\mathscr{D}$ fija la unidad compuesta U_μ y su par diádico:

Si $U_\mu = m*N$ en $\mathscr{D}$, entonces, $\overline{\mu} = \overline{r\wedge F}$ en R^3

Artículo 17

EFECTOS DEL PRINCIPIO DE ECONOMÍA SIMBÓLICA

A lo largo del compendio precedente se ha observado cómo se generaliza en abstracto el álgebra geométrica de segmentos o longitudes, dando lugar al álgebra genérica de los concretos o díadas, como representantes matemáticos de las cantidades de las magnitudes físicas. También se ha advertido sobre el efecto hipnótico que puede producir acogerse a la economía simbólica, entendida como la simplificación de signos para las distintas operaciones de la misma especie, tales como las aditivas, denotadas todas con la típica cruz «+», las multiplicativas indicadas genéricamente, por ejemplo, con el aspa «×», las restas con el guion «-», o las divisiones con la barra «/». Para romper ese hechizo y advertir a efectos pedagógicos sobre lo fácil que resulta dejarse fascinar por él y creer que se comprenda lo que realmente permanezca en la oscuridad, se ha hecho un esfuerzo de detalle simbólico, para explicitar el máximo número de leyes de composición distinguibles entre sí, así como las relaciones que surgen entre ellas; aunque, dado su gran número, como la simbología es limitada y tampoco tendría utilidad llevar al extremo absoluto tal diferenciación, es inevitable y hasta conveniente que algunas compartan signos comunes, lo cual no es obstáculo para que el fenómeno pueda explicarse con suficiente claridad didáctica. Sea como ejemplo la expresión en $\mathscr{D}$:

$$[p\circ(\overline{a}\ U_1)]\circledast[q\circ(\overline{b}\ U_2)]=(p\times q)\circ[(\overline{a}\ U_1)\circledast(\overline{b}\ U_2)]$$

El principio de economía simbólica permite simbolizar todas las leyes de composición de la misma especie multiplicativa con el mismo carácter «×», y con ello resulta la notación tradicional:

$$(p\times\overline{a}\ U_1)\times(q\times\overline{b}\ U_2)=(p\times q)\times[(\overline{a}\ U_1)\times(\overline{b}\ U_2)]$$

Observando esta última expresión, salvo que se tenga pericia algebraica, resulta difícil sustraerse a la ilusión que provoca el signo constante del aspa «×» y se tiende a creer con facilidad que la propiedad que describe la igualdad sea evidente por las leyes propias de R^3. Sin embargo, no es así, porque lo que se relacionan

Parte I: *Primera álgebra de magnitudes* (álgebra diádica)

son díadas físicas, y el significado completo de la igualdad viene dado por las diferentes leyes de composición que comprende la propia ecuación y específicamente definidas entre los conjuntos R, $\{R^3, U_1\}$, $\{R^3, U_2\}$ y $\{R^3, U_1 * U_2\}$, por lo que la fórmula debe interpretarse en función de ellas.

Para una mejor visión de conjunto del **hechizo de la reducción simbólica, tan tóxico para el aprendizaje de la Física, la exactitud científica y la significación precisa de las magnitudes compuestas**, se pueden detallar los símbolos de las operaciones que intervienen en el álgebra diádica, representada con el signo $\mathscr{D}$, a diferencia de las estructuras tradicionales de R, C y R^3 o cualquier otra. De este modo resulta el esquema sinóptico siguiente:

Tipo de ley de composición diádica — Artículo del apartado XXVIII		Álgebra numérica ordinaria (ver nota)		Álgebra diádica o física	Con el principio de economía simbólica
		En R y C	En R^3	En $\mathscr{D}$	
Magnitudes escalares y vectoriales	Adición (4)	+	+	⊕	+
	Sustracción (5)	−	−	⊖	−
	Multiplicación por un número (6)	×	•	○	×
	División homogénea (7)	/ ÷		∥ ≑	/ ÷
Magnitudes escalares	Multiplicación heterogénea (9)	×		✳	×
	División heterogénea (10)			∥ ≑	/ ÷
Magnitudes vectoriales	Producto de magnitudes mixtas (11)			◎	×
	Producto escalar (12)		•	⊙	•
	Producto vectorial (12)		∧	⊛	×

(Nota) Los símbolos de las operaciones en R, C y R^3 obviamente se refieren a la adición, sustracción, multiplicación y división propias de estas estructuras algebraicas, no a las diádicas o concretas que se definen en los artículos de la primera columna.

Artículo 18
DISCUSIÓN Y CONCLUSIONES

Los profesores de Física dan por sentado que las abreviaturas de unidades operen con la misma álgebra de los números abstractos, y sobre esta presunción tácita, sin justificarla en modo alguno, imparten sus clases y omiten absolutamente toda álgebra específica para las magnitudes, pasando por alto, como si no existiesen, los problemas filosóficos atinentes a las magnitudes y sus leyes de composición, enseñando las operaciones concretas de manera intuitiva, subjetiva y arbitraria, sembrando en los alumnos, aun sin saberlo, semillas de ignorancia y confusión que vician todo el conocimiento adquirido con esta laguna pendiente de ser clarificada. Así **se envilece la calidad docente**, porque la clave del entendimiento cabal es no avanzar en absoluto sin antes haber definido con precisión todo lo precedente, y más, si cabe, tratándose de algo tan fundamental para comprender y desarrollar las leyes naturales como las magnitudes, sus mediciones y sus operaciones.

Y más grave aún es la contumaz negligencia del Sistema Internacional de Unidades y de todos los grandes científicos que propician y toleran la hipótesis falsa ya repetida sobre que las magnitudes físicas se comporten con la estructura de grupo multiplicativo abeliano, hipótesis que hemos puesto en evidencia con la inapelable configuración de las operaciones multiplicativas como leyes de composición externas, y por tanto, carentes de elementos unitarios e inversos. Todo ello compone un panorama envenenado que entrampa los fundamentos de la Física e impide el desarrollo de modelos coherentes y precisos.

Veamos el siguiente experimento: imagínense dispuestos materialmente una masa de un kilogramo mediante una pesa, una longitud de un metro medida con una regla y una cantidad de tiempo de un segundo marcada por un reloj; es imprescindible tener preparadas respuestas docentes para explicar la multiplicación de un kilogramo por un segundo, por ejemplo, o incluso resolver si es posible dividir un kilogramo entre un segundo o un metro entre un kilogramo, o si tales divisiones solo se pueden concebir en determinados casos o si, por el contrario, siempre serán posibles.

Y ello es necesario porque, si estas operaciones omnipresentes no se justifican con todo rigor, entonces, ¿qué fundamento y significado se podría atribuir a las magnitudes y unidades compuestas, las leyes científicas y las ecuaciones físicas?, ¿no resulta vacuo todo el conocimiento impartido sin haber salvado esta laguna? A esta clase de cuestiones responde el álgebra física, que da pleno sentido a las diversas magnitudes compuestas y formulaciones de las leyes naturales, salvando esa perniciosa omisión de las imprescindibles **leyes de composición externas generatrices**. No nos cansaremos de repetirlo, porque es muy evidente la necesidad de estos elementos algebraicos.

De ahí que **conviene a la calidad de la educación** solventar este **defecto pedagógico capital**, cuya permanencia desnaturaliza de raíz el lenguaje científico y su significado real, privando insidiosamente a los estudiantes de sus derechos a no ser intoxicados con **presuposiciones latentes** y a recibir información cabal sobre cualquier materia de interés curricular, pues se trata de un contenido troncal de las ciencias, que estimula el talento creativo y libre, salvando la ignorancia y la confusión imperantes.

No se trata de una materia accesoria ni superflua, el álgebra física es esencial, es un principio imprescindible. Su omisión descalifica y precariza todo el saber científico construido sin ese pilar nuclear. La ciencia no debería permitir una incongruencia tan grave, como la matemática no aceptaría que se arrumbase la aritmética, pues, así como las leyes de composición numéricas fundamentan con solidez todas las estructuras matemáticas, desde las más básicas hasta las más abstractas, el álgebra de magnitudes es el origen de todas las formulaciones físicas, sin excepción. Por lo que estas pierden todo su sentido cuando se desprecian sus leyes de composición.

Entonces, ¿por qué la tradición física ha incurrido en esta **herejía epistemológica** tan insidiosa como elemental? Es un misterio. Pero lo inequívoco es que, descubierta la incongruencia y su resolución, debe salvarse, primero, en interés de la coherencia lógica de las teorías científicas, y segundo, para trazar el rumbo de nuevas investigaciones orientadas a álgebras no euclidianas, que quién sabe en este primer momento de la innovación diádica a qué nuevos dominios, modelos o descubrimientos pueden conducir.

Apartado XXIX

LA LAGUNA NEGRA DE LA MATEMÁTICA
ORIGEN DE LA «ARITMETIZACIÓN» DE LA FÍSICA

Aquí ponemos de manifiesto el vicio de «aritmetización» de la matemática moderna, que se ha olvidado por ignorancia supina del álgebra geométrica legada por los griegos y actualizada analíticamente en el presente trabajo, dándole forma de estructura algebraica diádica. Dicho vicio alarmante e intolerable ha intoxicado y cercenado la Física con la misma laguna para el resto de las magnitudes medibles y afines a la longitud. Obviamente, no es sostenible privar a la Física de una herramienta tan fundamental como es su propia álgebra, como fácilmente apreciarán todas las inteligencias despiertas y honestas, que examinen el desarrollo de los siguientes artículos:

Número		Página
19	Epítome de la laguna negra	253
20	Igualdad y adición de segmentos	255
21	La proporcionalidad de segmentos fundamenta la métrica matemática	257
22	El borrón de los textos clásicos: la matemática ha pasado por alto la multiplicación de segmentos	263
23	Salvando la laguna con la soslayada multiplicación geométrica	265
24	El trascendental experimento con áreas y volúmenes	268
25	Relación entre proporcionalidad de segmentos y multiplicación geométrica	270
26	La regla de tres compuesta no aritmética Fundamento de las ecuaciones físicas	273

Artículo 19

EPÍTOME DE LA LAGUNA NEGRA

En este apartado, en que se suponen al lector conocimientos suficientes de los fundamentos matemáticos, se expone un vacío trascendental de la matemática moderna, que envilece las operaciones métricas desde su base. El proceso de contaminación es el siguiente: en primer lugar, la teoría de igualdad y adición geométrica de segmentos conduce a probar el teorema de la paralela media, y este justifica racionalmente la proporcionalidad de segmentos del *Teorema de Tales*. Y hecho esto, se produce el borrón, porque la matemática acredita correctamente que la proporcionalidad de segmentos implica la proporcionalidad numérica de sus medidas en determinada unidad de longitud arbitraria; pero a continuación concluye sin más que, siendo tales proporciones de índole numérica, así como en aritmética el producto de los extremos de toda proporción ha de ser igual al de los medios, de la misma forma, la proporcionalidad de segmentos debería cumplir esa misma condición, «porque sí». Y así es como se cae en el error de confundir la multiplicación aritmética con la multiplicación de segmentos, que son operaciones muy diferentes, y surge como por ensalmo la indeseable «aritmetización» de la magnitud más fundamental de todas: la longitud. La primera es una ley de composición interna, pues todo producto de números es otro número; pero no así para la multiplicación geométrica de segmentos que, como no nos cansaremos de repetir, es una operación no aritmética, es geométrica, y tal que engendra nuevas magnitudes, el área con dos factores o el volumen con tres. Ninguno de esos factores geométricos, que son cantidades de longitud, puede asumir la función de multiplicador en que se basa la multiplicación aritmética. Lo que conlleva que esta sea una ley de composición externa totalmente distinta del producto ordinario. Siguiendo este esquema erróneo, la matemática moderna pasa por alto y olvida la indispensable multiplicación geométrica de segmentos heredada de los griegos clásicos, base de la posterior formulación analítica del producto de longitudes y de toda la métrica matemática, que a su vez es la base de las operaciones multiplicativas con magnitudes físicas, tal como hemos detallado minuciosamente en lo que precede. A continuación exponemos epistémicamente este sustancial error, que envilece la matemática actual y se propaga insidiosamente a la Física, recuperando los valores perdidos de la geometría clásica.

Artículo 20
IGUALDAD Y ADICIÓN DE SEGMENTOS

La igualdad de segmentos se define en geometría con la condición de que los segmentos comparados se puedan hacer coincidir mediante un movimiento[21], que podrá ser representado mediante una transformación del espacio en sí mismo.

A su vez, la adición de segmentos se concibe geométricamente como la operación gráfica que proporciona el segmento suma

Visualización de la suma de segmentos

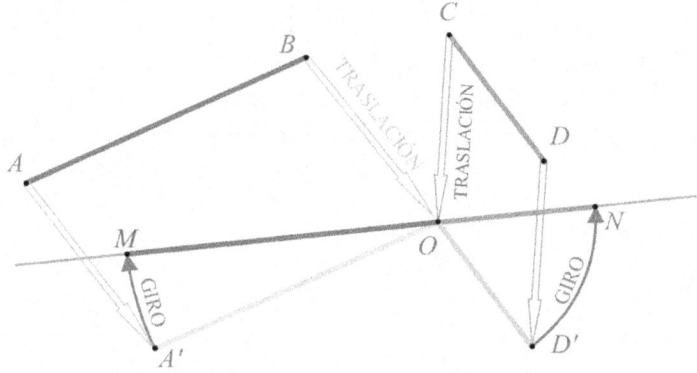

Dados dos segmentos AB y CD, representantes de las clases de los congruentes con ellos, y dada un recta cualquiera y un punto O de ella, la suma de los segmentos dados se define como el segmento MN que resulta de la **yuxtaposición** de aquéllos sobre la recta dada y a partir de O. Cada segmento se transporta sobre la recta del siguiente modo: una traslación que lleva B sobre O y A sobre A', un giro que lleva A' sobre M, una traslación que lleva C sobre O y D sobre D', y un giro que lleva D' sobre N. Decimos así que MN es la suma de AB y CD, lo escribimos $MN=AB\oplus CD$. Es indiferente el representante que se elija de cada clase para componer la suma, porque los segmentos de la misma clase son iguales. Los segmentos AB y MO pertenecen a la misma clase, porque son congruentes. Al igual que los segmentos CD y ON. La yuxtaposición consiste, pues, en disponer sobre la recta considerada dos segmentos congruentes con los sumandos dados, uno a continuación del otro y a distinto lado de un punto O, de modo que el segmento unión de éstos dos se denomina suma.

Figura 16

---

[21] En *Matematizar 1*, «Lección 16, Movimientos y congruencia o igualdad geométrica», se puede consultar con extensión este tema.

mediante la yuxtaposición de los sumandos[22], tal como se describe en la figura 16. Simbolizando $\{S\}$ el conjunto de todos los segmentos, la forma analítica de esta operación se puede simbolizar con un signo específico, por ejemplo «⊕»; aunque lo usual en matemáticas sea aplicar el principio de economía simbólica y representar todas las operaciones aditivas con la misma cruz «+». No obstante, la mente experta debe distinguir con claridad que, en función de los elementos que sean compuestos, la ley de composición que les corresponde no es la aritmética, sino la suya propia, que debe haber sido expresamente definida previamente. En estas condiciones, manteniendo la diferencia simbólica, para evitar confusiones, la adición de segmentos quedaría definida analíticamente en la forma siguiente: dados dos segmentos S_1 y S_2 del conjunto $\{S\}$, la adición es una **ley de composición interna** que aplica el producto cartesiano $\{S\}\times\{S\}$ en $\{S\}$ y tal que el segmento suma S de $\{S\}$ se obtiene por yuxtaposición gráfica de los sumandos, quedando descrita analíticamente la función indicada con la ecuación $S_1 \oplus S_2 = S$.

---

[22] En *Matematizar 1*, «Lección 22, Geometría métrica, Suma de segmentos y ángulos», se encuentra desarrollada la ley de composición de la adición geométrica de segmentos.

Artículo 21

LA PROPORCIONALIDAD DE SEGMENTOS FUNDAMENTA LA MÉTRICA MATEMÁTICA

Definidas la igualdad y la adición geométricas de segmentos, entendidos estos como figuras formadas por ciertos conjuntos de puntos, siguiendo los dictados de la geometría elemental, el teorema de la paralela media, descrito en la figura 17, posibilita dividir un segmento en partes iguales, tal como se indica en la figura 18, y esta operación permite concluir el famoso *Teorema de Tales* sobre la proporcionalidad de segmentos formados sobre ciertas rectas seccionadas por otras paralelas entre sí, de conformidad con lo determinado por la geometría y expuesto en la figura 19[23].

La proporcionalidad de segmentos es hija de la adición, porque nace de una suma en que se repita un sumando. Así, reiterando la suma del mismo segmento S un cierto número de veces λ, el segmento resultante se puede indicar analíticamente con la forma $\lambda \circ S$, donde el signo «$\circ$» señale la multiplicación del número real λ por el segmento S, haciendo el factor numérico las veces de multiplicador y el segmento de multiplicando. Si λ fuese entero, la interpretación del producto $\lambda \circ S$ no ofrece dificultad. Si λ fuese racional, tal como $\lambda = a/b$, con a y b enteros, el producto $(a/b) \circ S$ debe indicar la operación de dividir el segmento S en b segmentos iguales, tomar uno de ellos y sumarlo consigo mismo a veces. De este modo, siempre se podrá encontrar el producto $\lambda \circ S$ para cualquier real λ. Nótese que la operación «$\circ$» no es la aritmética «$\times$», porque esta solo compone números, cuya producto es otro número, y la otra compone números y segmentos para dar como resultado un nuevo segmento. Así que la multiplicación aritmética es una ley de composición interna, mientras que la operación $\lambda \circ S$ es una ley externa.

---

[23] En *Matematizar 1*, «Lección 26, *Teorema de Tales*», se encuentra desarrollado el razonamiento completo que concluye la proporcionalidad de segmentos.

Sea P el segmento resultante del producto $\lambda \circ S$, lo cual se escribirá con el signo igual tradicional con la forma $\lambda \circ S = P$. Nada impide observar esta expresión y considerar que P sea un dividendo, que S sea un divisor y que λ sea un cociente, con lo cual se podría escribir el producto con otra forma simbólica equivalente tal como $P/\!/S = \lambda$, y así quedaría definida la división de segmentos «$/\!/$», cuyo cociente será siempre un número real λ. Se ha indicado esta división con la doble barra «$/\!/$» para distinguirla a propósito de la aritmética «$/$», porque esa confusión es la causante del borrón matemático que se está describiendo en esta investigación.

Por tanto, la razón de dos segmentos siempre da como resultado un número real, de modo que, si dos razones son iguales, se forma con ellas lo que se podría llamar una proporción, pero no se trata de una proporción numérica, sino de segmentos. Así que la proporcionalidad de Tales, aunque convencionalmente se represente con el signo aritmético de la barra divisoria «$/$», en realidad hay que saber apreciar que se trata de la operación geométrica «$/\!/$», derivada del producto de un escalar por un segmento. Pues bien, esta confusión tan elemental es el tóxico que envenena la matemática de manera trágica, como enseguida se verá.

Las diferencias entre la adición y la multiplicación escalar quedan también patentes por las distintas estructuras algebraicas que engendran. La adición de segmentos, que es una aplicación del producto cartesiano $\{S\} \times \{S\}$ en $\{S\}$, es una ley de composición interna y se puede comprobar con facilidad que satisface las propiedades necesarias para dotar al conjunto $\{S\}$ de la estructura de grupo abeliano. En cambio, la multiplicación por un escalar es una ley externa, indicada por una aplicación del producto cartesiano $R \times \{S\}$ en $\{S\}$, siendo R el cuerpo de los números reales. Puede comprobarse con facilidad que esta operación es tal que dota al conjunto $\{S\}$ de la estructura algebraica de espacio vectorial sobre R. No obstante, para ello, es preciso definir el concepto de **segmento opuesto o negativo**, y nada impide establecerlo como aquel que se sume por yuxtaposición en sentido contario al considerado positivo, dado que en la recta existen dos sentidos para efectuar una adición; si el primer sumando es mayor que el segundo, la suma resultará en un segmento positivo; si el primer sumando es menor que el segundo, la suma quedará en un segmento negativo; y todo ello por definición de esta ley de composición interna. Ello equivale a reconocer en el segmento el atributo del **sentido u orden lineal**, de manera que la igualdad de segmentos exija no solo la congruencia sino, además, el mismo orden entre sus puntos o, dicho de otro modo, que los segmentos tengan el mismo sentido, aunque puedan diferir en dirección, atributo este propio de los vectores.

De manera análoga, la multiplicación por un escalar negativo habrá de considerar que el signo del producto sea opuesto al del segmento que figure como multiplicando. Esta conceptuación es el origen que justifica los sistemas cartesianos de referencia que dan paso a la geometría analítica.

Paralela media de un trapecio y de un triángulo

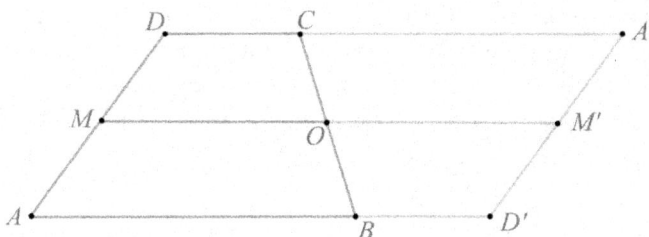

Sea el trapecio $ABCD$, sea MO el segmento que une los puntos medios de los lados no paralelos BC y AD; la figura simétrica de centro O del trapecio $ABCD$ es la $A'CBD'$; la simetría central es tal que rectas homólogas son paralelas, por lo que los segmentos DC y BD' son paralelos, y los AB y CA' también, así como los segmentos AD y $A'D'$; las indicadas simetrías centrales dan lugar al paralelogramo $AD'A'D$ con centro de simetría O; resultarán los puntos homólogos A', D' y M' y, siendo por hipótesis $AM=MD$, tenemos que la simetría central establece que son iguales sus homólogos $A'M'=M'D'$; así resulta ser MM' la paralela media del paralelogramo, conque esta paralela media ha de ser paralela a los lados DA' y AD'; llegando a la conclusión de que el segmento MO que une los puntos medios de los lados no paralelos del trapecio $ABCD$ ha de ser paralelo a AB y DC; también ha de ser $MO=OM'$, por la simetría central, y resultando $MM'=AB \oplus BD'$ o $MM'=DC \oplus CA'$ indistintamente, por ser $DA'=MM'=AD'$, y siendo homólogos los segmentos AB con CA' y DC con BD', resulta que $MM'=AB \oplus DC$ y $MM'=2 \circ MO$; conque, finalmente se tiene que, $MO=(AB \oplus DC)//2$; y así podemos enunciar que **el segmento que une los puntos medios de los lados no paralelos de un trapecio es la paralela media a sus lados paralelos, llamados bases, y mide la mitad que su suma**.

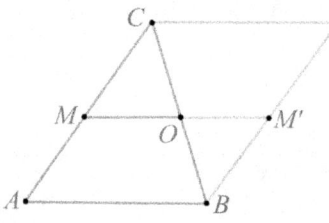

Sea el triángulo ABC, formemos el segmento MO que une los puntos medios de los lados BC y AC, estamos ante un caso particular del anterior, por lo que podríamos extender a él sin más la propiedad deducida para el trapecio. La simetría de centro O transforma el triángulo ABC en el triángulo $A'CB$.

Las rectas homólogas de la simetría central son paralelas, por tanto, son paralelos los segmentos AB con CA' y AC con $A'B$; resulta así que la figura $ABA'C$ es un paralelogramo, con todas sus propiedades; como son iguales los segmentos $A'M'$ y $M'B$, porque son simétricos homólogos de los segmentos iguales CM y MA, resulta que el segmento MM' une los puntos medios de los lados AC y BA' del paralelogramo $ABA'C$, luego, MM' ha de ser paralelo a AB y a CA' e iguales a ellos; como $MM'=2 \circ MO$, resulta que $MO=AB//2$; con el cual es cierto el enunciado siguiente: **el segmento que une los puntos medios de dos lados de un triángulo es paralelo al tercer lado e igual a la mitad de éste**.

Figura 17

División de un segmento en partes iguales

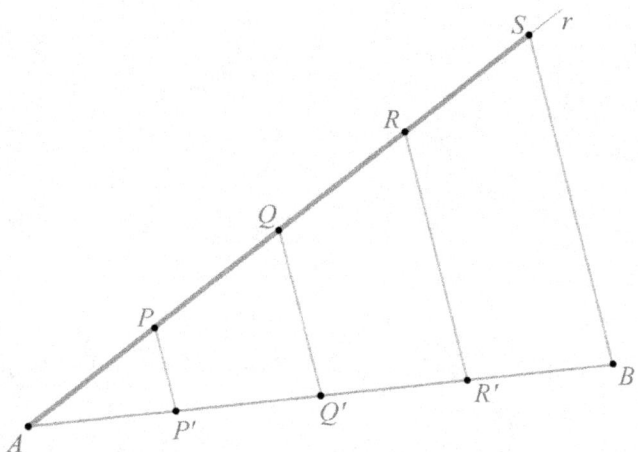

Dado un segmento AB, se trata de dividirlo, por ejemplo, en cuatro partes iguales. Para ello, utilizaremos reiteradamente el teorema de la paralela media en los diversos triángulos que se pueden concebir. Primero, trazamos una semirrecta Ar cualquiera, que no coincida con AB; segundo, tomamos un segmento cualquiera y lo llevamos a partir de A y sobre r cuatro veces, uno a continuación del otro, así obtenemos los puntos P, Q, R y S; tercero, unimos el último de estos puntos, que en este caso es S, con B; cuarto, trazamos por P, Q y R paralelas a SB, y obtenemos los puntos P', Q' y R'; resulta así que en el triángulo AQQ' el segmento PP' es paralela media, siendo P el punto medio de AQ, porque así lo hemos construido, luego, P' es el punto medio de AQ', y resulta que $AP'=P'Q'$; algo parecido observamos con el segmento QQ', que es paralela media del trapecio $P'Q'RP$, puesto que Q es el punto medio del lado PR, porque así lo hemos establecido llevando sobre r segmentos iguales, luego, también resulta que $P'Q'=Q'R'$; y, finalmente, de manera análoga se tiene que también es $Q'R'=R'B$, por idéntico esquema de razonamiento con el trapecio $Q'BSQ$; concluyendo que el segmento AB ha quedado así dividido en cuatro segmentos iguales, los AP', $P'Q'$, $Q'R'$ y $R'B$. La determinación de los segmentos en la recta AB mediante el trazado de paralelas desde la recta r se denomina **proyección paralela** de los segmentos de una recta sobre la otra en la dirección de las paralelas trazadas. Esto nos permite afirmar el siguiente enunciado: **dadas dos rectas, la proyección paralela de segmentos iguales de una recta determina sobre la otra segmentos iguales**. Y de aquí al *Teorema de Tales* ya no queda casi nada.

Figura 18

Teorema de Tales

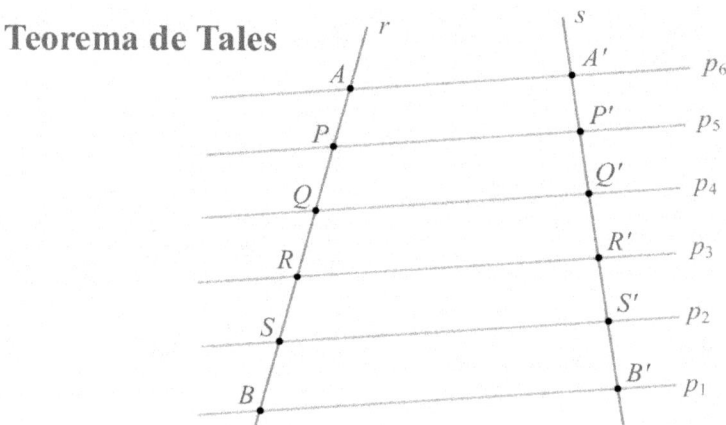

Sean las rectas r y s, sea el segmento AB de la recta r; es posible dividirlo en partes iguales, en la figura se ha dividido en cinco; supongamos que los puntos que resultan de dividir el segmento AB en partes iguales sean los P, Q, R y S; sean los puntos A', B', P', Q', R' y S' los proyectados paralelamente desde sus homólogos A, B, P, Q, R y S, por medio del sistema dado de paralelas p_1, p_2, p_3, p_4, p_5 y p_6; en estas condiciones, el segmento AB es la suma de los segmentos AP, PQ, QR, RS y SB, por definición de suma de segmentos; como todos estos segmentos sumandos son iguales por hipótesis, por definición de producto de un segmento por un número, tenemos que esa suma se pueda expresar como el producto $AB=5\circ AP$, siendo AP el segmento que tomamos como representante de todos los sumandos iguales para expresar esta operación, que sería idéntica si se tomase cualquier otro de los sumandos iguales; otro segmento cualquiera de la misma recta r, tal como PS, por ejemplo, es la suma de los segmentos PQ, QR y RS, iguales entre sí y también iguales a AP, luego, se podrá escribir $PS=3\circ AP$. El cociente de segmentos se define con la misma apariencia que el cociente de números, aunque con su significado específico, en este caso, el cociente entre segmentos $PS//AB$, con doble barra para diferenciarlo del cociente aritmético, es el número racional 3/5, porque, por definición de división de segmentos, $PS=3/5\circ AB$. Así que $3/5\circ AB$ significa dividir AB en 5 segmentos iguales y el segmento resultante multiplicarlo por 3, o sumarlo 3 veces. Como el segmento AB dividido entre 5 es precisamente AP, resulta que $3/5\circ AB=3\circ AP$, y $3\circ AP$ resulta ser PS, luego, es correcta la expresión $PS//AB=3/5$; es decir, los segmentos PS y AB están en la razón 3/5. Veamos ahora en qué razón están los segmentos proyectados paralelamente sobre s por las paralelas correspondientes. Los segmentos proyectados son $P'S'$ y $A'B'$; los segmentos $A'P', P'Q', Q'R', R'S'$ y $S'B'$ son todos iguales, por lo que podemos tomar a uno de ellos para representarlos a todos en las sumas que vamos a establecer, sea $A'P'$ este representante; podremos escribir que $P'S'=3\circ A'P'$ y $A'B'=5\circ A'P'$; así que los segmentos proyectados paralelamente de r en s están en la razón $P'S'//A'B'=3/5$, el mismo número racional que la razón $PS//AB$. Resulta, entonces, que esas dos razones forman proporción y podremos escribir tranquilamente que $PS//AB=P'S'//A'B'$. Como este mismo resultado se tendría cualesquiera que fueran los segmentos que se tomasen en la recta r y sus proyectados en s, llegamos al siguiente enunciado, que es el conocidísimo *Teorema de Tales*: **si dos rectas se cortan por otras rectas paralelas entre sí, los segmentos que éstas determinan en una recta son proporcionales con los segmentos que proyectan sobre la otra recta.** Analíticamente, resultarán múltiples proporciones como éstas: $AP//AQ=A'P'//A'Q'$, $PR//AQ=P'R'//A'Q'$, $QB//PQ=Q'B'//P'Q'$, etc.

Figura 19

Artículo 22

EL BORRÓN DE LOS TEXTOS CLÁSICOS: LA MATEMÁTICA HA PASADO POR ALTO LAS MULTIPLICACIONES DE SEGMENTOS

Veamos el esquema argumental común a los textos de geometría con el caso del prestigioso *Curso de geometría métrica*, Tomo I, del profesor Pedro Puig Adam. En la «Lección 22» (p. 129) sobre el *Teorema de Pitágoras* formula una enigmática prevención: «Advertencia preliminar sobre el **producto de segmentos**».

Establecida la proporción de segmentos, declara **sin demostrarlo** que «toda proporción entre segmentos puede interpretarse como proporción entre sus medidas», y continúa:

> En esta forma interpretaremos las proporciones segmentarias en esta lección y en las sucesivas, en cuanto **igualemos en ellas los productos de medios y extremos**. Así, pues, de aquí en adelante donde vea el lector escrito o enunciado un producto de segmentos $\overline{AB} \cdot \overline{AC}$ deberá entender como tal el número producto de las medidas de AB y AC con una misma unidad.

De este modo, la proporcionalidad de segmentos, que es una operación geométrica singular, se confunde en los textos ejemplares de manera perturbadora con el producto de segmentos que genera nuevas magnitudes, que es una **ley de composición muy distinta, pues relaciona entre sí figuras geométricas con magnitudes diferentes: longitudes, áreas y volúmenes.**

El error algebraico del planteamiento anterior es obvio: la proporcionalidad de segmentos solo implica que las razones que conformen la relación son tales que equivalen al mismo número real, de acuerdo con la división diádica homogénea del apartado XI; pero inferir de ello que el producto de los medios sea igual al de los extremos es caer en una suposición inadmisible, porque el producto de segmentos, en tanto que figuras geométricas elementales, no puede asimilarse «porque sí» al producto numérico, sino que debe definirse expresamente aparte, puesto que los segmentos no son números en sí mismos, son figuras geométricas que incluyen cantidades innúmeras de una magnitud fundamental: la longitud.

Puig Adam no es el único que cayó en esa trampa. Ninguno hemos vencido la tentación de «aritmetizarlo» todo sin pensar en lo que hacíamos. Incluso los más ilustres matemáticos como David Hilbert, que buscó dar forma analítica a la multiplicación de segmentos, no fue capaz de librarse del embrujo de la aritmética. Su texto *Fundamentos de la geometría*, publicado en 1899, es considerado su contribución más importante a la matemática moderna, incorporando el método axiomático formal.

En esa investigación Hilbert propone el producto de segmentos mediante una multiplicación «aritmetizada» basada en la siguiente figura geométrica: tomemos dos rectas secantes en el punto O, sobre una de ellas llevemos el segmento $\overline{OA}$ y sobre la otra llevemos los segmentos $\overline{OB}$ y $\overline{OU}$, este último tomado como unidad; tracemos por B la paralela a AU, que cortará a la recta OA en el punto P. Hilber define el producto de los segmentos $\overline{OA}$ y $\overline{OB}$ como el segmento $\overline{OP}$. Es evidente que esta construcción incurre en el mismo error que Puig Adam, pues identifica los segmentos con sus medidas y con ello queda indefinida la multiplicación geométrica de segmentos, que ya sabemos es en rigor una ley de composición externa generatriz que produce una nueva magnitud geométrica denominada área, por lo que el producto de segmentos nunca puede dar lugar a otro segmento.

Así es como Puig Adam y David Hilbert y con ellos todos nosotros confundimos las operaciones aditivas de los apartados V a XI sin distinguirlas de las llamadas multiplicativas generatrices de los apartados XII a XVII, olvidando estas últimas, que son esenciales para componer magnitudes geométricas y físicas.

En suma, dada una proporción de segmentos $S_1/\!/S_2 = S_3/\!/S_4$, no es correcto inferir que se cumpla sin más que el producto de los extremos sea igual al producto de los medios $S_1 \times S_4 = S_2 \times S_3$, como en las proporciones aritméticas, porque los productos $S_1 \times S_4$ y $S_2 \times S_3$ carecen de significado para los segmentos, si previamente no se han definido las leyes multiplicativas generatrices para componer magnitudes.

Artículo 23

SALVANDO LA LAGUNA CON LA SOSLAYADA MULTIPLICACIÓN GEOMÉTRICA

Se ha concluido anteriormente que las proporciones de segmentos no permiten en absoluto establecer la multiplicación de estas figuras elementales, que representan cantidades de longitudes, por lo que la suposición de que en tales proporciones el producto de los medios sea igual al de los extremos, no solo no tiene fundamento, sino que debe excluirse *a priori*, sin antes haber definido las leyes de composición multiplicativas que compongan segmentos con rigor matemático. Para ello, sin olvidar que lo que se está manejando son figuras geométricas, la multiplicación de dos segmentos puede concebirse como la operación geométrica consistente en formar con ellos otra figura rectangular cuyas dimensiones sean precisamente los segmentos multiplicados. Por definición de esta ley de composición, el resultado de tal multiplicación o producto será precisamente ese rectángulo, que acogerá una determinada cantidad de una nueva magnitud compuesta o derivada de la longitud, denominada **área o superficie**, tal como se describe gráficamente en la figura 20.

A su vez, si en vez de dos segmentos se multiplicasen tres, el resultado o producto se puede identificar, por definición, con una figura geométrica denominada paralelepípedo recto, cuyas aristas sean precisamente los segmentos multiplicados, dando lugar a un cuerpo que acoja una determinada cantidad de una nueva magnitud, compuesta con la longitud o derivada de ella, que se denomina **volumen**, ley de composición que se describe también en la misma figura 20. Para representar estas operaciones tan distintas de la multiplicación de números se puede utilizar el asterisco matemático «*», aunque el principio de economía simbólica, que se sirve del mismo signo «×» para representar todas las leyes multiplicativas, tienda a indicarlas todas con esta misma grafía; pero ello no habría de impedir que los intelectos las distingan y sepan diferenciarlas, porque son operaciones independientes.

Definición gráfica de multiplicación de segmentos

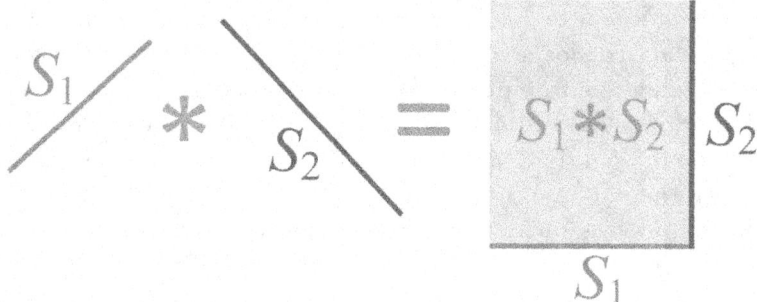

El producto gráfico o geométrico de dos segmentos no es otro segmento, sino que, por definición, es una nueva figura geométrica llamada rectángulo, dando lugar a una magnitud compuesta o derivada de la longitud denominada **superficie o área**.

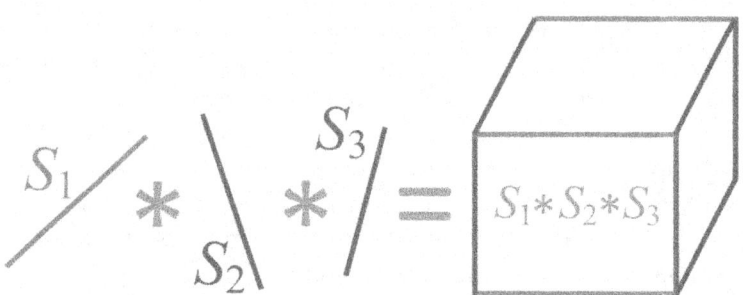

El producto gráfico o geométrico de tres segmentos no es otro segmento, sino que, por definición, es una nueva figura geométrica llamada paralelepípedo recto, dando lugar a una magnitud compuesta o derivada de la longitud denominada **volumen**.

Figura 20

Parte I: *Primera álgebra de magnitudes* (álgebra diádica)

Una observación importante sobre estas nociones de multiplicación de segmentos es que, considerando que los productos no se refieren a longitudes, sino que indican áreas o volúmenes, es decir, magnitudes diferentes de la longitud, **se trata de leyes de composición de naturaleza externa, no interna**, lo cual revela una notable diferencia conceptual con las operaciones numéricas. Ello queda patente al precisar las aplicaciones que las definen: con dos factores se trata de una aplicación de $\{S\}\times\{S\}$ en $\{S*S\}$, donde simplemente $\{S*S\}$ indique el conjunto de todos los rectángulos posibles formados con segmentos, que también puede denotarse con la forma exponencial $\{S^2\}$; a su vez, con tres factores el producto geométrico es una aplicación del producto cartesiano $\{S\}\times\{S\}\times\{S\}$ en $\{S*S*S\}$, con este símbolo representando a todos los posibles paralelepípedos rectos formados con segmentos, en notación exponencial $\{S^3\}$.

Artículo 24

EL TRASCENDENTAL EXPERIMENTO
CON ÁREAS Y VOLÚMENES
(Artículo 8, figuras 10 y 11)

Salvada la laguna matemática de la multiplicación geométrica, se observa que esta operación, dado su carácter gráfico, no aporta por sí misma información en cuanto a las cantidades de longitudes de los segmentos ni en cuanto a las cantidades de superficie ni de volumen. Por tanto, es preciso acometer procedimientos de **medida** que permitan cuantificar y operar analíticamente con tales magnitudes.

Para establecer un criterio de medida de las longitudes de los segmentos se recurre a uno cualquiera de ellos que se tome como unidad, que será tal que comprenderá una cantidad de longitud no numerable, indeterminación que se salvará asignándole un símbolo que la represente, por ejemplo, U_L. Con ello, la medida de cualquier segmento S se podrá indicar con la pareja o díada (λ, U_L), donde λ sea un número real que indica las veces que en S esté comprendida la unidad de longitud U_L o, expresado con la simbología que ya se ha desarrollado, el significado de (λ, U_L) es que se verifique la ecuación simbólica $S = \lambda \circ U_L$, donde la operación «∘» indica la multiplicación de un escalar por un segmento, definida en el artículo 6. Así que podemos admitir la igualdad de significado entre la díada (λ, U_L), que representa la cantidad de longitud del segmento S, con la multiplicación $\lambda \circ U_L$, o lo que es equivalente, con el sentido de equivalencia de significados se puede escribir la igualdad $(\lambda, U_L) = \lambda \circ U_L$.

En estas condiciones, el experimento geométrico con las áreas queda descrito en la figura 10 del artículo 8 y el correspondiente a los volúmenes en la figura 11. El resultado que de ellos se obtiene evidencia que, describiendo analíticamente las cantidades de longitud de los segmentos que se multipliquen mediante díadas referidas a ciertas unidades de longitud, se encuentra que con dos factores, la medida del área que integra el producto de dos segmentos es igual a una díada en que el primero de sus elementos sea el número real que se obtiene al multiplicar los elementos numéricos de las díadas de los factores, y el segundo de los elementos de la díada del producto es la cantidad de área, no expresable numéricamente, del rectángulo unitario que resulte de multiplicar geométricamente las unidades de longitud en que se expresen los factores. En términos de analítica matemática se tendría que, si los segmentos multiplicados S_1 y S_2 se hubieran expresado en función de sendas unidades de longitud U_{L1} y U_{L2} con las respectivas díadas (a, U_{L1}) y (b, U_{L2}), donde a y b son los números reales que indican las medidas de los segmentos S_1 y S_2 mediante las unidades U_{L1} y U_{L2}, resultará que la cantidad de área generada por el producto geométrico de esos segmentos vendría dada por la díada $[(a \times b), (U_{L1} * U_{L2})]$, cuyo significado es que dicha área producto es $a \times b$ veces la cantidad de superficie del rectángulo unitario engendrado por los segmentos unitarios U_{L1} y U_{L2}, es decir, el rectángulo simbolizado por $U_{L1} * U_{L2}$.

Con tres segmentos multiplicados el procedimiento es totalmente análogo, aunque en este caso la magnitud generada sea un volumen en vez de una superficie, volumen que se medirá con la unidad compuesta con el producto geométrico de las unidades de longitud de los factores $U_{L1} * U_{L2} * U_{L3}$. Y de todo ello se pueden concluir las formas analíticas de estas dos multiplicaciones geométricas, que quedan de este modo para dos y tres factores:

$$(a, U_{L1}) * (b, U_{L2}) = [(a \times b), (U_{L1} * U_{L2})]$$

$$(a, U_{L1}) * (b, U_{L2}) * (c, U_{L3}) = [(a \times b \times c), (U_{L1} * U_{L2} * U_{L3})]$$

Llegados a este punto, nada impide generalizar la multiplicación de segmentos al caso de n factores, lo que analíticamente no ofrece la menor dificultad, pues basta establecer la igualdad siguiente:

$$(a_1, U_{L1}) * (a_2, U_{L2}) * \ldots * (a_n, U_{Ln}) =$$
$$= [(a_1 \times a_2 \times \ldots \times a_n), (U_{L1} * U_{L2} * \ldots * U_{ln})]$$

Artículo 25

RELACIÓN ENTRE PROPORCIONALIDAD DE SEGMENTOS Y MULTIPLICACIÓN GEOMÉTRICA

Se ha observado que la proporcionalidad de segmentos nace de la multiplicación por un escalar. Se ha simbolizado esta operación con la notación $\lambda \circ S = P$, y se ha establecido que por ello se diga que los segmentos S y P están en la razón $P /\!/ S$ del escalar λ. Así, cuando a dos razones les corresponda el mismo escalar λ se dirá que forman proporción, y se escribirá $S_1 /\!/ S_2 = S_3 /\!/ S_4 = \lambda$.

Expresando los cuatro segmentos de una proporción en la misma unidad de longitud U_L, siendo a_1, a_2, a_3 y a_4 las medidas respectivas de los segmentos con dicha unidad U_L, se tienen las identidades $S_1 = a_1 \circ U_L$, $S_2 = a_2 \circ U_L$, $S_3 = a_3 \circ U_L$ y $S_4 = a_4 \circ U_L$. A su vez, la proporcionalidad inicial determina que $a_1 \circ U_L = \lambda \circ (a_2 \circ U_L)$. El significado de la operación «$\circ$» es el de una suma abreviada de segmentos, por lo que se podrá escribir $\lambda \circ (a_2 \circ U_L) = (\lambda \times a_2) \circ U_L$, porque la medida del segmento $\lambda \circ (a_2 \circ U_L)$ con la unidad U_L debe coincidir axiomáticamente con el producto aritmético $\lambda \times a_2$. Todo ello nos conduce a la igualdad $a_1 \circ U_L = (\lambda \times a_2) \circ U_L$. Y, siendo iguales las unidades de longitud U_L de ambos miembros, no puede sino concluirse que $a_1 = \lambda \times a_2$, con fundamento en la igualdad de segmentos. Conque se puede afirmar que, si dos segmentos S_1 y S_2 están en la razón geométrica λ, sus medidas a_1 y a_2 en la misma unidad de longitud U_L están en esa misma razón aritmética λ.

De este modo queda en evidencia la primera alegre suposición que conforma el borrón de los textos modélicos, representados por Puig Adam y David Hilbert, y se acredita que toda razón geométrica de segmentos medidos con la misma unidad puede afirmarse que engendra una razón aritmética igual entre sus medidas. Y de la misma forma, si dos razones de segmentos forman proporción geométrica, es seguro que sus medidas con una misma unidad de longitud forman proporción aritmética.

A continuación, dada una proporción geométrica de segmentos $S_1 /\!/ S_2 = S_3 /\!/ S_4 = \lambda$, analicemos qué sucede con el producto geométrico de los extremos $S_1 * S_4$ y el de los medios $S_2 * S_3$. La multiplicación geométrica permite escribir $S_1 * S_4 = (a_1 \times a_4) \circ U_L$ y $S_2 * S_3 = (a_2 \times a_3) \circ U_L$. Considerando que, por hipótesis, los segmentos dados forman proporción geométrica, como se acaba de acreditar, sus medidas con la misma unidad formarán proporción aritmética, y se verifica que $a_1 \times a_4 = a_2 \times a_3$, y de aquí se tiene que $S_1 * S_4 = S_2 * S_3$. Luego, dada la proporción geométrica $S_1 /\!/ S_2 = S_3 /\!/ S_4$, se verifica que el producto geométrico de los extremos es igual al de los medios, sin olvidar que estos dos productos no son ordinarios, sino que representan sendas áreas que resultan ser iguales.

Con este planteamiento afloran los defectos de las suposiciones de Puig Adam y David Hilbert y de los textos clásicos. Queda patente el error de estos al considerar que de la proporción entre las medidas de los segmentos con la misma unidad de longitud se pueda inferir la de los segmentos, porque en ningún caso definen como debieran la multiplicación geométrica y, en ausencia de esta, tal suposición es un exceso inadmisible. De ahí que deban recurrir al artificio más bien tramposo de sustituir los segmentos por sus medidas. Sin embargo, con el argumento de estos artículos se acredita que tal convenio, aparte de incorrecto, no es necesario, porque basta con completar la laguna hasta ahora vigente con las operaciones que se habían omitido indebidamente, esto es, las inherentes a la multiplicación geométrica de segmentos, y con ello se completa el abanico de operaciones y propiedades con plena coherencia lógica, quedando resuelta la carencia clásica actual.

Los textos de matemáticas, liderados por el *Curso de geometría métrica* de Puig Adam y *Fundamentos de la geometría* de David Hilbert, hacen prueba plena de que la matemática ha pasado de largo por la multiplicación geométrica, ignorando esta ley de composición generatriz e indispensable para operar debidamente con las cantidades de una magnitud fundamental: la longitud.

Este descuido negligente ha emborronado desde este punto todos los desarrollos matemáticos que se apoyan en la métrica: los espacios vectoriales, que se basan en el concepto de modulo de un vector; los espacios euclidianos, que tienen por fundamento la conexión interior o producto escalar; los espacios tensoriales y, en suma, como se ha indicado, todas esas innumerables estructuras algebraicas que se sirven de la noción de métrica o distancia entre sus puntos.

Como la Física se sirve casi a ciegas de la matemática, escudándose en esa comodidad, no ha reparado en la malformación que afecta a su ciencia matriz y, conformándose sin más con lo que la matemática le ofrecía, ha dejado pendiente de justificación y desarrollo, no solo las operaciones con cantidades de longitudes, que son la magnitud física más fundamental de todas, sino además las correspondientes a cualquier otra magnitud. Por este descuido la Física arrastra desde el principio una asignatura pendiente fundamental, que es el álgebra epistémica de magnitudes. Así es como el virus matemático ha infectado la Física y ambas ciencias deben sanarse y crear anticuerpos, lo cual no es ni mucho menos imposible, porque aquí se demuestra cómo hacerlo. Y, siempre que se conozca el tratamiento para una enfermedad, no parece dudoso que sea obligado prescribirlo.

Con ello se observará que las álgebras de magnitudes revolucionarán la Física, porque la asignatura pendiente vigente relega las magnitudes compuestas a un plano meramente simbólico, dando prioridad a la búsqueda de proporcionalidades numéricas estrictamente aritméticas y más bien pueriles. Sin embargo, lo que la Física necesita es que las magnitudes sean objeto de investigación en sí mismas, para descubrir su verdadera naturaleza y propiedades, y así poder adaptar a la realidad las leyes de composición pertinentes para cada experiencia física, estructurándolas convenientemente.

Un primer resultado notable de esa investigación es la observación «dismétrica», que conduce a la Física al innovador e inexplorado campo de los espacios «dismétricos», que están llamados a mejorar los modelos físicos y que constituyen una herramienta mucho más potente que la actual isometría tácita para representar con mayor precisión los fenómenos naturales, tal como se esboza en segunda parte de esta obra.

Artículo 26

LA REGLA DE TRES COMPUESTA NO ARITMÉTICA FUNDAMENTO DE LAS ECUACIONES FÍSICAS

Vamos a examinar los problemas básicos conocidos por la denominación «regla de tres compuesta», que se enseñan y resuelven defectuosamente mediante proporciones aritméticas, lo cual produce problemas de incomprensión por el error de la «aritmetización». Sin embargo, observaremos que, aplicando el álgebra de magnitudes, estos casos se solucionan con suma facilidad y pleno rigor matemático, sin dejar espacio a lagunas lógicas, como puede comprobar el lector por sí mismo, resolviendo los problemas por el método clásico, que se supone conocido, y comparándolo con lo explicado en este artículo. Veremos también que estos casos elementales reflejan con singular claridad la formación de las ecuaciones físicas en general. Para ello operaremos sobre ejemplos concretos y aplicaremos las operaciones que hemos denominado «multiplicación y división homogéneas», apartados X y XI, o artículos 6 y 7 del apartado XXVIII, así como la «multiplicación y división heterogéneas», apartados XII y XVI, o artículos 9 y 10 del citado apartado XXVIII. No entraremos en demostraciones repetitivas, sino que nos remitiremos a las propiedades ya expuestas en dichos apartados.

Consideremos el siguiente problema de «regla de tres compuesta directa»: 5 *botellas* de 2 *litros* cada una llenas de un líquido pesan 15 *kilogramos*. ¿Cuánto pesan 2 *botellas* de 3 *litros* cada una? Se sobreentiende que el peso es el del líquido sin el envase. Las magnitudes generatrices son la *cantidad de botellas* y el *volumen*. La magnitud generada es el *peso*. Así que las ecuaciones del problema han de tener la forma *botellas*volumen=peso*. El enunciado «5 *botellas* de 2 *litros* cada una llenas de un líquido pesan 15 *kilogramos*» equivale a la siguiente igualdad generatriz:

$$5 \; botella * 2 \; litro = 15 \; kilogramo$$

Análogamente, el enunciado de lenguaje ordinario «¿Cuánto pesan 2 *botellas* de 3 *litros* cada una?», se puede escribir algebraicamente en forma generatriz con la ecuación diádica siguiente:

2 *botella* * 3 *litro* = x *kilogramo* (incógnita generada)

Donde x es la medida desconocida del peso de las 2 *botellas* de 3 *litros*. Así, planteadas estas dos ecuaciones, operando con ellas, se transforman en estas dos:

5×2 *botella* * *litro* = 15 *kilogramo*

2×3 *botella* * *litro* = x *kilogramo*

Podemos dividir diádicamente estas dos ecuaciones miembro a miembro y obtenemos:

$$\frac{5\times 2\, botella * litro}{2\times 3\, botella * litro} = \frac{15\, kilogramo}{x\, kilogramo}$$

Así hemos formado dos razones diádicas iguales, por lo que forman proporción no aritmética. Las dos razones son tales que sus numeradores y denominadores constan de díadas con el mismo secundario, por lo que son homogéneas, y su cociente ha de ser igual a la razón aritmética de sus primarios. Así resulta que la proporción diádica anterior justifica asentar la proporción aritmética siguiente:

$$\frac{5\times 2}{2\times 3} = \frac{15}{x}$$

Resolviendo, se tiene $x=9$, es decir, que 2 *botellas* de 3 *litros* cada una pesan 9 *kilogramos*, que es la solución al problema.

Observamos que el álgebra diádica permite relacionar unidades tan diferentes como la *botella*, el *litro* y el *kilogramo*. Y este fenómeno es el que se da permanentemente en la Física cuando relaciona unidades fundamentales de longitud, masa o tiempo, como el *metro*, el *kilogramo* y el *segundo*, o cualesquiera otras. En este ejemplo podríamos concebir con relativo valor limitado al supuesto las fórmulas dimensionales del apartado XXVIII, tales como [PESO]=BOTELLA*VOLUMEN. No se nos escapará la

Parte I: *Primera álgebra de magnitudes* (álgebra diádica)

incongruencia que puede parecer para la Física que se considere el *peso*, asociado a la *masa*, magnitud fundamental, como unidad generada por el producto generatriz de *botellas* y *volumen*. No obstante lo cual, su validez algebraica es incuestionable.

La libertad en la elección de las magnitudes generatrices queda patente con un primer caso variante inversa: 5 *botellas* de 2 *litros* cada una llenas de un líquido pesan 15 *kilogramos*. ¿De cuántos litros son las *botellas* si 2 pesan 9 *kilogramos*? Las ecuaciones generatrices son en este caso las indicadas a continuación: 5 *botella* $*$ 2 *litro* = 15 *kilogramo* y 2 *botella* $*$ x *litro* = 9 *kilogramo*. La razón aritmética es $(5\times2)/(2\times x)=15/9$, con lo que $x=3$. Cada botella tendrá un volumen de 3 *litros*, como el primer enunciado.

La segunda variante inversa tendría por incógnita la *cantidad de botellas*. Preguntaríamos ¿cuántas botellas de 3 *litros* pesan 9 *kilogramos*? Las ecuaciones generatrices en este caso son: 5 *botella* $*$ 2 *litro* = 15 *kilogramo* y x *botella* $*$ 3 *litro* = 9 *kilogramo*. Resulta $(5\times2)/(x\times3)=15/9$, con lo que $x=2$. La solución son 2 *botellas*, lógicamente, coincidiendo con el primer enunciado.

Veamos otro ejemplo, en este caso de «regla de tres compuesta inversa», como las dos variantes del caso anterior: un sistema de transporte es capaz de trasladar 400 *viajeros* una distancia de 500 *kilómetros* en 8 *horas*. ¿Cuántos *viajeros* se podrán transportar una distancia de 300 *kilómetros* en 12 *horas*? Simplificando la notación mediante el uso de las abreviaturas de unidades v para *viajeros*, km para *kilómetros* y h para *horas*, los dos enunciados anteriores pueden traducirse al lenguaje matemático del álgebra de magnitudes mediante sendas expresiones generatrices:

$$400\ v\ *\ 500\ km = 8\ h$$

$$x\ v\ *\ 300\ km = 12\ h\ \text{(incógnita generatriz)}$$

Operando con el producto diádico, estas dos ecuaciones se transforman en estas otras:

$$400\times500\ v*km = 8\ h$$

$$x\times300\ v*km = 12\ h$$

Ambas expresiones tienen en sus primarios la misma unidad compuesta $v*km$ en el primer miembro y el tiempo h en el segundo. Por tanto, dividiéndolas miembro a miembro, resultan dos razones diádicas iguales, es decir, una proporción diádica no aritmética, que se reduce a la proporción aritmética de sus primarios, esto es:

$$\frac{400 \times 500\, v*km}{x \times 300\, v*km} = \frac{8h}{12h} \Rightarrow \frac{400 \times 500}{x \times 300} = \frac{8}{12} \Rightarrow x = 1.000$$

Por tanto, la respuesta al problema es que el número de *viajeros* transportable es de 1.000. En este caso nos encontramos también con la misma observación sobre la relativa validez de la ecuación dimensional que opera en el problema con las magnitudes relacionadas, cuya expresión sería:

[TIEMPO]=VIAJERO*LONGITUD

La incongruencia física de una expresión como esta es manifiesta, toda vez que el tiempo es una magnitud fundamental independiente y en la forma anterior aparece como magnitud compuesta por otras dos, aunque su validez algebraica es plena. Nuevamente nos topamos con la delicadeza necesaria para interpretar las relaciones entre las magnitudes que aparecen en las formulaciones matemáticas de los fenómenos naturales.

Los ejemplos analizados en este artículo pertenecen a los supuestos de «regla de tres compuesta directa e inversa», según la terminología corriente. Las reglas clásicas para resolver estos problemas son todas abstrusas e incompletas, por efecto del vicio de la «aritmetización». Sin embargo, con el álgebra de magnitudes todos los pasos lógicos quedan plenamente justificados por leyes matemáticas y no es preciso recurrir a misteriosas reglas de la cuenta de la vieja ni razonamientos intuitivos, resolviéndose los problemas de este tipo de modo muy directo y con plena facilidad. Y ello sirve muy bien como antesala didáctica en el manejo e interpretación de las leyes y ecuaciones físicas más complejas.

Apartado XXX

«DISMETRÍA» DE LAS MAGNITUDES
Una impresionante verdad físico-matemática

En este breve apartado se expone sucintamente el descubrimiento físico-matemático que probablemente sea el más importante desde la gravitación, y se muestra con evidencia la trascendencia del giro copernicano que se avecina para la Física, la ciencia y la técnica.

El histórico avance tiene repercusión mundial y comienza con el descubrimiento y resolución de la **paradoja de «aritmetización» de la Física**. Esta paradoja consiste sucintamente en lo siguiente: a día de hoy sabemos que nadie puede responder a preguntas tales como ¿de qué manera se multiplica un kilogramo por un metro?, ¿cuál es el multiplicador, el kilogramo o el metro? No pueden serlo ninguno de los dos, porque el kilogramo es una cantidad de masa imposible de identificar con un solo número y el metro es, por su parte, una cantidad de longitud indeterminable aritméticamente. ¿Qué cantidad de longitud hay en un metro?, ¿qué cantidad de masa hay en un kilogramo?, ¿qué cantidad de tiempo hay en un segundo? No se puede saber. Es imposible reducir esas cantidades físicas a simples números abstractos. Entonces, si las unidades físicas no son números aritméticos, ¿por qué se opera con ellas como si lo fuesen? Y la respuesta es que las expresiones compuestas con unidades físicas no están definidas y no son operaciones aritméticas, por lo que nadie conoce su significado, son notaciones vacuas y arbitrarias.

La paradoja de «aritmetización» de la Física equivale a la hipótesis arbitraria de suponer que con las magnitudes se pueda operar como si fuesen un grupo multiplicativo abeliano, que es la hipótesis actualmente vigente para el Sistema Internacional de Unidades y, por tanto, para todas las teorías vigentes, que lleva a incongruencias notables, como los exponentes negativos de las unidades compuestas y ecuaciones dimensionales, porque en el *Álgebra diádica de magnitudes* se demuestra con rigor que tales inversos no pueden existir, ya que las operaciones multiplicativas son leyes de composición externas, por lo que tampoco puede darse esa supuesta estructura de grupo multiplicativo abeliano. Así que **la referida hipótesis del Sistema Internacional es falsa**. Y esto no parece temerario calificarlo de escandaloso y sobre todo de lacra para el desarrollo de la Física, como se observa sin más que examinar el manual con atención imparcial y con curiosidad científica.

Por tanto, la llamada paradoja con cierto exceso de humildad y consideración hacia lo instituido, es más bien un primitivismo inaceptable en los tiempos modernos, máxime cuando ya existe un álgebra física que resuelve las lagunas y contradicciones de los fundamentos más básicos de la Física, que es operar con sus elementos, las cantidades de magnitudes físicas, de manera rigurosas y coherente.

Una vez identificada la paradoja, consecuencia de la **hipótesis falsa del sistema Internacional de Unidades**, el paso necesario siguiente es conformar un álgebra que opere con esas cantidades de magnitudes físicas, que no son simples entes matemáticos, sino que tienen naturaleza específica no aritmética, por lo que requieren un tratamiento singular y más amplio que el de la matemática pura. En la búsqueda de un álgebra no aritmética nos topamos con un precursor muy relevante: la forma de componer segmentos para producir nuevas magnitudes, las áreas y los volúmenes. Estas operaciones combinan cantidades de longitud para generar cantidades de área y cantidades de volumen. Por tanto, son una referencia ideal para entender el resto de las magnitudes físicas. No en vano un segmento no es más que una cantidad de longitud en sentido físico, luego esta álgebra geométrica también pertenece a la Física.

Establecida el álgebra de segmentos, en tanto que álgebra de figuras geométricas, no de símbolos abstractos, se puede dar el siguiente paso, que es su transformación analítica mediante elementos diádicos, formados por un ente matemático en el primario, número, vector o tensor, y una unidad de longitud en el secundario. Después, basta observar que las cantidades físicas se pueden hacer corresponder biunívocamente con las estructuras algebraicas de los segmentos geométricos, por lo que, habiendo afinidad, se pueden generalizar las leyes de composición de los segmentos, extendiéndolas a las demás magnitudes.

Las operaciones aditivas con magnitudes homogéneas no ofrecen ninguna complicación, pero aún así, nos conducen a la perfecta compresión racional de la magnitudes adimesionales tales como el radián y a otras consecuencias fundamentales para operar con las leyes aditivas de la Física.

Resultando que al componer mediante la multiplicación geométrica dos segmentos se produce una nueva magnitud, la superficie, y que componiendo tres resulta otra, el volumen, las leyes multiplicativas de magnitudes, al contrario que las aditivas, se nos aparecen como **leyes externas generatrices**, por lo que no pueden existir elementos unitarios ni inversos, lo que hace imposible que tales leyes externas puedan dotar de estructura de grupo abeliano a los conjuntos diádicos, o conjuntos de cantidades de magnitudes físicas. Es fácil observar este hecho sin más que preguntarse ¿cuál es el inverso de un metro? Es decir, ¿que cantidad de longitud multiplicada por un metro da un metro? O también, ¿qué cantidad de longitud multiplicada por cualquier otra da esta misma longitud? No existe nada así, porque dos cantidades de longitud multiplicadas producen un área, no una longitud. Con todo ello se llega a la interpretación correcta de los inversos de las unidades físicas y de las divisiones entre cantidades de magnitudes heterogéneas, dando significación completa a los exponentes dimensionales negativos y a las magnitudes compuestas obtenidas multiplicando o dividiendo otras fundamentales.

La inexistencia de elementos unitarios e inversos para las operaciones multiplicativas no impide que los conjuntos diádicos, dotados de esas leyes aditivas y multiplicativas, definidas coherente y específicamente para las cantidades de magnitudes físicas, revelen una estructura isomorfa con el cuerpo de los números reales.

El desarrollo de esta álgebra de magnitudes fue el objetivo inicial de la investigación, que se detalla en el manual. Al principio todo se centró en describir la paradoja de «aritmetización» y salvar las contradicciones y omisiones del Sistema Internacional de Unidades. Pero ocurrió que la observación de un elemento diádico cualquiera revela sin dificultad que una cantidad de magnitud puede variar de dos formas: porque varíe su primario, el elemento matemático que representa la medida, o porque varíe el secundario, el elemento físico o no matemático de la díada. ¿Qué significa una variación del secundario? No se refiere a un simple cambio de unidad de la misma magnitud. Es algo mucho más sutil. Para comprenderlo, tomemos como ejemplo la unidad de longitud, el metro. Podemos imaginar un segmento rígido que mida un metro. La cantidad de longitud implícita en tal segmento se puede suponer constante en todos los puntos del espacio, hipótesis que podríamos llamar isométrica, o se puede contemplar la otra opción lógica, que el mismo segmento congruentemente rígido en otras posiciones contenga implícitas diferentes cantidades de longitud, dependiendo de la naturaleza física del espacio considerado. Y así nacen los espacios «dismétricos». En ellos se puede definir la densidad «dismétrica» de una magnitud como el cociente diádico de dos cantidades de la misma en dos puntos distintos, expresadas en la misma unidad congruente, que según la nueva álgebra es siempre un número real y, por tanto, adimensional. De este modo se pueden concebir distintos ámbitos físicos caracterizados por distribuciones concretas de densidades «dismétricas» de las magnitudes fundamentales. Cada espacio queda así caracterizado por distribuciones convenientes de densidades «dismétricas», que no son sino números reales asociados a cada punto del espacio en cuestión. Y esta herramienta no es ni mucho menos banal, sino que lo cambia todo. Para demostrarlo se han desarrollado los artículos referentes a la matematización de la «dismetría», la *segunda ley de Newton* «dismétrica», la observación de que en número pi no es constante en un espacio «dismétrico», así como tampoco lo es la velocidad de la luz, y por último la gravitación «dismétrica».

Hay que examinarlos con mentalidad abierta, no tanto para entender el fenómeno físico expuesto, sino para vislumbrar las inmensas posibilidades de la «dismetría» en tanto que herramienta para representar los fenómenos físicos de toda índole y lo que esto puede suponer para el progreso de la Física.

Por ejemplo, con la «dismetría» se pone en evidencia que en un espacio «dismétrico» las constantes físicas no tienen por qué ser tales. En concreto, la *hipótesis relativista* de invariancia de la velocidad de la luz, en que se basa toda la *relatividad*, es incompatible con la «dismetría» del espacio, como se expone en el apartado XXXIV. Por tanto, el álgebra de magnitudes no se limita a resolver la paradoja de «aritmetización» de la Física y dar sentido coherente a las operaciones con magnitudes sin cambio práctico alguno, sino que, por el contrario, nos despeja el camino hacia los espacios «dismétricos» y se presenta como la fuente de otras muchas innovaciones posibles. La superación de la hipótesis falsa del Sistema Internacional de Unidades mediante el álgebra de magnitudes ya sería de por sí un avance prodigioso para la ciencia, porque da sentido pleno a las magnitudes compuestas, que ahora no son sino meros simbolismos caprichosos. Pero la fertilidad del álgebra creada para subsanarla ha llevado sin buscarlo a un descubrimiento aún más radical y trascendente: la «dismetría» del espacio.

La «dismetría» es un producto natural y epistémico de las díadas físicas. La Física ha supuesto tácitamente desde sus ya lejanos orígenes que las magnitudes sean rígidas, es decir, que no se vean afectadas por ninguna causa, lo que llamamos isometría y que equivale a admitir que las cantidades de magnitudes solo varíen porque cambien sus medidas, permaneciendo siempre constantes las unidades.

Pero esto no es más que una simplificación muy burda de la realidad, heredada de esos tiempos en que el álgebra moderna no se conocía. La verdad completa es la «dismetría» del espacio, porque no solo pueden variar las medidas físicas, sino también las cantidades de magnitudes implícitas en toda unidad adoptada como patrón.

De este modo se descubre la «dismetría» como sistema de representación completo de las propiedades naturales, y no es una teoría, sino una eterna verdad epistémica. Para entenderlo con un ejemplo es como si para construir o reparar máquinas se nos ofreciesen a elegir una llave de tuercas fija y otra inglesa, ¿con cuál de ellas nos quedaríamos? Es obvia la respuesta: la inglesa permite operar con una amplia gama de tamaños de tuerca, mientras que la fija solo admite una medida. Pues algo parecido ocurre con la isometría, la llave fija, y la «dismetría», la llave inglesa. Los físicos y los técnicos no pueden evitar convertirse a la «dismetría» para formular sin las limitaciones isométricas actuales sus teorías y aplicaciones. La «dismetría» es una opción necesaria, si se quiere abarcar con plenitud la complejidad de los fenómenos de la naturaleza.

Así que la «dismetría» es un fenómeno de ámbito mundial. Todos deben abrazarla sin remedio. Y, como es un sistema de representación completo de las propiedades naturales, producirá un sinfín de avances científicos e innovaciones técnicas, como otros adelantos físicos los produjeron en el pasado. Pensemos, por ejemplo, en cómo la termodinámica propició la invención de las máquinas térmicas, que movilizaron la revolución industrial; o cómo el descubrimiento de la electricidad y el electromagnetismo llevaron a electrificar la industria, el transporte ferroviario o los hogares; o cómo la física de los semiconductores ha traído el inmenso desarrollo de las tecnologías digitales y de comunicación en la actualidad. La «dismetría» está a la altura o incluso se puede aventurar que superará esos progresos colosales.

La «dismetría» conduce, a su vez, a otro revolucionario concepto: la **densidad «dismétrica»** propia de cada magnitud, que resulta ser adimensional y permite representar la **flexibilidad o leyes de deformación de las propiedades naturales**, según se vean afectadas por múltiples causas perturbadoras, hoy en día excluidas por la rigidez de la simplificación isométrica, embutiendo la Física y entrampando dramáticamente su capacidad de representación del mundo natural.

En suma, la «dismetría» implica que las magnitudes son deformables, lo que significa que por los efectos de múltiples causas se pueden contraer o dilatar, y esta propiedad conlleva la noción de mayor o menor densidad «dismétrica». Tal manifestación de la densidad no coincide con la forma clásica, que siempre relaciona magnitudes distintas, por lo que la densidad heterogénea es dimensional, como la razón entre masa y volumen, su unidad compuesta es la razón diádica entre el kilogramo y el metro cúbico.

En cambio la densidad «dismétrica» es homogénea, se refiere únicamente a la propia magnitud en relación consigo misma entre dos puntos del espacio. Y con ello, el álgebra de magnitudes enseña que la razón entre dos cantidades de la misma magnitud es siempre un número real, no una díada, por lo que no tiene dimensión, y de ahí resulta que la densidad «dismétrica» es adimensional.

¿En qué afecta el fenómeno «dismétrico» a la Física? En todo. Se trata de un avance de ciencia básica, que repercute desde la raíz en todo lo que sabemos. Y tal como nos enseñó la insigne científica española Margarita Salas Falgueras, los adelantos en ciencia básica son los más fértiles y espectaculares. La «dismetría» va a provocar la refundición de todas las teorías desde Newton. Va a terminar con las constantes físicas, tal como se conciben hoy en día. Va a obligar a revisar completamente el Sistema Internacional de Unidades. Va a suponer un aluvión de avances técnicos y sociales. Pensemos, por ejemplo, en la posibilidad que se abre para salvar grandes distancias en tiempos muy breves y a no muy altas velocidades, simplemente vaciando de longitud las trayectorias.

Pero aún más: si se vacía de longitud una trayectoria, con un ligero impulso se podrán recorrer grandes distancias con muy poca energía. Una revolución prodigiosa del transporte, que por ahora puede tacharse más de ficción que de ciencia, pero que la episteme asegura que se materializará en el futuro.

La «dismetría» es un movimiento autónomo y exclusivo. Es imparable e inevitable. Tiene interés universal. Es irrenunciable. ¿Qué puede hacer la Física ante el fenómeno «dismétrico»? ¿Mantenerse en la rigidez de la simplificación isométrica actual, optando por la llave fija frente a la inglesa? No tiene sentido. Eso no va a pasar. La Física «dismétrica» acoge como caso particular la isometría, pero es mucho más amplia y rica que esta. Por tanto, ¿que es lo inteligente para la ciencia?, ¿mantenerse entrampada en la sencillez de la pueril isometría silente o enriquecerse con la «dismetría»? La respuesta es obvia e inobjetable: no se puede evitar que la Física se modernice con la «dismetría». La «dismetría» es un legado imperecedero y cambiará el mundo aceleradamente. Los frutos de la Física «dismétrica» son inagotables. El futuro «dismétrico» es espectacular, apasionante, esperanzador.

En realidad, la «dismetría» siempre ha estado ahí. Solo había que descubrirla. Y este trabajo ya está hecho. Ahora lo que resta es divulgarla por todo el mundo con la mayor celeridad y extensión posibles, por el bien común de la humanidad. Y este movimiento se producirá espontáneamente o promoviéndolo antes o después con mayor o menor velocidad de propagación. Pero es inevitable que suceda.

El presente resumen es necesariamente esquemático para acoger lo fundamental de la investigación de Física básica reflejada en el manual, que ha de conquistar a muchas inteligencias. Se ha optado de momento por un lenguaje lo más didáctico posible, así como distintas formas de exposición, para hacerlo accesible al mayor número de intelectos.

Por eso se somete a la consideración pública, a fin de ir creando un grupo de seguidores cuanto más amplio mejor, que funde esta nueva Física. Hay dos elementos de partida muy impactantes: la hipótesis falsa del Sistema Internacional de Unidades y el sensacional descubrimiento de los espacios «dismétricos», que deben llamar la atención incluso de los más profanos en la materia.

Apartado XXXI
CÓMO MATEMATIZAR LA «DISMETRÍA» DE LAS MAGNITUDES
*Culminación del álgebra diádica de magnitudes
e inagotable semillero de innovaciones físicas*

Sabemos que los elementos fundamentales de la Física son las cantidades de magnitudes, cuya representación se establece mediante díadas con la forma (μ, U), donde el llamado primario μ representa la medida de la cantidad de magnitud resultante de compararla con la unidad U o secundario. El postulado de afinidad permite representar cualquier cantidad de magnitud mediante un segmento en el que la unidad de longitud asociada a U se adopta arbitrariamente.

La tradicional forma de clasificar las magnitudes se basa en la naturaleza matemática del primario μ, concluyendo que pueden ser escalares, vectoriales o tensoriales según que μ sea un número real, un vector o un tensor. Sin embargo, la Física supone tácitamente que las unidades adoptadas en toda medición sean invariantes, es decir, que no dependan ni de la posición en el espacio ni de ningún otro agente que pueda actuar en él. Así, la medición consistiría en comparar una determinada cantidad de la magnitud medida con cierta unidad patrón y la díada así formada representaría analíticamente la medición practicada. No obstante, la presuposición de que las unidades contengan siempre la misma cantidad omite la consideración de otra observación plausible, que podría ser más realista: las unidades podrían incluir cantidades diferentes de su magnitud por diversas causas. Para entendernos, podría llamarse **isometría** la hipótesis tradicional de unidades con cantidades constantes, y **«dismetría»** la de cantidades variables.

Para centrar ideas, y dado el postulado de afinidad, fijemos la atención en los segmentos geométricos. La igualdad geométrica de segmentos se establece por **congruencia**, de modo que dos segmentos congruentes o, en términos vulgares, que puedan superponerse, se suponen iguales y silenciosamente se admite que tengan la misma cantidad de longitud. Estas serían las condiciones isométricas que siempre se han dado por supuestas. Pero esta hipótesis tan vulgar y pueril admite la generalización que nace de modo natural del concepto de díada (μ, U), pues en estos elementos la unidad U no tiene por qué contener la misma cantidad de longitud en cualquier circunstancia. Por el contrario, al menos desde un punto de vista lógico, resulta muy atendible la idea de que no sea así, que es la «dismetría».

La variación de las cantidades de magnitud implícitas en una misma unidad conlleva una consecuencia muy trascendente: que **la congruencia geométrica de segmentos no es sinónimo de igualdad**, sino que dos segmentos congruentes pueden tener distinta cantidad de longitud a consecuencia de causas diversas de naturaleza física, no matemática o axiomática. Con ello, la igualdad de dos díadas de la misma magnitud no ha de referirse a la mera congruencia de sus segmentos afines, sino a la igualdad de las cantidades de magnitud implícitas en ellas.

Por su parte, la medición en un espacio «dismétrico» consistirá en contar el número de segmentos congruentes que quepan en una determinada longitud y esta sería la **medida matemática** por congruencia; mientras que la **medida física**, la que determinaría las propiedades naturales, quedaría establecida por la cantidad total de longitud de esos segmentos que, aun siendo congruentes, no serían iguales, como en un espacio isométrico; y así se tendría que la medida «dismétrica» no tiene por qué resultar igual a la isométrica. La **«dismetría»** abre una infinidad de posibilidades de nuevos espacios físicos, por lo que ha de constituir un semillero inagotable de innovaciones científicas.

La omisión de esta observación trascendente ha sido provocada por la tradicional y simple «aritmetización» de la Física, olvidando que esta ciencia no solo maneja elementos matemáticos, como los números reales, los vectores o los tensores, sino que compone entes diádicos, que pueden variar no solo porque lo hagan los primarios, sino también los secundarios. Este enfoque simple de la tradición ha sido asumido inicialmente con humildad y abnegación en esta investigación, descrita en el *Álgebra diádica de magnitudes*, que se ha limitado a exponer, desarrollar y resolver la **paradoja de «aritmetización» de la Física** mediante un álgebra diádica o no aritmética, suponiendo en esa primera fase que las unidades físicas sean invariantes o, lo que es igual, que el espacio físico sea isométrico. Pero, una vez descrita con precisión esa álgebra diádica, es imposible sustraerse a la tentación de postular que los secundarios diádicos no sean constantes, hecho que lógicamente es imprescindible y que la Física ha ignorado siempre y no puede pasar por alto ahora. No obstante, afortunadamente el álgebra diádica aquí expuesta es fácilmente generalizable a los espacios «dismétricos» sin más que poner en juego las **funciones de densidad** δ que se van a definir enseguida.

Así que es inevitable culminar esta obra con una introducción a los espacios «dismétricos», que serán objeto de futuras y más completas investigaciones y publicaciones. Empecemos con una sencilla formulación didáctica:

Imagínese una magnitud tal que, dada su unidad U_0 en el vacío, resulte afectada por la influencia de una masa M, de modo que en el entorno de un punto cualquiera del espacio $P \in E^3$, siendo E^3 el espacio puntual afín ordinario, posicionado por el vector $\overline{r}$ respecto de la masa puntual, la unidad en P, designada $U(P)$ o $U(\overline{r})$, congruente con U_0, contenga implícita una cierta cantidad de magnitud determinada por cierta función $\delta(M, \overline{r})$ de $R \times E^3$ en R, tal que $U(P) = \delta(M, \overline{r}) \circ U_0$, de modo que en $\overline{r} = \overline{0}$ sea $\delta(M, \overline{0}) = 0$ y con $\overline{r}$ tendiendo a infinito sea $\delta(M, \overline{r}) = 1$, siendo r el módulo de $\overline{r}$. Una magnitud así, para entendernos, podría decirse que es elástica; en un punto suficientemente alejado de la masa, actuaría como en el vacío, pero en el entorno de la masa sería como si se vaciase de cantidad. Nótese que la multiplicación «∘» es la del apartado IX del *Álgebra diádica de magnitudes* o producto de una magnitud por un escalar, descrita aquí en la página 125.

La «dismetría» se manifiesta así como el fenómeno que consiste en que los segmentos congruentes parecen tener distinta **densidad de longitud**. Concepto este que chocaría con la noción ordinaria de densidad; pero que en este tipo de espacios adquiere sentido específico. En los **espacios «dismétricos»** la densidad de longitud no sería constante y la variación podría indicarse por las funciones del tipo δ, de ahí que se haya elegido esta letra griega para distinguirlas. Y nada impide sospechar que magnitudes de esta naturaleza pudieran ser la longitud, la masa, el tiempo u otras como la temperatura, la carga eléctrica, los campos electromagnéticos, y demás magnitudes físicas; de ahí la flamante innovación que anuncian estas estructuras.

Lo que caracteriza los espacios «dismétricos» es que, dada una forma diádica (μ, U) indicativa de la medición de una magnitud cualquiera, el **criterio de igualdad «dismétrico»** se apartaría del ordinario, puesto que dos díadas podrían ser iguales con diferentes medidas μ aun siendo congruentes las unidades, a diferencia de lo que ocurre en isometría. En efecto, dadas dos díadas (μ_1, U_1) y (μ_2, U_2), siendo $\delta_1 \circ U_0$ y $\delta_2 \circ U_0$ las cantidades implícitas en dos unidades U_1 y U_2 congruentes y U_0 el patrón de referencia para establecer la densidad «dismétrica» δ, la igualdad $(\mu_1, U_1) = (\mu_2, U_2)$ exige por álgebra diádica que $U_1 = (\mu_2/\mu_1) \circ U_2$. A su vez, se tendría que la razón de los segmentos congruentes $U_1 /\!/ U_2$ es δ_1/δ_2, y así resulta que $\delta_1/\delta_2 = \mu_2/\mu_1$. En cambio, en isometría, siendo congruentes U_1 y U_2, como la densidad «dismétrica» δ siempre es la unidad, se tendría que $U_1 /\!/ U_2 = 1$, y así resultaría $\mu_2/\mu_1 = 1$, con $\mu_2 = \mu_1$, concluyendo imposible que segmentos congruentes puedan producir medidas μ diferentes. La isometría es, por tanto, un caso particular de «dismetría», cuando $\delta = 1$ en todo caso.

La hipótesis anterior de que las masas sean la causa de la «dismetría» física, de modo que los secundarios diádicos varíen en cada punto del espacio manteniendo su congruencia, lo que supondría que ese espacio, que podríamos llamar matemático o abstracto, permanecería invariable, puede contraponerse a otra hipótesis que atribuya la «dismetría» al propio espacio vacío. En estas condiciones la densidad de longitud o «dismétrica» de los segmentos congruentes podría representarse con una función $\delta(\overline{r})$ de E^n en R, donde se ha generalizado el espacio euclidiano a n dimensiones, tal que $U(P) = \delta(\overline{r}) \circ U_0$, donde U_0 podría representar la unidad de magnitud en el origen de coordenadas u otro cierto punto cualquiera.

En estas condiciones, el álgebra de magnitudes parece apostar por un *principio de relatividad* diferente al establecido, pues la relatividad aquí consistiría en la diferencia posicional de las cantidades de magnitudes en un espacio matemático que mantiene la congruencia en todo caso.

Otra advertencia que nos hace el álgebra de magnitudes es la posible incorrección de ciertos mitos como la constancia de la velocidad de la luz en todos los sistemas inerciales, establecida en base a la «aritmeticación» de la Física, que solo contempla la posible invariancia de ciertas mediciones, pero admitiendo tácita o expresamente que las diversas unidades utilizadas en la medición permanezcan invariables en cualquier entorno físico. Y precisamente esta suposición tiene muchas posibilidades de no ser cierta. Tal cosa ocurriría en un universo «dismétrico» en que las cantidades de magnitudes de unidades congruentes se vieran influidas por los campos actuantes o por la posición, como se esboza en los supuestos precedentes.

El álgebra de magnitudes pone de manifiesto que las cantidades de magnitudes físicas no se reducen a un simple número aritmético, que indica la medida en relación con cierta unidad, sino que ha de describirse con díadas físicas en las que el segundo elemento sea la unidad correspondiente. Por tanto, podrían encontrarse entornos físicos en que, siendo constante la medida, lo que varíe sea la unidad o segundo elemento diádico, lo que indicaría variación de la cantidad de magnitud descrita por la díada.

Obviamente, como le ocurre a la velocidad de la luz, todas las constantes físicas están expuestas al riesgo de no ser invariantes, por lo que el álgebra de magnitudes nos podría estar advirtiendo de que las constantes físicas actuales no reflejen verdaderas propiedades invariantes del mundo material. Y bien pensado, como las mediciones físicas se realizan en un entorno humano muy reducido del espacio, es natural que algunas puedan parecer invariables, pero esta observación no garantiza en absoluto que ni siquiera la parte aritmética de tales díadas permanezca constante en toda posición espacial. Así que la pretensión actual del Sistema Internacional de Unidades de referir los patrones a constantes físicas, buscando la invariabilidad de estos, bien podría ser una aspiración quimérica, como pone de manifiesto sin gran dificultad la lógica del álgebra de magnitudes.

Se abre así un nuevo debate, muy parecido al que en su día enfrentó con estruendo dramático al geocentrismo con el heliocentrismo. Ahora el álgebra de magnitudes parece oponerse al relativismo einsteniano, ofreciendo su innovadora tesis de que el espacio matemático o abstracto mantenga su congruencia y rigidez, hipótesis clásica, y que la relatividad consista en la variación por causas múltiples de los secundarios diádicos congruentes, con arreglo a las funciones de densidad «dismétrica» δ, tales que cada magnitud puede tener la suya propia, abocándonos inevitablemente a la investigación de sus distintas formas posibles.

En definitiva, hasta ahora la Física, al haberse «aritmetizado», solo ha prestado atención a los primarios diádicos, suponiendo que las unidades sean imperturbables. Por el contrario, la gran aportación del álgebra de magnitudes es dirigir las investigaciones a los secundarios, advirtiendo que **congruencia matemática** no tiene por qué ser sinónimo de **igualdad física**, lo que conllevaría variaciones de las unidades geométricamente congruentes en el espacio material.

Recapitulando, en el proceso de medida de una longitud y, por afinidad, de cualquier magnitud, lo que se hace es contar el número de segmentos congruentes que caben entre dos puntos cuya distancia se quiera establecer. Así se obtiene un número real q que indica la distancia, entendida como el número de veces que comprende la unidad de medida U. En un espacio isométrico la díada resultante de la medición (q, U) indicará la cantidad de longitud de la distancia como múltiplo de la que tenga implícita la unidad U, que se supone tácitamente invariable o constante en todos los puntos del espacio; pero en uno «dismétrico» no sería así, porque cada segmento congruente con la unidad patrón U tendrá diferente cantidad de longitud en función de su posición espacial. O sea, que el procedimiento de medida clásico encubre una hipótesis oculta, que es la suposición de que la congruencia de segmentos equivale a la igualdad de cantidades de longitud, y así se limita a establecer el número de segmentos congruentes con la unidad patrón, pero nada se indica acerca de la verdadera cantidad física de la magnitud medida.

Por tanto, es imprescindible considerar la «dismetría», hasta ahora ignorada ilógicamente, y admitir la **distinción más que plausible entre congruencia e igualdad de cantidad de longitud**. De este modo, en dirección radial desde el origen, la cantidad de magnitud infinitesimal quedará representada por la díada $dQ = [dq, U(\overline{r})]$, donde dq es la medida infinitesimal en la unidad $U(\overline{r})$ congruente con la unidad U_0 en el origen. La relación «dismétrica» fundamental entre unidades congruentes tendrá la forma $U(\overline{r}) = \delta(\overline{r}) \circ U_0$, sin más que activar la **función de densidad «dismétrica»** $\delta(\overline{r})$, donde $\overline{r}$ indique la posición por mera congruencia del elemento infinitesimal medido respecto de un origen dado en que la unidad de longitud sea U_0. Así se llega rápidamente a la expresión $dQ = [dq, U(\overline{r})] = dq \times \delta(\overline{r}) \circ U_0$ y se concluye con esta otra equivalente:

$$\frac{dQ}{dq} = \delta(\overline{r}) \circ U_0 \qquad [31.1]$$

Obsérvese que la razón «dismétrica» indicada se simboliza con dos rayas horizontales porque no se trata de una razón aritmética, dado que el elemento dQ indica una cantidad de magnitud y, por tanto, representa una díada, concretamente la $[dq, U(\overline{r})]$. Se trata de la división derivada de la multiplicación por un escalar del apartado XI del *Álgebra diádica de magnitudes*, aquí página 127.

Insistiendo en la característica distintiva de los espacios «dismétricos», esto es, que la congruencia no equivale a igualdad de segmentos, véase cómo se puede establecer en ellos una distancia con el siguiente esquema:

Sea un espacio «dismétrico» y tómense dos puntos del mismo A y B. Supóngase que la «dismetría» de ese espacio quede caracterizada por la función de densidad «dismétrica» $\delta(\overline{r})$, donde $\overline{r}$ representa el vector posición de un punto cualquiera. Sea $d\overline{r}$ la variación diferencial genérica en la dirección del segmento AB. La cantidad de longitud que incluye este segmento se puede indicar por S_{AB} y vendrá dada por la expresión integral que suma todos los elementos diferenciales incluidos entre A y B, es decir:

$$S_{AB} = \int_A^B \left[dr \circ U(\overline{r}) \right]$$

$U(\overline{r})$ señala la unidad de longitud congruente con la unidad U_0 para la posición $\overline{r}$ y dr se refiere al módulo del vector diferencial $d\overline{r}$. Por tanto, U_0 y $U(\overline{r})$ son segmentos unitarios congruentes, el primero situado en el entorno del origen de coordenadas y el segundo en el entorno de la posición $\overline{r}$; pero, tratándose de un espacio «dismétrico», estos segmentos no tienen la misma cantidad de longitud, sino que sus respectivas longitudes están relacionadas por cierta función de densidad «dismétrica» $\delta(\overline{r})$, de modo que $U(\overline{r}) = \delta(\overline{r}) \circ U_0$.

En estas condiciones, se tiene que la cantidad de longitud S_{AB} del segmento AB queda descrita por la expresión:

$$S_{AB} = \int_A^B \left[dr \circ U(\overline{r}) \right] = \left[\int_A^B dr \circ \delta(\overline{r}) \right] \circ U_0$$

La función «dismétrica» de densidad de longitud $\delta(\overline{r})$ reproduce el hecho físico de que dos segmentos geométricamente congruentes resulten tener diferentes longitudes o, lo que es igual, diferentes distancias entre sus puntos extremos. Esta cualidad, se insiste una vez más, es la que caracteriza los espacios «dismétricos» y los diferencia de los isométricos. En estos, la congruencia es sinónimo de igualdad de cantidad de magnitud, mientras que en los «dismétricos» no es así. Por ejemplo, identificando U_0 con el metro patrón en el origen, en física ordinaria se podrán encontrar segmentos congruentes de 6 m, y todos los segmentos congruentes con otro de 6 m medirán también 6 m, no importando su localización. En cambio, en un espacio «dismétrico», dado un segmento de 6 m en el origen, otros posicionados en diferentes puntos y congruentes con él podrán tener medidas de 5 m, 3 m, 2 m o cualquier otra que sea compatible con la función de densidad «dismétrica» $\delta(\overline{r})$.

Establecida la distancia entre los puntos de un espacio «dismétrico», debe pensarse a continuación en la mecánica de magnitudes resultante. Para ello, analicemos el caso de un movimiento radial respecto de una masa puntual M dentro de un espacio en que la masa afecte a la densidad de longitud y no al tiempo. La cinemática de este problema resultaría así:

Sea $\overline{r}$ el vector posición del punto cuyo movimiento radial se analiza en relación con la posición de la masa puntual M, que se toma como origen. Sea dS la cantidad de longitud vectorial en la unidad L para la posición $\overline{r}$ de un vector equipolente (sinónimo de congruencia en el caso de magnitudes vectoriales) con $(d\overline{r},L_0)$ o con la notación equivalente $d\overline{r}\ L_0$, donde L_0 sea la unidad de longitud en el vacío. La «dismetría» del espacio quedará indicada por cierta función de densidad «dismétrica» $\delta(M,\overline{r})$ tal que, como se ha visto, $L(M,\overline{r}) = \delta(M,\overline{r}) \circ L_0$. La razón «dismétrica» diferencial [31.1] permite establecer lo siguiente:

$$\frac{d\overline{\overline{S}}}{d\overline{r}} = \delta(M,\overline{r}) \circ L_0$$

Supóngase que la magnitud tiempo sea isométrica, por lo que no se verá afectada por la masa y su unidad en el vacío T_0 servirá también en presencia de la masa M, y así la cantidad de tiempo en todo caso vendría dada por la díada (t,T_0) o su notación equivalente $t\ T_0$. Dado que las operaciones diádicas son isomorfas con las de R, las leyes de diferenciación permitirían llegar a la conclusión indicada por la siguiente expresión analítica, que encadena varias igualdades, multiplicando y dividiendo por $d\overline{r}$:

$$\frac{dS}{dt\,T_0} = \frac{dS}{d\overline{r}} \circ \frac{d\overline{r}}{dt\,T_0} = \left[\delta(M,\overline{r}) \circ L_0\right] \circ \frac{d\overline{r}}{dt\,T_0}$$

Teniendo en cuenta que $dS = d\overline{r}\,L$, o lo que es igual, dS indica la díada $(d\overline{r},L)$, el primer miembro representa la velocidad física $\overline{v}$ en el punto $\overline{r}$ en el instante $t\,T_0$ y que el último factor $d\overline{r}/dt$ es la medida de la velocidad en el vacío $\overline{v}_0$, se tendrá:

$$\overline{v}\,\frac{L}{T_0} = \left[\delta(M,\overline{r}) \bullet \overline{v}_0\right]\frac{L_0}{T_0} \qquad [31.2]$$

Resulta así que la función de densidad de longitud δ no solo relaciona las cantidades de longitud vectorial, sino las velocidades física y en el vacío. Por otra parte, en el caso particular de un espacio isométrico serán $L=L_0$ y $\delta(M,\overline{r})=1$ en todo punto y la velocidad física coincidirá con la del vacío, siendo asimismo $\overline{v} = \overline{v}_0$. También podría entenderse que $\overline{v}$ indique la velocidad «dismétrica» y $\overline{v}_0$ la isométrica. Pero la expresión [31.2] todavía esconde una consecuencia singular. Observándola no es difícil llegar a la conclusión de que siempre ha de ser $\overline{v} = \overline{v}_0$, resultado que se podría haber establecido directamente de este modo:

$$\overline{v}\,\frac{L}{T_0} = \left[\delta(M,\overline{r}) \bullet \overline{v}\right]\frac{L_0}{T_0} \Rightarrow \overline{v}\,\frac{L}{T_0} \neq \overline{v}\,\frac{L_0}{T_0} \;\; si \;\; \delta(M,\overline{r}) \neq 1$$

Recordando que L y L_0 son longitudes congruentes que, no obstante, llevan implícitas cantidades de longitud diferentes, en lenguaje común esto significa que en un espacio «dismétrico» la misma medida de la velocidad corresponderá a cantidades de velocidad diferentes en función de la situación, toda vez que la unidad de medida contiene cantidades diferentes según cuál sea la posición.

La confirmación lógica y matemática de este resultado supone una amenaza muy seria para la pervivencia de la *teoría de la relatividad*. Esta mítica teoría se basa en la constancia de la velocidad de la luz, postulado que se sustenta en las mediciones realizadas en experimentos del entorno terrestre. Y no hay que tener muchas luces para advertir con el álgebra «dismétrica» que las mismas medidas pueden indicar velocidades diferentes, dado que los secundarios de las díadas no son constantes, a pesar de que se trate de la misma unidad patrón, pues su cantidad de longitud implícita varía en la razón que marca la función de densidad, que a su vez es el parámetro indicado por un número real que relaciona las cantidades diádicas entre sí.

Se observa con todo ello que el álgebra de magnitudes enseña que las variaciones «dismétricas» afectan a la cinemática del movimiento, lo que abre grandes posibilidades para describir nuevos fenómenos físicos hasta ahora inexplicados. Incluso permite vislumbrar que la todavía pendiente unificación de las fuerzas naturales pudiera resolverse por esta vía. Llegamos así a un más que probable giro copernicano de la ciencia, que podría resumirse en estos términos:

Dados dos puntos del espacio, estos no cambiarían, serían meras referencias abstractas y congruentes en todo caso entre sí; lo que podría variar serían las cantidades de magnitudes entre ambos, como por ejemplo la cantidad de longitud que comprenda la distancia que los separa. Así que un espacio «dismétrico» será geométricamente isométrico y euclidiano, si se cuentan en él simplemente la cantidad de segmentos congruentes entre dos puntos, lo que equivaldría a la medición clásica; pero físicamente, a efectos de los fenómenos naturales, los segmentos congruentes pueden incorporar cantidades de longitud diferentes, y con ello cambiarían las leyes que rigen en estos espacios. Con estos antecedentes, podrían establecerse algunos principios básicos que caracterizarían los espacios «dismétricos»:

El espacio vacío sería un ente matemático abstracto. No sería un ente físico. Quedaría representado, por definición, mediante el espacio puntual afín euclidiano de tres dimensiones, que nace de la aplicación del método hipotético-deductivo de la matemática. Los puntos de este espacio serían meras posiciones invariantes de naturaleza no física y, por tanto, independientes de toda perturbación material. Dados dos puntos cualesquiera, sus posiciones serían fijas, no cambiarían, serían simples referencias espaciales de ese ámbito inmaterial, abstracto e inmutable; sin embargo, las cantidades de magnitudes presentes en esos puntos y sus variaciones entre ellos podrían ser sensibles a los fenómenos físicos. Por ejemplo, la cantidad de longitud que comprenda la distancia entre dos puntos cualesquiera podría depender de los campos gravitatorios o electromagnéticos u otras acciones físicas. Admitiendo esta posibilidad, perfectamente plausible, los efectos de las distintas acciones presentes en la naturaleza podrían componerse mediante el principio de superposición de efectos. Aunque el espacio matemático no cambiase y permaneciese congruente, sí que podrían cambiar las cantidades de longitud y demás magnitudes entre sus puntos por la acción de las diferentes perturbaciones físicas. Ese espacio matemático inmutable podría ser el que se observara al efectuar mediciones por congruencia, por lo que podría llamarse espacio aparente. Por su parte, el espacio físico, relacionado con el matemático mediante las funciones de densidad «dismétrica» δ, podría tenerse por el espacio real; aunque también podría contemplarse a la inversa: el espacio matemático podría ser el real y el físico podría figurar como aparente. En todo caso, habría que saber distinguir entre realidad y apariencia, e investigar qué funciones δ serían apropiadas para representar las correspondencias entre ambas.

De este modo, el álgebra de magnitudes da un salto significativo, porque de ser mero instrumento lógico para dar consistencia a la Física actual, revelando y resolviendo la paradoja de «aritmetización» de la Física, pasa a convertirse en fértil semillero de innovaciones físicas, lo que supone un giro copernicano en la formulación de las leyes científicas que rebasa los límites de este manual sobre la *Primera álgebra de magnitudes*, por lo que esta se limita con este artículo a proporcionar unas ideas básicas y generales de la apoteósica novedad encontrada, dando paso a una nueva investigación y publicaciones que se ocuparán de la naciente **álgebra de los espacios «dismétricos»**, caracterizados por su criterio de igualdad específico, que se aparta de la mera congruencia geométrica y se centra en la cantidad de longitud variable por diversas causas, de modo que la igualdad «dismétrica» admite que segmentos congruentes tengan diferentes cantidades de longitud, lo que lleva al concepto, algo chocante e inusual, de densidad de longitud y sus correspondientes funciones de densidad «dismétrica» δ.

Continuando con estas ideas preliminares, véase cómo los espacios «dismétricos» afectan a la clásica clasificación de las magnitudes. Tradicionalmente, como las unidades se suponen tácitamente constantes, hipótesis que aquí se ha llamado isometría, las magnitudes se clasifican en escalares, vectoriales o tensoriales, atendiendo únicamente al elemento matemático que representa la medida. En cambio, en condiciones «dismétricas» la misma unidad o segmento afín presentará cantidades de magnitud diferentes según su posición y en función de las diversas causas que determinen tal variación.

Sin ánimo de exhaustividad, simplemente para poner de manifiesto el fenómeno, se pueden clasificar las magnitudes «dismétricas» en rígidas y elásticas. Las rígidas se pueden definir como aquellas insensibles a la posición y a toda perturbación física, en definitiva son las isométricas. Las elásticas serían aquellas que cambian por la posición o por otros agentes actuantes. Recordando la definición de «dismetría», dadas dos unidades congruentes de cierta magnitud U_0 y U, relativas a posiciones diferentes cualesquiera, quedarán representadas por segmentos superponibles al transportarlos como cuerpos rígidos, como mandan los cánones de la geometría; pero las cantidades de magnitud que representan no serán iguales, por lo que su razón diádica no resultará unitaria, sino un número distinto de uno, que expresará la densidad de longitud relativa a U_0. Haciendo esta operación en cada punto del espacio posicionado por el vector $\overline{r}$ respecto de la posición de U_0, se tendrá la función de densidad

SIMULTANEIDAD
Diferencia entre las superficies equitemporales en un espacio isométrico y en otro «dismétrico»

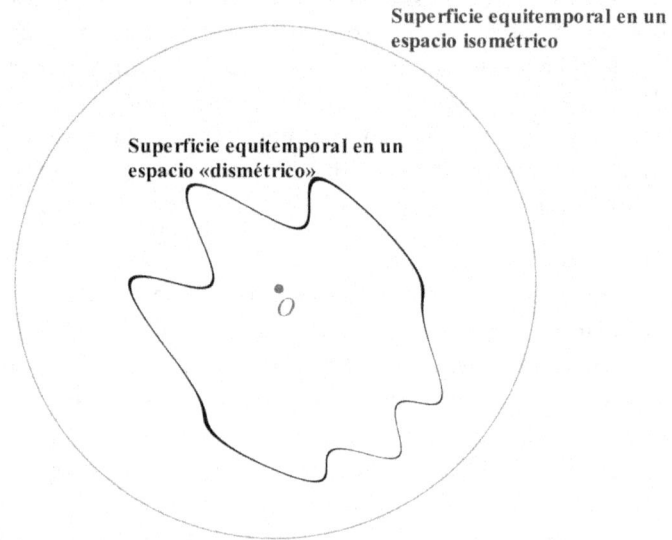

En un espacio isométrico, que podría tratarse del espacio vacío, las superficies de simultaneidad equitemporales de los rayos de luz que partan de un punto O serían esferas concéntricas con centro en el punto del destello.

En un espacio «dismétrico» la velocidad de la luz varía de un punto a otro, a pesar de que su medida c pudiera mantenerse constante, y las superficies equitemporales serían superficies irregulares o asimétricas.

Figura 21

«dismétrica» $\delta(\overline{r})$, tal que la razón diádica es $U /\!/ U_0 = \delta(\overline{r})$. Obviamente, en un espacio isométrico $\delta(\overline{r}) = 1$ en todo punto, siempre será $U = U_0$ y la congruencia significará también igualdad de cantidad de longitud o en general de magnitud afín.

Otra cuestión a dilucidar es el concepto de **simultaneidad**. Obsérvese la figura 21. En ella se supone la producción de un destello de luz en todas las direcciones desde un punto O. En un espacio isométrico, considerando que tal característica comprenda también la propiedad de isotropía, la luz se propagaría a la misma velocidad en todas las direcciones y las superficies de simultaneidad temporal desde el momento del destello serían esferas concéntricas en O perfectamente simétricas. Esta situación es la que debería darse en el espacio vacío en ausencia de toda perturbación. Sin embargo, en un espacio que presente «dismetría» por cualquier casusa, sea por su propia naturaleza o por la presencia de campos de fuerzas diversas, la velocidad de la luz variaría de un punto a otro y las superficies equitemporales resultarían irregulares o asimétricas. Pues bien, nada se opone a la consideración de que el universo presente «dismetrías» por causas múltiples, lo que abre para la Física horizontes de investigación e innovación inagotables.

El experimento realizado durante un eclipse el 29 de mayo de 1919, concebido por Sir Frank Watson Dyson, se considera que confirmaría la *relatividad* einsteniana frente a la gravitación clásica de Newton. Pues bien, los espacios «dismétricos» permitirían explicar el mismo fenómeno, esto es, la curvatura de los rayos de luz y, por tanto, la visibilidad de una estrella oculta por el Sol. Para comprobarlo, consideremos que el espacio material puede referirse en abstracto al espacio afín euclidiano de tres dimensiones, que vendría a ser su representación matemática, asumiendo el criterio de congruencia de segmentos como fundamento de las mediciones en este espacio. A él se puede asociar biunívocamente mediante cierta función de densidad «dismétrica» $\delta(M,\overline{r})$ su espacio trasformado en que deberían desarrollarse los fenómenos físicos. Se llega así a la «dismetría» dual, basada en correspondencias como la indicada. En la figura 22 se describe la situación del eclipse y su explicación mediante espacios duales «dismétricos». Así como antes se consideró una función de densidad «dismétrica» $\delta(M,\overline{r})$ de $R \times E^3$ en R, tal que en $\overline{r}=\overline{0}$ sea $\delta(M,\overline{0})=0$ y que para para $r \to \infty$ sea $\delta(M,\overline{r})=1$, y se dijo que sería como si la masa vaciase la longitud de los segmentos; en este caso nada impide formular la hipótesis

LOS ESPACIOS «DISMÉTRICOS» DUALES
Un ejemplo de «dismetría» dual que se ajusta al experimento del eclipse de hace cien años

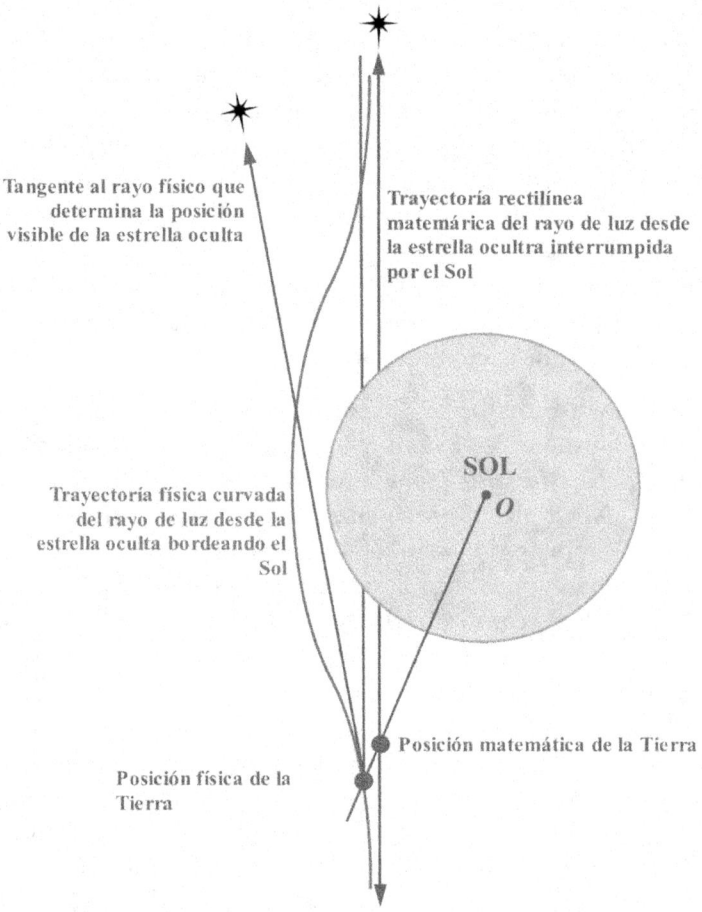

Los espacios «dismétricos» duales asocian biunívocamente el espacio matemático afín euclidiano de tres dimensiones con el espacio físico en que se desarrollarían los fenómenos naturales.

Figura 22

contraria, esto es, que la masa rellene los segmentos con más longitud que en el vacío. Tal fenómeno quedaría representado por una función de densidad $\delta(M,\overline{r})$ tal que en $\overline{r}=\overline{0}$ sea, por ejemplo, $\delta(M,\overline{0})=\infty$ y con $\overline{r}$ tendiendo a infinito sea $\delta(M,\overline{r})=1$, como en el vacío. Así nos encontraríamos con que la influencia de una masa incrementaría la cantidad de longitud de segmentos congruentes, tanto más cuanto más cercana a la masa sea la posición. Como consecuencia de ello, se podría concebir la situación de la figura 22 en que el Sol oculte una estrella respecto de la posición relativa de la Tierra, que presentaría una posición matemática en el espacio congruente o isométrico, y una posición física diferente en el espacio «dismétrico» dual. A su vez, dada la forma supuesta para la función de densidad $\delta(M,\overline{r})$, la distancia matemática o por mera congruencia al origen O en el centro del Sol siempre sería menor que la distancia física o «dismétrica». Del mismo modo, una recta o trayectoria matemática de un rayo de luz, se transformaría en una curva en el espacio «dismétrico» que bordearía al Sol. En estas condiciones, la tangente a la trayectoria física del rayo de luz desde la estrella oculta y en la posición física de la Tierra haría visible la estrella situada tras la esfera solar.

Es claro, por tanto, que los espacios «dismétricos» duales permiten establecer modelos físicos en los que se asocien el espacio real y el aparente, distinguiendo entre lo que se ve a través de los procesos de observación y de medida, y lo que realmente sea el espacio material.

La matemática sin saberlo admite los **espacios «dismétricos» duales**, por lo que su existencia queda asegurada por esta observación. Veamos algunos casos sencillos. En la figura 23 se representa un arco de circunferencia y una recta tangente a ella. La proyección central de los puntos del arco sobre la recta es de naturaleza «dismétrica», porque la cantidad de longitud de los segmentos sobre la recta presenta densidad de longitud variable, si se asocia la cantidad de longitud de estos segmentos con sus arcos correspondientes, como ocurre, por ejemplo en las conocidas representaciones cartográficas, en que las distancias sobre la carta dependen de la latitud, de modo que, a mayor latitud, los mismos

LA PROYECCIÓN CENTRAL
Ejemplo de espacio «dismétrico» dual

Proyectando los puntos de una circunferencia desde su centro sobre una recta tangente, se obtiene una correspondencia «dismétrica». A arcos iguales sobre la circunferencia corresponden segmentos diferentes sobre la recta.

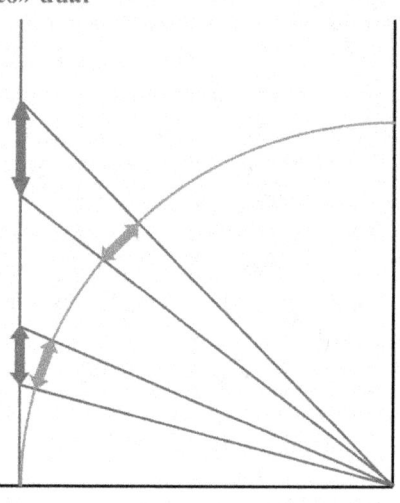

Los espacios duales «dismétricos» permiten asociar cualquiera de sus elementos al espacio matemático o al espacio físico. Así, en este caso, la recta podría ser el físico y el arco el matemático, o recíprocamente.

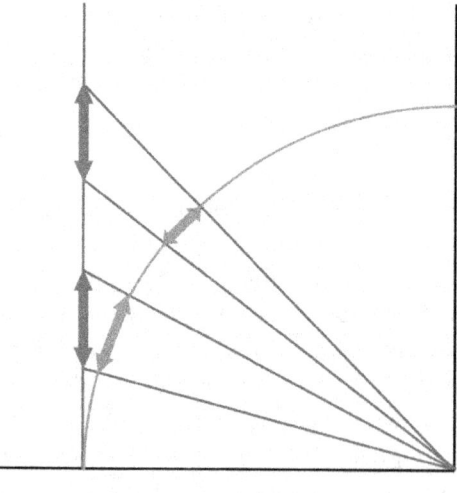

De la misma manera, en este espacio dual «dismétrico» a segmentos iguales sobre la recta corresponden arcos diferentes.

Figura 23

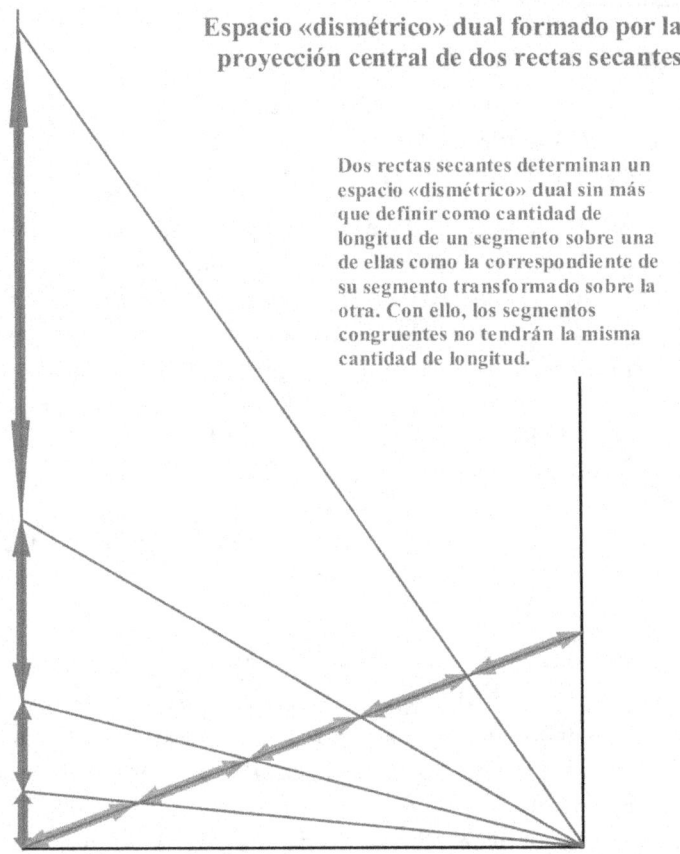

Figura 24

arcos de meridiano sobre el terreno aparecerán representados por segmentos mayores; o recíprocamente, segmentos congruentes sobre la carta indicarán arcos diferentes sobre el terreno. No es necesario que uno de los espacios sea curvo, pues la proyección central entre dos rectas no paralelas constituye un espacio «dismétrico» dual, tal como se observa en la figura 24. Segmentos congruentes sobre una de las rectas se transforman en segmentos distintos sobre la otra, por lo que, sin más que definir como cantidad de longitud de un segmento la correspondiente de su transformado, cada recta se transformará en un espacio «dismétrico» en que las cantidades de longitud de segmentos congruentes no serán constantes.

Este fenómeno no se dará entre rectas paralelas, porque el *Teorema de Tales* determina que a segmentos congruentes les corresponden por proyección central otros asimismo congruentes.

En general, toda función no lineal $y=f(x)$ representada mediante un sistema de coordenadas cartesiano define un espacio «dismétrico» dual, siempre que se defina en cualquiera de los ejes la cantidad de longitud de sus segmentos por sus correspondientes en el otro eje. Así, por ejemplo la igualdad de los segmentos en que se divida el eje de abscisas quedará rota al establecer como cantidad de longitud de cada uno de ellos la diferencia entre las ordenadas de sus extremos, dadas por la función $f(x)$, resultando que los segmentos congruentes en el eje de abscisas no serán iguales, puesto que tendrán asociadas cantidades de longitud diferentes.

En la matemática se pueden identificar por todas partes espacios «dismétricos» puros, en el sentido de no duales. Por ejemplo, una escala logarítmica como la de la figura 25 es un espacio «dismétrico» construido con segmentos congruentes tales que la coordenada no sea proporcional sino que marque el antilogaritmo de la distancia al origen. Así se tendrá que los segmentos congruentes S_1, S_2, S_3, etc., al yuxtaponerlos marcan respectivamente las abscisas 0, 1, 2, 3, etc. Si en esas mismas abscisas se indican los antilogaritmos de 0, 1, 2, 3, etc., es decir, 1, 10, 100, 1.000, etc., y se considera que cada segmento tiene la cantidad de longitud que determine la diferencia entre los antilogaritmos de sus extremos, resultará un espacio «dismétrico» en que las longitudes asociadas a los segmentos S_1, S_2, S_3, etc., que no se olvide son congruentes entre sí por la propia construcción de la escala, serán respectivamente $S_1=9$, $S_2=90$, $S_3=900$, etc. Una sola escala se puede contemplar como un espacio «dismétrico» de dimensión uno. Dos escalas dispuestas cartesianamente marcarán un espacio «dismétrico» de dimensión dos. Y tres escalas otro de dimensión tres. La característica común de todos estos espacios es

LA ESCALA LOGARÍTMICA
Ejemplo de espacio «dismétrico» puro

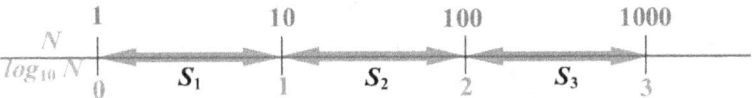

Definiendo la cantidad de longitud de cada segmento S_i como la diferencia de los antilogaritmos de sus extremos, resulta un espacio «dismétrico» en que los segmentos congruentes S_i tienen cantidades de longitud diferentes. Así resultan $S_1=9$, $S_2=90$, $S_3=900$, etc.

Figura 25

que, aunque los ejes coordenados estén divididos en segmentos S_i congruentes entre sí, sin embargo cada uno de ellos contendrá diferente cantidad de longitud según la posición que ocupe en el espacio.

Las operaciones con regla de cálculo y ella misma se basan en las propiedades de las escalas logarítmicas, que se esbozan en el apartado XVIII, páginas 176 y siguientes del reiterado manual.

En resumen, la *Primera álgebra de magnitudes* pone la atención en los elementos básicos que utiliza la Física en sus formulaciones, las díadas, que representan cantidades de magnitudes. Descubre y resuelve la paradoja de «aritmetización» de la Física y desarrolla un álgebra diádica específica. Pues bien, esas cantidades físicas es evidente que no solo pueden cambiar porque varíe el primer elemento diádico, que es su componente matemático, sino además porque el segundo, el que representa la unidad patrón que se utilice como comparación en la medición, indique cantidades de magnitud distintas en función de causas diversas. Obsérvese que no nos referimos a meros cambios de múltiplos o submúltiplos en la unidad de medida, sino a mutaciones intrínsecas en la cantidad incluida en una misma unidad, lo que se ha descrito como disonancia entre congruencia e igualdad, es decir, que la congruencia de dos segmentos no significa que presenten siempre la misma cantidad de longitud, sino que esta variará en función de las circunstancias, lo que nos lleva al concepto innovador de densidad de longitud, que adquiere sentido pleno al definir las funciones «dismétricas».

Se tiene así el fenómeno que hemos llamado «dismetría» frente a la isometría clásica, que supone invariantes las unidades en todos sus aspectos. Nos hallamos, por tanto, ante una observación sensacional, omitida hasta ahora por la ciencia, que debe tenerse en cuenta para el desarrollo de nuevos modelos científicos. La «dismetría» es ineludible, porque matemática y lógicamente es inobjetable, y porque la Física no puede prescindir del semillero de innovaciones que revela esa revolución inevitable, que supone un giro copernicano similar a la famosa disyuntiva entre geocentrismo y heliocentrismo.

Un espacio «dismétrico» dual se puede matematizar de diversas formas. Una sería mediante un tensor que sirva de operador para relacionar los espacios matemático y físico, o real y aparente, transformando uno en otro. Los espacios «dismétricos» no duales quedarían matematizados mediante una función de densidad «dismétrica» que relacione la cantidad de longitud que acojan los segmentos geométricamente congruentes en función de su posición espacial o espacio-temporal, sin olvidar que por el postulado de afinidad este método serviría para cualquier magnitud, no solo para la longitud.

La matemática y la Física se han fundamentado desde siempre en una hipótesis tácita casi invisible, se trata de la presuposición de que todos los segmentos congruentes tengan la misma cantidad de longitud y por ello se dice que son iguales. Este criterio de igualdad admite lo que se ha llamado aquí isometría del espacio o hipótesis de que la densidad «dismétrica» sea constante con independencia de la posición. Se recuerda nuevamente que en el proceso de medida lo que se hace es contar el número de segmentos congruentes que caben entre dos puntos cuya distancia se quiera establecer, y así se obtiene un número real q que indica tal distancia, expresada en la unidad U tomada como referencia, representando la medición con el par diádico (q, U). En un espacio isométrico la cantidad de longitud de la unidad patrón U se supone tácitamente invariable. Por tanto, el procedimiento de medida clásico presenta un defecto fundamental, porque se limita a contar el número de segmentos congruentes con una unidad patrón, despreciando sin querer la variabilidad de las cantidades que acojan las unidades adoptadas como referencia. En contraposición a ello, se ha visto y se insiste en la crucial observación de que la cantidad de longitud de los segmentos congruentes dependa de las circunstancias en función de diversas causas, o dicho con otras palabras, que el elemento dimensional U de las díadas, el llamado secundario, aun manteniendo su congruencia, sea variable en cada posición espacio-temporal, lo que nos lleva a los espacios «dismétricos», innovación copernicana que está llamada a revolucionar los modelos científicos, porque por el postulado de afinidad la «dismetría» se puede extender a todas las magnitudes.

En este artículo se han esbozado las líneas fundamentales y el potencial de los espacios «dismétricos», de modo que todo lector atento podrá apreciar con relativa facilidad su trascendencia para la ciencia. Cualquiera puede entender que para las unidades físicas solo hay dos posibilidades: que su cantidad de magnitud sea la misma en todo el espacio o que tales cantidades varíen según la posición espacio-temporal, que es la **observación «dismétrica»** que se suscita por pura lógica. Actualmente esta opción es tácitamente omitida y, por tanto, no se formula explícitamente la hipótesis contraria, que es la creencia en la imperturbabilidad intrínseca de las unidades físicas, lo que aquí se ha llamado **hipótesis silenciosa de isometría**. No obstante, antes o después y para el progreso de la Física la «dismetría» se abrirá camino sin remedio, porque es lógicamente inobjetable y materialmente plausible, chocando frontalmente con la mismísima existencia de las constantes físicas y todo lo que ello llevaría consigo, desde la refundición del actual Sistema Internacional de Unidades, basado en patrones fijos e inmutables, hasta la más que sospechosa invariancia de la velocidad de la luz en el vacío para todos los sistemas inerciales, que es un principio fundamental de la *relatividad* einsteniana, de tal modo que, si esa invariancia no fuera real, toda la *relatividad* caería por sus cimientos, quedando reducida a un mero modelo matemático muy bien construido, pero sin referente material. Y, como hemos visto en este artículo, matemática y lógicamente la medida constante de la velocidad de la luz en el entorno terrestre no garantiza en absoluto que permanezca invariable en todo el espacio.

La «dismetría» está llamada a revolucionar la Física, o mejor aún, **crea una nueva Física**, superando la más que pueril «aritmetización» actual de esta ciencia, que está mutilada por la elemental, arbitraria e invisible isometría imperante, impidiendo el desarrollo de innovaciones creativas y realistas. Más que una revolución, se trataría de una **nueva Física**, mucho más rica en su potencial de representación que la actual.

Apartado XXXII

FORMULACIÓN «DISMÉTRICA»
DE LAS LEYES FÍSICAS
Segunda ley de Newton

A fin de ilustrar cómo se transforman las leyes físicas con la «dismetría», se desarrolla este apartado, que trata de orientar a los estudiosos e investigadores sobre la notable influencia de la flexibilidad de las magnitudes, hasta el punto de abocarnos indefectiblemente a una nueva Física. La evidencia previa que se nos presenta es la distinción entre la observación del espacio como un todo continuo o, por el contrario, como un conjunto de entornos discretos e independientes. La primera perspectiva, la más rigurosa y compleja, conduce a lo que podríamos denominar la **formulación completa** de las leyes físicas «dismétricas»; la segunda, menos elaborada y mucho más simple, se podría denominar **formulación discreta** de esas mismas leyes.

Elegimos como primer elemento de análisis «dismétrico» la *segunda ley de Newton*. Sabemos que para el álgebra física esta ley relaciona tres magnitudes: la fuerza, la masa y la aceleración. Fuerza y aceleración son magnitudes vectoriales, mientras que la masa es escalar. En el artículo 16 del apartado XXVIII en la *Primera álgebra de magnitudes* se explicó la «forma diádica de las ecuaciones físicas». Uno de los casos allí estudiados es precisamente la *segunda ley de Newton*. Se dijo que se trata de la multiplicación de una cantidad física escalar por otra vectorial, de modo que, dadas una masa expresada con la díada escalar (M kg), la aceleración indicada por la díada vectorial ($\overline{a}$ m$/\!/$s^2) y la fuerza actuante simbolizada con la díada vectorial ($\overline{F}$ N), la *segunda ley de Newton* debería escribirse en términos del álgebra diádica $\mathscr{D}$ con la forma ($\overline{F}$ N)$=$(M kg)$\odot$($\overline{a}$ m$/\!/$s^2), donde la multiplicación «$\odot$» se corresponde con la ley de composición del apartado XX o del 11 de XXVIII. La definición de esta operación permite

Parte II: «Dismetría»

escribir la misma ecuación anterior $(\overline{F}\ N) = [(M \bullet \overline{a})\ (kg * m // s^2)]$, en la que aparecen tres leyes de composición: la multiplicación «•» de un número real por un vector, la multiplicación diádica escalar «*» y la división diádica escalar «//». Para simplificar, puede suponerse el caso de un espacio «dismétrico» tal que la única magnitud fundamental flexible sea la longitud.

Sea $\overline{v}$ la medida vectorial, el primario, de la velocidad en un punto P del espacio. Por hipótesis la cantidad de longitud del metro patrón m en el entorno de referencia y el metro congruente m_P en el punto P quedarán relacionadas por la densidad «dismétrica» δ_P con $m_P = \delta_P \circ m$; mientras que el tiempo es rígido o isométrico, por lo que la cantidad de tiempo que acoge un segundo siempre será la misma. Así se tendrá que la velocidad en P será:

$$\overline{v}\ \frac{m_P}{s} = \overline{v}\ \frac{\delta_P \circ m}{s} = \left[\delta_P \bullet \overline{v}\right] \frac{m}{s} \qquad [32.1]$$

En lugar de unidades abstractas, estamos empleando unidades terrestres como elementos de referencia, y designamos las correspondientes en el punto genérico P indicándolo con un subíndice, con lo que la *segunda ley de Newton* en un punto cualquiera P se escribiría así:

$$(\overline{F}\ N_P) = [(M \bullet \overline{a})\ (kg * m_P // s^2)] \qquad [32.2]$$

La masa y el tiempo son magnitudes que por hipótesis en el caso estudiado son rígidas, de ahí que sus unidades no se hayan señalado con el subíndice P, que indica el punto del espacio en que se aplica esta ley física, notación que se reserva para las magnitudes flexibles, en este caso únicamente la longitud y la fuerza, que es una magnitud compuesta.

Definimos la aceleración «dismétrica» en el punto P como el cociente diádico diferencial entre las díadas cantidad de velocidad y cantidad de tiempo:

$$\overline{a}\,\frac{m_P}{s^2} = \frac{d\left(\overline{v}\,\dfrac{m_P}{s}\right)}{d(t\,s)}$$

Por tanto, derivando respecto al tiempo el segundo miembro de la ecuación [32.1] se tendrá la aceleración «dismétrica» en P. Como el metro m es el patrón de longitud de referencia es invariable con el tiempo. A su vez, el segundo, unidad de tiempo, por hipótesis, contiene siempre la misma cantidad de tiempo. Por tanto m y s son constantes respecto del tiempo, y así se tiene la siguiente derivada:

$$\overline{a}\,\frac{m_P}{s^2} = \frac{d\left(\overline{v}\,\dfrac{m_P}{s}\right)}{d(t\,s)} = \frac{d(\delta_P \bullet \overline{v})\,\dfrac{m}{s}}{dt\,s} = \left(\frac{d\delta_P}{dt}\bullet \overline{v} + \delta_P \bullet \frac{d\overline{v}}{dt}\right)\frac{m}{s^2}$$

Como $m_P = \delta_P \circ m$, será $m = m_P /\!/ \delta_P$ y el segundo miembro de la ecuación anterior se podrá escribir así:

$$\overline{a}\,\frac{m_P}{s^2} = \frac{\left(\dfrac{d\delta_P}{dt}\bullet \overline{v} + \delta_P \bullet \dfrac{d\overline{v}}{dt}\right)}{\delta_P}\,\frac{m_P}{s^2} \qquad [32.3]$$

Puesto que los secundarios de estas dos díadas son iguales, han de serlo también los primarios, conque en virtud del criterio de igualdad diádica, la medida vectorial de la aceleración en P vendrá dada por:

$$\overline{a} = \frac{\left(\dfrac{d\delta_P}{dt}\bullet \overline{v} + \delta_P \bullet \dfrac{d\overline{v}}{dt}\right)}{\delta_P} \qquad [32.4]$$

Sustituyendo la medida anterior [32.4] del vector aceleración $\overline{a}$ en [32.2], resulta la expresión «dismétrica» de la *segunda ley de Newton*, cuya medida no se corresponde simplemente con el resultado clásico de la medida de la derivada de la velocidad, sino que aparece un primario más complejo:

$$\left(\overline{F}\,N_P\right) = M \bullet \frac{\left(\dfrac{d\delta_P}{dt} \bullet \overline{v} + \delta_P \bullet \dfrac{d\overline{v}}{dt}\right)}{\delta_P} \frac{kg * m_P}{s^2}$$

Segunda ley de Newton cuando solo la longitud es «dismétrica»   [32.5]

Este resultado acoge el caso general en que la función de densidad varíe tanto a lo largo del espacio como del tiempo. Si δ_P no dependiera del tiempo, su derivada sería nula y resultaría:

$$\left(\overline{F}\,N_P\right) = M \bullet \frac{d\overline{v}}{dt} \frac{kg * m_P}{s^2} \qquad [32.6]$$

Así como [32.5] es la forma «dismétrica» general de la *segunda ley de Newton* en un espacio en que la única magnitud fundamental flexible sea la longitud, la [32.6] corresponde a un caso particular de flexibilidad en que la función de densidad de longitud no dependa del tiempo, sino solo de la posición, resultando que la forma de la *segunda ley de Newton* se mantiene uniforme en todos los puntos del espacio sin más que contemplar en cada punto la unidad de longitud inherente a él, es decir, el metro m_P, congruente con el metro patrón de referencia m en un punto fijo determinado, toda vez que la derivada $d\overline{v}/dt$ es la medida vectorial de la aceleración, que resulta independiente de la unidad de longitud que corresponda a cada punto P; y así se constata matemáticamente la existencia de espacios «dismétricos» en los que las medidas de las propiedades físicas, como la longitud, la velocidad, la aceleración y la fuerza, se mantienen constantes aunque no lo sean las cantidades asociadas a estas medidas, como consecuencia de la variación de las cantidades implícitas en las correspondientes unidades congruentes, diferencias reflejadas en las densidades «dismétricas».

En la definición [32.3] se observa que la aceleración, entendida como el cociente diádico de los diferenciales de la velocidad y el tiempo, tiene por medida el vector $\overline{a}$, y este vector no coincide con la derivada aritmética de la medida de la velocidad respecto del tiempo $d\overline{v}/dt$, como en la mecánica clásica, sino que interviene también el efecto de la función de densidad de longitud δ_P, tal como refleja la ecuación [32.4].

Solo si δ_P es independiente del tiempo, siendo nula su derivada, el resultado [32.4] coincidirá con el clásico y se tendrá que $\overline{a} = d\overline{v}/dt$. En otro caso, la medida de la aceleración tendrá la forma general [32.4]. A su vez, como $m_P = \delta_P \circ m$, la ecuación [32.6] se podrá escribir obviamente de esta manera:

$$\left(\overline{F}\,N_P\right) = \delta_P \times M \bullet \frac{d\overline{v}}{dt} \quad \frac{kg*m}{s^2}$$

Resulta así que, si la densidad δ_P es constante en cada punto P, cuanto mayor sea su valor tanto mayor habrá de ser la fuerza a aplicar a una masa M para comunicarla cierta aceleración fija $\overline{a} = d\overline{v}/dt$; y al contrario, cuanto menor sea δ_P tanto menor será esa fuerza. Este resultado enseña la influencia de las densidades «dismétricas» en los fenómenos físicos y señala con claridad las cualidades representativas de esta nueva Física en aquellos supuestos en que las densidades «dismétricas» se vean afectadas por causas diversas. De modo que las mismas leyes pueden adaptarse a diferentes entornos sin más que considerar las densidades «dismétricas» asociadas a cada uno de ellos. Al hablar de entornos nos referimos a los ámbitos terrestre, atómico o cósmico, así como cualquier otro pertinente al objeto de estudio.

Por todo ello, la presuposición de la Física clásica de que puedan sustituirse las ecuaciones físicas por las relaciones aritméticas entre las medidas de las diversas magnitudes no es más que una burda simplificación del caso general de la «dismetría». El espacio «dismétrico» aquí examinado, uno de los más simples que pueden concebirse, ya nos revela que la «aritmetización» engendra una atrofia vital de los modelos físicos, limitándolos gravemente en su capacidad de representación de los fenómenos naturales.

Llegados a este punto es el momento de pasar al segundo esquema de análisis «dismétrico», la **formulación discreta** de la *segunda ley de Newton*. Para ello, supongamos el espacio dividido en diversos entornos separados entre sí por enormes distancias. Admitamos que la separación entre ellos sea tal que los efectos que producen los unos sobre los otros sean despreciables para observadores situados en cada uno de esos sitios. Tomemos uno de ellos como entorno de referencia, por ejemplo, el ámbito terrestre, e indiquemos las unidades físicas de este omitiendo todo subíndice. En el ámbito de otro entorno E las cantidades de las unidades de las diversas magnitudes congruentes con las del ámbito de referencia no se mantendrán constantes y la relación entre ellas será establecida por la densidad correspondiente. Así se tendrá que las unidades fundamentales en ambos sistemas de la longitud L, la masa M y el tiempo T, se relacionarán de este modo:

$$m_E = \delta_L \circ m; \; kg_E = \delta_M \circ kg; \; s_E = \delta_T \circ s \qquad [32.7]$$

Obviamente, δ_L, δ_M y δ_T señalan las densidades de las magnitudes fundamentales de longitud, masa y tiempo en el entorno E respecto del de referencia terrestre, que son los patrones fijos adoptados.

Supongamos que la *segunda ley de Newton* sea válida en todos los entornos de este tipo. En el E se podrá escribir esta ley con la siguiente notación:

$$(\overline{F} \; N_E) = (M \; kg_E) \circledcirc (\overline{a} \; m_E /\!/ s_E^2) \qquad [32.8]$$

Refiriendo la ecuación [32.8] al entorno de referencia terrestre mediante las relaciones [32.7], resultará:

$$(\overline{F} \; N_E) = [M \; (\delta_M \circ kg)] \circledcirc [\overline{a} \; (\delta_L \circ m /\!/ \delta_T^2 \circ s^2)]$$

Operando con el álgebra diádica, se llega fácilmente a la siguiente expresión:

$$\left(\overline{F}\,N_E\right) = \left(\frac{\delta_M \times \delta_L}{\delta_T^2} \times M \bullet \overline{a}\right) \frac{kg*m}{s^2} \qquad [32.9]$$

La fórmula diádica [32.9] es la expresión «dismétrica» discreta de la *segunda ley de Newton* en el entorno E y vinculada al ámbito de referencia terrestre. Se observa con facilidad que el factor en que aparecen las densidades «dismétricas» los subíndices reproducen formalmente la ecuación dimensional de la magnitud fuerza. En efecto, de conformidad con el análisis dimensional clásico, se puede escribir:

$$[F] = \frac{M \times L}{T^2}$$

Por tanto, la «dismetría» da sentido pleno al análisis dimensional, que estaba vacío de contenido por el vicio de la «aritmetización», salvado por el álgebra diádica, sabiendo que la expresión dimensional anterior, en puridad matemática, debería escribirse de esta otra manera:

$$[F] = \frac{M*L}{T*T}$$

Donde, en ausencia de simplificaciones simbólicas, el asterisco designa la operación algebraica que multiplica cantidades de magnitudes y la doble raya manifiesta el cociente diádico.

Por otra parte, repitiendo el análisis que hicimos de la ley física [32.6], ahora respecto a la correspondiente [32.9], podemos escribirla con la siguiente notación:

$$\Delta_E = \frac{\delta_M \times \delta_L}{\delta_T^2} \Rightarrow \left(\overline{F}\,N_E\right) = \left(\Delta_E \times M \bullet \overline{a}\right) \frac{kg*m}{s^2}$$

Diremos que Δ_E es la densidad «dismétrica» compuesta. Se observa fácilmente que en un entorno E en que Δ_E sea muy grande, la fuerza necesaria para comunicar a una masa M cierta aceleración $\overline{a}$ será también muy grande, en relación con otro entorno en que Δ_E sea muy pequeña y para esas mismas masa y aceleración. Por tanto, la fuerza que corresponde a la *segunda ley de Newton* difiere en cada entorno E en función de la cuantía de su densidad «dismétrica» compuesta Δ_E.

El análisis «dismétrico» precedente de la *segunda ley de Newton*, con ese doble enfoque, evidencia cómo la Física clásica simplifica puerilmente esta ley mediante una ecuación del álgebra vectorial, la conocida $\overline{F} = M \cdot \overline{a}$, que utiliza únicamente las medidas de las magnitudes relacionadas, la fuerza, la masa y la aceleración, sin atender a cómo pueda afectar a los fenómenos representados la relación entre las unidades de esas magnitudes. De este modo es como tácitamente la nefasta «aritmetización» de la Física prescinde de algo tan esencial, como lo son las álgebras físicas o no aritméticas. Las cantidades de magnitudes y sus relaciones son el núcleo de las leyes físicas. Ignorarlas y mantener la «aritmetización» es un anacronismo culpable que impide volar a esta ciencia. Aquí se ha comprobado cómo el álgebra de díadas específica de la Física transforma esa esencial ley de la naturaleza en configuraciones jamás vistas, vaticinando un horizonte de innovaciones nunca imaginado desde la simplicidad del álgebra aritmética.

Aparte de esto, vista la comprobación de que las densidades «dismétricas» afectan a las medidas de los fenómenos físicos, tal como hemos observado, de modo que a mayor densidad mayor fuerza a igualdad de masa y aceleración, deja patente que las mismas leyes se pueden aplicar a entornos físicos distintos sin más que tener en cuenta las densidades «dismétricas» adecuadas a cada uno de ellos.

Así las cosas, todo lector atento que haya seguido el análisis «dismétrico» precedente de la *segunda ley de Newton* vislumbrará sin dificultad por dónde va la nueva Física y no tendrá objeción en sumarse al movimiento «dismétrico». Estará de acuerdo en que esta herramienta es necesaria e irrenunciable, y que debe propugnarse, difundirse y generalizarse. Quizá haya quien se intimide por su aparente complejidad matemática, pero a estos hay que estimularlos con el adagio conocido sobre que las grandes conquistas nunca fueron sencillas ni cosa de vagos, y resulta que existen herramientas matemáticas muy avanzadas, como el cálculo tensorial, que son aptas para acoger las formas «dismétricas». En todo caso, no sería sensato renunciar a ningún avance a nuestra vista por el solo hecho de su complejidad. El único límite de todo investigador no habría de ser otro que la imposibilidad de algo, nunca el esfuerzo ni la inteligencia necesarios para lograrlo. Decía Aristóteles que «Solo hay felicidad donde hay virtud y esfuerzo serios, pues la vida no es un juego». O como sentenciaba Séneca: «Jamás se descubriría nada, si nos considerásemos satisfechos con las cosas descubiertas». En definitiva, al final, cuando todo se acaba, lo único que queda e importa es lo que has hecho. Y resulta que la nueva Física, la Física «dismétrica», está toda por hacer. Se trata de una tarea infinita y apasionante, que puede llenar muchas vidas. Ni imaginamos las sorpresas que puede depararnos este viaje. Lo único seguro es que merecerá la pena.

Apartado XXXIII

EL NÚMERO PI «DISMÉTRICO»
*En un espacio «dismétrico» ni el
número π se mantiene constante*

El objeto de este apartado es analizar el número π desde un punto de vista «dismétrico». Para ello, considérese un espacio plano con un punto de referencia O donde se tiene el metro patrón m, que servirá como unidad de longitud universal con la que se relacionarán los metros congruentes en los demás puntos del espacio. En la figura 26 se describe el problema:

Se parte de una circunferencia con centro en O y radio matemático $r\, m$, cantidad de longitud medida por mera yuxtaposición y congruencia con la unidad patrón m. Se supone que el espacio «dismétrico» sea isótropo, es decir, que la densidad «dismétrica» se distribuya de la misma manera en cualquier radio OP. Sea X un punto interior genérico del radio OP. Su distancia matemática a O se indicará $x\, m$, donde x represente el número de congruencias de la medida de OX con el metro m. Un segmento diferencial en X de medida dx quedará representado por la díada $dx\, m_X$, con el significado (dx, m_X), distinto de $d(x\, m_X) = d(x, m_X)$, donde m_X sea la unidad de longitud o metro en X congruente con el metro m en O. La relación entre ambas unidades vendrá dada por la densidad «dismétrica» δ_X en X, y se podrá escribir con la forma $m_X = \delta_X \circ m$.

La cantidad de longitud matemática por mera congruencia del radio OP hemos postulado que sea $r\, m$. Calculemos ahora la cantidad de longitud física del mismo radio OP. Para ello deberán sumarse todos los segmentos diferenciales $dx\, m_X$ entre O y P, lo que podría indicarse con la integral siguiente:

$$\int_0^r [dx\, m_X] = \int_0^r dx \circ (\delta_X \circ m) = \left[\int_0^r \delta_X \times dx\right] m \qquad [33.1]$$

Número pi para una circunferencia de un espacio «dismétrico» plano e isótropo respecto de un punto central

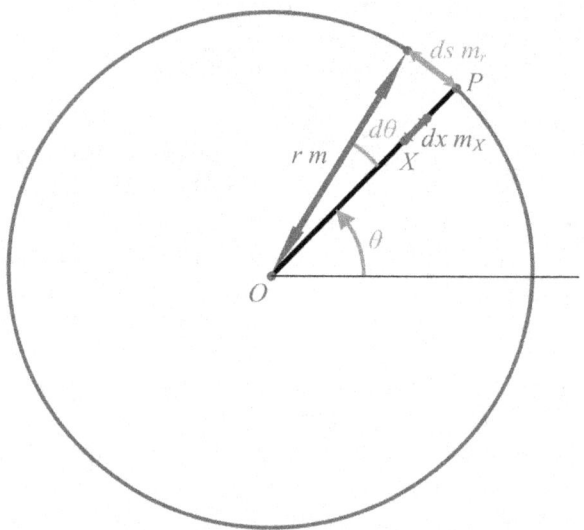

Representación de una circunferencia en un espacio «dismétrico» plano con centro en el punto O, respecto del cual el espacio sea isótropo para la densidad de longitud. El número pi resulta dependiente del radio y de la densidad «dismétrica».

Figura 26

En este cálculo se han usado las propiedades de las operaciones con magnitudes del apartado IX y del 6 de XXVIII del *Álgebra diádica de magnitudes*. Se tiene así la cantidad de longitud física del radio OP reducido al metro de referencia m en O. Como lo que se busca es la razón diádica uniforme entre dos longitudes físicas, la de la circunferencia y la del diámetro, es preciso determinar a continuación la primera. Para ello, hay que sumar a lo largo de toda la circunferencia los segmentos diferenciales de arco

$ds\ m_r = (\delta_r \times ds)\ m$. La medida matemática ds se puede poner en la forma $ds = r \times d\theta$, siendo θ el ángulo en radianes del radio genérico OP respecto de otro de referencia. Con ello, resulta fácilmente que el elemento diferencial a integrar es $ds\ m_r = (\delta_r \times r \times d\theta)\ m$, de conformidad con lo previsto en el apartado IX y el 6 de XXVIII, ya citados. La densidad de longitud δ_r a lo largo de la circunferencia es constante, dada la isotropía del espacio postulada. Por consiguiente, la cantidad de longitud física de la circunferencia vendrá dada por la integral siguiente:

$$\int_0^{2\pi}(ds\ m_r) = \left[\int_0^{2\pi}\delta_r \times r \times d\theta\right] m = (2 \times \pi \times r \times \delta_r)\ m \quad [33.2]$$

El cociente diádico uniforme entre las cantidades [33.2] y el doble de [33.1], siendo ambas dos longitudes, será la razón buscada, que no es sino el número pi físico en el espacio «dismétrico» considerado para la circunferencia de radio r y centro O. Tal cociente es el definido en el apartado XI o el 7 de XXVIII del *Álgebra diádica de magnitudes*, donde se justificó que la razón diádica de dos cantidades concretas escalares referidas a la misma unidad es el número real igual a la razón aritmética de sus primarios. Por tanto, dicho número pi, que podría notarse π_r, ya que se ha obtenido para una circunferencia concreta de radio r, vendrá dado por el siguiente cociente diádico uniforme:

$$\pi_r = \frac{(2 \times \pi \times r \times \delta_r)\ m}{2 \times \left[\int_0^r \delta_X \times dx\right] m} = \frac{\pi \times r \times \delta_r}{\int_0^r \delta_X \times dx}$$

En conclusión, en el espacio «dismétrico» considerado la razón entre las longitudes físicas de la circunferencia y su diámetro no es constante ni igual al número pi, sino que depende del radio r y de la densidad «dismétrica» δ_X a lo largo del radio, así como de su valor δ_r en un punto cualquiera de la circunferencia, de acuerdo con la fórmula anterior.

En particular si la densidad «dismétrica» fuese constante e igual a la unidad en todo punto, resultaría que $\delta_X = \delta_r = 1$, y la integral del denominador sería igual a r, con lo que el resultado coincidiría con el clásico y se tendría que $\pi_r = \pi$. Con ello se comprueba la coherencia de la herramienta «dismétrica», que siempre ha de concluir la coincidencia con la geometría y la física clásicas en el caso particular de que la densidad «dismétrica» sea constante en todo punto del espacio e igual a la unidad.

Esta experimentación es de suma trascendencia, porque manifiesta que la «dismetría» excluye por naturaleza la existencia de las constantes físicas incluso a nivel geométrico para el mítico número pi. De modo que, si el espacio real obedeciese a esa misma naturaleza, las constantes físicas deberían ser consideradas como una simplificación poco realista, que solo habría de tenerse en cuenta en un plano meramente teórico.

Apartado XXXIV
ANÁLISIS «DISMÉTRICO» DE LA VELOCIDAD DE LA LUZ
En un espacio «dismétrico» la velocidad de la luz no tiene por qué ser constante

La velocidad de la luz adquirió un protagonismo icónico con la publicación en 1905 de la *teoría de la relatividad especial* o *relatividad restringida* de Einstein. El *postulado relativista* sobre la constancia de su velocidad, así como la supuesta imposibilidad de superarla, han fascinado a todos, provocando un sinfín de fabulaciones sobre los viajes en el tiempo y otras fantasías más propias de la ficción literaria que de las obras científicas.

Einstein basó toda su *teoría de la relatividad* en un postulado básico, la supuesta invariabilidad de la velocidad de la luz con independencia del movimiento de la fuente en todos los sistemas inerciales, cimentando todo el desarrollo matemático en dicha hipótesis, que asentó asumiendo el famoso experimento de Michelson y Morley de 1887. En esa época aún se creía en la *teoría del éter*. La *teoría de la relatividad restringida* tuvo su origen precisamente en el resultado negativo de ese experimento. Diversos hechos experimentales habían conducido a admitir la existencia de un éter en reposo absoluto, que no participaría del movimiento de la materia y constituiría la base para la propagación de las ondas electromagnéticas. Hoy creemos que las ondas electromagnéticas se propagan en el vacío. De ese concepto de éter inmóvil parecería deducirse inevitablemente que el valor de la velocidad de la luz, medida por un observador en movimiento respecto al éter, dependería de dicho movimiento y, en particular, de la dirección de su velocidad. Si es c la velocidad de la luz respecto del éter inmóvil y v la del observador, este debería medir, de acuerdo con la cinemática clásica, una velocidad de la luz $c-v$ o $c+v$, en valor absoluto, según se moviese en la misma dirección y sentido que la luz o en sentido opuesto. Un observador que en principio ignorase cuál sea su movimiento respecto al éter podría apreciarlo experimentalmente emitiendo una señal luminosa en todas las direcciones y midiendo los tiempos que tardase dicha señal en alcanzar los puntos de una esfera en movimiento con el observador y centrada en el punto emisor de la señal. Si hubiese movimiento respecto al éter, el viento de éter debería soplar la señal, de manera que esta alcanzaría en primer lugar el punto de la esfera directamente opuesto al sentido del movimiento y en último lugar el punto correspondiente a la dirección y sentido del movimiento.

Esto constituyó el motivo de la célebre experiencia de Michelson y Morley, mediante la cual se trató de determinar el estado de movimiento de la Tierra respecto al éter. Con relación a los ejes de Copérnico, que tienen su origen en el centro de gravedad del sistema solar, la velocidad del centro de gravedad de la Tierra sobre su trayectoria es de aproximadamente 30 km/s, y en seis meses ese vector se transforma en otro sensiblemente opuesto. Podría ocurrir que en determinado instante el movimiento desconocido de los ejes de Copérnico respecto al éter anulase el movimiento absoluto de la Tierra, pero tal coincidencia no podría subsistir durante un año ni en dos puntos opuestos cualesquiera de la órbita terrestre.

Gracias a un dispositivo interferencial bien conocido, Michelson pudo poner en evidencia un viento de éter igual «únicamente» a 1,5 km/s. Lo que equivale a medir como velocidad de la luz respecto al observador las cantidades de 28,5 km/s y 31,5 km/s, según que el movimiento sea en el mismo sentido que la luz o en el opuesto. Pero, dada esa diferencia «tan pequeña», se consideró despreciable y atribuible al error propio de los instrumentos de medida. Así, en lugar de admitir que sí habría variación en la velocidad de la luz, se convino que no la había. Con ello se indujo artificiosa y aproximadamente, no con exactitud, la conclusión de que no existiría dependencia de la velocidad de la luz respecto al estado de movimiento del observador. En estas condiciones, Lorentz y Einstein tomaron como punto de partida cierto el ilusorio resultado del experimento negativo de Michelson y formularon el siguiente principio teórico: la velocidad de la luz c es constante en todos los sistemas de referencia inerciales, lo que supone admitir que la velocidad de la luz sea la misma para todos los sistemas que se muevan unos respecto de otros a velocidad constante, sin aceleración alguna. La matematización de esta hipótesis lleva a las transformaciones de Lorentz y estas a la *relatividad* de Einstein.

Por tanto, toda la *relatividad* tiene como talón de Aquiles el único principio teórico en que se sustenta todo su esquema lógico, el de velocidad de la luz constante en todos los sistemas inerciales. Todas las demás supuestas comprobaciones experimentales a su favor, aducidas a posteriori por sus incondicionales fieles seguidores, no tendrían el menor valor de prueba científica ni lógica, si ese postulado fundamental quedase refutado de algún modo, aunque no fuera concluyente. Y precisamente el referido principio se basa en el ya antiguo experimento de Michelson, cuya conclusión es harto dudosa e imprecisa. La *relatividad* tiene un efecto seductor alucinante, porque con un solo principio básico produce un aparato matemático prodigioso, pero que pende de ese único hilo, que podría romperse en cualquier momento. Es muy plausible sospechar que ese fino soporte, ya muy débil en sí mismo, dada la fragilidad del experimento de Michelson, sea quebrado definitivamente por la «dismetría» del espacio, y quizá no tardando mucho se admitirá por fin que la *teoría de la relatividad* no es más que una magnífica especulación matemática basada en un principio falso, cosa que no ocurrirá con Newton ni sus leyes mecánicas.

Como se ha observado con el análisis del número geométrico pi, la «dismetría» presenta una naturaleza tal que es incompatible con la existencia de las constantes físicas, lo que determinaría igualmente la imposibilidad de que la velocidad de la luz c sea invariante. A continuación se expone el análisis concreto para esta vigente constante universal, que está sirviendo peligrosamente a la metrología actual incluso para definir ciertas unidades patrón fundamentales como el metro, el segundo y hasta el kilogramo.

Considérese un espacio «dismétrico» en el que la longitud y el tiempo sean flexibles. Sea O el punto de referencia respecto del cual se asociarán las unidades congruentes de todos los demás puntos P del espacio. Se supone que en O las unidades patrón de longitud y de tiempo son el metro m y el segundo s. En cualquier otro punto P las unidades de longitud y tiempo congruentes con las anteriores se designarán, como de costumbre, con la notación m_P para el metro y s_P para el segundo, relacionándose con las del origen O en función de las densidades «dismétricas» de longitud y tiempo en P, es decir, respectivamente δ_{LP} y δ_{TP}, con lo cual se tendrán las relaciones $m_P = \delta_{LP} \circ m$ y $s_P = \delta_{TP} \circ s$.

Obviamente el experimento de Michelson se refiere a la medida c de la velocidad de la luz como parámetro constante, pues en aquella época no se imaginaban en absoluto que las unidades patrón pudiesen variar en su cantidad de magnitud implícita de un punto a otro del espacio. Si la medida de la velocidad de la luz c debiera ser constante en todo punto, también habría de serlo en P, donde se tendría como cantidad de velocidad la díada $c\, m_P/\!/s_P$. Esta cantidad de velocidad se puede referir a las unidades en O sin más que operar con las densidades «dismétricas» y se tendrá con facilidad la transformación en su cantidad uniforme con la siguiente secuencia lógica de álgebra diádica:

$$c\,\frac{m_P}{s_P} = c\,\frac{\delta_{LP} \circ m}{\delta_{TP} \circ s} = c \times \frac{\delta_{LP}}{\delta_{TP}}\,\frac{m}{s}$$

Por consiguiente, la medida c_P de la velocidad de la luz en cualquier punto P referida a las unidades patrón en O viene dada por la expresión:

$$c_P = c \times \frac{\delta_{LP}}{\delta_{TP}} \qquad [34.1]$$

Así pues, si c fuese la medida con $m_P/\!/s_P$ de la velocidad de la luz en P, su medida referida a O con $m/\!/s$ habría de ser $c \times \delta_{LP}/\delta_{TP}$. Se concluye así que la medida de la velocidad de la luz en O y en P no pueden coincidir, ya que en general $c \neq c \times \delta_{LP}/\delta_{TP}$, salvo el caso particular y extraño de que se diera la igualdad $\delta_{LP}=\delta_{TP}$ en todo punto P. En un espacio «dismétrico» en que esto no se cumpla, es decir, donde exista algún punto P en que $\delta_{LP}\neq\delta_{TP}$, no se verificaría la invariancia de la velocidad de la luz. Es claro que esta conclusión sería absurda, porque como hipótesis inicial se había impuesto la invariabilidad absoluta de la velocidad de la luz, conforme al experimento de Michelson. Por tanto, dicha hipótesis no podría verificarse si $\delta_{LP}\neq\delta_{TP}$ en algún P, y en tal espacio «dismétrico» general la medida de la velocidad de la luz no podría ser invariante.

Es decir, en un ámbito «dismétrico» ampliamente variable en cuanto a sus densidades de longitud y tiempo la medida uniforme de la velocidad de la luz y, por tanto, su cantidad de velocidad no pueden mantenerse constantes. Por otra parte, la razón δ_{LP}/δ_{TP} determina que si su valor en P tiende a cero, la medida y con ella la cantidad de velocidad de la luz tienden a cero y, si esa razón tiende a infinito, ambas tienden a infinito, haciendo imposible el *postulado de Einstein*.

A su vez, el hecho de que la velocidad de la luz no tenga límite en un espacio «dismétrico» general contradice la creencia einsteniana de que no se puedan dar en la naturaleza velocidades superiores a la actual constante c, así como tampoco tendría límite ni sería constante la velocidad de propagación de las ondas electromagnéticas.

Hagamos a continuación un ejercicio físico-matemático más allá del experimento de Michelson y veamos cómo afecta la «dismetría» a la cantidad de velocidad. En el punto O tal cantidad física vendrá representada por la díada c $m/\!/s$. A su vez, en un punto P genérico y, por tanto, con densidades «dismétricas» δ_{LP} y δ_{TP}, se tendrá la cantidad indicada por c_P $m_P/\!/s_P$. Desarrollando esta última cantidad mediante álgebra diádica, tenemos:

$$c_P \frac{m_P}{s_P} = c_P \frac{\delta_{LP} \circ m}{\delta_{TP} \circ s} = c_P \times \frac{\delta_{LP}}{\delta_{TP}} \frac{m}{s}$$

En P la medida c_P debería observarse materialmente y tendría un valor dado. Como la cantidad $m/\!/s$ es finita e invariable, si δ_{LP}/δ_{TP} tendiera a cero, el último término de la igualdad anterior, que representa la cantidad de velocidad en P, tendería a cero, y si δ_{LP}/δ_{TP} tendiera a infinito, dicha velocidad tendería también a infinito. Por tanto, la «dismetría» impide en general que la cantidad de velocidad sea la misma en todos los puntos del espacio y tiene un rango de variación entre cero e infinito.

Veamos a continuación qué condiciones deberían darse para que se verificase la invariancia de la cantidad de velocidad en todo punto P. Tal premisa se refleja en el siguiente razonamiento de álgebra diádica:

$$c\,\frac{m}{s} = c_P\,\frac{m_P}{s_P} = c_P\,\frac{\delta_{LP}\circ m}{\delta_{TP}\circ s} = c_P \times \frac{\delta_{LP}}{\delta_{TP}}\,\frac{m}{s}$$

Los miembros primero y último de la cadena anterior tienen el mismo secundario, la unidad compuesta $m/\!/s$, luego, aplicando el criterio de igualdad diádica, sus primarios numéricos han de ser iguales, y se puede asegurar que:

$$c = c_P \times \frac{\delta_{LP}}{\delta_{TP}} \quad \Rightarrow \quad c_P = c \times \frac{\delta_{TP}}{\delta_{LP}} \qquad [34.2]$$

Para que esta condición se cumpla y resulte constante la cantidad de velocidad de la luz, la relación entre las medidas de la velocidad c en O y c_P en cualquier punto P no podrían ser cualesquiera, sino que la razón δ_{LP}/δ_{TP} entre las densidades «dismétricas» de la longitud y del tiempo tendrían que formar proporción con la razón c/c_P, de acuerdo con la expresión [34.1], lo cual supondría establecer una ley física no probada, que no puede admitirse arbitrariamente y que obviamente no tiene por qué satisfacerse *a priori* en todo el espacio «dismétrico» ampliamente variable.

Parte II: «Dismetría»

En conclusión, tanto si se admitiera la hipótesis de medida constante c de la velocidad de la luz como la de cantidad de velocidad $c_P\, m_P$ constante en todo punto P del espacio, en ningún caso resulta compatible con la «dismetría» dicha invariancia, lo que tiene implicaciones muy importantes en relación, por ejemplo, con la determinación de la edad del universo o la estimación de distancias, que actualmente se calculan con la constante c, a la cual se refieren también con gran probabilidad de error las definiciones de las unidades patrón de las magnitudes fundamentales, formuladas por el Sistema Internacional de Unidades.

Para ilustrar este hecho consideremos un ejemplo numérico. Sea O el punto de referencia del espacio, que podría representar el entorno terrestre, respecto del cual se establecen las densidades «dismétricas» en cualquier otro punto P. Las densidades «dismétricas» de las magnitudes longitud y tiempo en O serán ambas la unidad, con lo que tendremos $\delta_{LO}=\delta_{TO}=1$. Supongamos que en el punto P la longitud tenga una densidad igual a 2 y el tiempo sea isométrico, con lo cual su densidad será la unidad, de modo que $\delta_{LP}=2$ y $\delta_{TP}=1$. En estas condiciones, la medida de la velocidad de la luz en P, que denotamos c_P, admitiendo el *postulado de Einstein* y el actual criterio del Sistema Internacional de Unidades, ambos encuadrados en la ley [34.1], vendrá dada por el cálculo siguiente:

$$c_P = c \times \frac{\delta_{LP}}{\delta_{TP}} = c \times \frac{2}{1} = 2 \times c$$

Por tanto, en las condiciones del ejemplo la medida de la velocidad de la luz en P es el doble que en O y c no sería constante.

En el supuesto de cantidad de velocidad constante de la ley [34.2], aplicado al ejemplo, las densidades «dismétricas» de la longitud y del tiempo tendrían que satisfacer la siguiente condición:

$$\frac{c}{c_P} = \frac{\delta_{LP}}{\delta_{TP}} = \frac{2}{1} = 2$$

Resultaría así que las densidades de la longitud y el tiempo no podrían ser cualesquiera, como habría de esperarse en un espacio «dismétrico» genérico, sino que las razones c/c_P y δ_{LP}/δ_{TP} habrían de ser ambas iguales a 2, lo cual sería tanto como admitir sin fundamento una restricción extraña, que en todo caso debería probarse experimentalmente.

En este apartado hemos descrito someramente el significado del experimento de Michelson de acuerdo con la explicación de André Lichnerowicz en su texto *Elementos de cálculo tensorial*. No obstante, hemos de observar que en nuestros razonamientos no se niega el resultado de dicho experimento ni la *hipótesis relativista*, sino que, para no entrar en contradicción con ellos, lo que hacemos es la hipótesis de que sean correctos, resultando que, si fueran constantes la medida de la velocidad de la luz o su cantidad en el entorno terrestre, que es el objeto de aquel experimento isométrico, la cantidad de velocidad no tiene por qué serlo en todos los puntos del espacio «dismétrico». Por tanto, lo que cuestionamos aquí es la extensión del resultado a todos los puntos del espacio. Es más, con el álgebra diádica probamos que la *hipótesis relativista* de que la velocidad de la luz sea invariante en todo el espacio resulta en general incompatible con la «dismetría», salvo para casos muy singulares.

En cambio, la «dismetría» no refuta en absoluto la mecánica clásica newtoniana, como se comprobó al analizar la *segunda ley de Newton* desde el punto de vista «dismétrico» en el apartado XXXII, así como también se comprueba en el apartado XXXV siguiente dedicado a la gravitación «dismétrica».

Apartado XXXV

LA GRAVITACIÓN «DISMÉTRICA»
Explicación racional alternativa a la materia oscura para las anomalías gravitacionales

Comencemos dando un somero repaso a la gravitación clásica con la ayuda de la figura 27. Desde un punto de vista mecánico, se considera que las fuerzas que se observan en la naturaleza pueden ser a distancia, como la gravitación, o de contacto, cuando los cuerpos parecen juntarse y se apoyan o chocan unos con otros. Hoy día el modelo atómico parece revelar que la materia nunca entraría en contacto, aunque a efectos prácticos nuestras teorías supongan lo contrario. En mecánica las acciones que se consideran son ajenas a otros fenómenos como la electricidad y el magnetismo, que tienen sus descripciones y explicaciones propias. Precisamente esas ramas de la Física nacieron a causa de que la mecánica no era capaz de representar ciertas experiencias, dando lugar a otros modelos específicos. Por tanto, la mecánica se limita al estudio de las acciones a distancia o en contacto, incluyendo en estas las interiores de enlace o vinculares que mantienen unidos algunos cuerpos, que entre sí se ejercen los puntos materiales, considerados como agrupaciones de materia minúsculas. Las leyes mecánicas se aplican de modo que, tanto a distancia como en contacto, separados o vinculados, dos puntos materiales se influyen entre sí mediante dos fuerzas aplicadas en cada uno de ellos con la dirección de la recta que pasa por ambos, sentido contrario e igual módulo. Esta es la base primordial de la teoría mecánica, que se completa con la ley fundamental que relaciona fuerzas, masas de inercia y aceleraciones. La teoría vigente de las acciones a distancia se debe a Isaac Newton, que formuló la *ley de la gravitación universal* determinando la cuantía de las fuerzas a distancia con que se influyen dos puntos materiales P_1 y P_2. Siguiendo la notación del tercer postulado, tales fuerzas se

Parte II: «Dismetría»

Leyes de la mecánica
Postulados de Newton

I. Postulado de inercia

Existe un sistema de referencia absoluto en relación con el cual todo punto material aislado presenta aceleración nula, por lo que su movimiento es rectilíneo y uniforme.

II. Relación vectorial entre fuerza, masa y aceleración

Siendo $\Sigma \overline{F}_i(t)$ la resultante de todas las fuerzas que actúan sobre un punto material de masa M y aceleración $\overline{a}(t)$ en el instante t, se admite la ley representada por la ecuación vectorial:

$$\sum \overline{F}_i(t) = M \cdot \overline{a}(t)$$

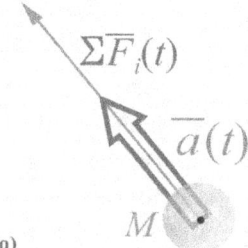

III. Igualdad de acción y reacción (a distancia o en contacto)

En cualquier estado de movimiento o reposo, de contacto o a distancia, todo punto material P_1 ejerce sobre otro P_2 una acción llamada fuerza, que se asimila a un vector fijo $\overline{F}_{21}$ aplicado en P_2, cuya dirección es la de la recta que pasa por P_1 y P_2; y recíprocamente, el punto P_2 ejerce sobre el P_1 una fuerza dada por el vector fijo $\overline{F}_{12}$ aplicado en P_1 y con la misma dirección que el anterior; estas dos fuerzas se admite que tienen igual módulo y sentido opuesto, lo que vectorialmente se indica $\overline{F}_{21} = -\overline{F}_{12}$.

Principio de superposición: Para un sistema cualquiera de puntos materiales $\{P_i\}$ con i tomando valores de 1 a n, cada punto material P_i es sometido a $n-1$ fuerzas $\overline{F}_{jk}$ con $j \neq k$, porque los puntos no se ejercen acción sobre sí mismos, estas fuerzas se suponen aplicadas en P_j y su resultante $\overline{F}_j$ aplicada también en P_j se admite que puede calcularse mediante el álgebra vectorial y que producirá el mismo efecto sobre P_j. Como la relación entre fuerza y aceleración es la masa de inercia, constante para cada P_j, analíticamente se tendrán las ecuaciones vectoriales siguientes:

$$\overline{F}_j = \sum_{k=1}^{n, k \neq j} \overline{F}_{jk}$$

$$\overline{a}_j = \sum_{k=1}^{n, k \neq j} \overline{a}_{jk}$$

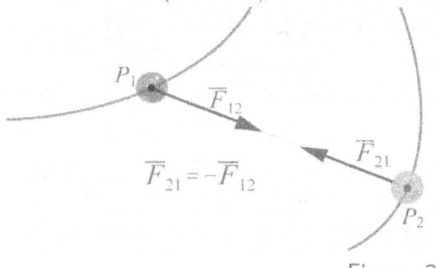

Figura 27

identifican con los vectores fijos $\overline{F}_{21}$ para la acción de P_1 sobre P_2, y $\overline{F}_{12}$ para la de P_2 sobre P_1, aplicadas $\overline{F}_{21}$ en P_2 y $\overline{F}_{12}$ en P_1, han de tener la dirección de la recta que pasa por P_1 y P_2, con sentido opuesto, lo que supone que $\overline{F}_{21} = -\overline{F}_{12}$. El principio de acción y reacción no atiende a si esas fuerzas sean de atracción o de repulsión ni acerca de la medida del módulo de estas acciones recíprocas, porque el principio afecta a todo tipo de fuerzas mecánicas. Pues bien, la *ley de la gravitación* viene a establecer las de índole gravitatoria con la formulación de la hipótesis experimental que determina que las fuerzas gravitatorias a distancia $\overline{F}_{21}$ y $\overline{F}_{12}$ son de atracción y sus módulos iguales son directamente proporcionales a sendos números positivos designados μ_1 y μ_2 tales que no dependen del tiempo y representan cierta característica propia e invariante de cada punto material P_1 y P_2, o cualquier otro, así como dichos módulos se observan inversamente proporcionales al cuadrado de la distancia r que separa los dos puntos materiales considerados, todo lo cual queda analíticamente expresado mediante la tan conocida ecuación que se escribe a continuación:

$$\left|\overline{F}_{21}\right| = \left|\overline{F}_{12}\right| = \frac{\mu_1 \times \mu_2}{r^2} \qquad [35.1]$$

Los números reales positivos μ_1 y μ_2 se considera que miden cierta cualidad propia de los puntos materiales P_1 y P_2 que se denomina **masa gravitatoria** y se refiere a una especie de capacidad de la materia para ejercer atracción a distancia. Así que en todo punto material hay presentes dos características que quedan descritas por la masa de inercia M o medida de la resistencia a ser acelerado de acuerdo con el segundo postulado de la mecánica, y por la masa gravitatoria μ o medida de la capacidad de ejercer atracción sobre otros puntos materiales en virtud de la *ley de la gravitación*. Pero aún hay más, porque resulta que el cociente entre la masa gravitatoria y la de inercia es un número que parece ser el mismo para toda porción de materia, por lo que se considera una constante universal; así que representándola con el símbolo $\sqrt{G}$, para que al multiplicarse por sí misma dé G, la *ley de la gravitación universal* se puede expresar en función de las **masas de inercia** M_1 y M_2 de los puntos materiales y de la constante de gravitación universal $G=6{,}67\times10^{-11}\ N*m^2/\!/kg^2$, resultando con facilidad las igualdades siguientes:

$$\left|\overline{F}_{21}\right| = \left|\overline{F}_{12}\right| = G \times \frac{M_1 \times M_2}{r^2}$$

Por esta razón en Física cuando se habla de masa no se distingue entre la de inercia y la gravitatoria, entendiéndose por masa a ambos efectos la de inercia, de modo que para cuantificar la atracción gravitatoria entre dos masas de inercia dadas se debe considerar la constante G. La *ley de la gravitación* describe las únicas fuerzas conocidas a distancia de origen mecánico y permite poder describir analíticamente las interacciones a distancia entre los puntos de un sistema cualquiera de puntos materiales; de modo que, para un sistema de puntos materiales $\{P_i\}$ con masas de inercia M_i, con i tomando valores de 1 a n, dado otro punto material P_0 con masa de inercia M_0, la fuerza total resultante $\overline{F}_0$ de las fuerzas $\overline{F}_{0i}$ que ejercen los puntos del sistema $\{P_i\}$ sobre este otro punto material P_0, siendo $\overline{u}_i$ el versor del sentido del vector con origen en P_0 y extremo en P_i y r_i la distancia entre P_0 y P_i, como se admite la validez del álgebra de los espacios vectoriales matemáticos, la resultante $\overline{F}_0$ viene dada por la expresión:

$$\overline{F}_0 = \sum_{i=1}^{n} \overline{F}_{0i} = \sum_{i=1}^{n} G \times \frac{M_0 \times M_i}{r_i^2} \bullet \overline{u}_i$$

Si el versor $\overline{u}_i$ se estableciera en sentido opuesto, es decir de P_i a P_0, habría que anteponer un signo menos al segundo miembro, y también correspondería un signo menos si en vez de sumar las fuerzas $\overline{F}_{0i}$ se sumasen las $\overline{F}_{i0}$ que sobre cada P_i ejerza P_0, porque, dado el principio de acción y reacción será $\overline{F}_{0i} = -\overline{F}_{i0}$ para todo i. Por otra parte, en el esquema anterior se ha empleado un criterio diferente al del segundo postulado, en el que el punto analizado se consideraba incluido en el sistema, por lo que se hacía necesario diferenciarlo con la condición $j \neq k$; en cambio, aquí se han diferenciado los puntos $\{P_i\}$ del P_0, haciendo innecesaria dicha distinción. Es claro que los resultados físicos no se ven influidos en absoluto, salvo por la notación utilizada en cada caso. Conocida la fuerza total $\overline{F}_0$ que ejercen el conjunto de puntos $\{P_i\}$ sobre otro P_0, es posible calcular su aceleración $\overline{a}_0$ respecto de un sistema de referencia inercial, bastando dividir la fuerza anterior por la masa M_0 para obtenerlo:

$$\overline{a}_0 = \frac{\overline{F}_0}{M_0} = \sum_{i=1}^{n} G \times \frac{M_i}{r_i^2} \bullet \overline{u}_i$$

Se observa que la aceleración que el conjunto de puntos $\{P_i\}$ comunican a cualquier otro punto no depende de la masa de este, sino solo de su posición en el espacio, como lo reflejan las distancias r_i entre las posiciones de los puntos $\{P_i\}$ y la de otro punto ajeno P_0. Ello significa que dos puntos materiales diferentes, con distintas masas, si se colocasen en el mismo punto y con igual velocidad, bajo la influencia del sistema de puntos $\{P_i\}$ se moverían con la misma trayectoria. Si se consideran estos dos puntos uno junto al otro, formarán otro punto material tal que su movimiento a causa del conjunto de puntos materiales $\{P_i\}$ tampoco dependerá de la masa conjunta de los dos puntos unidos, por lo que se moverán también con la misma trayectoria con que lo harían individualmente, suponiendo que se situasen en el mismo punto y con la misma velocidad inicial en todos los casos. Este resultado permite definir un concepto matemático llamado **campo gravitatorio**, toda vez que la acción de un sistema de puntos materiales $\{P_i\}$ solo depende de la posición en el espacio, de modo que cualquier masa situada en unas coordenadas genéricas (x,y,z) experimentará la misma aceleración, de ahí que se defina la **intensidad de campo** gravitatorio de un sistema dado de puntos materiales $\{P_i\}$ en las coordenadas (x,y,z) como el vector $\overline{E}(x,y,z)$ que representa la aceleración que el sistema comunicaría a cualquier otro punto material situado en esa posición, por lo que su expresión coincide con la de la aceleración sin más que modificar la notación del primer miembro:

$$\overline{E}(x,y,z) = \sum_{i=1}^{n} G \times \frac{M_i}{r_i^2} \bullet \overline{u}_i$$

El sumatorio anterior está compuesto de sumandos que representan al campo gravitatorio inducido por cada punto material aislado P_i, de modo que se puede enunciar que la intensidad de campo de un sistema en cada posición del espacio es la adición vectorial de los campos que corresponden a cada uno de sus puntos en esa misma posición. Un campo no es más que una abstracción matemática que consiste en establecer una aplicación entre el espacio geométrico E^3 y R, si a cada punto del espacio se le asigna un número real, o $\mathbf{V}^3$, si a cada punto del espacio se le hace corresponder un vector geométrico tridimensional; en el primer caso se tendría un campo escalar y en el segundo un campo vectorial, que en definitiva se podría describir como una aplicación de R^3 en R^3, si los vectores geométricos se sustituyen por sus tres componentes o vectores abstractos. Obviamente, la noción de campo está incluida en el concepto general de función vectorial como aplicación de R^n en R^m, por lo que mediante los nombres de campo gravitatorio como conjunto de intensidades de campo se está dotando al concepto matemático general de función vectorial del significado específico que se refiere a la acción de un sistema de puntos materiales sobre cualquier otro que se sitúe en un punto del espacio, con el efecto de transmitirle una cierta aceleración. Por su parte, hay que observar que en todas las expresiones anteriores, si se pudiera considerar que la materia se distribuye de forma continua, los sumatorios se convertirían en integrales, pues los puntos materiales se podrían asimilar a elementos diferenciales infinitesimales volumétricos. La noción de campo gravitatorio, aplicada al sistema de puntos materiales que constituyen un astro cualquiera, significa la aceleración que se comunicaría a todo punto material situado en un determinado lugar; asimilando ese astro a un punto material con masa de inercia M y definiendo un versor $\overline{u}$ con dirección y sentido del centro del astro hacia un punto situado a una distancia r, la intensidad de campo gravitatorio de M, notada $\overline{E}_M(r)$ a esa distancia r, vendrá dado por la ecuación vectorial:

$$\overline{E}_M(r) = -\frac{G \times M}{r^2} \bullet \overline{u}$$

Apliquemos lo anterior al caso de un sistema binario formado por un cuerpo muy masivo y otro mucho menos pesado, tales que, a efectos prácticos, se pueda considerar que el mayor permanece inmóvil en un punto O y que el menor gira a su alrededor en una órbita circular. No importa la masa del cuerpo menor, como acabamos de comprobar, así que el elemento menor del sistema puede ser cualquiera con masa despreciable frente al mayor. En estas condiciones, cada órbita, definida por su radio r estará asociada a un valor exclusivo del campo, es decir, a una aceleración, y por tanto a un período orbital τ_r. Como estamos postulando la existencia de un movimiento circular uniforme, la aceleración tangencial será nula y solo tendremos una aceleración normal, que será precisamente el valor del campo gravitatorio en la órbita genérica. Designando ω_r la velocidad angular para la órbita de radio r, sabemos por cinemática que la aceleración normal, también llamada centrípeta, es $\omega_r^2 \times r$. A su vez, el período y la velocidad angular están relacionados por la ecuación $\omega_r \times \tau_r = 2 \times \pi$. Por la *segunda ley de Newton*, esta aceleración ha de ser la opuesta al campo, dado el sentido definido para el versor $\overline{u}$. Por tanto, se puede hilar el siguiente razonamiento:

$$\frac{G \times M}{r^2} = \omega_r^2 \times r \Rightarrow \tau_r = \frac{2 \times \pi}{\omega_r} = 2 \times \pi \times \sqrt{\frac{r^3}{G \times M}}$$

[35.2]

Este resultado permite concluir que el período asociado a cada órbita de radio r es función de r y M. Así que, dada una masa M, cada órbita r tendrá su período concreto τ_r, conforme con la ecuación anterior.

Hasta aquí una breve exposición de la gravitación clásica, en la que, como es costumbre convencional, se opera únicamente con entes matemáticos sin tener en cuenta explícitamente las unidades de las magnitudes físicas. A continuación extenderemos esta teoría con el álgebra de magnitudes a la visión «dismétrica» del fenómeno. Para ello, el primer paso ha de ser reformular la gravitación clásica de la ley [35.1] aplicando el álgebra de magnitudes, de modo que, tomando dos puntos materiales P_1 y P_2, siendo $\overline{u}$ el versor con la dirección de la recta que une los dos puntos y su sentido el de P_1 a P_2, suponiendo que sus respectivas masas gravitatorias sean μ_1 y μ_2, recordando la expresión [33.1], que da la medida «dismétrica» del segmento P_1P_2, refiriendo las unidades a las congruentes de P_1, en la que se puede nombrar la integral con el factor λ_r, resulta:

$$\int_0^r [dx\, m_X] = \int_0^r dx \circ (\delta_X \circ m_1) = \left[\int_0^r \delta_X \times dx\right] m_1 = \lambda_r\, m_1$$

Admitiendo el criterio newtoniano de que la medida de la acción que se ejercen entre sí esos dos puntos materiales coincide en valor absoluto y que viene dada por la expresión [35.1], con todo ello, se tiene que la expresión «dismétrica» de las acciones $\overline{F}_{21}$ y $\overline{F}_{12}$, en sus unidades de fuerza correspondientes en newton N_1 y N_2, que se ejercen entre sí a distancia ambos puntos son:

$$\overline{F}_{21}\, N_2 = -\frac{\mu_1 \times \mu_2}{\lambda_r^2} \bullet \overline{u} \quad \frac{kg_2 * m_2}{s_2^2}$$

$$\overline{F}_{12}\, N_1 = \frac{\mu_1 \times \mu_2}{\lambda_r^2} \bullet \overline{u} \quad \frac{kg_1 * m_1}{s_1^2}$$

Refiriendo las unidades de los puntos P_1 y P_2 a las congruentes en otro de referencia O, donde se tengan las unidades patrón m, kg y s, para la longitud, la masa y el tiempo, se podrán escribir $m_1 = \delta_{L1} \circ m$, $kg_1 = \delta_{M1} \circ kg$, $s_1 = \delta_{T1} \circ s$ y $m_2 = \delta_{L2} \circ m$, $kg_2 = \delta_{M2} \circ kg$, $s_2 = \delta_{T2} \circ s$. Operando con el álgebra de magnitudes, se llega con facilidad a las expresiones «dismétricas» de la nueva *ley de la gravitación*:

$$\overline{F}_{21}\, N_2 = -\frac{\delta_{M2} \times \delta_{L2}}{\delta_{T2}^2} \times \frac{\mu_1 \times \mu_2}{\lambda_r^2} \bullet \overline{u} \quad \frac{kg*m}{s^2}$$

$$\overline{F}_{12}\, N_1 = \frac{\delta_{M1} \times \delta_{L1}}{\delta_{T1}^2} \times \frac{\mu_1 \times \mu_2}{\lambda_r^2} \bullet \overline{u} \quad \frac{kg*m}{s^2}$$

Asumiendo el hecho clásico que supone como cualidad inherente a la materia la proporcionalidad entre las masas gravitatoria y de inercia para todos los puntos materiales, tendremos $\mu_1 = \sqrt{G} \times M_1$ y $\mu_2 = \sqrt{G} \times M_2$, y las fórmulas anteriores se convierten en estas otras:

$$\overline{F}_{21} N_2 = -G \times \frac{\delta_{M2} \times \delta_{L2}}{\delta_{T2}^2} \times \frac{M_1 \times M_2}{\lambda_r^2} \bullet \overline{u} \ \frac{kg*m}{s^2}$$

$$\overline{F}_{12} N_1 = G \times \frac{\delta_{M1} \times \delta_{L1}}{\delta_{T1}^2} \times \frac{M_1 \times M_2}{\lambda_r^2} \bullet \overline{u} \ \frac{kg*m}{s^2}$$

LEYES DE LA GRAVITACIÓN «DISMÉTRICA» [35.3]

Estas son las dos expresiones «dismétricas» de la gravitación. En ellas se observa que en un espacio «dismétrico» no existe en rigor la constante de gravitación universal. Primero, porque G viene alterada por el factor formado por las densidades δ de las tres magnitudes fundamentales; y segundo, porque el denominador del producto de las masas no es el cuadrado de la distancia matemática entre los puntos materiales, sino la cantidad de longitud física entre ellos λ_r.

Por otra parte, dichas leyes «dismétricas» de la gravitación, en general, si los factores con las densidades δ en cada una de ellas son distintos, serán también distintas en módulo las fuerzas recíprocas a distancia $\overline{F}_{21}$ y $\overline{F}_{12}$ que se ejercen entre sí los dos puntos materiales. Y este resultado es la explicación «dismétrica» alternativa para las anomalías gravitatorias que se observan hoy en día y que se atribuyen a la misteriosa materia oscura. La «dismetría» muestra que las fuerzas con que interactúan los cuerpos no se corresponde necesariamente con la gravitación clásica, de ahí que algunas órbitas observadas se desvíen de las previstas. Para hacer más claro este fenómeno, calculemos los períodos «dismétricos» de las órbitas gravitatorias.

A fin de facilitar la comprensión didáctica, consideremos el sistema binario ya descrito y supongamos que el espacio presenta una «dismetría» isótropa respecto del punto central O. Ello supone que la densidad «dismétrica» de cualquier magnitud se distribuye de la misma manera a lo largo de cualquier recta que pase por O, o lo que es igual, que la densidad «dismétrica» de toda magnitud será constante en todos los puntos de cualquier esfera centrada en O. El problema a resolver consiste en calcular el período de rotación de cuerpo menor P_2 en órbita circular respecto del mayor P_1 situado en O. Puesto que las densidades «dismétricas» se mantienen constantes a lo largo de toda circunferencia centrada en O, podemos concluir que las leyes cinemáticas clásicas se aplican a estos casos. Lo que no se verificaría necesariamente para otras circunferencias centradas en otros puntos distintos de O.

La aceleración normal o centrípeta de P_2 en una órbita de radio r será $-\omega_r^2 \times \lambda_r \cdot \overline{u}\ \ m_2 /\!/ s_2^2$, que habrá de ser igual $\overline{F}_{21}\ N_2 /\!/ M_2$; lo que nos lleva a la ecuación «dismétrica» siguiente:

$$\omega_r^2 \times \lambda_r \frac{m_2}{s_2^2} = G \times \frac{\delta_{M2} \times \delta_{L2}}{\delta_{T2}^2} \times \frac{M_1}{\lambda_r^2} \frac{m}{s^2}$$

Para reducir ambos miembros a la misma unidad compuesta, se debe tener en cuenta que $m_2 = \delta_{L2} \circ m$ y $s_2 = \delta_{T2} \circ s$, con lo que resulta:

$$\frac{\delta_{L2}}{\delta_{T2}^2} \times \omega_r^2 \times \lambda_r \frac{m}{s^2} = G \times \frac{\delta_{M2} \times \delta_{L2}}{\delta_{T2}^2} \times \frac{M_1}{\lambda_r^2} \frac{m}{s^2}$$

Como los secundarios son iguales, el criterio de igualdad diádica permite identificar los primarios, y así tenemos:

$$\omega_r^2 = \frac{\delta_{M2}}{\lambda_r^3} \times G \times M_1$$

Considerando el número pi «dismétrico» π_r, calculado para este mismo espacio en el artículo correspondiente, sabiendo que la relación entre la velocidad angular y el período de rotación es dada por $2 \times \pi_r\ rad = \omega_r\ rad /\!/ s_2 * \tau_r\ s_2$, es decir, $2 \times \pi_r = \omega_r \times \tau_r$, siendo τ_r dicho período, resulta con facilidad la expresión que se buscaba:

$$\tau_r = \frac{2 \times \pi_r}{\omega_r} = 2 \times \pi_r \times \sqrt{\frac{\lambda_r^3}{\delta_{M2} \times G \times M_1}}$$

Comparando este resultado con el clásico, descrito en la ecuación [35.2], se puede comprobar con sencillez en qué situación coincidirían los períodos orbitales clásico y «dismétrico», así como cuándo sería mayor el uno que el otro, produciendo las anomalías orbitales observadas y explicadas con la existencia de una supuesta materia oscura, innecesaria para la «dismetría». Así que se podría simplificar la notación y denominar Φ_C y Φ_D los factores multiplicativos respectivos de los períodos clásico y «dismétrico» que no incluyen la constante G ni la masa $M_1 = M$ en este caso. Es decir:

$$\Phi_C = 2 \times \pi \times \sqrt{r^3} \; ; \; \Phi_D = 2 \times \pi_r \times \sqrt{\frac{\lambda_r^3}{\delta_{M2}}}$$

En estas condiciones, solo si $\Phi_C = \Phi_D$ coincidirán el período clásico y el «dismétrico» de una misma órbita de radio r al rededor de la misma masa. Si fuese $\Phi_C < \Phi_D$, el período orbital clásico será inferior al «dismétrico» y al contrario si $\Phi_C > \Phi_D$. Así, pues, la «dismetría» es capaz de explicar las anomalías gravitatorias sin necesidad de la materia oscura.

Debemos advertir que para llegar a este resultado se ha aplicado el criterio newtoniano en orden a que la medida de la acción gravitatoria sea constante. Y así, hemos pasado por alto una consecuencia llamativa, relativa a que las fuerzas recíprocas $\overline{F}_{21} N_2$ y $\overline{F}_{12} N_1$ no tienen por qué indicar la misma cantidad de fuerza, lo que parecería contradecir el tercer postulado de Newton sobre igualdad en módulo de acción y reacción.

Sin embargo, este resultado no tiene nada de contradictorio, porque la gravitación «dismétrica» cuantifica perfectamente las dos fuerzas actuantes, lo que permite calcular el movimiento independiente de los puntos P_1 y P_2. Lo que realmente pasaría es que el tercer postulado de Newton sería un caso específico y restringido de espacio «dismétrico» en que sí se verificaría dicha ley; pero, en general, el principio de igualdad de acción y reacción no tendría por qué cumplirse siempre, como manifiestan las dos leyes «dismétricas» de la gravitación.

Finalmente, basta observar las leyes «dismétricas» [35.3] para constatar que la gravitación en estos espacios no tiene por qué ser constante, es decir, que no existe en general un valor único de G, ya que su medida depende de la posición en función de las densidades correspondientes y de λ_r/r, por lo que se puede referir la gravitación a los puntos P_1 y P_2 con las notaciones G_1 y G_2 mediante las expresiones siguientes:

$$G_2 = G \times \frac{\delta_{M2} \times \delta_{L2}}{\delta_{T2}^2} \times \frac{r^2}{\lambda_r^2}$$

$$G_1 = G \times \frac{\delta_{M1} \times \delta_{L1}}{\delta_{T1}^2} \times \frac{r^2}{\lambda_r^2}$$

Obviamente, en el caso de que las densidades «dismétricas» sean la unidad en todos los puntos, se tendrá $\lambda_r = r$ y resultará que $G_1 = G_2 = G$, coincidiendo con la gravitación clásica. Pero, en general, queda patente que la «dismetría» permite representar espacios en los que la gravitación no sea constante.

Apartado XXXVI
LEYES DEL ESPACIO VACÍO
*Formulación tensorial de las
propiedades del espacio físico*

Concebimos la «dismetría» como la previsión más general de los fenómenos físicos, lo que supone que las cantidades de magnitudes implícitas en las unidades físicas o en cualquier otra díada puedan variar de un punto a otro del espacio. En este apartado nos centraremos didácticamente en el caso de la magnitud fundamental que es la longitud y concebiremos modelos matemáticos para los espacios «dismétricos» que representen el espacio vacuo. Comprobaremos que la herramienta matemática idónea para formular los fenómenos «dismétricos» son los tensores y con ejemplos sencillos en el plano volveremos a demostrar que en estos espacios tan atractivos las rectas se transforman en curvas y con ello las trayectorias de la luz no son rectilíneas y su velocidad es variable sin límite en el vacío.

Comencemos introduciendo la noción básica de lo que es un tensor. Los orígenes del concepto están en el espacio afín *de n* dimensiones, definido como aquel entre cuyos puntos y el conjunto de *n* números reales cualesquiera $x_1, x_2, \ldots, x_n$ se puede establecer una correspondencia biunívoca o afinidad. Los números x_i se llaman coordenadas del punto y la correspondencia establecida constituye lo que se llama un sistema cartesiano de coordenadas. Cuando un cambio de coordenadas de x_i a x'_i conserva el origen se verifican las ecuaciones lineales:

$$x'_i = \sum_{h=1}^{n} a_{ih} x_h \quad (i = 1, 2, \ldots, n)$$

Como generalización del espacio común de tres dimensiones, cuando en un espacio afín se define la manera de medir la distancia entre dos puntos, se dice que se ha introducido una métrica y el espacio se denomina euclidiano. La distancia d entre dos puntos $(x_1, x_2, \ldots, x_n)$ e $(y_1, y_2, \ldots, y_n)$ queda definida por: $d^2 = (y_1-x_1)^2 + (y_2-x_2)^2 + \ldots + (y_n-x_n)^2$. Los sistemas de coordenadas en los que es válida esta definición se llaman ortogonales. Dados dos espacios afines R^p y R^q (potencias cartesianas p y q de R), de dimensiones p y q, se llama transformación lineal a toda relación entre los puntos $\{x_i\}$ de R^p y $\{x'_i\}$ de R^q establecida por ecuaciones lineales y homogéneas con la forma:

$$x'_i = \sum_{h=1}^{n} a_{ih} x_h \qquad (i = 1, 2, \ldots, n)$$

Estas sumas se representan reducidas mediante el convenio de índices sumatorios atribuido a Einstein, que consiste para toda expresión monomia en entenderlos como una suma en la que los dos índices repetidos van sumados de 1 a n. Obsérvese que los índices repetidos pueden simbolizarse con cualquier letra, siempre que no haya ambigüedad. Con este criterio las ecuaciones anteriores se escriben así:

$$x'_i = a_{ih} x_h$$

Veamos ahora cómo surge el concepto de tensor cartesiano del espacio ordinario[24]. Para ello, hemos de observar las coordenadas cartesianas como componentes de vectores. Las coordenadas u_i de un vector $\overline{u}$ se transformarán en las u'_i según la ley $u'_i = a_{ih} u_h$ y las v_j de otro vector $\overline{v}$ en las v'_j según la misma ley $v'_j = a_{jk} v_k$. Si $n=3$,

---

[24] Por resultar práctico y más sencillo para las aplicaciones físicas y para explicar los tensores «dismétricos», en lo que sigue utilizaremos la notación cartesiana histórica con subíndices u_i para representar las componentes de un vector $\overline{u}$ en una base cualquiera $\{\overline{e}_i\}$, de modo que será $\overline{u} = u_i \overline{e}_i$ la expresión del vector en función de la base. En matemáticas estas coordenadas se llaman contravariantes y cuando se utilizan junto a las denominadas coordenadas covariantes se representan las primeras con superíndices u^i con $\overline{u} = u^i \overline{e}_i$ y las segundas con subíndices. Las coordenadas covariantes se definen como los productos escalares «·» de todo vector $\overline{u}$ con los vectores de la base, es decir, $u_i = \overline{u} \cdot \overline{e}_i$.

dados dos vectores $\overline{u}$ y $\overline{v}$, se pueden formar nueve productos $t_{ij}=u_i\,v_j$, resultando una matriz de 3×3. Mediante un cambio de coordenadas estos productos se transforman con arreglo a la siguiente ley:

$$u'_i\,v'_j = a_{ih}\,a_{jk}\,u_h\,v_k$$

El conjunto de los nueve productos $t_{ij}=u_i\,v_j$ forma un nuevo ente que se denomina producto tensorial de los vectores $\overline{u}$ y $\overline{v}$. La ley de transformación de estos productos induce a establecer la siguiente definición: dadas 3^2 cantidades t_{ij}, se dice que son las componentes de un tensor cartesiano de segundo orden cuando por un cambio de coordenadas con la forma $x'_i = a_{ih}\,x_h$ se transforman según la misma ley anterior, es decir, de esta manera:

$$t'_{ij} = a_{ih}\,a_{jk}\,t_{hk} \qquad [36.1]$$

Análogamente, dadas 3^p cantidades $t_{i_1 i_2 \ldots i_p}$ se dirá que son componentes de un tensor cartesiano de orden p si por un cambio de coordenada con la forma $x'_i = a_{ih}\,x_h$, donde los índices i y h tomarán valores enteros de 1 a 3, se transforman según las ecuaciones siguientes:

$$t'_{i_1 i_2 \ldots i_p} = a_{i_1 h_1}\,a_{i_2 h_2} \ldots a_{i_p h_p}\,t_{h_1 h_2 \ldots h_p}$$

En general, dado un espacio euclidiano de n dimensiones, se llama tensor cartesiano de orden p al conjunto de n^p componentes $t_{i_1 i_2 \ldots i_p}$ que por cambio de coordenadas con la forma $x'_i = a_{ih}\,x_h$, donde los índices i y h tomarán los valores de 1 a n, se transforman según las mismas leyes formales anteriores:

$$t'_{i_1 i_2 \ldots i_p} = a_{i_1 h_1}\,a_{i_2 h_2} \ldots a_{i_p h_p}\,t_{h_1 h_2 \ldots h_p}$$

Es fácil probar que el número de componentes de un tensor de orden p es n^p. Basta proceder por inducción desde los ordenes 2, 3, etc. Obsérvese para ello que el orden de un tensor es el número de subíndices con que se representa.

Este concepto básico de tensor se ha generalizado en el álgebra más moderna y abstracta en forma de leyes de composición externas definidas entre cualesquiera espacios vectoriales y con determinadas propiedades. Para ello, tomemos dos espacios vectoriales U_n y V_p de dimensiones n y p sobre el cuerpo K, sea el espacio vectorial de dimensión np denotado $U_n \otimes V_p$. Si $\overline{u}$ y $\overline{v}$ son dos elementos de U_n y V_p, haciendo corresponder a cada par $(\overline{u}, \overline{v})$ un elemento de $U_n \otimes V_p$, representado por $\overline{u} \otimes \overline{v}$, se dirá que el espacio $U_n \otimes V_p$ es el producto tensorial de U_n y V_p, y que el elemento $\overline{u} \otimes \overline{v}$ es el producto tensorial de los vectores $\overline{u}$ y $\overline{v}$, si la ley de composición definida por esta aplicación verifica las tres propiedades descritas a continuación.

Primera, es distributiva respecto de las adiciones de U_n y V_p, lo que se puede escribir con las formas:

$$\overline{u} \otimes (\overline{v}_1 + \overline{v}_2) = \overline{u} \otimes \overline{v}_1 + \overline{u} \otimes \overline{v}_2$$

$$(\overline{u}_1 + \overline{u}_2) \otimes \overline{v} = \overline{u}_1 \otimes \overline{v} + \overline{u}_2 \otimes \overline{v}$$

Segunda, es asociativa respecto de las leyes externas sobre el cuerpo K, vinculado a los dos espacios vectoriales U_n y V_p, lo que supone que, para todo α de K, se verifiquen las relaciones siguientes:

$$\alpha (\overline{u} \otimes \overline{v}) = (\alpha \overline{u}) \otimes \overline{v} = \overline{u} \otimes (\alpha \overline{v})$$

Y tercera, si $\{\overline{u}_i\}$ y $\{\overline{v}_j\}$ son dos bases cualesquiera de U_n y V_p, el conjunto de np vectores $\{\overline{u}_i \otimes \overline{v}_j\}$ es una base de $U_n \otimes V_p$.

Las dos primeras propiedades equivalen a la linealidad de la aplicación establecida para definir la ley de composición externa.

Debe aquí recordarse el concepto de aplicación lineal, función lineal, transformación lineal u operador lineal, que es toda aplicación cuyo dominio e imagen sean espacios vectoriales y tal que verifique la definición que se expone a continuación.

Sean dos espacios vectoriales U_n y V_p de dimensiones n y p, con el cuerpo K como dominio de operadores. Una aplicación T de U_n

en V_p es una transformación lineal si, para todo par de vectores $(\overline{u},\overline{v})$ de U_n y para todo escalar α de K, las imágenes en V_p satisfacen las siguientes condiciones:

$$\mathcal{T}(\overline{u}+\overline{v}) = \mathcal{T}(\overline{u}) + \mathcal{T}(\overline{v})$$

$$\mathcal{T}(\alpha\,\overline{u}) = \alpha\,\mathcal{T}(\overline{u})$$

Veamos cómo se puede expresar analíticamente el producto tensorial, basándonos en esta definición. Sean $\{\overline{e}_i\}$ y $\{\overline{h}_j\}$ dos bases de los espacios vectoriales U_n y V_p. Cualesquiera vectores $\overline{u}$ de U_n y $\overline{v}$ de V_p se podrán expresar en función de sus componentes u_i y v_j en sus respectivas bases, resultando:

$$\overline{u} = u_i\,\overline{e}_i\;;\;\overline{v} = v_j\,\overline{h}_j$$

El producto tensorial $\overline{u}\otimes\overline{v}$ de los vectores $\overline{u}$ y $\overline{v}$ se podrá describir analíticamente con la forma:

$$\overline{u}\otimes\overline{v} = (u_i\,\overline{e}_i)\otimes(v_j\,\overline{h}_j)$$

Como, por hipótesis, la ley de composición que estamos manejando es una aplicación lineal que cumple las tres propiedades del producto tensorial, los factores del segundo miembro de la ecuación anterior se pueden agrupar de la siguiente forma:

$$(u_i\,\overline{e}_i)\otimes(v_j\,\overline{h}_j) = u_i\,v_j\,(\overline{e}_i\otimes\overline{h}_j)$$

La tercera de las propiedades del producto tensorial establece que, si $\{\overline{e}_i\}$ y $\{\overline{h}_j\}$ son bases de sus respectivos espacios vectoriales U_n y V_p, entonces, $\{\overline{e}_i\otimes\overline{h}_j\}$ es una base del espacio vectorial $U_n\otimes V_p$. Por tanto, los productos de escalares $u_i\,v_j$ son las componentes del tensor $\overline{u}\otimes\overline{v}$ de $U_n\otimes V_p$ en la base $\{\overline{e}_i\otimes\overline{h}_j\}$, y podemos escribir que las componentes t_{ij} de dicho producto tensorial son los productos de las componentes de los vectores $\overline{u}$ y $\overline{v}$, lo que analíticamente se puede escribir así:

$$t_{ij} = u_i\,v_j$$

Obsérvese que este resultado de la definición de tensor mediante leyes de composición con propiedades lineales generaliza intencionadamente y coincide con el concepto elemental generador del ente tensorial cartesiano como conjunto de los productos formados con las componentes de dos vectores dados.

El concepto de tensor basado en aplicaciones lineales es la forma más práctica de implementar esta herramienta matemática, por lo que será la que aquí escojamos para representar los tensores «dismétricos». Pero antes, veamos un caso didáctico sencillo, que son los tensores de segundo orden. Un tensor de segundo orden es una aplicación lineal del espacio vectorial R^n en R^n. Los tensores de segundo orden se suelen simbolizar con letras mayúsculas y dos líneas superiores o inferiores: $\mathbf{A}, \mathbf{B}, \mathbf{C}, \ldots$ (los vectores llevan solo una raya, como tensores de primer orden). La acción de un tensor sobre un vector $\overline{u}$ del espacio inicial R^n para producir la imagen $\overline{v}$ en el también espacio final R^n se puede escribir:

$$\overline{u} \rightarrow \overline{\overline{\mathbf{A}}}\,\overline{u} = \overline{v}$$

Siendo $\overline{u}$ y $\overline{v}$ vectores de R^n y con α y β escalares de R, se verifica, por definición de aplicación lineal:

$$\overline{\overline{\mathbf{A}}}\left(\alpha\overline{u} + \beta\overline{v}\right) = \alpha\overline{\overline{\mathbf{A}}}\,\overline{u} + \beta\overline{\overline{\mathbf{A}}}\,\overline{v}$$

Se demuestra fácilmente que el conjunto de todas las aplicaciones lineales de R^n en R^n tiene estructura de espacio vectorial, por lo que se cumplirá:

$$\left(\alpha\overline{\overline{\mathbf{A}}} + \beta\overline{\overline{\mathbf{B}}}\right)\overline{u} = \alpha\left(\overline{\overline{\mathbf{A}}}\,\overline{u}\right) + \beta\left(\overline{\overline{\mathbf{B}}}\,\overline{u}\right)$$

Dados dos vectores $\overline{u}$ y $\overline{v}$ de R^n, se puede definir su producto tensorial con la relación $(\overline{u} \otimes \overline{v})\overline{w} = (\overline{v} \cdot \overline{w})\overline{u}$, donde $\overline{v} \cdot \overline{w}$ es el producto escalar de los vectores $\overline{v}$ y $\overline{w}$, para todo $\overline{w}$ de R^n; y resulta que $(\overline{u} \otimes \overline{v})$ es una aplicación lineal de R^n en R^n. Si $\{\overline{u}_i\}$ y $\{\overline{v}_j\}$ son dos bases cualesquiera de R^n, se demuestra que el conjunto $\{\overline{u}_i \otimes \overline{v}_j\}$ es una base del espacio vectorial de todas las aplicaciones lineales de R^n en R^n.

Conviene a todo lector tener algún conocimiento básico sobre los conceptos desarrollados por el álgebra tensorial moderna para establecer los principios filosóficos de esta sugestiva rama de la matemática. Por ello, vamos a introducir dos definiciones más del producto tensorial de dos espacios vectoriales cualesquiera, que pueden servirnos para entender el problema de cómo representar debidamente el fenómeno «dismétrico».

Formulemos la primera de estas dos fértiles definiciones: dados dos espacios vectoriales U y V sobre el mismo cuerpo K, se denomina producto tensorial de U por V al par (T,s), constituido por un espacio vectorial T sobre K y por una aplicación bilineal s de $U \times V$ en T, tales que para todo par (W,t), formado por un espacio vectorial W sobre K y por una aplicación bilineal t de $U \times V$ en W, existe una única aplicación lineal f de T en W que verifica $t = f \circ s$, es decir, que t sea la composición de las aplicaciones f y s. Gráficamente se pueden representar las aplicaciones implicadas en la definición mediante el siguiente esquema:

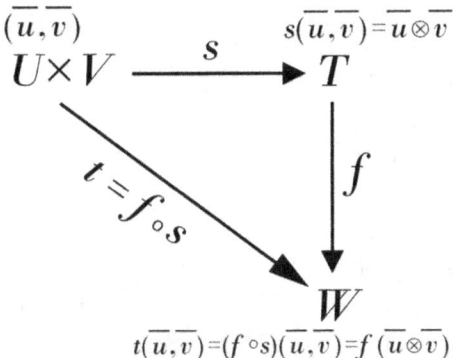

Al espacio T se le denomina producto tensorial de U por V y se representa $U \otimes V$. La imagen por medio de s de un elemento cualquiera $(\overline{u}, \overline{v})$ de $U \times V$ se indica $s(\overline{u}, \overline{v}) = \overline{u} \otimes \overline{v}$. Los elementos de T con la forma $\overline{u} \otimes \overline{v}$ reciben el nombre de descomponibles. Se tiene también que $t(\overline{u}, \overline{v}) = (f \circ s)(\overline{u}, \overline{v}) = f(\overline{u} \otimes \overline{v})$. Se comprueba que, dados dos espacios vectoriales U y V de dimensiones m y n,

Parte II: «Dismetría»

el producto tensorial (T,s) existe siempre, porque se puede formar un T singular de dimensión $m \times n$ que sea generado por una aplicación bilineal s tal que $s(\overline{e}_i, \overline{h}_j) = \overline{E}_{ij}$ haciendo que $\{\overline{E}_{ij}\}$ sea base de T, siendo $\{\overline{e}_i\}$ y $\{\overline{h}_j\}$ sendas bases de U y V; así, dado cualquier W y una de sus bases $\{\overline{w}_k\}$, basta establecer t con $t(\overline{e}_i, \overline{h}_j) = t_{ij}^{\ k} \overline{w}_k$, para que se pueda definir f tal que $t = f \circ s$ sin más que adoptar $f(\overline{E}_{ij}) = t_{ij}^{\ k} \overline{w}_k$. Se prueba fácilmente que f es única.

La segunda definición fascinante de producto tensorial es esta: dados dos espacios vectoriales U_m y V_n sobre un mismo cuerpo K, recibe el nombre de producto tensorial y se representa $(U_m \otimes V_n)_{m \times n}$ sobre el mismo cuerpo el espacio vectorial dual del espacio vectorial $\mathfrak{L}(U_m \times V_n ; K)$, que está formado por todas las formas bilineales del producto cartesiano $U_m \times V_n$ en K. Analíticamente la definición anterior se puede formular con la expresión $(U_m \otimes V_n)_{m \times n} = [\mathfrak{L}(U_m \times V_n ; K)]^*$.

Con esta definición el producto tensorial $\overline{u} \otimes \overline{v}$ de dos vectores $\overline{u}$ y $\overline{v}$ de U_m y V_n queda caracterizado como una forma lineal del espacio de las formas bilineales $\mathfrak{L}(U_m \times V_n ; K)$, de acuerdo con el esquema siguiente:

$$\forall \mathcal{F} \in \mathfrak{L}(U_m \times V_n ; K) \xrightarrow{(\overline{u} \otimes \overline{v})} \mathcal{F}(\overline{u}, \overline{v}) \in K$$

$$(\overline{u} \otimes \overline{v})[\mathcal{F}] = \mathcal{F}(\overline{u}, \overline{v})$$

La compilación básica anterior pretender mostrar al lector común la inmensa variedad de potentes elementos tensoriales que se pueden concebir, complejidad entre la que tenemos que escoger los que entendamos se ajustan mejor al objeto físico que queremos representar, en este caso la «dismetría» del espacio.

Pues bien, tras ese examen previo, hemos resuelto servirnos de las dos últimas definiciones, que para entendernos podríamos decir que conforman **modelos duales**, con los que concebiremos el tensor que refleja el campo escalar de densidades «dismétricas», tomando como estructura implicada R^3, ya que en Física nos interesa trabajar con el espacio geométrico ordinario, sin perjuicio de la posibilidad de generalizar el planteamiento a cualquier otro de naturaleza euclidiana. Así que esas dos armoniosas definiciones serán las formas elegidas más adelante para dar carta de naturaleza al tensor de densidad espacial. La primera, por la conveniente dualidad que establece cuando W es K. La segunda porque su esquema dual resulta idóneo para describir el fenómeno examinado. Pero antes debemos explicar para la mayoría de los lectores los conceptos básicos de la dualidad algebraica, tras lo cual se comprenderá por qué se opta por basar la «dismetría» en el espacio dual $(R^3 \otimes R^3)^*$.

No obstante, el primer paso lo daremos con mucha más sencillez, considerando que toda transformación lineal de R^3 en R^3 queda caracterizada por una matriz de orden 3×3. Dicha matriz será el ente que relaciona el espacio matemático R^3 con el espacio físico R^3. Recordemos que, según explicamos en el apartado XXXI, la «dismetría» conlleva la dualidad entre esos dos espacios, que en realidad son el mismo, por lo que quizá sería más apropiado hablar de componentes matemática y física del espacio vacío, aunque ello no tiene relevancia, porque lo sustancial no cambiaría en nada. Por tanto, para entendernos, la «dismetría» de la longitud establece una especie de dualidad que vincula el espacio matemático, donde se miden distancias geométricas con el metro patrón, y el espacio físico, que refleja las verdaderas cantidades de longitud física de esas medidas. El ente que relaciona los puntos de ambos espacios es, por definición, el **tensor «dismétrico» de deformación espacial** $\mathcal{D}$, y sus elementos son los llamados factores «dismétricos» $\overline{d_{ij}}$, con los subíndices i y j variando de 1 a 3. Los vectores $\overline{u}$ y $\overline{v}$ afines con los puntos de R^3 los indicaremos por sus coordenadas u_i y v_j, con i y j tomando también valores enteros de 1 a 3.

Debe hacerse aquí una observación muy importante. En este desarrollo aplicamos la propiedad diádica descrita en el apartado XI y en el número 7 del apartado XXVIII, que tiene también que ver con lo explicado en el XXIX. Dicha propiedad diádica es la siguiente: **tenemos de una parte una cantidad matemática de**

longitud, obtenida por medición con el metro patrón, y de otra la cantidad de longitud física implícita en ella y dada por la «dismetría» del espacio; ambas cantidades son representadas por sendas díadas, que son homogéneas, porque se refieren a una misma magnitud, la longitud; y en estas condiciones sabemos que la razón diádica de cantidades homogéneas es un número real igual a la razón aritmética de los primarios cuando los secundarios se expresan con la misma unidad de la magnitud correspondiente. Esta propiedad justifica plenamente que se opere solo con los primarios de las díadas para fundamentar la determinación de los tensores «dismétricos» que caracterizan el espacio vacío.

Hecha esta advertencia, vayamos al meollo de la cuestión. La «dismetría» de la longitud consiste en diferenciar la posición matemática y la posición física. Así, **un punto cualquiera del espacio matemático quedará definido por sus coordenadas o por las componentes de su vector afín $\overline{u}$, que une el origen de coordenadas O con el punto P, se pueden indicar u_i**. Ahora bien, estas coordenadas u_i son la medida por congruencia geométrica de las componentes del vector $\overline{u}$ con el metro patrón del espacio matemático. Las cantidades de longitud físicas implícitas en esas coordenadas dependen de la densidad «dismétrica» en cada punto, por lo que **la «dismetría» provocará que la posición física del mismo punto sea distinta, en general, quedando representada por el vector $\overline{v}$ de componentes v_i, que une el origen O con la posición física del punto P**. La relación entre los vectores $\overline{u}$ y $\overline{v}$ caracterizará al espacio «dismétrico» en cuestión. En estas condiciones, se puede empezar asignando a los espacios «dismétricos» las tres dimensiones del espacio geométrico ordinario, que se pueden generalizar fácilmente a cualquier número de dimensiones, como se hace a continuación.

Sean el espacio puntual afín R^3 y un punto P cualquiera del mismo. Sea en este espacio una distribución de números reales de R que llamaremos densidades «dismétricas» en cada punto P, que denotaremos $\{\delta(P) \in R\}$. Cada punto P tendrá asociados sus vectores afines $\overline{u}$ y $\overline{v}$ de R^3, el primero en el que llamaremos espacio matemático y el segundo en el espacio físico. Decimos que la «dismetría» establece entre estos dos espacios cierta correspondencia caracterizada por una trasformación de R^3 en R^3 que llamamos **tensor «dismétrico»** $\mathcal{D}$ **de deformación del espacio**, cuya acción expresaremos analíticamente mediante la siguiente notación:

$$\overline{v} = \mathcal{D}(\overline{u})$$

La fórmula indica que cada vector $\overline{u}$ del espacio matemático R^3 esta asociado con otro vector $\overline{v}$ del espacio físico R^3 mediante la transformación definida por el tensor de deformación espacial $\mathcal{D}$, determinado por la distribución de densidades «dismétricas» $\{\delta(P) \in R\}$, de modo que $\overline{v}$ acoge la cantidad de longitud implícita en $\overline{u}$. **Sea una base $\{O, \overline{e}_i\}$ del espacio puntual afín R^3**, siendo O el origen del sistema y con i tomando valores enteros de 1 a 3. Los vectores $\overline{u}$ y $\overline{v}$ se pueden expresar en función de esa base con las formas $\overline{u} = u_i \overline{e}_i$ y $\overline{v} = v_j \overline{e}_j$. La relación entre el vector $\overline{u}$ y el vector $\overline{v}$ por medio del operador «dismétrico» se podrá escribir como antes $\overline{v} = \mathcal{D}(\overline{u})$, o en función de los vectores de la base:

$$v_j \overline{e}_j = \mathcal{D}(u_i \overline{e}_i)$$

Si el tensor de deformación es una transformación lineal, entonces, se tendrá:

$$v_j \overline{e}_j = u_i \mathcal{D}(\overline{e}_i)$$

Los elementos $\mathcal{D}(\overline{e}_i)$ representan la transformación de los vectores de la base de R^3, que serán otros tantos vectores con las coordenadas d_{ij}, con lo cual:

$$\mathcal{D}(\overline{e}_i) = d_{ij} \overline{e}_j$$

$$v_j \overline{e}_j = u_i d_{ij} \overline{e}_j$$

La igualdad vectorial anterior exige que todas las componentes de ambos miembros sean iguales en la base $\{\overline{e}_i\}$, que significa lo mismo que $\{\overline{e}_j\}$, de donde resulta que:

Parte II: «Dismetría»

$$v_j = u_i\, d_{ij} \qquad [36.2]$$

Los elementos d_{ij} son las componentes del tensor de deformación del espacio físico vacío y determinan la relación entre los vectores $\overline{u}$ y $\overline{v}$ afines al punto genérico P de R^3, quedando así expresada analíticamente la correspondencia entre los espacios matemático y físico.

Las ecuaciones anteriores se pueden formular matricialmente con las matrices fila de las coordenadas contravariantes matemáticas y físicas de los vectores $\overline{u}$ y $\overline{v}$, relacionadas mediante el tensor de deformación:

$$\begin{bmatrix} v_1 & v_2 & v_3 \end{bmatrix} = \begin{bmatrix} u_1 & u_2 & u_3 \end{bmatrix} \begin{bmatrix} d_{11} & d_{12} & d_{13} \\ d_{21} & d_{22} & d_{23} \\ d_{31} & d_{32} & d_{33} \end{bmatrix}$$

Insistamos en que, con motivo de las propiedades diádicas de los apartados XI y XXVIII-7, solo manejamos los primarios de las díadas físicas, que son elementos matemáticos puros. Se recomienda revisar dichos apartados para entender lo que se hace completamente. En suma, las operaciones que intervienen en la ecuación anterior son la adición de vectores de R^3, que es una ley interna, y la ley externa correspondiente a la multiplicación de escalares del cuerpo R de los números reales por los vectores de R^3. Estas operaciones no están explícitamente simbolizadas, sino que se hallan implícitas en los conceptos matemáticos utilizados, porque cualquier lector que acceda a este apartado ha de tener ya conocimiento de las múltiples leyes de composición que se utilizan sin necesidad de recurrir a una simbología específica para cada una de ellas, de finalidad didáctica pero poco práctica, por lo que, salvada esa utilidad para el aprendizaje, la economía simbólica operacional es útil y conveniente. Notemos a continuación que los puntos asociados por el tensor «dismétrico» no son distintos para la Física, como ocurre con las aplicaciones matemáticas, son el mismo punto, pero observado desde dos puntos de vista: el matemático que corresponde a la medida con el metro patrón constante, y el físico con el metro patrón «dismétrico», que describe las cantidades de longitud implícitas en las medidas, que es lo que influye en las propiedades que son el objeto de observación de la Física.

No obstante, es oportuno observar aquí que los espacios «dismétricos» que estamos descubriendo, en los que la única magnitud fundamental afectada por la «dismetría» es la longitud, en realidad son espacios del ámbito matemático y constituyen el soporte en el que se desarrollen los fenómenos físicos «dismétricos» generales, en los que las demás magnitudes, como la masa y el tiempo, también pueden tener naturaleza «dismétrica». Es decir, la matemática común supone que el metro patrón es constante en todos los puntos del espacio, mientras que los espacios «dismétricos» son aquellos en los que dicha hipótesis se convierte en un caso particular de la variante más general, que es la previsión de que el mismo metro patrón acoja implícitas cantidades de longitud diferentes en función de la posición en el espacio. Indudablemente estos espacios tienen naturaleza matemática, por lo que las consecuencias de la «dismetría» que se observan en ellos tienen validez universal y son independientes de los fenómenos y leyes de la Física, porque representan el espacio vacío de materia y radiación.

En suma, lo que podríamos llamar dualidad «dismétrica» o correspondencia biunívoca entre el espacio matemático, aquel en el que se desarrolla la medida geométrica con el metro patrón, y el espacio físico, que es donde tienen lugar los fenómenos físicos y, por tanto, donde operan las leyes físicas, queda representada por el tensor de deformación que relaciona ambos dominios en el ámbito de la matemática. Pero esta y la Física se funden cuando se entra a analizar trayectorias, velocidades, aceleraciones y demás magnitudes físicas.

El espacio «dismétrico» y su dualidad implícita servirán de soporte para desarrollar los fenómenos físicos, que operarán en la componente física de dicho espacio matemático, componente que es por así decirlo la verdadera realidad, y por su parte, esa realidad física tendrá su manifestación aparente a través del proceso de medida en la componente matemática del espacio «dismétrico».

El tensor de deformación nace de la «dismetría» del espacio, por lo que contiene implícitas las densidades «dismétricas» en cada punto y en todas sus formas. Veamos cómo están relacionados los elementos d_{ij} del tensor de deformación con la densidad «dismétrica» en un punto cualquiera P.

Para ello calcularemos las distancias del punto al origen en el espacio matemático y en el espacio físico, con lo cual su cociente será una forma simple, que no es única, de establecer la densidad «dismétrica» del espacio en dicho punto genérico tomado como referencia.

Sean $\overline{u}$ y $\overline{v}$ los vectores afines en el espacio matemático y el físico del punto genérico P a considerar. Sea $\delta(P)$ la densidad «dismétrica» en el punto en cuestión, que también se podría haber denotado $\delta(\overline{u})$ o $\delta(\overline{v})$. Sean $d(\overline{u})$ y $d(\overline{v})$ las distancias del punto al origen en los dos espacios duales matemático y físico. Estas distancias quedarán expresadas en función de las coordenadas ortogonales del punto de esta forma:

$$d(\overline{u})^2 = u_1^2 + u_2^2 + u_3^2 \; ; \; d(\overline{v})^2 = v_1^2 + v_2^2 + v_3^2$$

Sabemos que las coordenadas anteriores están relacionadas por el tensor de deformación mediante $v_j = u_i \, d_{ij}$, con lo cual con el convenio de notación de índices sumatorios podemos poner la siguiente expresión:

$$d(\overline{v})^2 = (u_i \, d_{i1})^2 + (u_i \, d_{i2})^2 + (u_i \, d_{i3})^2$$

La densidad «dismétrica» $\delta(P)$ en el punto afín a los vectores $\overline{u}$ y $\overline{v}$ vendrá señalada por el cociente entre las distancias $d(\overline{v})$ y $d(\overline{u})$, tal como se refleja en la ecuación siguiente, donde ya aparecen los elementos d_{ij} del tensor de deformación del espacio generado por la «dismetría» de la longitud:

$$\delta(\bar{u})^2 = \frac{\sum_{j=1}^{3}(u_i d_{ij})^2}{\sum_{i=1}^{3} u_i^2}$$

Para comprender mejor estos conceptos y sus implicaciones es necesario recurrir a ejemplos sencillos que pongan de manifiesto los fenómenos físico-matemáticos básicos de la «dismetría» de la longitud en el espacio vacío.

Por ejemplo, consideremos un espacio plano, por tanto R^2. Supongamos que el espacio es tal que el tensor «dismétrico» de deformación esté definido por esta matriz que se indica a continuación:

$$\mathcal{D} = \begin{bmatrix} 1 & 0 \\ 0 & \dfrac{u_1^2}{u_2} \end{bmatrix}$$

Los elementos de $\mathcal{D}$ son en este caso $d_{11}=1$, $d_{12}=0$, $d_{21}=0$ y $d_{22}=u_1^2/u_2$. El punto físico de coordenadas v_1 y v_2 estará asociado al punto matemático de coordenadas u_1 y u_2 mediante el tensor «dismétrico» con las siguientes ecuaciones:

$$v_1 = u_1 \; ; \; v_2 = u_1^2$$

Observamos que el eje de abscisas $u_2=0$ se trasforma en la curva $v_2=u_1^2$, que es una parábola cuyo eje es el de ordenadas y vértice el origen. Y así tenemos una primera consecuencia importante: en un espacio «dismétrico» las rectas del espacio matemático son curvas en el espacio físico. Y esto en el vacío, sin necesidad de la presencia de ningún fenómeno físico, como podría ser una masa o un campo electromagnético, únicamente por la propia naturaleza del espacio vacío. Si aplicamos este resultado a un rayo de luz, consideramos que su trayectoria en el vacío del espacio ordinario es rectilínea, pero en un espacio «dismétrico» genérico sería curva.

Parte II: «Dismetría»

¿Qué ocurrirá con la velocidad de un rayo de luz que se propague en la dirección positiva del eje de abscisas? Se considera que la velocidad de la luz es constante y que su valor en el vacío es c m/s. Es decir, que en el espacio matemático la derivada respecto del tiempo t de la coordenada u_1 es c.

Derivando respecto del tiempo la trayectoria del rayo de luz en el espacio físico se tendrá la velocidad física de la luz. Las componentes de esta velocidad serán las siguientes:

$$\frac{dv_1}{dt} = \frac{du_1}{dt} = c \; ; \; \frac{dv_2}{dt} = \frac{du_1^2}{dt} = 2u_1 \frac{du_1}{dt} = 2u_1 c$$

Por tanto, aunque la velocidad de la luz sea constante en el espacio matemático, en el correspondiente físico no lo es, porque la componente de la velocidad en las abscisas sigue siendo c, pero resulta que en las ordenadas es $2u_1 c \neq 0$, salvo en $u_1 = 0$. Y además, la velocidad de la luz crecería indefinidamente con la abscisa, lo que se opone al límite físico establecido por la *relatividad*.

Calculemos ahora la densidad «dismétrica» en el punto de coordenadas $u_1 = 1$ y $u_2 = 2$, por ejemplo. Entrando estos valores en la fórmula que da $\delta(P)^2$, tenemos:

$$\delta(1,2)^2 = \frac{u_1^2 + \left(u_1^2\right)^2}{u_1^2 + u_2^2} = \frac{1+1}{1+4} = \frac{2}{5}$$

Por tanto, la densidad «dismétrica» en el punto de coordenadas matemáticas (1,2) es la raíz cuadrada positiva de 2/5. Y así comprobamos cómo el tensor de deformación está relacionado y determinado por la distribución de densidades «dismétricas» $\{\delta(P) \in \mathbb{R}\}$, según corresponda a cada caso. Algún lector atento podría argüir que el caso del ejemplo no es una aplicación lineal y, en efecto, así es; pero ello nótese que se debe a que el concepto matemático de tensor que hemos esbozado en lo que precede con fines didácticos se refiere solo a sistemas cartesianos de coordenadas. Más adelante introduciremos la exposición de los tensores genéricos en sistemas de coordenadas curvilíneas, donde los cambios de base no tienen por qué estar representados por ecuaciones lineales. Así que el tensor «dismétrico» del ejemplo pertenece precisamente a uno de esos supuestos no cartesianos, resultando plenamente válido.

Las coordenadas curvilíneas en un espacio puntual real afín de n dimensiones se definen como cualquier sistema de n variables reales que puedan ponerse en correspondencia biunívoca con los puntos del espacio y que, por tanto, sirva para representar dichos puntos. Así, dado un sistema de referencia cartesiano de origen O y base $\{\overline{e}_i\}$, todo punto P del espacio se puede poner en correspondencia biunívoca con las coordenadas contravariantes del vector $\overline{r}(P) = \overline{OP}$. Sean $(r_1, r_2, \ldots, r_n)$ dichas coordenadas. Todo sistema de variables $(u_1, u_2, \ldots, u_n)$ que pueda ponerse en correspondencia biunívoca con el sistema cartesiano $(r_1, r_2, \ldots, r_n)$ es un sistema de coordenadas curvilíneas, pues puede ponerse en correspondencia biunívoca con los puntos del espacio afín. Por tanto, en general, las transformaciones de los puntos de un espacio «dismétrico», no tienen por qué estar indicadas por ecuaciones lineales, por lo que las relaciones entre las componentes $u_1, u_2, \ldots, u_n$ y las $v_1, v_2, \ldots, v_n$ serán funciones cualesquiera que pueden indicarse en abstracto con las siguientes formas ampliamente generales:

$$v_j = f_j(u_1, u_2, \ldots, u_n) \text{ con } j = 1, 2, 3, \ldots, n$$

$$u_i = f_i^{-1}(v_1, v_2, \ldots, v_n) \text{ con } i = 1, 2, 3, \ldots, n$$

Cualquier conjunto de coordenadas u_i quedará asociado con otro de coordenadas v_j mediante los sistemas de ecuaciones anteriores. Sobre estas relaciones entre coordenadas curvilíneas se desarrolla la teoría de los tensores genéricos. Si consideramos las ecuaciones como un cambio de sistema de referencia, entonces, los conjuntos u_i y v_j serán las coordenadas del mismo punto en esos dos sistemas; mientras que, si los conjuntos u_i y v_j representan las coordenadas de dos puntos distintos, que es la ficción que hacemos para visibilizar la oculta «dismetría» mediante la diferencia entre la posición matemática o aparente y la posición física o real relativas al mismo punto P afín a ambas, las ecuaciones que los vinculan determinarán la relación entre el espacio matemático y el físico deformado o lo que es igual entre la distancia matemática dada por la medición y la distancia física que afecta al desarrollo de los fenómenos e implícita en la medida.

Visto de otra manera, en esta exposición elemental de álgebra tensorial hemos supuesto que los vectores de toda base $\{\overline{e}_i\}$ del espacio son constantes, y así las ecuaciones de transformación resultan ser lineales. El caso general será entonces aquel en que las bases varían en cada punto del espacio y ello surge de las coordenadas curvilíneas con las que se puede concebir y representar el tensor «dismétrico» de manera extensa. Así tenemos los llamados vectores naturales $\overline{\alpha}_i$ asociados a las coordenadas curvilíneas $(u_1, u_2, \ldots, u_n)$ en el punto P, definidos de esta forma:

$$\overline{\alpha}_i = \frac{\partial \overline{r}(P)}{\partial u_i}$$

Estos n vectores forman un sistema libre distinto en cada punto P y, por tanto, constituyen una base del espacio puntual afín. A su vez, si $(u_1, u_2, \ldots, u_n)$ y $(v_1, v_2, \ldots, v_n)$ son dos sistemas curvilíneos, sus vectores naturales respectivos $\overline{\alpha}_j$ y $\overline{\beta}_i$ en todo punto P están relacionados de la forma siguiente:

$$\overline{\beta}_i = \frac{\partial \overline{r}(P)}{\partial v_i} = \frac{\partial \overline{r}(P)}{\partial u_j}\frac{\partial u_j}{\partial v_i} = \frac{\partial u_j}{\partial v_i}\overline{\alpha}_j$$

Si las funciones que relacionan las coordenadas son invertibles, se tienen las relaciones directas e inversas que se describen a continuación:

$$\overline{\beta}_i = \frac{\partial u_j}{\partial v_i}\overline{\alpha}_j \quad ; \quad \overline{\alpha}_i = \frac{\partial v_j}{\partial u_i}\overline{\beta}_j$$

Para que las funciones $v_j = f_j(u_1, u_2, \ldots, u_n)$ sean invertibles a las formas $u_i = f_i^{-1}(v_1, v_2, \ldots, v_n)$ deben ser diferenciables y su jacobiano ha de ser no nulo en cada punto P. Recordemos que el jacobiano es el determinante de la matriz jacobiana[25], cuyos elementos son:

$$J_{ij} = \frac{\partial f_i}{\partial u_j}$$

De modo que la referida condición de inversión es que sea $|J_{ij}| \neq 0$. En estas condiciones, diferenciando las funciones $v_j = f_j(u_1, u_2, \ldots, u_n)$, se llega enseguida a las expresiones sumatorias siguientes:

$$dv_j = \frac{\partial f_j}{\partial u_i} du_i$$

Las expresiones anteriores son la forma curvilínea de la relación entre el espacio matemático y el físico deformado. De modo que los elementos d_{ij} del tensor de deformación $\mathcal{D}$, que en este caso relaciona las coordenadas diferenciales du_i y dv_i de ambos espacios en cada punto P afín a ellas son los **términos traspuestos** de la matriz jacobiana:

$$d_{ij} = \frac{\partial f_j}{\partial u_i} \quad ; \quad dv_j = d_{ij} du_i \qquad [36.3]$$

En todo caso, para los que no estén familiarizados con el complejo concepto de tensor, el ejemplo analizado antes materializa una relación válida entre el espacio matemático y el físico deformado por la «dismetría», puesto que se puede

---

[25] La obtención de la matriz jacobiana se puede encontrar en el temario del mismo autor, «Lección 12» de *Matematizar 2*, p. 424.

establecer formalmente, con el resultado de que la velocidad de la luz constante en el espacio matemático resulta que en el espacio físico experimenta variación creciente en la componente del eje de ordenadas. Es decir, que en un espacio «dismétrico» genérico la aparente velocidad de la luz constante en el espacio matemático no lo es en el espacio físico vacío, como ya anticipamos también en el apartado XXXIV. Y este mismo resultado lo vamos a encontrar en otros infinitos espacios «dismétricos» concebibles. De este modo queda manifiesto que basar la Física en esa supuesta constante c, como se hace actualmente, es una mala elección muy restrictiva que supone prescindir de los fenómenos «dismétricos», que han de ser amplísima mayoría en la naturaleza. ¿Por qué? En términos probabilísticos tenemos un caso de espacio no «dismétrico», la actual hipótesis isométrica, y por otra parte tenemos infinitos espacios «dismétricos»; así, la probabilidad de que el espacio real sea isométrico será igual a uno dividido entre infinito, que es cero. De modo que la isometría equivale a mutilar los modelos físicos y dejarlos reducidos al caso único en que no exista la «dismetría», y ello no parece dudoso que es más que un error una negligencia que no admite disculpa, salvo prueba concluyente de que el espacio real no sea «dismétrico», algo que no se ha demostrado y que con seguridad es imposible hacerlo, porque la previsión «dismétrica», como variante racional más general de los fenómenos físicos, no admite oposición lógica.

Y no es esta la única objeción seria que puede hacerse a esta constante c, porque existe otro argumento irrefutable de índole epistémica: se dice que se ha comprobado experimentalmente que esta *hipótesis de Einstein* es cierta y que no cabe duda de que la velocidad de la luz es una constante física. ¿Cómo se ha demostrado tal cosa? Dicen que, por ejemplo, con el experimento de Michelson. Ahora bien, ese experimento, descrito en el apartado XXXIV, no concluyó ese resultado de manera absoluta, es decir, sin error, es más, se midió una pequeña variación de la velocidad de la luz, aunque se despreció. Pues bien, al igual que el experimento de Michelson presentaba un margen de error, se puede afirmar que no es posible concebir ningún experimento que arroje error cero, esto es materialmente imposible. Por tanto, si queremos probar que cierta magnitud es constante, hemos de saber que tal pretensión es indemostrable[26]. Cosa distinta sería buscar que una cierta cantidad sea aproximadamente invariante, pero nunca será posible probar que ninguna magnitud sea plenamente constante, porque no existe ni existirá el experimento sin error, y ello es así porque no es posible establecer sistemas de medida absolutamente exactos o enteramente precisos. En estas condiciones, la *hipótesis de Einstein* sobre la invariable velocidad de la luz, que es la base de toda la *relatividad*, queda refutada y con ella el modelo einsteniano pierde toda su fuerza representativa

---

[26] Es oportuno referir aquí lo que André Lichnerowicz comenta en sus *Elementos de cálculo tensorial* sobre la supuesta invariabilidad de la velocidad de la luz : «Lorentz y Einstein tomaron como punto de partida el resultado mismo del experimento de Michelson. Ya que el sistema de ejes de Galileo es un sistema de ejes en movimiento de traslación rectilíneo y uniforme con relación a los ejes de Copérnico, el resultado preciso del experimento de Michelson se puede enunciar de la manera siguiente: la velocidad de la luz es constante respecto a todos los sistemas de ejes de Galileo, definidos en forma aproximada durante cada breve intervalo de tiempo por las posiciones a lo largo de la órbita terrestre de un sistema de ejes ligados a la Tierra. De esta modo se llegó a enunciar el principio de invariabilidad de la velocidad de la luz. *Con relación a todos los sistemas de referencia de Galileo, en el vacío y en todas las direcciones y sentidos, la velocidad de la luz es la misma; esta velocidad, que es aproximadamente de 300.000 km/segundo, se designa por la letra c.* No deja de ser arriesgado fundamentar un principio de tanta generalidad sobre el resultado de un solo tipo de experimentos y que otra clase de experiencias hubiera podido destruir. Pero esencialmente el experimento de Michelson sirvió para llamar la atención de los físicos de manera imperiosa sobre un hecho matemático que se hallaba aún en la penumbra, aunque había sido señalado por Poincaré, a saber, que las ecuaciones de la dinámica newtoniana y las ecuaciones de Maxwell de la teoría electromagnética no son invariantes respecto del mismo grupo de transformaciones. Existe, pues, incompatibilidad entre la dinámica pura y el electromagnetismo, y el principio de constancia de la velocidad de las ondas electromagnéticas, tal como acabamos de enunciar, se halla en realidad implícito en las ecuaciones del electromagnetismo de Maxwell. Para dirimir tal conflicto entre la mecánica clásica pura y el electromagnetismo, Einstein propuso admitir el principio de invariabilidad de la velocidad de las ondas electromagnéticas y conservar, por consiguiente, la teoría electromagnética de Maxwell, modificando la dinámica clásica para ponerla de acuerdo con el electromagnetismo».

del mundo real, reduciéndose a un impresionante aparato matemático sin ninguna significación física.

Por otra parte, se suele favorecer interesadamente a la *relatividad* con el argumento de que algunas de sus predicciones se van comprobando experimentalmente; lo cual es en todos los casos incorrecto, por lo dicho antes sobre la inexistencia de la medición exacta; pero además, aun suponiendo que pareciese haber corroboraciones, este argumento es claramente una falacia por lo siguiente: la ciencia lógica nos enseña que un razonamiento no válido puede llevar a conclusiones ciertas.

Por ejemplo, pensemos en el silogismo «Todo hombre en una hormiga, toda hormiga es mortal, luego, todo hombre es mortal». La conclusión «todo hombre es mortal» es verdadera, pero nadie sostendrá la premisa de que «todo hombre es una hormiga». El razonamiento es formalmente correcto, así como su conclusión, pero su fundamento es manifiestamente erróneo. Pues eso es lo que sucedería con la *relatividad* y otras teorías semejantes que se mantienen en vigor porque aparentemente las confirmaría la experiencia. Quizá sean formalmente correctas y lleven a algunas conclusiones verdaderas, pero en concreto la *relatividad* se estaría fundamentando en una hipótesis falsa, cual es la invariable velocidad de la luz en los sistemas inerciales. Y en estas condiciones ninguna teoría debería darse científicamente por válida, pues constituye una grave violación de las leyes de la lógica admitir que los razonamientos se basen en falsedades o en principios indemostrables.

Y de la misma manera cabe interrogarse si es correcto basar la Física en constantes improbables, en el sentido de que no se pueden probar, como pretende el Sistema Internacional de Unidades. A todas luces la respuesta ha de ser necesariamente negativa. Por tanto, si los que gobiernan la Física miraran hacia otro lado para cómodamente no rectificar el rumbo errático hacia las constantes físicas absolutas, estarían cometiendo un crimen imperdonable, que las futuras generaciones juzgarán con dureza. Porque, veamos los hechos: de un lado está la nueva Física, con su álgebra diádica y la «dismetría»; y de otro, la palpable chapuza del Sistema Internacional que desvirtúa la Física actual y la mantiene subdesarrollada por su falta de álgebra y la obsesión por la ilusión de las constantes físicas universales, bloqueando el progreso hacia modelos «dismétricos» más avanzados de los fenómenos físicos. ¿Qué cree el lector que va a pasar?

Hemos venido hablando de que la «dismetría» conlleva una dualidad intuitiva entre el espacio matemático y el espacio físico, determinada por la distribución de densidades «dismétricas». Hemos visto con un ejemplo sencillo cómo se relacionan el tensor de deformación y la densidad «dismétrica» en cada punto. Veamos ahora cómo se puede generalizar y reducir a alguna forma algebraica dicha dualidad. Para ello, bastaría con apreciar que una aplicación en R del espacio vectorial que sea el producto tensorial de los espacios matemático y físico $R^3 \otimes R^3$ reflejaría correctamente el fenómeno «dismétrico» del espacio vacío.

Si la aplicación en cuestión fuese lineal, sería un elemento del espacio dual $(R^3 \otimes R^3)^*$, lo que nos lleva a la necesidad de repasar el concepto de dualidad en los espacios vectoriales, tarea que emprendemos a continuación: sea V_n un espacio vectorial de dimensión n sobre el cuerpo K; sea el conjunto de todas las aplicaciones lineales denotadas f de V_n en K; se denomina espacio dual de V_n y se simboliza V_n^* a dicho conjunto. A f se le denomina **función o forma lineal**. Dada una función cualquiera f de V_n^* y dado un vector $\overline{v} = v_i \, \overline{e}_i$, donde $\{\overline{e}_i\}$ es una base de V_n, se tendrá que $f(\overline{v}) = f(v_i \, \overline{e}_i) = v_i \, f(\overline{e}_i)$. Cada vector de la base $\overline{e}_i$ tendrá asociado un escalar f_i de K, es decir, $f(\overline{e}_i) = f_i$ y así se tendrá:

$$f(\overline{v}) = f_i \, v_i \text{ con } f_i = f(\overline{e}_i)$$

Sobre el espacio dual V_n^* definamos una ley de composición interna aditiva tal que, si f y g son dos elementos de V_n^*, la suma de ambas aplicaciones venga dada para todo $\overline{v}$ de V_n por la ley siguiente:

$$(f+g)(\overline{v}) = f(\overline{v}) + g(\overline{v}) = f_i \, v_i + g_i \, v_i = (f_i + g_i) \, v_i$$

Además, definamos sobre V_n^* una ley de composición multiplicativa externa con el cuerpo K como dominio de operadores, tal que, dados cualquier escalar α de K y cualquier aplicación f de V_n^*, la composición de α y f quede definida así:

$$(\alpha f)(\overline{v}) = \alpha f(\overline{v}) = \alpha f_i\, v_i$$

Se comprueba con facilidad que estas dos operaciones dotan al espacio dual V_n^* de estructura de espacio vectorial de dimensión n, igual que V_n. Por tanto, si nos fijamos en la expresión analítica $f(\overline{v}) = f_i v_i$, observamos que las componentes v_i de todo vector $\overline{v}$ se comportan como una base del espacio dual V_n^*, porque f aparece como combinación lineal de los elementos $\{v_i\}$ con las componentes f_i. Por consiguiente, podemos considerar que las componentes $\{v_i\}$ actúan como una base de V_n^*, que llamaremos base dual respecto de $\{\overline{e}_j\}$. Obsérvese que en realidad estos elementos $\{v_i\}$ no son aplicaciones lineales, pero sí que son las imágenes de funciones lineales con la forma $\varphi_i(\overline{e}_j) = \delta_{ij}$, donde δ_{ij} es la delta de Kronecker, que arroja valor 1 si $i = j$ y valor 0 si $i \neq j$. El conjunto de formas lineales $\{\varphi_i\}$ forma en rigor la base dual, que se asocia con las coordenadas $\{v_i\}$, por cuanto que se verifican las relaciones $\varphi_i(\overline{v}) = \varphi_i(v_j\, \overline{e}_j) = v_j\, \varphi_i(\overline{e}_j) = v_i$ y así, donde pone v_i en realidad figuraría indistintamente $\varphi_i(\overline{v})$.

Por tanto, dada una base $\{\overline{e}_j\}$ de V_n, su base dual y única en V_n^* es la antes definida con la delta de Kronecker $\{\varphi_i(\overline{e}_j) = \delta_{ij}\}$. Y a la inversa, se prueba con relativa facilidad en álgebra que toda base $\{\phi_i\}$ del espacio dual V_n^* es base dual única de otra $\{\overline{e}_j\}$ en V_n y es aquella que, por definición, verifica $\{\phi_i(\overline{e}_j) = \delta_{ij}\}$. La base dual también se llama base canónica respecto de $\{\overline{e}_j\}$.

Veamos lo que sucede cuando se efectúa en V_n un cambio de base. Tomemos dos bases $\{\overline{e}_j\}$ y $\{\overline{e}'_i\}$ de este espacio vectorial. Supongamos que las componentes de todo vector $\overline{e}'_i$ en la base $\{\overline{e}_j\}$ sean c_{ij}, tales que $\overline{e}'_i = c_{ij}\, \overline{e}_j$, con la letra c inicial de «cambio» de base. Cualquier vector $\overline{v}$ de V_n se podrá escribir como combinación lineal de los vectores de la base $\{\overline{e}'_j\}$ con los coeficientes v'_i y se tendrá $\overline{v} = v'_i\, \overline{e}'_i$. A su vez, el mismo vector $\overline{v}$

se podrá escribir como combinación lineal de los vectores de la base $\{\overline{e}_j\}$ mediante sus componentes v_j y se tendrá $\overline{v} = v_j \, \overline{e}_j$. Sustituyendo cada $\overline{e}'_i$ por su expresión lineal $c_{ij}\,\overline{e}_j$ llegamos a $\overline{v} = v'_i \, c_{ij} \, \overline{e}_j$. En suma, resulta:

$$\overline{v} = v_j \, \overline{e}_j = v'_i \, \overline{e}'_i = v'_i \, c_{ij} \, \overline{e}_j$$

La igualdad vectorial $v_j \, \overline{e}_j = v'_i \, c_{ij} \, \overline{e}_j$ exige que todas las componentes de ambos miembros respecto de cada vector $\overline{e}_j$ sean iguales, po lo que resulta:

$$v_j = v'_i \, c_{ij}$$

Así que todo cambio de base de $\{\overline{e}_j\}$ a $\{\overline{e}'_i\}$ produce un cambio de componentes en cada vector $\overline{v}$ tal que se verifica la relación $v_j = v'_i \, c_{ij}$, que en términos matriciales se expresa así:

$$[v_1 \ v_2 \ \ldots \ v_n] = [v'_1 \ v'_2 \ \ldots \ v'_n] \begin{bmatrix} c_{11} & c_{12} & \ldots & c_{1n} \\ c_{21} & c_{22} & \ldots & c_{2n} \\ \ldots & \ldots & \ldots & \ldots \\ c_{n1} & c_{n2} & \ldots & c_{nn} \end{bmatrix}$$

Simbolizando abreviadamente las matrices fila con las formas $[v]$ y $[v']$ y la matriz de términos c_{ij} con la letra C, la anterior expresión matricial se puede escribir $[v] = [v']C$, que expresa la relación de las componentes de $\overline{v}$ en la base $\{\overline{e}_j\}$ en función de las componentes en la base $\{\overline{e}'_i\}$. Invirtiendo la matriz C, se tienen las componentes del vector $\overline{v}$ en la base $\{\overline{e}'_i\}$ en función de las correspondientes a la base $\{\overline{e}_j\}$, es decir, $[v'] = [v]C^{-1}$. Nos preguntamos a continuación cómo se comportan las componentes de los elementos del espacio dual V_n^* ante un cambio de base como el anterior en V_n. Para analizarlo recordemos que, por definición, son $f_j = f(\overline{e}_j)$ y $f'_i = f(\overline{e}'_i)$. Por consiguiente, como por hipótesis es $\overline{e}'_i = c_{ij}\,\overline{e}_j$, sustituyendo, $f'_i = f(c_{ij}\,\overline{e}_j)$ y $f'_i = c_{ij} f(\overline{e}_j) = c_{ij} f_j$. En suma, tenemos:

$$f'_i = c_{ij} f_j$$

Por tanto, los mismos coeficientes c_{ij} que establecen el cambio de base en V_n relacionan también el cambio de las coordenadas f_j en el espacio dual V_n^*, y la relación es dada por $f'_i = c_{ij} f_j$, que en notación matricial, si las ordenamos en matrices columna $\{f\}$ y $\{f'\}$, se verifica la relación entre matrices:

$$\{f'\} = C \{f\}$$

O, si se utilizan matrices fila en vez de matrices columna, resultará con la matriz traspuesta C^T:

$$[\![f']\!] = [\![f]\!] \, C^T$$

Notemos que es usual en álgebra representar los elementos del espacio dual V_n^* con un asterisco y su acción sobre cualquier vector de V_n con notación multiplicativa. De este modo las funciones lineales f de V_n^* se indican con notación vectorial $\overline{v}^*$, las bases $\{\phi_j\}$ de V_n^* se denotan $\{\overline{e}_j^*\}$ y la acción de f sobre un vector cualquiera $\overline{u}$ de V_n que hemos indicado $f(\overline{u})$ se escribe multiplicativamente $\overline{v}^* \overline{u}$.

Aprovechando la teoría del cambio de base recién expuesta, vamos a justificar el nombre de tensor atribuido al ente que hemos simbolizado $\mathcal{D}$ para indicar la relación entre el espacio matemático y el físico $\overline{v} = \mathcal{D}(\overline{u})$. En realidad $\mathcal{D}$ es una aplicación entre estos dos espacios $\mathbb{R}^3$, por lo que cuando se efectúa un cambio de base caracterizado por $\overline{e}'_i = c_{ij} \overline{e}_j$ y $v_j = v'_i \, c_{ij}$ o mediante la expresión matricial $[v'] = [v]C^{-1}$, la matriz $[d]$ de la transformación $\mathcal{D}$ con la base $\{\overline{e}_j\}$, al pasar a la base $\{\overline{e}'_i\}$ se convertirá en $[d']$. Tendremos así que $[v] = [v']C = [u][d]$, $[u] = [u']C$ y $[v'] = [u'][d']$. Operando con las matrices resulta $[d'] = C[d]C^{-1}$, ley que reproduce el efecto del cambio de base para la transformación $\mathcal{D}$. Por tanto, de acuerdo con el criterio clásico de tensorialidad definido en [36.1], la relación matricial $[d'] = C[d]C^{-1}$ cumple el canon, por lo que es apropiado calificar al ente $\mathcal{D}$ como tensor. En todo caso se trata de una cuestión de nomenclatura indiferente para el cálculo físico.

Esbozada la teoría del álgebra para el espacio vectorial dual, veamos cómo darle sentido físico encajando en este modelo la forma de toda función «dismétrica» que aplique en R el espacio ordinario. El espacio vectorial V_n lo concretaremos en el producto tensorial $R^3 \otimes R^3$ y el cuerpo K corresponderá al cuerpo de los números reales R. El conjunto de todas las aplicaciones lineales de $R^3 \otimes R^3$ en R será, por tanto, el espacio dual de $R^3 \otimes R^3$, que podemos representar $(R^3 \otimes R^3)^*$. Toda aplicación $\underline{\Delta}$ de $(R^3 \otimes R^3)^*$ operará sobre el espacio $R^3 \otimes R^3$ asociando cada par de vectores de los espacios matemático y físico con la distribución de densidades «dismétricas» $\{\underline{\delta}(P) \in R\}$. A tal aplicación $\underline{\Delta}$ la llamaremos **función de densidad** o **función «dismétrica»**. Usamos el símbolo delta subrayada $\underline{\Delta}$, letra inicial de densidad «dismétrica», para no confundirla con la función incremental ni con el laplaciano.

Sea $\{\overline{E}_{ij}\}$ una base de $R^3 \otimes R^3$ con $\overline{E}_{ij} = \overline{e}_i \otimes \overline{e}_j$ y sea $\underline{\Delta}$ cualquier función de $(R^3 \otimes R^3)^*$. La acción de $\underline{\Delta}$ sobre $\overline{E}_{ij}$ se puede escribir $\underline{\Delta}(\overline{E}_{ij}) = \underline{\Delta}_{ij} \in R$. Dados dos vectores $\overline{u}$ y $\overline{v}$ de R^3, su producto tensorial es $\overline{u} \otimes \overline{v} = u_i v_j \overline{E}_{ij}$ y así tenemos el siguiente razonamiento con igualdades sumatorias:

$$\underline{\Delta}(\overline{u} \otimes \overline{v}) = \underline{\Delta}(u_i v_j \overline{E}_{ij}) = u_i v_j \underline{\Delta}(\overline{E}_{ij}) = u_i v_j \underline{\Delta}_{ij} = \underline{\delta}(P) \in R$$

Sabemos que la relación entre u_i y v_j viene dada por el tensor de deformación espacial $\mathcal{D}$, que tiene por componentes d_{ij}, mediante las relaciones [36.2] $v_j = u_k d_{kj}$. Sustituyendo, tenemos la siguiente cadena lógica:

$$\underline{\Delta}(\overline{u} \otimes \overline{v}) = u_i v_j \underline{\Delta}_{ij} = u_i u_k d_{kj} \underline{\Delta}_{ij} = \underline{\delta}(P) \in R \quad [36.4]$$

En conclusión, el fenómeno físico indicado por una función de densidad $\underline{\Delta}$ de imágenes $\underline{\Delta}_{ij}$ o densidades «dismétricas» asociadas a la base $\{\overline{E}_{ij}\}$, determina la relación genérica entre el tensor de deformación y la densidad «dismétrica» en cualquier punto afín asociado simultáneamente a los vectores $\overline{u}$ y $\overline{v}$ mediante la ley:

$$\underline{\Delta}(\overline{u} \otimes \overline{v}) = u_i u_k d_{kj} \underline{\Delta}_{ij} = \underline{\delta}(P) \in R$$

Observamos que, en efecto, como no podría ser de otro modo por la definición de $\underline{\Delta}$, la expresión $u_i u_k d_{kj} \underline{\Delta}_{ij}$ indica un número real, ya que $u_i \underline{\Delta}_{ij}$ representa el producto de la matriz fila $[\![u_i]\!]$ de orden 1×3 multiplicada por la matriz cuadrada [Δ_{ij}] de orden 3, lo que resulta en la matriz fila $[\![u_i \Delta_{ij}]\!]$ de orden 1×3.

A su vez, esta matriz fila aparece multiplicada por la matriz columna $\{v_j = u_k\, d_{kj}\}$ de orden 3×1, cuyos elementos son las sumas indicadas, que también se puede expresar como la matriz traspuesta de $[d_{kj}]$, cuadrada de orden 3, por la matriz columna $\{v_j\}$ de orden 3×1. Como consecuencia de multiplicar estas cuatro matrices resulta un número real, que representa la densidad «dismétrica» $\delta(P) \in \mathrm{R}$ en el punto afín a los vectores asociados $\overline{u}$ y $\overline{v}$, deformado de $\overline{u}$.

En el caso de tres dimensiones que estamos considerando para el espacio físico, por definición, $\triangle$ aplica $\mathrm{R}^3 \otimes \mathrm{R}^3$ en R, con lo que la expresión matricial de la ley anterior quedaría desarrollada de esta manera:

$$\triangle(\overline{u} \otimes \overline{v}) = [u_1 \; u_2 \; u_3] \begin{bmatrix} d_{11} & d_{12} & d_{13} \\ d_{21} & d_{22} & d_{23} \\ d_{31} & d_{32} & d_{33} \end{bmatrix} \begin{bmatrix} \Delta_{11} & \Delta_{21} & \Delta_{31} \\ \Delta_{12} & \Delta_{22} & \Delta_{32} \\ \Delta_{13} & \Delta_{23} & \Delta_{33} \end{bmatrix} \begin{bmatrix} u_1 \\ u_2 \\ u_3 \end{bmatrix} = \delta(P)$$

Obsérvese que hemos introducido dos tensores «dismétricos», $\mathcal{D}$ y $\triangle$. El primero refleja el vínculo entre los espacios matemático y físico, mientras que el segundo matematiza la distribución de densidades «dismétricas» a lo largo del espacio.

El tensor $\mathcal{D}$ lo hemos denominado **tensor de deformación del espacio**. El tensor $\triangle$ podemos nombrarlo **tensor de densidad «dismétrica»**, con su matriz de componentes Δ_{ij} simbolizada $[\triangle]$, y ambos tensores están relacionados mediante la ley $\triangle(\overline{u} \otimes \overline{v}) = u_i\, u_k\, d_{kj}\, \Delta_{ij} = \delta(P) \in \mathrm{R}$, que en notación matricial se puede expresar así:

$$\triangle(\overline{u} \otimes \overline{v}) = [\![u]\!]\, [d]\, [\triangle]^T \{u\} = \delta(P) \in \mathrm{R}$$

Volvemos a destacar nuevamente el hecho de que **la ley anterior describe las propiedades «dismétricas» del <u>espacio vacío</u> en ausencia de toda perturbación material**. Corresponde pues a la ley propia de la naturaleza del ente en apariencia intangible que en sí mismo acoge y es el soporte de todos los fenómenos, produciendo efectos físicos.

Trabajemos sobre el ejemplo numérico en R^2 que desarrollamos antes en este mismo apartado y calculemos mediante la función «dismétrica» que acabamos de definir la densidad del espacio vacío en un punto asociado a los vectores afines $\overline{u}$ y $\overline{v}$. La expresión matricial del tensor o función de densidad en el espacio «dismétrico» de dos dimensiones es en este caso la siguiente:

$$\Delta(\overline{u} \otimes \overline{v}) = \begin{bmatrix} u_1 & u_2 \end{bmatrix} \begin{bmatrix} 1 & 0 \\ 0 & \dfrac{u_1^2}{u_2} \end{bmatrix} \begin{bmatrix} \Delta_{11} & \Delta_{21} \\ \Delta_{12} & \Delta_{22} \end{bmatrix} \begin{bmatrix} u_1 \\ u_2 \end{bmatrix} = \delta(1,2)$$

Tomemos $u_1=1$ y $u_2=2$, para seguir con el mismo caso, y supongamos que $\Delta_{11}=1$, $\Delta_{12}=0$, $\Delta_{21}=0$ y $\Delta_{22}=-3/5$. Operando, se tiene como valor numérico real de la densidad «dismétrica» en el punto (1,2) la fracción $2/5 \in R$, cantidad adimensional.

Es evidente que esta forma de representación de la física «dismétrica» es una noción ampliable hasta el infinito, por lo que únicamente se apunta para observar que los fenómenos «dismétricos» se pueden matematizar mediante las estructuras usuales del álgebra de modo relativamente sencillo. En concreto, el desarrollo anterior también sería válido para cualquier dimensión del espacio físico vacío mayor de tres que, si bien no parece concordar con la experiencia sensorial directa, no debería descartarse *a priori*, pues epistémicamente no es rechazable en absoluto que puedan existir entornos naturales que se adecuen con la previsión lógica de que en el macro o en el microcosmos puedan darse fenómenos que se acoplen en estructuras algebraicas con más de tres dimensiones.

En todo caso, debe enfatizarse por su importancia suma que lo representado por la llamada función de densidad «dismétrica», desarrollada mediante coeficientes $\triangle(\overline{u}\otimes\overline{v}) = u_i\, u_k\, d_{kj}\, \Delta_{ij} = \delta(P)$, o su equivalente matricial $\triangle(\overline{u}\otimes\overline{v}) = [u][d\,][\triangle]^T\{u\} = \delta(P)$, es la **ley científica que convierte el vigente concepto pasivo del espacio** ordinario vacío, supuestamente inerte, en un ente real activo capaz de causar efectos físicos sin necesidad de ninguna acción material.

Por ello, la denominaremos **ley «dismétrica» del espacio vacío**, que en rigor debería expresarse en plural, «leyes», porque determina el comportamiento variable de cada ámbito espacial, en función de los tensores de deformación y densidad que correspondan a cada entorno diferenciado sometido a observación y examen. Finalmente, debe notarse la obviedad de que la función «dismétrica» $\triangle$ puede quedar representada por una sola trasformación $\mathcal{T}$ asociada a la matriz producto $[d\,][\triangle]^T$, cuyos elementos t_{ij} constituyen lo que podríamos denominar **tensor «dismétrico»** del espacio, relación que puede expresarse con la notación sumatoria de esta manera:

$$t_{ij} = d_{ik}\, \Delta_{jk} \qquad [36.5]$$

A esta misma ley se llega directamente sin más que aplicar la definición elegida de producto tensorial, que hemos llamado modelo dual, la cual establece el producto tensorial de dos espacios vectoriales cualesquiera U_m y V_n sobre un mismo cuerpo K, notado $(U_m \otimes V_n)_{m \times n}$, como el espacio vectorial dual sobre el mismo cuerpo del espacio vectorial $\mathcal{L}(U_m \times V_n\,;\,K)$, formado este por todas las formas bilineales[27] definidas sobre el producto cartesiano $U_m \times V_n$ en K. La forma analítica de esta definición se puede escribir $(U_m \otimes V_n)_{m \times n} = [\mathcal{L}(U_m \times V_n\,;\,K)]^*$.

Todo elemento de este espacio dual es una forma lineal del espacio de formas bilineales $\mathcal{L}(U_m \times V_n\,;\,K)$, por lo que el producto tensorial de dos vectores $\overline{u}$ y $\overline{v}$ de U_m y V_n notado $\overline{u} \otimes \overline{v}$ se define como aquella forma lineal singular de $\mathcal{L}(U_m \times V_n\,;\,K)$ tal que para toda forma bilineal $\mathcal{F}$ de $\mathcal{L}(U_m \times V_n\,;\,K)$ la imagen $\overline{u} \otimes \overline{v}\, \mathcal{F}$, en

---

[27] Una aplicación del producto cartesiano de varios espacios vectoriales en otro, todos sobre el mismo cuerpo K, se dice que es multilineal si es lineal en todos sus argumentos, es decir, si limitándola a cualquiera de los espacios vectoriales del producto cartesiano establece a su vez una aplicación lineal. Se habla de forma multilineal cuando el conjunto final de la aplicación es el propio cuerpo K.

notación multiplicativa[28], sea precisamente la imagen $\mathcal{F}(\overline{u},\overline{v})\in K$. Es decir, que por definición $\overline{u}\otimes\overline{v}\,\mathcal{F}=\mathcal{F}(\overline{u},\overline{v})\in K$ para toda $\mathcal{F}$. Obsérvese que $\overline{u}\otimes\overline{v}$ es una forma lineal específica del espacio vectorial de las aplicaciones de $\mathcal{L}(U_m\times V_n\,;\,K)$ en K, la que cumple la condición anterior, y asimismo es un vector de dicho espacio, que es el espacio vectorial indicado $(U_m\otimes V_n)_{m\times n}$, dual de $\mathcal{L}(U_m\times V_n\,;\,K)$.

Adaptando esta noción a nuestro espacio «dismétrico» genérico, tenemos este breve razonamiento: sean dos vectores cualesquiera $\overline{u}$ y $\overline{v}$ de U_m y V_n. Su producto tensorial $\overline{u}\otimes\overline{v}$ será un vector del espacio dual de $\mathcal{L}(U_m\times V_n\,;\,K)$, es decir, será una aplicación lineal de $\mathcal{L}(U_m\times V_n\,;\,K)$ en K y, por tanto, será una forma lineal del espacio de las formas bilineales $\mathcal{L}(U_m\times V_n\,;\,K)$. Por definición, **toda función «dismétrica» $\triangle$ ha de ser una forma bilineal miembro de $\mathcal{L}(U_m\times V_n\,;\,K)$**. El producto tensorial $\overline{u}\otimes\overline{v}$, perteneciendo al espacio dual $[\mathcal{L}(U_m\times V_n\,;\,K)]^*$, será una forma lineal que operará sobre $\triangle$ dando la imagen $\triangle(\overline{u},\overline{v})\in K$, conque $\overline{u}\otimes\overline{v}\,\triangle=\triangle(\overline{u},\overline{v})\in K$.

Obviamente, el sentido físico que debe asignarse a $\overline{u}\otimes\overline{v}\,\triangle$ se corresponde con la densidad «dismétrica» en el punto P afín a los vectores $\overline{u}$ y $\overline{v}$, que hemos notado $\delta(P)$. Si $\{\overline{e}_i\}$ es una base de U_m y $\{\overline{h}_j\}$ es una base de V_n, se podrán expresar $\overline{u}=u_i\,\overline{e}_i$ y $\overline{v}=v_j\,\overline{h}_j$. Por tanto, la bilinealidad permite escribir $\triangle(\overline{u},\overline{v})=u_i\,v_j\,\triangle(\overline{e}_i,\overline{h}_j)$. A las imágenes $\triangle(\overline{e}_i,\overline{h}_j)$ no cabe sino asignarles el sentido físico de componentes del tensor de densidad «dismétrica» respecto a las bases $\{\overline{e}_i\}$ y $\{\overline{h}_j\}$, que hemos notado $\Delta_{ij}\in K$, y así llegamos a $\triangle(\overline{u},\overline{v})=u_i\,v_j\,\Delta_{ij}$, como en el segundo término de la expresión desarrollada en [36.4]. La relación entre las coordenadas de los vectores $\overline{u}$ y $\overline{v}$, como ya hemos visto en [36.2], viene dada por el tensor de deformación con la ley $v_j=u_k\,d_{kj}$. Y así resulta que $\triangle(\overline{u},\overline{v})=u_i\,u_k\,d_{kj}\,\Delta_{ij}=\delta(P)\in K$, idéntica ley que la obtenida para la función «dismétrica» $\triangle(\overline{u}\otimes\overline{v})$ en el tercer término de [36.4], con

---

[28] Teniendo en cuenta que $\overline{u}\otimes\overline{v}$ opera como una aplicación, su acción se puede representar con la notación funcional $\overline{u}\otimes\overline{v}(\mathcal{F})$, imagen de $\mathcal{F}$ por la acción de $\overline{u}\otimes\overline{v}$, con el mismo significado que la notación multiplicativa $\overline{u}\otimes\overline{v}\,\mathcal{F}$. En general, $f(x)=f\,x$.

lo cual el tensor «dismétrico» es dado por la expresión $t_{ki}=d_{kj}\Delta_{ij}$, que es la misma indicada en [36.5], sin más que renombrar los subíndices sumatorios, cuya notación es indiferente. Conque, sustituyendo los subíndices k por i, i por j y j por k, llegamos por este breve razonamiento a la misma ley formulada en [36.5].

Ampliemos la teoría anterior para deducir las leyes tensoriales generales en coordenadas curvilíneas siguiendo los dos esquemas descritos. En primer lugar, si nos acogemos a la primera definición y consideramos la función «dismétrica» Δ como un elemento del espacio dual $(R^3 \otimes R^3)^*$, es decir, como una forma lineal de $R^3 \otimes R^3$, solo tenemos que adaptar la ley [36.4] cambiando los vectores $\overline{u}$ y $\overline{v}$ por sus diferenciales en los espacios matemático y físico para el punto afín asociado P, teniendo en cuenta que $\Delta(\overline{E}_{ij})=\Delta_{ij} \in R$ y $\overline{E}_{ij}=\overline{\alpha}_i \otimes \overline{\beta}_j$ donde $\{\overline{\alpha}_i\}$ y $\{\overline{\beta}_j\}$ son sendas bases naturales de las respectivas coordenadas curvilíneas $(u_1, u_2, ..., u_n)$ y $(v_1, v_2, ..., v_n)$ relacionadas por $v_j=f_j(u_1, u_2, ..., u_n)$ con $j=1, 2, 3, ..., n$, en el entorno diferencial del punto P. Obsérvese que en [36.4] se tiene $\overline{E}_{ij}=\overline{e}_i \otimes \overline{e}_j$ porque los vectores $\overline{u}$ y $\overline{v}$ se pueden expresar en la misma base $\{\overline{e}_i\}$, mientras que en coordenadas curvilíneas los vectores $d\overline{u}$ y $d\overline{v}$ han de referirse a sus respectivas bases naturales $\{\overline{\alpha}_i\}$ y $\{\overline{\beta}_j\}$. Por otra parte, observamos que **la densidad «dismétrica» establece un campo escalar** que asigna a cada punto P del espacio un número real, por lo que en un entorno del punto se puede determinar el diferencial del campo que designaremos con la notación $d\delta(P)$. En estas condiciones, considerando que en el entorno diferencial del punto P las bases naturales funcionan linealmente como un sistema cartesiano cualquiera, tenemos finalmente el razonamiento dado por la siguiente cadena de igualdades:

$$\Delta\left(d\overline{u} \otimes d\overline{v}\right) = du_i dv_j \Delta_{ij} = du_i du_k \frac{\partial f_j}{\partial u_k}\Delta_{ij} = d\delta(P) \in R \quad [36.6]$$

En segundo lugar, si consideramos la función «dismétrica» Δ como una forma bilineal miembro del espacio vectorial de las formas bilineales $\mathcal{L}(R^3 \times R^3; R)$ y el producto tensorial $d\overline{u} \otimes d\overline{v}$ es

Parte II: «Dismetría»

dado por una forma lineal diferencial perteneciente al espacio dual $[\mathcal{L}(R^3 \times R^3\,;\,R)]^*$, con lo que $d\overline{u} \otimes d\overline{v}$ será una forma lineal del espacio vectorial de las formas lineales de $\mathcal{L}(R^3 \times R^3\,;\,R)$ en R, que es el segundo procedimiento utilizado aquí para caracterizar la ley que relaciona los tensores «dismétricos», podemos concluir que $d\overline{u} \otimes d\overline{v} \triangleq = \triangle(d\overline{u}, d\overline{v}) \in R$ y $\triangle(d\overline{u}, d\overline{v}) = du_i\, dv_j\, \Delta_{ij}$ con $\Delta_{ij} = \triangle(\overline{\alpha}_i, \overline{\beta}_j)$. Solo queda sustituir dv_j por su valor, dado por [36.3], para obtener el mismo resultado formal que en el primer esquema con $\triangle$ perteneciente al espacio dual $(R^3 \otimes R^3)^*$.

Como en ambos procedimientos, que resultan equivalentes, los elementos d_{kj} vienen dados por [36.3], que indica que **el tensor de deformación en coordenadas curvilíneas diferenciales es el traspuesto de la matriz jacobiana**, concluimos que el tensor «dismétrico» [36.5] en coordenadas curvilíneas genéricas queda expresado en cada punto P por la ley $t_{ki} = \partial f_j / \partial u_k\, \Delta_{ij}$ o lo que es lo mismo, teniendo en cuenta la indiferencia de las letras usadas en los subíndices, siempre que no se cambien los vínculos sumatorios, llegamos a la expresión:

$$t_{ij} = \frac{\partial f_k}{\partial u_i} \Delta_{jk} \qquad [36.7]$$

En [36.4] tenemos descrita la **ley «dismétrica» del espacio** en coordenadas cartesianas con el tensor de [36.5]:

$$u_i\, u_j\, t_{ij} = \delta(P) \in R \qquad [36.8]$$

En [36.6] está formulada la **ley «dismétrica» del espacio** en coordenadas curvilíneas con el tensor de [36.7], en este caso con elementos diferenciales:

$$du_i\, du_j\, t_{ij} = d\delta(P) \in R \qquad [36.9]$$

Por la teoría matemática de campos sabemos que el diferencial de un campo escalar como el generado por la densidad «dismétrica» $\delta(P)$ viene dado por la expresión:

$$d\delta(P) = \frac{\partial \delta(P)}{\partial u_k} du_k$$

Con lo cual, la **ley «dismétrica» del espacio** estacionario en coordenadas curvilíneas de [36.9] resulta finalmente así:

$$du_i du_j t_{ij} = \frac{\partial \delta(P)}{\partial u_k} du_k \qquad [36.10]$$

Hasta aquí hemos supuesto tácitamente que la densidad «dismétrica» es permanente, independiente del tiempo. Pero debe generalizarse el resultado al caso de que no sea así y que tengamos un campo variable con el tiempo t. Debe configurarse, pues, la función de densidad «dismétrica» con la componente temporal, lo que se puede simbolizar con la forma $\delta(P,t)$ para indicar sencillamente que su valor en cada punto P del espacio no es estacionario, sino que depende de la variable tiempo, con lo cual t funcionará como una coordenada más a efectos del campo «dismétrico» en el segundo miembro de las fórmulas [36.8] y [36.9]. Además, en coordenadas cartesianas las imágenes de los vectores básicos $\mathcal{D}(\overline{e}_i) = d_{ij} \overline{e}_j$ y $\triangle(\overline{e}_i, \overline{e}_j)$ en general variarán con el tiempo, con lo cual los términos d_{ij}, Δ_{ij} y t_{ij} no serán números reales sino funciones reales de la variable real tiempo t, lo que se puede indicar con $d_{ij}(t)$, $\Delta_{ij}(t)$ y $t_{ij}(t)$. De este modo resulta la ley «dismétrica» variable con el tiempo en coordenadas cartesianas:

$$u_i\, u_j\, t_{ij}(t) = \delta(P,t) \in \mathrm{R} \qquad [36.11]$$

Hay que observar que el efecto «dismétrico» del tiempo lo concebimos de modo que no influya sobre el espacio matemático, que se mantiene estacionario, sino que únicamente modifica el espacio físico.

Así que la ley anterior significa que todo punto P de coordenadas permanentes u_i en el espacio matemático tendrá asociadas unas coordenadas $v_i(t)$ en el espacio físico que variarán con el tiempo t, y que tendrá asociada una densidad «dismétrica» dependiente también del tiempo t.

En cuanto a la expresión de esta ley en sistemas curvilíneos se tendrán las funciones que relacionan las coordenadas matemáticas y físicas dadas por $v_j = f_j(u_1, u_2, u_3, t)$, en las que el tiempo t es una coordenada más. Así, cada conjunto determinado de coordenadas u_i quedará transformado en el v_j distinto para cada valor temporal t. Por tanto, habría que reflejar este hecho con el término $dv_j(t)$, o lo que es igual, los términos de la matriz jacobiana serán funciones de la variable temporal t así como las bases naturales en el espacio físico y, por tanto, también los términos d_{ij}, Δ_{ij} y t_{ij} serán funciones reales de la variable tiempo $d_{ij}(t)$, $\Delta_{ij}(t)$ y $t_{ij}(t)$. A su vez, el campo de densidades «dismétricas», siendo también función del tiempo t, habrá de tener una variación diferencial con el nuevo sumando temporal.

Todo ello nos lleva a formular la siguiente ley general para los sistemas curvilíneos:

$$du_i du_j t_{ij}(t) = \frac{\partial \delta(P,t)}{\partial u_k} du_k + \frac{\partial \delta(P,t)}{\partial t} dt \quad [36.12]$$

En resumen, hemos formulado la importante **ley «dismétrica» variable del espacio** en coordenadas cartesianas [36.11] y curvilíneas [36.12], deducida en ambos casos por dos caminos distintos, que se corroboran entre sí.

Esta ley aparece sorprendentemente sencilla y sugestiva para un fenómeno de extrema complejidad, y a su vez nos revela una conclusión físico-matemática que brota autónoma de lo expuesto en este apartado: **el espacio vacío «dismétrico» no queda bien descrito por las tres dimensiones clásicas, sino que necesita al menos las nueve coordenadas del tensor «dismétrico»** de [36.5] o [36.7] para reflejar sus verdaderas propiedades, aparte de la dimensión temporal. Y ello sin perjuicio de que puedan existir entornos físicos que precisen tensores «dismétricos» con un número de coordenadas incluso superior, que tendrán la misma expresión formal que la ley anterior, sin más que cambiar la extensión de los subíndices.

Hasta aquí no hemos hecho uso de la conexión interior o producto escalar de la **estructura de espacio puntual afín que atribuimos al espacio geométrico ordinario**. Por eso, como ya hemos apuntado, solo nos hemos servido de las coordenadas contravariantes, que se han notado mediante subíndices, y ello para simplificar didácticamente todo lo posible la exposición de la noción de los tensores «dismétricos». No obstante, **para introducir una métrica** necesitamos la conexión interior y en este caso el álgebra reserva los subíndices para las coordenadas covariantes, representando con superíndices las contravariantes, **convención que utilizaremos de aquí en adelante**. De este modo, dada una base $\{\overline{e}_i\}$, todo vector $\overline{u}$ quedará caracterizado por sus componentes o **coordenadas contravariantes** u^i en dicha base. Veamos cómo queda la ley número [36.3] expresada con esta notación: los transformados de los vectores de la base serían $\mathcal{D}(\overline{e}_i) = d_i^j \overline{e}_j$; el vector $\overline{v}$ deformado de $\overline{u}$ será $v^j \overline{e}_j = u^i d_i^j \overline{e}_j$ y la relación entre las coordenadas será $v^j = u^i d_i^j$. Vemos que solo ha cambiado la posición de los índices. Y este cambio de simbología tiene sentido por la definición de **coordenadas covariantes**, que se conciben como el producto escalar de todo vector por los vectores de la base, es decir, $u_i = \overline{u} \cdot \overline{e}_i$. En particular, multiplicando escalarmente entre sí todos los vectores básicos, se tienen $\overline{e}_i \cdot \overline{e}_j = g_{ij}$ donde g_{ij} son escalares, en este caso de R, que se pueden ordenar en forma matricial, resultando así la denominada matriz de Gram.

La norma de todo vector $\|\overline{u}\|$ se define como el producto escalar del vector consigo mismo $\overline{u} \cdot \overline{u}$ y, si esta es positiva, como se axiomatiza en los espacios euclídeos, representa el cuadrado del módulo del vector, que es la distancia entre el origen de coordenadas O y el punto P afín a $\overline{u}$. Es común encontrar concepciones que identifican la norma con el módulo o que representan la norma de un vector con otras notaciones, como $N\overline{u} = N(\overline{u}) = |\overline{u}|^2 = (\overline{u})^2$, entre otras simbologías. Aquí vamos a utilizar la definición de norma $\|\overline{u}\|$ de un vector **u** como equivalente al producto escalar $\overline{u}\cdot\overline{u}$, indicativo del cuadrado de una distancia dada por el módulo $|\overline{u}|^2$. Y en esto consiste el establecer una métrica, en concretar la manera de medir distancias. De este modo, dados el vector $\overline{u}$ y su transformado $\overline{v}$ podremos determinar la relación entre sus normas o, lo que es igual, entre las distancias de P al origen O en los espacios matemático y físico. Para ello, hemos de expresar la norma del transformado $\|\overline{v}\|$ y operar de la siguiente manera:

$$\|\overline{v}\| = \overline{v}\cdot\overline{v} = g_{ij}\, v^i\, v^j = g_{ij}\, u^k\, d_k^i\, u^l\, d_l^j = g_{ij}\, d_k^i\, d_l^j\, u^k\, u^l$$

Analizando el último término de la anterior expresión observamos que, suponiendo ficticiamente que la matriz de Gram en el espacio matemático sea $\gamma_{kl}=g_{ij}\, d_k^i\, d_l^j$, queda formulada la norma $\|\overline{v}\|$ en el espacio físico de esta forma:

$$\|\overline{v}\| = \gamma_{kl}\, u^k\, u^l = \|\overline{u}\|_\gamma$$

Podemos leer esta expresión con el significado de que $\|\overline{u}\|_\gamma$ sea la norma de $\overline{u}$ calculada con $\gamma_{kl}=g_{ij}\, d_k^i\, d_l^j$, lo que revelaría cómo la «dismetría» cambia la norma de todo vector $\overline{u}$ transformándola de $\|\overline{u}\|$ en $\|\overline{u}\|_\gamma$. Y también podemos describir la métrica en un espacio «dismétrico» con coordenadas cartesianas mediante la relación entre los módulos de los vectores afines a todo punto P en los espacios matemático y físico, sin más que formar la razón entre las normas de los vectores asociados, la del espacio matemático $\|\overline{u}\| = \overline{u}\cdot\overline{u} = g_{ij}\, u^i\, u^j$ y la del espacio físico $\|\overline{v}\| = \gamma_{kl}\, u^k\, u^l$, expresadas ambas en función de las coordenadas invariables del vector $\overline{u}$ del espacio matemático, y así tendremos con facilidad la siguiente ley resultante:

$$\frac{\|\overline{v}\|}{\|\overline{u}\|} = \frac{\gamma_{kl}\, u^k\, u^l}{g_{ij}\, u^i\, u^j}$$

Si el espacio «dismétrico» no es estacionario, sino que el transformado físico $\overline{v}$ de todo vector $\overline{u}$ del espacio matemático depende del tiempo t, tendremos el vector físico $\overline{v}(t)$ dependiente del tiempo. Resultará así que los elementos del tensor de deformación d_i^j no serán números reales, sino funciones reales de la variable tiempo t con $d_i^j(t)$, y como consecuencia γ_{kl} también dependerá del tiempo, notándolo $\gamma_{kl}(t)$. Y así, la norma variable de todo vector físico $\overline{v}(t)$ quedará expresada por la ley:

$$\|\overline{v}(t)\| = \gamma_{kl}(t)\, u^k\, u^l = \|\overline{u}(t)\|_\gamma$$

Y, considerando la razón entre las normas, la relación entre la métrica en los espacios matemático y físico quedara reflejada por la ley siguiente:

$$\|\overline{v}(t)\| = \frac{\gamma_{kl}(t)\, u^k u^l}{g_{ij}\, u^i u^j}\, \|\overline{u}\|$$

Pasemos a continuación a describir la métrica «dismétrica» en coordenadas curvilíneas en régimen estacionario, es decir, invariable con el tiempo. Nos tenemos que limitar a un entorno diferencial de un punto genérico P con las bases naturales $\{\overline{\alpha}_i\}$, asociadas a las coordenadas curvilíneas del espacio matemático, y las bases naturales $\{\overline{\beta}_j\}$ correspondientes al espacio físico. Todo vector diferencial del espacio matemático $d\overline{u}$ quedará convertido por la «dismetría» en su transformado físico $d\overline{v}$. La norma $\|d\overline{u}\|$ es el cuadrado del módulo de $d\overline{u}$, que podemos representar como el cuadrado ds^2 de una distancia ds en el espacio matemático. A su vez, la norma $\|d\overline{v}\|$ es el cuadrado del módulo de $d\overline{v}$, que podemos representar con $d\sigma^2$ o cuadrado de una distancia $d\sigma$ en el espacio físico. Designando $g_{\beta,ij}$ la matriz de Gram para la base natural $\{\overline{\beta}_j\}$ con $g_{\beta,ij} = \overline{\beta}_i \cdot \overline{\beta}_j$ se tiene:

$$\|d\overline{v}\| = d\overline{v} \cdot d\overline{v} = g_{\beta,ij}\, dv^i\, dv^j$$

Si la relación entre las coordenadas curvilíneas de los espacios matemático y físico está dada por las funciones $v^j = f_j(u^1, u^2, u^3)$, en el entorno diferencial del punto P se verifican:

Parte II: «Dismetría»

$$dv^j = \frac{\partial f_j}{\partial u^i} du^i$$

Sustituyendo en la expresión de la norma diferencial $\|\overline{dv}\|$, tenemos:

$$\|\overline{dv}\| = g_{\beta,ij} \frac{\partial f_i}{\partial u^k} du^k \frac{\partial f_j}{\partial u^l} du^l$$

Operando en la expresión anterior y agrupando en $\gamma_{\beta,kl}$ los factores no diferenciales, tenemos:

$$\gamma_{\beta,kl} = g_{\beta,ij} \frac{\partial f_i}{\partial u^k} \frac{\partial f_j}{\partial u^l}$$

$$d\sigma^2 = \|\overline{dv}\| = \gamma_{\beta,kl} du^k du^l = \|\overline{du}\|_{\gamma^\beta}$$

De este modo hemos relacionado las normas de los vectores diferenciales en el espacio matemático y el físico deformado mediante lo que podríamos llamar una matriz de Gram ficticia dada por $\gamma_{\beta,kl}$. A su vez, en el espacio matemático se verifica que $ds^2 = g_{\alpha,ij} du^i du^j$ y coordinando con la expresión $d\sigma^2 = \gamma_{\beta,kl} du^k du^l$ se llega a la razón entre ambas métricas:

$$\frac{d\sigma^2}{ds^2} = \frac{\gamma_{\beta,kl} du^k du^l}{g_{\alpha,ij} du^i du^j}$$

En el caso de que el espacio «dismétrico» no sea estacionario, sino que dependa del tiempo t, las coordenadas físicas y matemáticas estarán relacionadas por $v^j = f_j(u^1, u^2, u^3, t)$, donde el tiempo es una componente más. El diferencial de las coordenadas físicas $dv^j(t)$ **en cada punto P** será función de t y vendrá dado por:

$$dv^{j}(t) = \frac{\partial f_{j}}{\partial u^{i}}\,du^{i} + \frac{\partial f_{j}}{\partial t}\,dt$$

Con estos $dv^j(t)$ en cada punto P e instante t se podrá calcular la norma $\|\overline{dv}(t)\| = g_{\beta,kl}(t)\,dv^k(t)\,dv^l(t)$ sustituyendo $dv^k(t)$ y $dv^l(t)$, así aparecerá una función de términos du^k, du^l, dt, que podemos notar $\gamma(du^k, du^l, dt)$, dependiente del tiempo t, con lo cual la norma en el espacio físico será también variable $d\sigma(t)^2$ en P y resultará la siguiente **ley métrica general** del espacio «dismétrico»:

$$d\sigma(t)^2 = \frac{\gamma\!\left(du^k, du^l, dt\right)}{g_{\alpha,ij}\,du^i du^j}\,ds^2$$

A la vista de esta expresión, ya es posible describir la densidad «dismétrica» en todo punto y tiempo de un espacio general, porque la razón entre $d\sigma(t)$ y ds, que son las distancias respectivas en el espacio físico y el matemático en todo punto P e instante t, es precisamente la densidad «dismétrica» $\delta(P,t)$ en dichos punto e instante. Por tanto, tal razón vincula la métrica dual del espacio con el campo escalar de densidades «dismétricas», de acuerdo con la que podríamos llamar **ley densimétrica del espacio vacío**:

$$\frac{d\sigma(t)}{ds} = +\sqrt{\frac{\gamma\!\left(du^k, du^l, dt\right)}{g_{\alpha,ij}\,du^i du^j}} = \delta(P,t)$$

Volviendo al origen conceptual que laboriosamente nos ha conducido hasta esta ley universal, cabría preguntarse por qué se ha concebido la función «dismétrica» en base a la potencia tensorial del espacio geométrico ordinario. Pues bien, la respuesta es obvia: la Física se construye sobre elementos matemáticos idóneos para dotarlos de sentido físico y formular con fundamento las leyes y teorías. Así tenemos, por ejemplo, que las masas o las temperaturas se identifican con números reales, indicativos de las cantidades de magnitudes en relación con las unidades adoptadas para la medida; las fuerzas, aceleraciones o velocidades se representan mediante entes matemáticos denominados vectores, y se opera con sus leyes de composición para desarrollar los cálculos físicos; de este modo se establece la *segunda ley de Newton*, expresada como la equivalencia entre las fuerzas aplicadas a los cuerpos y los productos de sus masas y aceleraciones, operando con el álgebra vectorial; también podemos citar la *ley de Lorentz*, que rige la fuerza que ejerce un campo magnético sobre una carga en movimiento, relacionando cantidades de magnitudes en función del producto vectorial de vectores; y así podríamos seguir con todas y cada una de las leyes físicas vigentes.

Siempre se repite el mismo esquema: el físico analiza el fenómeno y busca la manera de matematizarlo. Pues bien, eso es lo que hemos hecho aquí con la distribución de densidades «dismétricas» en un espacio de tal naturaleza. Resulta que la potencia tensorial del espacio ordinario refleja el hecho de que en cada punto del mismo se tenga una determinada densidad de longitud, indicada, como sabemos, por un número real, de modo que tal fenómeno queda representado a la perfección por las formas bilineales del álgebra tensorial y así no parece dudoso que esta sea la herramienta matemática idónea para caracterizar los espacios «dismétricos».

En suma, las propiedades del espacio «dismétrico» vacío han quedado descritas con el espacio matemático o aparente, rígido y estacionario, donde se ejecutan las mediciones de las magnitudes, en conjunción y diferenciándolo del espacio físico o real, flexible y variable, donde tienen lugar los fenómenos naturales. Y el vínculo material entre ambos entes lo hemos conceptuado mediante una dualidad tensorial que determina consecuencias muy relevantes: las rectas aparentes del espacio matemático en general son realmente curvas en el espacio físico; las magnitudes que parecen constantes cuando se someten a medición en el espacio matemático, tales como velocidades o aceleraciones, resultan variables en la realidad física; ciertas constantes físico-matemáticas como el número pi o la velocidad de la luz no lo son en la realidad física, etc. Y todo ello como consecuencia de esa **dualidad entre percepción y realidad que hemos podido describir tensorialmente**.

Así que la «dismetría» suscita muchas cuestiones enigmáticas, por ejemplo: ¿cómo es realmente el universo?, ¿podemos conocerlo o deducirlo? Rotundamente no, si no se descubrieran y aplicasen la leyes de la «dismetría» que lo gobiernan, porque todo lo observado es mera apariencia. Las propiedades «dismétricas» del universo están ocultas a la percepción, por lo que conocer su realidad material exige ponerlas de manifiesto. Por tanto, si se desea averiguar cosas como la edad verdadera del universo o su tamaño real o las auténticas posiciones de los astros o cómo funciona la Física en un agujero negro o, en general, la genuina naturaleza de los fenómenos físicos que observamos, es preciso descubrir, formular e implementar las leyes «dismétricas» que los rigen a escondidas de nuestros ojos.

> En lenguaje matemático conciso se puede concebir un **espacio «dismétrico» general** como un conjunto de cuatro elementos notado por $\{\mathcal{M},\mathcal{F},\mathcal{D},\Delta\}$: un espacio matemático $\mathcal{M}$, un espacio físico $\mathcal{F}$, ambos con estructura de espacio puntual afín de la misma dimensión n, una aplicación entre ambos $\mathcal{D}$, que transforma $\mathcal{M}$ en $\mathcal{F}$ ($\mathcal{D}: \mathcal{M} \to \mathcal{F}$) y una aplicación Δ del producto tensorial $\mathcal{M} \otimes \mathcal{F}$ en R ($\Delta: \mathcal{M} \otimes \mathcal{F} \to$ R). La aplicación $\mathcal{D}$ relaciona los espacios $\mathcal{M}$ y $\mathcal{F}$, la denominamos **tensor de deformación**. La aplicación Δ asigna a cada dos puntos homólogos de los espacios $\mathcal{M}$ y $\mathcal{F}$ un número real, la llamamos **tensor de densidad «dismétrica»**.

A la vista del potencial de este resultado, corresponde al lector juzgar si los físicos debemos mantenernos subdesarrollados y limitados por la funesta y arcaica «aritmetización» o, por el contrario, si nos conviene dar un salto saludable de progreso e incorporar el álgebra diádica de magnitudes y la «dismetría» a nuestra caja de herramientas.

Apartado XXXVII

«DISMETRÍA» DIFERENCIAL
*La prueba material de que
lo natural es la «dismetría»*

En el apartado anterior se han descrito tensorialmente las propiedades del espacio vacío en base a la «dismetrías» de la longitud. Ahora es el momento de abordar cómo se pueden describir las variaciones a lo largo del espacio y del tiempo de las cantidades de cualquier otra magnitud. Seguiremos sirviéndonos de las propiedades de la división homogénea, desarrollada en los apartados XI y XXVIII-7 en función de la multiplicación aditiva de magnitudes por un escalar de los apartados IX y XXVIII-6. Para ello, primero analizaremos cómo varía una unidad U de cierta magnitud. Luego examinaremos la variación de cualquier cantidad dada por una díada genérica (q, U).

Tomemos en el espacio puntual ordinario un punto de referencia O y sea U_0 la unidad patrón en O de la magnitud en cuestión. Por definición, U_0 es el patrón utilizado para la medición por congruencia en el espacio matemático y, por tanto, ha de considerarse invariable en todo punto y en todo tiempo. Sin embargo, por el efecto «dismétrico» esa misma unidad patrón constante presentará implícitas distintas cantidades de magnitud en función de su posición física en el espacio y en el tiempo. Sea U dicha cantidad implícita variable. Sabemos que la razón diádica entre esas dos cantidades de magnitud homogéneas $U /\!/ U_0$ es un número real que hemos llamado densidad «dismétrica» δ de la magnitud medida en el punto e instante considerados. Por tanto, no hay dificultad en relacionar estos tres entes mediante $U = \delta \circ U_0$, que significa componer el número real δ con la cantidad de magnitud U_0 mediante la multiplicación diádica aditiva de un número por una magnitud, resultando como producto la cantidad variable U.

Parte II: «Dismetría»

Tomemos un sistema de coordenadas cualquiera $\{O, u_i\}$. Supondremos en lo que sigue que la díada (q, U) es tal que q y U son funciones de las coordenadas u_i y del tiempo t, expresándolo $q = q(u_1, u_2, u_3, t)$ y $U = U(u_1, u_2, u_3, t)$ en el espacio ordinario de tres dimensiones. Si la magnitud en cuestión fuese estacionaria, se tendría $q = q(u_1, u_2, u_3)$ y $U = U(u_1, u_2, u_3)$. Obviamente se puede generalizar con facilidad el análisis a un espacio de n dimensiones.

En un punto genérico analicemos la variación de U cuando se incrementa la medida de la coordenada u_i en Δu_i de modo que el resto de las coordenadas no varíen. La magnitud U se incrementará ΔU_i. La razón diádica homogénea entre ΔU_i y U_0 será un número real $\Delta \delta_i$ que representa la variación de la densidad «dismétrica» en el mismo punto y para la misma variación de la medida de la coordenada Δu_i. Por tanto, advirtiendo que en este caso los subíndices no son sumatorios, tenemos:

$$\frac{\Delta U_i}{U_0} = \Delta \delta_i \Rightarrow \Delta U_i = \Delta \delta_i \circ U_0 \Rightarrow \frac{\Delta U_i}{\Delta u_i} = \frac{\Delta \delta_i}{\Delta u_i} \circ U_0$$

Hay que observar en la última expresión que la división diádica del primer miembro es la homogénea entre una magnitud y un número real, mientras que la del segundo miembro es el cociente de números reales, porque Δu_i es un escalar real, ya que se trata de una medida.

Siguiendo el criterio establecido para las derivadas parciales comunes, el límite del primer miembro cuando Δu_i tiende a cero diremos que es la derivada parcial de U respecto de u_i en el punto e instante considerados. Y con ello resultará:

$$\lim_{\Delta u_i \to 0} \frac{\Delta U_i}{\Delta u_i} = \lim_{\Delta u_i \to 0} \frac{\Delta \delta_i}{\Delta u_i} \circ U_0 \Rightarrow \frac{\partial U}{\partial u_i} = \frac{\partial \delta}{\partial u_i} \circ U_0$$

Por tanto, puesto que U_0 es invariante por hipótesis, llegamos así de fácil a esta importante propiedad: **para estudiar en un punto**

Parte II: «Dismetría»

respecto de una coordenada la variación unitaria de la cantidad de magnitud U implícita en la unidad patrón U_0 basta analizar en el mismo punto la variación del campo escalar de densidades «dismétricas» δ respecto de la misma coordenada y multiplicarla por U_0. O lo que es lo mismo, la medida de la variación unitaria respecto de una coordenada en un punto cualquiera de la cantidad de magnitud implícita en U_0 es la variación unitaria respecto a la misma coordenada de la densidad «dismétrica» de la magnitud en dicho punto.

Para toda magnitud, la definición de densidad «dismétrica» $\delta = U /\!/ U_0$ relaciona en cualquier punto genérico P del espacio la cantidad de magnitud U con la densidad δ relativa a la unidad patrón U_0 en un punto de referencia fijo O. Veamos si la misma relación se cumple para las variaciones $d\delta$ y dU. Para ello, observamos que en un entorno diferencial de todo punto P se tendrá una densidad $\delta + d\delta$ y su correspondiente cantidad de magnitud $U \oplus dU$. Por definición de densidad «dismétrica», se concluye lo siguiente:

$$\delta + d\delta = \frac{U \oplus dU}{U_0} \Rightarrow \frac{U}{U_0} + d\delta = \frac{U}{U_0} + \frac{dU}{U_0}$$

Resulta así con facilidad el siguiente resultado matemático, que podríamos llamar *ley de variación espacial* de las magnitudes:

$$\boxed{d\delta = \frac{dU}{U_0} \Leftrightarrow \frac{dU}{d\delta} = U_0}$$

Esta significativa verdad matemática vincula en todo punto P del espacio-tiempo la unidad patrón de referencia U_0 en otro punto fijo O, tomado como origen, con la variación de la cantidad de magnitud dU para ese mismo patrón y con la variación de la densidad «dismétrica» adimensional $d\delta$, ambos correspondientes a cualquier posición P, de modo que el campo diádico U y el correspondiente a la densidad «dismétrica» δ de cierta magnitud están enlazados de tal forma que en todo punto e instante la razón de sus variaciones diferenciales es precisamente igual a la unidad patrón U_0 en el origen O.

La variación diferencial dU de una unidad U se puede deducir a partir de la aproximación con derivadas parciales, una vez están definidas estas. En el caso de que la unidad no dependa del tiempo y solo varíe con la posición, ΔU se podrá aproximar con un error incremental $\varepsilon(\Delta)$ mediante esta expresión de índices sumatorios:

$$\Delta U = \frac{\partial U}{\partial u_i} \circ \Delta u_i + \varepsilon(\Delta)$$

El error incremental $\varepsilon(\Delta)$ ha de tender a acero cuando todos los incrementos de las coordenadas tienden a cero, y en este caso dichos incrementos Δu_i se convierten por definición en elementos diferenciales du_i, conque podremos escribir la ecuación diferencial siguiente:

$$dU = \frac{\partial U}{\partial u_i} \circ du_i = \frac{\partial \delta}{\partial u_i} du_i \circ U_0$$

Obviamente, este resultado también podría haberse obtenido directamente de la ley «dismétrica» universal expresada en forma del producto diádico $dU = d\delta \circ U_0$, pues, siendo δ un campo escalar, $d\delta$ es dado por la matemática común:

$$d\delta = \frac{\partial \delta}{\partial u_i} du_i$$

En régimen no estacionario, bastaría añadir el sumando correspondiente a la coordenada temporal, y con ello resultaría lo siguiente:

$$dU = \left(\frac{\partial \delta}{\partial u^i}du^i + \frac{\partial \delta}{\partial t}dt\right) \circ U_0$$

Analicemos seguidamente de la misma manera la variación de una díada cualquiera (q,U). Recordemos que toda díada representa una cantidad de magnitud que se puede simbolizar de múltiples formas indistintas: (q,U), $(q\ U)$, $q\ U$, $q \circ U$, $q \circ (1,U)$ o similares. Una díada puede variar porque varíe su primario q o porque se modifique su secundario U. En la Física clásica desgraciadamente «aritmetizada» solo se contempla la primera opción. En cambio, la generalidad de la «dismetría» admite también la segunda variante. El caso general de variación infinitesimal de una díada lo podemos representar $d(q,U)$, que ha de ser la diferencia entre las cantidades $(q+dq, U \oplus dU)$ y (q,U). Obviamente, la adición del término $U \oplus dU$ es la adición diádica y la diferencia señalada también.

Observamos en $U \oplus dU$ que se trata de una suma homogénea, porque las cantidades de los sumandos se refieren a la misma magnitud; pero los sumandos no son uniformes, porque son unidades distintas. Al final de los apartados V y XXVIII-3 se ha establecido la forma analítica de estos casos singulares de adición diádica, con fundamento en el postulado de afinidad con el álgebra geométrica de segmentos. Se trata de una excepción típica del axioma de uniformidad cuando los primarios coincidan y los secundarios sean homogéneos pero no uniformes. De ello resulta que, aunque las unidades de los sumandos no coincidan, nada impide formular analíticamente la adición de cantidades homogéneas y no uniformes. De modo que, dadas dos díadas (q,U_1) y (q,U_2) de la misma magnitud, con U_1 y U_2 homogéneas, se puede describir la siguiente ley aditiva:

$$(q,U_1) \oplus (q,U_2) = (q, U_1 \oplus U_2)$$

Considerando la anterior propiedad de la adición diádica, con $U_1 = U$ y $U_2 = dU$, a partir de $d(q,U) = (q+dq, U \oplus dU) \ominus (q,U)$, tenemos el siguiente razonamiento:

$$d(q,U) = (q+dq, U \oplus dU) \ominus (q,U) =$$
$$= (q+dq, U) \oplus (q+dq, dU) \ominus (q,U) =$$
$$= (q,U) \oplus (dq,U) \oplus (q,dU) \oplus (dq,dU) \ominus (q,U) =$$
$$= (dq,U) \oplus (q,dU) \oplus (dq,dU)$$

El término (dq,dU) es un infinitésimo de segundo orden, por lo que se puede despreciar respecto a los otros dos, que son de primer orden, con lo que resulta:

$$d(q,U) = (dq,U) \oplus (q,dU)$$

Esta conclusión la podríamos llamar *ley de variación diádica*. El sumando (dq, U) representa la modificación de la díada (q, U) como consecuencia del cambio en el primario, que podría denominarse **variación métrica** y describe el convencionalismo usado para analizar variaciones de cantidades de magnitudes desde siempre. A su vez el término innovador (q,dU) podría nombrarse **variación «dismétrica»** y determina la componente atribuible al efecto homónimo, que se refiere al cambio que experimenta la cantidad de magnitud implícita en toda unidad patrón U_0, fenómeno trascendente ignorado hasta ahora.

Los elementos diferenciales dq y dU son conocidos, puesto que dq es proporcionado por la matemática diferencial común de los campos escalares y la cantidad de magnitud dU acabamos de deducirla. Así que tenemos las dos expresiones siguientes:

$$dq = \frac{\partial q}{\partial u_i} du_i \quad ; \quad dU = \frac{\partial \delta}{\partial u_j} du_j \circ U_0$$

Para realizar la suma diádica $d(q,U) = (dq,U) \oplus (q,dU)$, que ha de ser posible porque los sumandos son cantidades de la misma magnitud, solo es preciso referirlos a una unidad común. Para ello, basta tener en cuenta que $U = \delta \circ U_0$ y que dU es dado por la última de las dos expresiones anteriores, con lo cual, las díadas (dq,U) y (q,dU) quedarán expresadas en la unidad U_0, patrón en

O, verificarán el axioma de uniformidad y se podrá obtener la cantidad diferencial buscada $d(q,U)$, dada por la ecuación:

$$d(q,U) = \left(\delta \frac{\partial q}{\partial u_i} du_i + q \frac{\partial \delta}{\partial u_j} du_j \right) \circ U_0$$

En el análisis precedente de la variación infinitesimal de una díada (q,U) se ha supuesto que el campo diádico examinado sea estacionario, es decir, constante en el tiempo, con lo cual el incremento diferencial $d(q,U)$ solo depende de las coordenadas espaciales.

Por el contrario, si el campo diádico no fuera estacionario sino dependiente del tiempo, simplemente habría que sumar los elementos diferenciales correspondientes a la variable tiempo t, como si se tratase de una coordenada más, con lo que resulta la expresión general:

$$d(q,U) = \left[\delta \left(\frac{\partial q}{\partial u_i} du_i + \frac{\partial q}{\partial t} dt \right) + q \left(\frac{\partial \delta}{\partial u_j} du_j + \frac{\partial \delta}{\partial t} dt \right) \right] \circ U_0$$

Es obvio que todo lo expuesto hasta aquí para las magnitudes escalares con medidas numéricas q es extensible a las magnitudes vectoriales, sin más que considerar como medidas los vectores correspondientes $\overline{q}$. Por lo tanto, para describir analíticamente las leyes anteriores en forma vectorial basta sustituir en la fórmulas el escalar q por el vector $\overline{q}$.

Analicemos un ejemplo cinemático simple para apreciar la diferencia entre la Física aritmética clásica y la «dismétrica». Supongamos un espacio en que la longitud sea la única magnitud fundamental que presente un comportamiento «dismétrico», por lo que el tiempo no lo será. Evaluemos el movimiento de un punto P. Sea O el origen de coordenadas. Cada posición de P quedará caracterizada por el vector $\overline{r} = \overline{r}(P) = \overline{OP}$. Sea m_0 el metro patrón en O y m la cantidad de longitud del metro patrón en P en un instante t. Obsérvese que, para mantener la coherencia de la notación en este apartado con U y U_0, la nomenclatura empleada para los patrones es distinta a la de los números anteriores, donde m representaba el metro patrón en el origen, que ahora designamos m_0, reservando aquí el símbolo m para la cantidad de longitud variable en cada punto P. Con esta notación, se verificarán, por definición, $m = \delta \circ m_0$ y $dm = d\delta \circ m_0$, siendo δ la densidad «dismétrica» de la longitud en P en un momento t. La *ley de variación diádica* para una cantidad de longitud vectorial $(\overline{r}, m)$ se podrá escribir así:

$$d(\overline{r},m) = (d\overline{r},m) \oplus (\overline{r},dm)$$

Sustituyendo en los sumandos del segundo miembro $m = \delta \circ m_0$ y $dm = d\delta \circ m_0$ tendremos, operando diádicamente:

$$d(\overline{r},m) = (\delta \bullet d\overline{r}, m_0) \oplus (\overline{r} \bullet d\delta, m_0) = \delta \circ (d\overline{r}, m_0) \oplus d\delta \circ (\overline{r}, m_0)$$

Recuérdese que la operación indicada mediante «•» es la multiplicación del álgebra vectorial de un escalar por un vector, que en lo que sigue vamos a omitir, de acuerdo con la notación matemática convencional. El término $(d\overline{r}, m_0)$ es la variación infinitesimal de la cantidad de longitud de $\overline{OP}$ respecto del metro patrón m_0 en O, que se puede definir como la variación métrica diferencial de la posición de P. El término $(\overline{r}, m_0)$ es la cantidad de longitud del vector posición $\overline{OP}$ referida al metro patrón m_0 en O, que podría llamarse posición matemática de P. El término $d(\overline{r}, m)$ es la variación infinitesimal de la díada $(\overline{r}, m)$, es decir, es la variación de la cantidad de longitud del vector posición $\overline{OP}$ referida al metro patrón m en el mismo punto P, lo que podríamos definir como la variación física de la posición de P.

Sea (t,s) una cantidad de tiempo cualquiera, donde s es la cantidad de tiempo patrón en P. Por hipótesis del caso, el tiempo no es una magnitud «dismétrica», luego la cantidad de tiempo s_0 del patrón en O es la misma que la de s en P. Así resulta $ds=(0,s)$, lo que significa que ds es una cantidad de tiempo nula, por lo que será nula la díada (t,ds), y la variación diferencial de toda díada (t,s) será finalmente:

Parte II: «Dismetría»

$$d(t,s) = (dt,s) \oplus (t,ds) = (dt,s) = (dt,s_0)$$

Dividiendo ambos miembros de $d(\overline{r},m) = \delta \circ (d\overline{r},m_0) \oplus d\delta \circ (\overline{r},m_0)$ entre la cantidad de tiempo infinitesimal $d(t,s)$, que en este caso es igual a (dt,s), que es lo mismo que (dt,s_0), resulta:

$$\frac{d(\overline{r},m)}{d(t,s)} = \delta \circ \frac{(d\overline{r},m_0)}{(dt,s_0)} \oplus d\delta \circ \frac{(\overline{r},m_0)}{(dt,s_0)}$$

Operando diádicamente, se llega inmediatamente a esta otra ecuación:

$$\frac{d(\overline{r},m)}{d(t,s)} = \delta \circ \left(\frac{d\overline{r}}{dt},\frac{m_0}{s_0}\right) \oplus \frac{d\delta}{dt} \circ \left(\overline{r},\frac{m_0}{s_0}\right)$$

El primer miembro tiene el significado de cantidad de **velocidad física o real** de P en el instante t, que se puede simbolizar $\overline{w}$. El primer sumando del segundo miembro es la densidad «dismétrica» en P para el instante t, multiplicada por la díada de **velocidad matemática, clásica o aparente** de P, que se puede expresar $\overline{w}_0$ y que lleva implícita la unidad de velocidad $m_0/\!/s_0$ en O. El segundo sumando del segundo miembro es la derivada de la densidad «dismétrica» respecto del tiempo en el instante t y en el punto P, multiplicada por una cantidad de velocidad que tiene por medida la posición matemática $\overline{r}$ de P, que abreviadamente se puede escribir $\overline{w}_r$ y que llamaremos **velocidad complementaria**, referida también a la unidad de velocidad $m_0/\!/s_0$ en O. De ete modo, la relación entre los que podríamos llamar movimientos matemático o aparente y físico o real del punto P vendrá dada por la siguiente expresión abreviada de álgebra diádica:

$$\overline{w} = \delta \circ \overline{w}_0 \oplus \frac{d\delta}{dt} \circ \overline{w}_r$$

Nótese que la ecuación anterior utiliza la simbología condensada $\overline{w}$, $\overline{w}_0$ y $\overline{w}_r$ para indicar díadas o cantidades de magnitudes que llevan implícitas sus respectivas unidades, de acuerdo con estas definiciones:

$$\overline{w} = \frac{d(\overline{r}, m)}{d(t, s)} \quad ; \quad \overline{w}_0 = \left(\frac{d\overline{r}}{dt}, \frac{m_0}{s_0}\right) \quad ; \quad \overline{w}_r = \left(\overline{r}, \frac{m_0}{s_0}\right)$$

Tenemos $\mathbf{w_0}$ y $\mathbf{w_r}$ expresadas en la misma unidad de velocidad en O, es decir, $m_0/\!/s_0$, conque se pueden sumar y calcular la medida vectorial $\mathbf{v}$ de la velocidad física $\mathbf{w}$ en esta misma unidad, determinada por las medidas $\mathbf{v_0}$ de $\mathbf{w_0}$ y la de $\mathbf{w_r}$ con esta expresión de álgebra vectorial, que solo utiliza los primarios diádicos:

$$\overline{v} = \delta \overline{v}_0 + \frac{d\delta}{dt} \overline{r}$$

Esta ecuación nos indica que dicha medida $\overline{v}$ de la velocidad física depende de la densidad «dismétrica» δ, lo cual era de prever, pero lo que quizá sea lo más chocante es que también depende de la situación dada por el vector posición $\overline{r}$ del punto P. En concreto, si la trayectoria matemática de P fuese una recta, su trayectoria física sería curva, porque la velocidad complementaria la desviaría del movimiento rectilíneo. Y ello nos hace prever que el análisis «dismétrico» de los fenómenos físicos está lleno de sorpresas. Por ejemplo, como ya comprobamos tensorialmente en el capítulo anterior, volvemos a descubrir aquí que **en un espacio «dismétrico» la luz no puede propagarse en línea recta ni es capaz de mantener constante su velocidad**.

Y no es menos importante advertir que toda trayectoria física o real dependa del origen de referencia O, puesto que la velocidad complementaria es dada por el vector posición del punto P, es decir, que **todo lo observado depende de la posición del observador**, lo cual puede sorprender en un principio antes de reconocer que en un espacio «dismétrico» nada es lo que parece y todo lo que se ve depende también del punto de vista de quien lo mira.

En el caso particular de que la densidad «dismétrica» sea igual a la unidad en todo punto e instante, será nulo el cociente diferencial o derivada $d\delta/dt=0$ en el segundo sumando, por lo que se verificarán $\overline{w}=\overline{w}_0$ y $\overline{v}=\overline{v}_0$, con lo que estaríamos en el ámbito de la Física isométrica y aritmética actual, y todo se manifestaría como en el modelo clásico.

El ejemplo anterior, muy sencillo para la cinemática clásica, revela la notable complejidad y riqueza de los fenómenos «dismétricos», que hasta ahora los físicos hemos ignorado, porque, infectados por la enfermiza «aritmetización», hemos supuesto tácitamente que las cantidades de magnitudes implícitas en las unidades sean invariantes, debido al proceso de medida y a la falta de un álgebra rigurosa para las magnitudes. De ahí que haya pasado inadvertida la forma más general de los fenómenos físicos, que es la previsión «dismétrica», descrita en este trabajo. En términos diferenciales, siempre se ha creído que debía de ser $d(q,U)=(dq,U)$, porque se admitía compulsivamente sin pensar ni declararlo explícitamente que (q,dU) fuese una cantidad nula de magnitud, es decir, que lo fuera dU. Obsérvese que, como dU representa una cantidad de magnitud, aunque sea de cuantía diferencial, simboliza una díada, por lo que, si dicha cantidad fuera nula, habría de representarse con las notaciones $(0,U)$ o $(0,U_0)$ o equivalentes y sería incorrecto indicarla solo con el cero de los números reales 0, de acuerdo con lo especificado en el apartado VII, que debemos completar con el siguiente análisis atinente al caso de la variación diádica diferencial:

Además de la cantidad neutra $(0,U)$ vamos a ver que existe otra forma de elemento nulo de cualquier magnitud, por lo que el elemento neutro de la adición diádica no es único, como sucede en las estructuras algebraicas comunes. En efecto, resumiendo, toda díada (q,U) representa una cantidad de magnitud y esta formada, por definición, por un primario numérico q y un secundario dimensional U tales que la cantidad de magnitud a que se refiere la díada queda establecida por el producto aditivo $q \circ U$ o suma diádica de U las veces que indica q, y análogamente si la díada es vectorial con el primario $\overline{q}$. De este modo es como se supera el problema de la **imposible determinación objetiva de la cantidad de magnitud implícita en toda unidad**. Por eso nombramos metro patrón a la cantidad de longitud de cierto segmento, cuya cuantía real no es determinable, o llamamos kilogramo patrón a una cantidad de materia física de imposible medida sin referirla a otra. Y así, nada nos impide definir el cero de las magnitudes como una cantidad nula de longitud o de masa o, en definitiva, como la ausencia o el vacío de toda magnitud. Sea U_n o cualquier otro el símbolo que represente esa falta o inexistencia de toda cantidad de magnitud. Con esta unidad se pueden establecer las díadas (k, U_n), formadas con cualquier número k y dicha unidad nula, que equivaldría a sumar k veces la cantidad vacía de toda magnitud, notada U_n, adición diádica que ha de arrojar un resultado que no puede ser otro que ninguna cantidad de magnitud, por lo que toda díada con la forma (k, U_n) será nula para todo k, aunque sea $k \neq 0$, si es escalar, o $\overline{k} \neq \overline{0}$ si es vectorial. Así que hay que admitir la existencia de infinitas díadas neutras carentes de toda magnitud. Por tanto, cualquier díada vacía de magnitud (k, U_n) constituye una excepción del axioma de uniformidad, resultando que para sumarla con cualquier otra díada (q, U) no es preciso transformar los sumandos para referirlos a la misma unidad o iguales secundarios, y se tiene la adición $(q, U) \oplus (k, U_n) = (q, U)$, cualesquiera que sean q, k y U, con lo cual la díada (k, U_n) es neutra. Esto adquiere sentido si observamos la díada neutra como la clase de equivalencia de (k, U_n).

Este ha de ser el criterio de análisis de la díada (q, dU), que solo sería nula para todo valor de q, si se supone que es $dU = U_n$. Solo en tal caso la díada (q, dU) sería neutra para la adición y se podría escribir con fundamento que $(q, dU) = U_n$ para todo q, y así, operando con la *ley de variación diádica*, resultaría la errónea simplificación $d(q, U) = (dq, U) \oplus (q, dU) = (dq, U)$, lo que explicaría el método clásico de analizar la variación de cantidades de magnitudes sin tener en cuenta el significativo sumando «dismétrico» (q, dU), aunque sin duda no lo justificaría en absoluto.

Por el contrario, lo anterior hace prueba plena de que anular dU voluntaria o inadvertidamente es una torpe restricción totalmente infundada, que nunca se ha probado ni se va a poder probar, ya que es obligado observar y cumplir la *ley de variación diádica* $d(q, U) = (dq, U) \oplus (q, dU)$, respetándola sin truncarla, porque no hay motivo experimental alguno para presumir de ningún modo que el segundo sumando de dicha ley deba ser nulo, es decir, que sea $dU = U_n$ y que dU no contenga ninguna cantidad de magnitud, sino que más bien hay que prever lo contrario, puesto que la *ley de variación diádica* existe, no se puede obviar racionalmente, hecho este que se observará en la naturaleza cuando se preste la debida atención a ello. Es obvio que tan descuidada y arbitraria hipótesis de nulidad de dU es equivalente a suponer que toda unidad de magnitud sea constante en el espacio y en el tiempo, con $U = U_0$ en todo punto e instante. Sin embargo, para no excluir ninguna realidad, no cabe duda de que lo acertado es acoger lo que se presenta con mayor amplitud, es decir, la «dismetría», sin omitirla por negligencia o cerrazón, porque si no lo único que se conseguiría es prescindir de aquellas evidencias que sean «dismétricas» y los investigadores no las perciban porque ni siquiera las miran. Obviamente, existirán ámbitos físicos en los que sea adecuado o práctico simplificar y suponer que sea nula o vacía la cantidad dU, pero siempre constituirán un caso particular reducido e incluido en la previsión «dismétrica» genérica. De modo que una enseñanza primordial de este trabajo es que **la «dismetría» se manifiesta como la manera segura de no ignorar nada que sea susceptible de medición**. Y ello está plenamente avalado por la *ley físico-matemática de variación diádica* $d(q, U) = (dq, U) \oplus (q, dU)$, que prueba el hecho de que **la ley natural es la «dismetría»**, porque el sumando que la representa (q, dU) existe, es una realidad que no se puede obviar. La isometría que los físicos y matemáticos de hoy aplicamos compulsivamente sin pensarlo no se corresponde con esta ley verdadera que rige los fenómenos físico-matemáticos. Así que es inevitable concluir que la Física se completará con la componente «dismétrica», y también la matemática lo hará sin remisión posible, porque la longitud, que es la magnitud común de estas dos ciencias, está afectada directamente por la alegre exclusión errónea del sumando «dismétrico» (q, dU), suponiendo de hecho que $dU = U_n$ para cualquier U, o en términos del metro patrón que $dm = U_n$ o del kg patrón que $dkg = U_n$, defecto que será subsanado por el propio vigor irresistible de esa ley fundamental de la Física y de la matemática, cuya expresión analítica diferencial ya está formulada en sus propios términos exactos, con la consecuencia de que hay que prever que en general sea $dU \neq U_n$ para toda unidad U, admitiendo en concreto que las variaciones de las unidades de longitud, masa, tiempo y todas las demás puedan no ser nulas, con $dm \neq U_n$ o $dkg \neq U_n$ o $ds \neq U_n$.

De hecho parece que ya existen experiencias que avalarían la «dismetría» de las magnitudes, aparte del hecho físico-matemático irreversible que refleja la *ley de variación diádica*. Es destacable el caso de los satélites GPS. Parece comprobado que el tiempo transcurre de distinta manera en función de cuál sea la altura de las órbitas respecto a la superficie de la Tierra. A 20.200 km de altura el tiempo transcurriría ligeramente más despacio que sobre la superficie terrestre, concretamente parece ser que los relojes se retrasan $4{,}53 \times 10^{-10}$ segundos cada segundo. Por tanto, un segundo a 20.200 km contendría implícita una cantidad de $1 + 4{,}53 \times 10^{-10}$ segundos patrón sobre la superficie. Parece haberse comprobado que a 3.200 km de altura el tiempo transcurre igual que en la superficie y que por debajo de esa altitud los relojes se adelantan. Suponiendo que estas experiencias sean correctas, tendríamos que el tiempo se comportaría «dismétricamente», de modo que se observaría que la densidad «dismétrica» de esta magnitud δ_T sería función de la altura sobre la superficie terrestre. A cero km y a 3.200 km obviamente se tendría $\delta_T(0) = \delta_T(3.200) = 1$. Entre cero y 3.200 km de altura la densidad «dismétrica» del tiempo sería inferior a la unidad, el tiempo aparecería menos denso que en la superficie, por lo que correría más rápido que a nivel cero. Y a 20.200 km ocurriría lo contrario, la densidad «dismétrica» tendría el valor $\delta_T(20.200) = 1 + 4{,}53 \times 10^{-10}$, cantidad que recordemos es numérica pura o adimensional, el tiempo a esa altura sería más denso que en la superficie y pasaría más lento respecto a ella.

En la actualidad se motiva este fenómeno recurriendo a la *relatividad*, teoría «aritmetizada» como todas las demás, pero obviamente la «dismetría» de las magnitudes constituye una explicación basada en la ley natural representada por la diferencial diádica que hemos descubierto en este apartado. Si se considerase que las experiencias con relojes en órbita confirmen la *relatividad*, con mayor fundamento habría que concluir que también corroboran la «dismetría», con el favor añadido que supone para esta el amparo de la providencial *ley de variación diádica*, que es indiscutible desde el punto de vista físico-matemático e independiente de cualquier postulado o hipótesis, por lo que ha de ser fiel reflejo de los fenómenos naturales a los que alude. Sin embargo, dicha ley aún no es contemplada en absoluto por la teoría de Einstein ni por ninguna otra.

A este respecto resulta significativa la diferencia filosófica del concepto de dilatación del tiempo relativista frente a la variación de las magnitudes «dismétricas». Si, como es debido, nos atenemos al fundamento del concepto temporal de Einstein, que se fundamenta en el postulado de velocidad constante de la luz en los sistemas inerciales, en lugar de atender las metáforas ilusorias que se utilizan en la divulgación de sus ideas, el tiempo variable de la *relatividad* no es más que una mera apariencia, es la consecuencia de cómo esa supuesta propiedad de la luz afecta a la observación de los fenómenos físicos en función del estado relativo en que se encuentren los observadores.

Sin embargo, la «dismetría» de las magnitudes y, en concreto, la del tiempo, alude directamente al modo de ser de la naturaleza, es decir, que las magnitudes pueden cambiar realmente su cantidad intrínseca, por lo que la dilatación del tiempo no sería una mera ilusión óptica, como lo es en rigor para el relativismo, sino que formaría parte del propio ser físico de los fenómenos espacio-temporales. De lo cual se deduce que la experiencia de los relojes en los satélites GPS corroboraría mejor la «dismetría» del tiempo que la dilatación relativista, puesto que el tiempo variable de la *relatividad* no afectaría a un observador ligado al sistema de referencia del reloj, sino a otro con distinto movimiento; mientras que para la «dismetría» la variación afecta físicamente a la propia magnitud, por lo que sería independiente del estado mecánico cambiante o no de los observadores.

De modo que, para entendernos con un supuesto imaginario muy famoso, tomemos la fantasiosa experiencia de los gemelos que envejecerían de manera distinta cuando uno de ellos realiza un largo viaje por el espacio. La paradoja para la *relatividad* radica en que según cuál sea el punto de vista, cada uno de los gemelos envejece más que el otro que se desplaza en movimiento relativo respecto a su hermano, y eso no puede ser, si el tiempo no es el mismo para ellos, uno de los dos habría de envejecer más que el otro. La *relatividad general*, olvidando que su tiempo no es absoluto sino relativo al observador, pretende resolver la paradoja considerando que los gemelos no estarían sometidos a los mismos campos de aceleraciones gravitatorias, que serían las causantes del discurrir diferente del tiempo. Esta cuestión, que parece más un guión de película de ciencia ficción que un fenómeno físico, aun así no entrañaría contradicción para la Física «dismétrica», porque, si la magnitud tiempo tuviera esta naturaleza cambiante, el desigual envejecimiento de los gemelos sería un hecho que no vendría dado por las velocidades relativas entre ambos, como propone Einstein, sino que dependería de su posición en el espacio a lo largo del tiempo, por lo que, si después de viajar por caminos distintos volvieran a encontrarse, su grado de envejecimiento diferiría por causa de las desiguales trayectorias que hubieran seguido a través de regiones del espacio con diferentes densidades «dismétricas» temporales.

Así que, si realmente los gemelos hubieran envejecido de diferente manera, ello sería consecuencia natural de la verdadera variación intrínseca de la magnitud tiempo debida al efecto «dismétrico», sin que deban influir necesariamente en ello las velocidades relativas y demás condiciones de sus diferentes desplazamientos.

Por tanto, hay que observar dicha sustancial diferencia entre las formulaciones relativistas y las «dismétricas». Es destacable, además, que el modelo einsteniano soporta la pesada carga de su postulado fundamental, la supuesta velocidad constante de la luz en los sistemas inerciales, y ya hemos advertido que se trata de un principio que hay que poner claramente en entredicho, porque configura un cimiento mal asentado que probablemente hará colapsar todo el edificio relativista. Y frente a esta duda más que razonable que amenaza seriamente la integridad de tan popular y abstrusa teoría, por el contrario, la «dismetría» no solo no manifiesta ninguna incertidumbre epistémica, sino que está apuntalada por la inmortal *ley de variación diádica*. Por tanto, superados los tan extendidos prejuicios dogmáticos e ignorancia que sustentan el relativismo, no sería temerario aventurar que el futuro dictará pronto la inevitable y previsible sentencia.

Para terminar, debe advertirse que la «dismetría» no es comparable con ninguna teoría física ni matemática actual, a pesar de que en lo precedente ha sido cotejada didácticamente con la *relatividad*, porque todos hemos venido sustentando un peligroso convencionalismo que finalmente ha sido legitimado por la normativa del Sistema Internacional, favoreciendo las operaciones con magnitudes simplemente componiendo los símbolos de las unidades como si fuesen números, dando conformidad a ese modo autómata, infundado y tramposo de operar con magnitudes, que las roba sus significados algebraico y físico, por lo que todas las magnitudes compuestas permanecen indefinidas y sin saberlo todos quedamos sumidos en la profunda ignorancia de lo más fundamental. En cambio la «dismetría» opera con díadas físicas, que son los entes que representan con exactitud cantidades de magnitudes cualesquiera, marcando una diferencia muy relevante, que cualquier lector atento tendrá ya asumida a estas alturas de nuestra exposición, si hubiera asimilado medianamente el álgebra diádica.

Por tanto, la «dismetría» no materializa una teoría aparte de las demás, sino que las complementa y les marca a todas ellas el camino que deben seguir para rebasar los límites estrechos de la Física aritmética y dar consistencia algebraica y significación completa a todas sus formulaciones, superando las contradicciones y limitaciones que conlleva la arcaica «aritmetización», perjuicios que en conciencia creemos acreditados y superados con el presente trabajo, que se ve bendecido por el sensacional hallazgo de la *ley de variación diádica*, reproducida nuevamente a continuación, porque, habiendo sido desconocida hasta ahora por todo el mundo, es preciso reivindicarla con la dignidad que merece y enmarcarla:

$$d(q,U) = (dq,U) \oplus (q,dU)$$

Para magnitudes vectoriales se tendrá igualmente la fórmula diferencial $d(\overline{q},U) = (d\overline{q},U) \oplus (\overline{q},dU)$, resultando todo exactamente igual, sin más que componer $\overline{q}$ y $d\overline{q}$ con el álgebra de vectores ordinaria, por lo que en lo que sigue razonaremos únicamente sobre el caso en que q sea un número real.

Este principio de la naturaleza puede formularse en función de la unidad patrón U_0 en un punto dado O, teniendo en cuenta que en cualquier otro punto P es $U = \delta \circ U_0$ y $dU = d\delta \circ U_0$, recordando que U es la cantidad de magnitud de U_0 en P y δ es la densidad «dismétrica» en ese mismo punto. Así, operando diádicamente, se llega a la siguiente conclusión:

$$d(q,U) = (dq,U) \oplus (q,dU) = (dq, \delta \circ U_0) \oplus (q, d\delta \circ U_0) =$$
$$= (\delta\, dq, U_0) \oplus (q\, d\delta, U_0) = [(\delta\, dq + q\, d\delta), U_0]$$

Observamos que la variación diferencial de toda díada (q,U) es la cantidad infinitesimal $[(\delta\, dq + q\, d\delta), U_0]$, que conforme a las nomenclaturas que hemos venido admitiendo puede escribirse $d(q,U) = (\delta\, dq + q\, d\delta) \circ U_0$ o también $d(q,U) = (\delta\, dq + q\, d\delta) \circ (1, U_0)$ o cualquier otra notación que interese implementar. En todo caso lo importante es que $d(q,U)$ tiene expresión analítica medible y que su valor es dado por dicha ley fundamental. Dividiendo $d(q,U)$ entre la unidad patrón U_0, el resultado ha de ser un número real, como sabemos por el apartado XI, y resulta que ese número es $\delta\,dq+q\,d\delta$, que es la medida con U_0 de la variación diádica diferencial, determinada por la siguiente expresión:

$$\frac{d(q,U)}{U_0} = \delta dq + q\,d\delta$$

Por tanto, la medida de la cantidad de magnitud implícita en toda díada diferencial $d(q,U)$ está determinada en relación con la unidad patrón U_0 y es dada por un número real abstracto sin dimensión, que es $\delta\,dq+q\,d\delta$, adición que es la diferencial del producto numérico δq, lo que permite poner:

$$d(\delta q) = \delta\,dq + q\,d\delta$$

Obviamente, para magnitudes vectoriales aparecerá la ecuación isomorfa de la anterior diferencial diádica escalar, donde la adición se referirá a la suma vectorial y la multiplicación al producto de un número real por un vector, es decir:

$$d(\delta\,\overline{q}) = \delta\,d\overline{q} + \overline{q}\,d\delta$$

La simplificación isométrica que se practica actualmente en vía de hecho por desconocimiento del fenómeno «dismétrico», tanto para magnitudes escalares como vectoriales, supone tácitamente que la densidad «dismétrica» de toda magnitud sea constante e igual a la unidad, con lo cual se admite alegremente $d\delta=0$ y así la expresión escalar $\delta\,dq+q\,d\delta$ queda reducida a dq, y la vectorial $\delta\,d\overline{q}+\overline{q}\,d\delta$ se transforma en $d\overline{q}$, lo que sin duda aparece como un caso particular muy empobrecido de la genérica «dismetría», situación singular que excluye indebidamente todos aquellos fenómenos en los que $\delta\neq 1$ o $d\delta\neq 0$.

En conclusión, si la diferencial «dismétrica» es la prueba de que lo natural es la «dismetría», no parece aventurado afirmar que estudiantes e investigadores encontrarán en ella un aluvión de nuevas ideas inspiradoras de infinidad de tesis doctorales e innovaciones científicas, por lo que no sería temerario afirmar que lo mejor de la Física está aún por escribirse. Una muy buena noticia para todos aquellos que aman de verdad el progreso científico en vez de la fama o el poder.

A pesar de que los tensores «dismétricos» y la diferencial «dismétrica» son pruebas vigorosas suficientes de que el fenómeno que representan ha de ser tenido en consideración para enriquecer la Física, no queremos dejar de analizar la probabilidad de su previsión de acuerdo con los métodos estadísticos, tan de moda en las ciencias experimentales. Para ello nos serviremos del modelo matemático de la probabilidad, considerando dos sucesos, el primero consistirá en la opción de que ninguna magnitud sea «dismétrica», o lo que es igual, la «isometría de todas las magnitudes», y lo representaremos I; el segundo indicará la variante más general de que «las magnitudes pueden ser "dismétricas"», y lo designaremos con la letra D.

Por definición de la variante «dismétrica» sabemos que el suceso I está incluido en el D, lo que señalaremos I⊂D, puesto que hemos reiterado que la «dismetría» se reduce a la isometría cuando las densidades «dismétricas» de todas las magnitudes sean iguales a la unidad de los números reales en todos los puntos del espacio y en todo tiempo. El primer axioma del cálculo de probabilidades determina que todo suceso S tiene asociada una probabilidad mayor o igual que cero, lo que se expresará con la notación $P(S) \geq 0$, conque para los dos sucesos definidos se verificarán $P(I) \geq 0$ y $P(D) \geq 0$. El álgebra de Boole de sucesos nos permite deducir que, si I⊂D, ha de ser D=I ∪(D−I). Por tanto, podemos afirmar que $P(D)=P[I \cup (D-I)]$. Como los sucesos I y D−I son siempre incompatibles, con independencia de su contenido, porque su intersección es el vacío, la probabilidad de su unión es la suma de sus probabilidades, de acuerdo con el segundo axioma del cálculo probabilístico, es decir, tendremos $P(D)=P(I)+P(D-I)$. Puesto que el primer axioma ya citado garantiza que $P(D-I) \geq 0$, resulta que debe ser $P(D) \geq P(I)$. Lo que significa que **la probabilidad de que «las magnitudes pueden ser "dismétricas"» es mayor o igual que la probabilidad de la «isometría de todas las magnitudes»**. Resultando así que la «dismetría» admite una probabilidad mayor que la isometría, o dicho de otro modo, la probabilidad de que todo sea isométrico no puede ser mayor que la probabilidad de que se verifique la «dismetría» de algo. ¿Cual habría de ser la actitud de todo investigador, profesor o estudiante que conozcan la previsión «dismétrica»? No parece dudoso que, si fuesen racionales, habrían de elegir la opción que acredite una mayor probabilidad de verificarse, lo que lleva tras la comprobación realizada a optar por que «las magnitudes pueden ser "dismétricas"». Y ello sin contar con el detalle esencial de que la «dismetría» incluye la isometría, para no influir en el análisis estrictamente aleatorio, ya que solo esta premisa inclusiva debería ser suficiente para llegar a la misma conclusión. Se advierte al lector que, a pesar de la contundencia del anterior resultado probabilístico tan favorable a la «dismetría», los métodos estadísticos no nos parecen adecuados para el análisis de los principios matemáticos de los fenómenos físicos, como es el caso de la «dismetría», que es una previsión epistémica fundamental. Creemos que la probabilidad no es compatible con la ciencia de lo básico, de lo que presenta una regularidad invariante. El cálculo de probabilidades se define como el modelo matemático que describe las invariancias que se manifiestan en las frecuencias que resultan en el estudio de los fenómenos aleatorios, entendiendo por tales aquellos en los que las mismas causas aparentes pueden dar lugar a efectos distintos, haciendo impredecible un resultado concreto. La diferencia con los modelos deterministas es que estos reflejan el comportamiento de sistemas en que se supone que el desarrollo de los fenómenos naturales está necesariamente determinado por las condiciones iniciales.

Veamos sucintamente en qué consiste el método estadístico: tomemos un suceso cualquiera S, su negación se llama contrario u opuesto y se representa $\overline{S}$; la unión de ambos es el suceso seguro, indicado E, y escrito $S \cup \overline{S} = E$; al suceso seguro se le asigna probabilidad uno, con lo cual $\mathcal{P}(S\cup\overline{S})=1$; S y $\overline{S}$ son incompatibles, no pueden darse simultáneamente, lo que se indica $S\cap\overline{S}=\emptyset$, llamado suceso imposible, y en este caso la axiomática establece que su probabilidad es la suma de las probabilidades de ambos, es decir, $\mathcal{P}(S\cup\overline{S})=\mathcal{P}(S)+\mathcal{P}(\overline{S})=1$; así que $\mathcal{P}(\overline{S})=1-\mathcal{P}(S)$, a $\mathcal{P}(\overline{S})$ se le llama probabilidad contraria u opuesta de S. En estas condiciones, la inducción estadística consiste en atribuir al suceso S un nivel de confianza dado por su probabilidad $\mathcal{P}(S)$, lo que implícitamente supone asignar a su contrario $\overline{S}$ la probabilidad deducida por $\mathcal{P}(\overline{S})=1-\mathcal{P}(S)$. Así que la estadística opera sobre la garantía de que se verifica el suceso seguro $S\cup\overline{S}$, es decir, «que se dé S o su negación $\overline{S}$», asignándoles las probabilidades $\mathcal{P}(S)$ y $\mathcal{P}(\overline{S})$, y ello supone apostar a la vez por una cosa y su contraria con probabilidades opuestas, conque no es posible el fallo. Obviamente, con este método lo que realmente existe es previsto con una probabilidad inferior a uno y a lo que no existe se le atribuye una probabilidad mayor que cero, lo cual pone en evidencia que la inducción estadística implica la ignorancia de la verdad. Así que la aleatoriedad debe entenderse como un concepto meramente mental sin reflejo en la realidad extramental.

El modelo matemático de lo aleatorio no afirma ni niega nada sobre la naturaleza de los hechos, sino que, ante el desconocimiento de las causas de los sucesos estocásticos, que impiden predecir un resultado concreto, el entendimiento humano crea el modelo matemático de la probabilidad para tener un criterio de evaluación de aquello que no corresponde a una causalidad conocida, pero sabiendo y admitiendo que la teoría no hace referencia a la esencia de lo que realmente ocurre. La probabilidad es así una mera abstracción mental. A diferencia de las ciencias llamadas deterministas, que predicen resultados ciertos cuya realización puede comprobarse, la inferencia estadística no asegura la efectiva materialización de sus proposiciones, simplemente les atribuye una probabilidad, por lo que no puede examinarse la falibilidad de los métodos estadísticos, todas sus descripciones o predicciones son verosímiles. Por otra parte, cuando S es un suceso cuya existencia se conoce, dicho método no tiene sentido de acuerdo con su propia definición, porque no es posible el suceso contrario $\overline{S}$. Esta es la condición de las verdades matemáticas, que están muy consolidadas y verificadas, por lo que dudar de ellas, aunque sea mínimamente, marcándolas con una probabilidad, no parece que sea lo más sensato[29].

A diferencia de los métodos estadísticos, cuyo eje es la verosimilitud, el método científico de experimentación busca el ideal de la certeza y descubre nuevas verdades comprobando su existencia en diversos supuestos singulares, pero no se las eleva al rango máximo de leyes comunes, expresivas de relaciones invariantes o teoremas que reflejan propiedades diversas, sino cuando sea posible subsumirlas en un modelo matemático determinista y sean demostradas en su seno mediante la aplicación de las leyes lógicas a los postulados o axiomas convenientemente formulados que den principio a la teoría correspondiente. Sería el caso, por ejemplo, de la *mecánica racional* y las leyes de Newton o la *relatividad* y sus dos principios, relativos a que las leyes de la Física y la velocidad de la luz sean invariantes en todos los sistemas de referencia inerciales. Tales enunciados universales surgen de la inducción científica, que consiste en extraer, a partir de determinadas observaciones o experiencias particulares, el principio general que en ellas está implícito, que es tomado por universal y al cual se le aplica la

---

[29] Véase lo que expone Sixto Ríos en su libro de texto *Métodos estadísticos*. Dice así: «Cuando en mecánica racional demostramos, por ejemplo, las leyes de Kepler, estos teoremas se refieren al movimiento de entes abstractos que llamamos planetas, y no al movimiento efectivo de los planetas reales, al cual solo cabe aplicar la observación y la inducción estadística. La matemática construye modelos abstractos de la realidad, y sus demostraciones se refieren a esos modelos abstractos. [...] Hay una diferencia bien clara entre determinar cifras del peso atómico del azufre y del número π, número bien definido a partir de los postulados de la geometría. Este puede definirse mediante cálculos numéricos puros con la aproximación que deseemos con *seguridad*; en cambio, el peso atómico del azufre requiere una serie de medidas experimentales de las cuales obtenemos el resultado apetecido con una determinada aproximación, y esto con una cierta *probabilidad*».

deducción racional inherente a los modelos matemáticos que sustenten el modelo. Así, pues, en este tipo de ciencia son sus principios los que están sujetos a verificación constante por parte de la realidad extramental.

En cambio, el método de las técnicas estadísticas, que ahora llamamos ciencias experimentales, aunque su carácter es puramente mental, no consiste en formular proposiciones primeras que sirvan para deducir propiedades o consecuencias, esas demostraciones deductivas son sustituidas por la inducción probabilística o inferencia estadística, consistente en atribuir imaginariamente a la realidad un cierto modo de ser u obrar asociado a determinado nivel de confianza o probabilidad, obtenido tras evaluar muestras de lo que se observa. De esta manera el análisis estadístico salva la incertidumbre con que se manifiesta el mundo creando el concepto ilusorio y seductor del suceso probable, que nunca asegura la verificación de un hecho concreto, sino que relaciona la inferencia estadística con una cierta verosimilitud. Esta técnica se puede decir que siempre acierta, porque predice los sucesos con certeza absoluta, aunque aparente lo contrario, ya que, como hemos esbozado antes, su propuesta es siempre la segura realización de un suceso o su negación, con niveles de probabilidad opuestos que suman la unidad, lo cual podría resultar confuso, si no se tuviera en cuenta su validez estrictamente mental, por lo que así es imposible dictaminar lo que realmente existe. En cierto modo la estadística hace suyo con astucia el «ser o no ser» shakespeariano, que es el suceso seguro.

Por todo ello, nos parece que el análisis estadístico es de más interés para las técnicas, que buscan la aplicación práctica directa e inmediata del conocimiento empírico, en las cuales la adopción de decisiones se basa en la comprobación de niveles de confianza aceptables para el fin de que se trate, como por ejemplo, cuando se busca establecer un criterio de calidad para la admisión o rechazo de productos fabricados por la industria sin tener que examinar cada uno de los materiales producidos; o en medicina para comparar la eficacia de diversos tratamientos sobre una muestra de pacientes, no sobre la totalidad de la población; y otros muchos casos parecidos.

Por el contrario, la ciencia básica tiene la certeza y la predicción como ideales, para ella es sagrado conocer lo que existe y predecirlo, aunque pueda parecer quimérico y sabiendo que la verdad examinada para ello se refiere a una muestra incompleta de la realidad; aun así, se admite que lo observado parcialmente sea de aplicación universal y con este axioma se desarrolla el modelo, que es sometido a constante escrutinio. Así, este método produce grandes beneficios indirectos muy estables a largo plazo, pues tiene por objeto la cognición epistémica de las primeras verdades indudables o leyes fundamentales ciertas que rigen los hechos, es decir, el saber exacto, preciso y básico implantado en estructuras matemáticas abstractas de probada certidumbre, construidas sobre esos principios con el método racional y vocación determinista y universal, de tal forma que no admite la observación de un solo resultado contradictorio, lo que sin duda confiere a este tipo de saber un valor superior a la estadística, que sí permite la posibilidad de que las predicciones puedan verificarse o no verificarse, haciendo imposible la certeza. Por ejemplo, las leyes de Newton se formulan como verdades absolutas infalibles en el ámbito de la teoría mecánica abstracta, pero sabiendo que podrían quebrar en la realidad, y un único fallo observado en los hechos convertiría el modelo en falso. Así es como por caminos menos evidentes y más exigentes que el empirismo inductivo, siempre ambivalente por naturaleza, porque, insistimos, admite que una cosa pueda existir o no existir realmente con sus respectivos grados opuestos de teórica probabilidad, la ciencia llega con paciencia y tesón a crear grandes avances que las técnicas no pueden ni siquiera vislumbrar, ya que su forma de mirar al mundo es diferente, aunque sí suelen aprovechar esos progresos con mucha habilidad práctica. Por tanto, parece manifiesto que no cabe la aleatoriedad en ese tipo de conocimiento preciso y principal propio de la ciencia de los fundamentos. Y ello sin olvidar que la certeza adquirida por esta vía se refiere a lo que puede esperarse de los sistemas matemáticos construidos sobre postulados o axiomas bien fundados, tales que las propiedades deducidas lógicamente a partir de ellos se refieren a los entes abstractos del modelo, y para estos la certeza es plena, aunque esa seguridad se admite que pueda no corresponderse con la realidad misma, que en todo caso tendrá el poder absoluto y permanente de refutación, de modo que la falibilidad pertenece a la esencia del método científico. Por tanto, son patentes las diferencias de utilidad y metodología entre la ciencia de base epistémica y las ciencias experimentales o técnicas, y hay que tenerlas en cuenta para aplicarlas debidamente a cada caso concreto.

En suma, los métodos estadísticos se definen a sí mismos como una mera construcción mental abstracta ajena a la realidad extramental. Sus formulaciones tienen por objeto salvar la ignorancia de las causas de los fenómenos aleatorios mediante la noción de probabilidad, sin afirmar ni negar nada acerca del modo de ser u obrar de la naturaleza. Su ambivalencia y ambigüedad intrínsecas impiden que puedan someterse al juicio de la verdad, a diferencia de la ciencia determinista que, sabiéndose falible, está sometida plenamente al poder de evaluación de sus principios y predicciones por parte de la omnipotente realidad material.

Hecha esta breve disertación filosófica, terminamos nuestra propuesta con la conclusión de que tanto si razonamos con principios de la filosofía epistémica, lo que lleva a dar prioridad a lo genérico frente a lo específico, que lógicamente nos mueve a preferir la «dismetría» frente a la isometría, como si usamos el rigor matemático exacto de los tensores «dismétricos», como si nos atenemos a la diferencial «dismétrica», de significado físico-matemático claro e inobjetable, como si nos basamos en el modelo matemático de análisis probabilístico, adoptado por el empirismo inductivo, en todo caso llegamos a la misma conclusión: **no podemos ni debemos prescindir de la variante «dismétrica», no sería racional ni conveniente**, tanto más cuanto que las *leyes «dismétricas»* aquí expuestas no son sino auténticas **verdades físico-matemáticas**.

BREVIARIO

REVELACIONES DEL ÁLGEBRA DIÁDICA
Descubrimiento de verdades notables
afloradas desde la certeza matemática

En este apartado vamos a exponer sucintamente las verdades físico-matemáticas más importantes que nos descubren el álgebra diádica y la «dismetría» sin gran esfuerzo, para provecho de todos los físicos y matemáticos presentes y futuros, multiplicando por mucho el potencial de sus conocimientos.

Como preámbulo, la primera observación a realizar es la importancia de entender la diferencia entre magnitud y cantidad (apartado I, página 27). Tal distinción no es apreciable fácilmente para el idioma inglés, que parece contemplar ambos conceptos como sinónimos. En inglés magnitud alude a medida o extensión (apartado II, página 31), por lo que los que piensan en este idioma han de esforzarse más que los hispanos en diferenciar esos dos términos. El lenguaje es primordial para representar la realidad y más aún para comunicarla. A la mente le resulta casi imposible transmitir una realidad fuera de ella que no tenga definida expresamente mediante conceptos lingüísticos compartidos con otros.

Entendemos por magnitud todo fenómeno físico afín a la longitud y por cantidad toda porción de una magnitud. Lo que significa que el conjunto de cantidades de una magnitud dada pueda ponerse en correspondencia biunívoca con el conjunto de todas las longitudes, o lo que es igual, con el conjunto de todos los segmentos geométricos. De este modo hacemos posible la visión de cantidades de magnitudes diversas mediante sus segmentos geométricos homólogos.

Una vez visibilizadas las cantidades de magnitud mediante segmentos rectilíneos abstractos es fácil darse cuenta de que la adición de segmentos es muy simple, basta yuxtaponer un sumando a continuación de otro para llegar a un nuevo segmento que denominamos suma de los segmentos dados. Así que sumar segmentos o unidades físicas de la misma magnitud no supone un problema difícil de resolver ni de estructurar en un álgebra aditiva, porque los sumandos y la suma pertenecen a la misma magnitud. De ahí el axioma de uniformidad (página 43), que implica implícitamente que la adición de magnitudes es una operación interna.

Es importante recordar la notación asignada a las cantidades de magnitudes mediante díadas (apartado III): toda cantidad de magnitud o díada queda indicada por un par q y U, donde q es un valor numérico o vectorial y U una cantidad arbitraria adoptada como patrón y representada con cierto símbolo. **Estos pares pueden designarse indistintamente con las formas $q\ U$, $(q\ U)$, (q,U)** u otra cualquiera. La elección de la descripción en cada caso debe hacerse de manera **que la díada quede bien descrita y no haya ambigüedad** en el contexto del estudio correspondiente.

Fijándonos en la adición afín de segmentos (apartados V a XI, páginas 43 y siguientes; apartado XXVIII, artículos 4 a 7, páginas 199 y siguientes), observamos la operación externa que consiste en multiplicar un número por una díada o segmento afín (apartado IX, página 57; apartado XXVIII, artículo 6, página 203). Es inmediato apreciar que esta multiplicación se basa en la adición homogénea, pues basta tomar el número como multiplicador y el segmento afín dado como multiplicando, para sumarlo consigo mismo tantas veces como indique el multiplicador numérico. El resultado de multiplicar un segmento o cantidad de magnitud por un número es otro segmento o cantidad de la misma magnitud, de modo que basta tomar el producto como dividendo y el multiplicando como divisor para llegar a una importante propiedad: la razón de dos cantidades homogéneas es un número real.

Y por el postulado de afinidad (páginas 124, 192, 199, 227, entre otras) podemos admitir que la razón entre dos cantidades cualesquiera de la misma magnitud es un número real. Esta propiedad de la multiplicación aditiva será muy útil para definir importantes conceptos como la **densidad «dismétrica» de las magnitudes** (paginas 135, 292, 294, entre otras).

Dicha operación multiplicativa de origen aditivo no debe confundirse con la multiplicación de cantidades de magnitudes cualquiera, como es común error a todos los niveles académicos y científicos, incluido el Sistema Internacional de Unidades. Las multiplicaciones de magnitudes son **leyes externas generatrices**, producen nuevas magnitudes. Por ejemplo, el producto de dos longitudes es un área, el producto de tres longitudes es un volumen (apartados XII a XVIII, páginas 69 y siguientes; apartado XXVIII, artículos 8 a13, páginas 221 y siguientes). Sin perjuicio de lo anterior, si queremos profundizar más en la formulación y visualización de las cantidades de magnitud, podemos recurrir al álgebra abstracta y concebir los números concretos o díadas físicas como clases de equivalencia definidas en los conjuntos diádicos. Así se llega con elegancia a la forma de la superficie hiperbólica como significación geométrica de todas las cantidades posibles de cualquier magnitud (artículo 7, páginas 213 y 217). De este modo entramos de lleno en el álgebra diádica abstracta sin necesidad de recurrir a la afinidad con los segmentos geométricos. Ambos enfoques son perfectamente compatibles y conducen al mismo resultado.

Las **operaciones multiplicativas generatrices**, no siendo leyes de composición internas, no pueden tener elementos unitarios ni inversos, como se les supone en la normativa del Sistema Internacional y en todos los usos científicos a cualquier nivel. Por tanto, no tiene sentido matemático hablar de los inversos de un segundo ni de un metro ni de cualquier otra unidad física ni de cualquier cantidad de magnitud, en el sentido que tenemos establecido para los números (apartado XIV, página 81; y XXVIII, artículo 9, página 228 y artículo 13, página235).

Apreciada la naturaleza generatriz de las operaciones con magnitudes, adquieren sentido todas las leyes de composición multiplicativas y sus operaciones derivadas como la división. De suerte que llegamos a formularlas todas con apariencia isomorfa, pero sin identificarlas con las numéricas, porque los elementos que se componen con ellas no son números ni vectores, sino díadas escalares o vectoriales. Con estas premisas, se sientan las bases para construir un álgebra diádica totalmente coherente, que desde luego no dota a los conjuntos diádicos de estructura algebraica de grupo multiplicativo abeliano, como se suponía hasta ahora. De ahí que digamos que el álgebra de magnitudes tiene estructura propia y original que designamos con el nombre de álgebra diádica, notada con la letra $\mathscr{D}$ (apartado XXVIII, artículo 13, página 235).

La observación de los elementos diádicos nos sugieren el análisis de su forma de variación. Inmediatamente nos damos cuenta de que la cantidad de magnitud representada en una díada puede variar de dos formas: primera, porque varíe su primario o parte numérica; y segunda, porque varíe el secundario o parte dimensional. La primera opción es obvia y se refiere a la observación de variación por medio de la medida. Lo que no resulta tan evidente es la variación por causa de la cantidad implícita en la unidad física. Esta variante ha sido ignorada hasta ahora y constituye la previsión más general que no debe ser omitida en absoluto, porque nunca se ha probado que la cantidad de magnitud implícita en una unidad física sea indiferente a la posición en el espacio o al tiempo o a perturbaciones materiales. Tal indiferencia la llamamos isometría.

Con otras palabras, la isometría no está probada, por lo que su opuesta, la «dismetría», que es la variante genérica, ha de ser la previsión a considerar salvo prueba en contrario. Es más, como exponemos en el apartado XXXVII, páginas 399 y siguientes, *la ley de variación diádica diferencial* constituye la prueba matemática de que lo natural es la «dismetría». En suma, no tenemos prueba de la isometría, lo cual resulta lógico, porque lo que sí se puede probar es la «dismetría», de modo que los espacios «dismétricos» no son una mera invención de la abstracción matemática, sino una realidad física.

Es por ello que en el apartado XXXVI, páginas 357 y siguientes, analizamos las **propiedades «dismétricas» del espacio vacío**, basadas solo en la «dismetría» de la longitud y, en su caso, del tiempo, sin perturbaciones materiales asociadas a masas ni campos electromagnéticos. Pretendemos llegar así a caracterizar esas propiedades y lo conseguimos mediante los tensores de deformación espacial y de densidad «dismétrica». Sin gran dificultad se establece que un rayo de luz no sigue una trayectoria recta en el espacio vacío «dismétrico» ni tampoco su velocidad se mantiene constante, lo cual choca frontalmente con los postulados que se suponen verdades dogmáticas en la actualidad (página 371).

En general, hemos definido el espacio «dismétrico» como un conjunto de cuatro elementos notado $\{\mathcal{M}, \mathcal{F}, \mathcal{D}, \Delta\}$: un espacio matemático $\mathcal{M}$, un espacio físico $\mathcal{F}$, ambos con estructura de espacio puntual afín de la misma dimensión n, una aplicación entre ambos $\mathcal{D}$, que transforma $\mathcal{M}$ en $\mathcal{F}$ ($\mathcal{D}: \mathcal{M} \to \mathcal{F}$) y una aplicación Δ del producto tensorial $\mathcal{M} \otimes \mathcal{F}$ en R ($\Delta: \mathcal{M} \otimes \mathcal{F} \to$ R). El espacio matemático es aquel en que se desarrollan las mediciones, puede considerarse también como el espacio aparente o percibido y visible, y el físico representa donde tienen lugar los fenómenos, es el espacio real e invisible. La aplicación $\mathcal{D}$ o **tensor de deformación espacial** describe la diferencia y relación entre los espacios matemático y físico. La aplicación Δ o **tensor de densidad «dismétrica»** refleja la «dismetría» del espacio, asociando a cada dos puntos homólogos de $\mathcal{M}$ y $\mathcal{F}$ un número real. Las componentes d_{ij} y Δ_{ij} de ambos tensores se ordenan en forma matricial de orden $n \times n$. En las aplicaciones físicas lo práctico es identificar $\mathcal{M}$ y $\mathcal{F}$ con el espacio ordinario de tres dimensiones R^3. Así la expresión [36.2] $v_j = u_i\, d_{ij}$ representa la transformación $\overline{v} = \mathcal{D}(\overline{u})$, siendo $\overline{u}$ un vector cualquiera del espacio matemático $\mathcal{M}$ y el vector $\overline{v}$ su imagen en el espacio físico o deformado $\mathcal{F}$. En forma de matrices esta relación se puede escribir $[v] = [u][d]$, donde $[d]$ es el símbolo matricial para el tensor de deformación $\mathcal{D}$. Los $n \times n$ elementos d_{ij} de este tensor pueden concebirse en general como funciones de las coordenadas u_i y del tiempo.

Parte II: «Dismetría»

La ley [36.4] $\triangle(\overline{u}\otimes\overline{v})=u_i\,v_j\,\Delta_{ij}=u_i\,u_k\,d_{kj}\,\Delta_{ij}=\delta(P)\in R$, en forma matricial se puede poner $\triangle(\overline{u}\otimes\overline{v})=[u][d][\triangle]^T\{u\}=\delta(P)\in R$, donde $\delta(P)$ representa la **densidad «dismétrica»** en cada punto P. Cualquier conjunto de $n\times n$ valores ordenados en la matriz $[\triangle]$ se denomina **tensor de densidad «dismétrica»** y es tal que en todo punto afín P del vector $\overline{u}$ determina la densidad «dismétrica» del espacio en ese punto, dada por $[u][d][\triangle]^T\{u\}=\delta(P)\in R$. Los $n\times n$ elementos Δ_{ij} de este tensor pueden indicarse en general como funciones de las coordenadas u_i y de la magnitud tiempo.

Hay que observar que la formulación expuesta aquí de los tensores «dismétricos» no es más que una de las formas que pueden idearse matemáticamente entre las infinitas posibles para establecer el campo de densidades «dismétricas», lo que no hace sino confirmar el filón de herramientas que proporciona la «dismetría» para expresar las verdades físico-matemáticas que esperan a ser observadas por ojos que puedan entenderlas. Por eso, los espacios «dismétricos» no deberían ser ignorados por ningún matemático ni físico creativos, porque extienden hasta el infinito las posibilidades de representación de los fenómenos físicos generales, no solo los isométricos, que constituyen un caso muy particular y restringido de la «dismetría», la cual se reduce teóricamente a la isometría cuando de manera muy singular las densidades «dismétricas» de todas las magnitudes sean la unidad numérica en todo tiempo y lugar, como tácitamente hemos supuesto los físicos hasta ahora. Así que la «dismetría» es el carácter más genérico del espacio, que se reduce a la isometría, actualmente considerada en exclusiva, solo en casos muy especiales (páginas 416 y siguientes, entre otras).

En los apartados XXXIII, página 333, y XXXIV, página 339, queda claro que en un espacio «dismétrico» ni el número pi matemático ni la velocidad física de la luz son constantes. Y no lo concluimos cuestionando la geometría ni el experimento de Michelson ni la *hipótesis de Einstein* ni ningún otro conocimiento fundamental, sino admitiéndolos y completándolos con el álgebra diádica, lo que nos conduce por pura matemática a que esos supuestos isométricos no son compatibles con la «dismetría». Este resultado advierte de la peligrosa deriva del Sistema Internacional que pretende referir todas las unidades físicas a ciertas constantes universales, que solo pueden ser tales en un espacio extrañamente isométrico. Este planteamiento excluye de plano la variante «dismétrica», impidiendo que los estudiantes e investigadores puedan contemplar la realidad en toda su extensión y variabilidad.

En el apartado XXXII, página 323, exponemos cómo se pueden reformular las leyes físicas mediante el ejemplo de la *segunda ley de Newton*. A su vez en el apartado XXXV, página 345, se generaliza la gravitación «dismétrica». En el mismo apartado XXXV, páginas 353 y siguientes analizamos las perturbaciones orbitales que se explican actualmente con la invención caprichosa de la misteriosa e inobservable materia oscura, y comprobamos que esas anomalías aparentes quedan subsumidas en la naturaleza propia de un espacio «dismétrico». En este ámbito sí que parece pertinente y necesario refundar las teorías cosmológicas.

De la misma forma, otras contradicciones de la cosmología actual, que solo piensa en términos isométricos, también quedan acogidos en los efectos de la «dismetría». Por ejemplo, se habla de la edad del universo, y se le asigna una antigüedad oficial de unos 13.787 millones de años. Pero esa estimación no está exenta de contradicciones, como es el caso de la estrella Matusalén o HD 140283, situada a unos 190 años luz de la Tierra y cuya edad se remonta a 14.460 millones de años. Es evidente que ninguna estrella puede ser más vieja que el universo, por lo que una de las dos estimaciones ha de ser errónea, o ambas, que es lo más probable. Entonces, en lugar de pensar que los modelos físicos isométricos son erróneos, lo que se hace es trucar los datos contradictorios y modificarlos convenientemente, concluyendo que Matusalén sea mas joven o que el universo sea más viejo. Así, por ejemplo, hay quien sostiene que el universo se remonta a 21.000 millones de años. Otros afirman que el error de medición de la edad de Matusalén es de 800 millones de años. En ambos casos desaparecería la discrepancia y esa estrella podría ser más joven que el universo. Pero el problema no está resuelto, porque al mismo tiempo otros estudios de la edad del universo la cifran en unos 11.400 millones de años, resurgiendo la paradoja.

A nuestro juicio contradicciones de este tipo prueban la obsolescencia y cerrazón de las teorías isométricas, que no sirven para un espacio «dismétrico», aunque el recíproco sí se cumpliría, esto es, las leyes «dismétricas» acogen como caso particular las isométricas. Los modelos decimonónicos actuales parten de constantes como la velocidad de la luz, que ya hemos probado que no son tales en entornos «dismétricos», resultando que hacer cálculos con una simple regla de tres proporcional a la velocidad de la luz invariable conduce a conclusiones que no se corresponden con la realidad. Lo correcto ha de ser que tanto las distancias como los tiempos se establezcan teniendo en cuenta de manera precisa la «dismetría» de la longitud y del tiempo. Solo así se podrá llegar a modelos cósmicos coherentes con la realidad material del espacio. Lo que no parece sensato es seguir confiando en el método parvulario de la regla de tres como único medio de cálculo de fenómenos muy complejos. Salta a la vista que esta burda simplicidad no puede dar resultados fiables, como demuestra la experiencia.

No podemos excluir de este breviario las experiencias con la medida del tiempo en los satélites GPS (páginas 411 y siguientes), que nos parece constituyen una prueba física de la «dismetría» de la magnitud temporal.

Para implementar la «dismetría» no es preciso empezar de cero la Física, sino solo considerar que la isometría es una observación local que no puede atribuirse genéricamente a todo el espacio, dada su verdadera naturaleza «dismétrica». Los nuevos horizontes que esto deja entrever son tan amplios que es inimaginable concebir a dónde nos puede llevar la aplicación de esa **verdad físico-matemática fundamental** que es la «dismetría», en cuanto los matemáticos y los físicos se fijen en ella y la comprendan con ayuda del álgebra diádica.

ANEXO

LOS INVERSOS DIÁDICOS
*El lógico sentido formal para la notación
de las magnitudes unitarias e inversas*

En los apartados XIV y XXVIII, artículo 9, hemos advertido que las operaciones multiplicativas de magnitudes son **leyes externas generatrices**, por lo que no pueden acoger elementos unitarios ni inversos en el sentido de las leyes internas del álgebra clásica. Cuando se multiplican dos cantidades de magnitudes homogéneas o no la ley de composición que interviene es externa generatriz, por lo que el producto no puede ser nunca homogéneo con los factores, aunque estos sí lo sean. Por ejemplo, el producto de dos longitudes expresadas en metros resulta ser una superficie en metros cuadrados, de ahí que no podamos encontrar ninguna cantidad de longitud que multiplicada por otra cualquiera dé un producto expresado en metros. Por eso no existen los elementos unitarios homogéneos para esta operación multiplicativa. A su vez, tampoco podremos encontrar una cantidad de longitud que sea la inversa de otra longitud dada, porque su producto no aparecerá expresado en metros, sino en metros cuadrados y, puesto que el elemento unitario no existe, tampoco podría resultar el producto igual a una unidad inexistente. Sin embargo, lo que sí podemos intentar es dotar de sentido formal a las notaciones inversas, para armonizar las operaciones multiplicativas de magnitudes con las expresiones algebraicas corrientes. Eso es lo que intentamos en lo que sigue, buscando un significado lógico para la nomenclatura de los inversos de las cantidades de magnitud, pero adaptado al significado algebraico asociado a las leyes de composición externas propias de las magnitudes.

La diferencia con el álgebra ordinaria es que, por ejemplo, el inverso del número 2 es el número 0,5, tales que multiplicados entre sí dan la unidad real 1, los tres pertenecientes al mismo

Anexo: Los inversos diádicos

conjunto numérico. Pues bien, como hemos reiterado, esto no se puede hacer con las cantidades de magnitudes, porque su producto es externo y generador, por lo que no es homogéneo con los factores. Así que, si queremos aparentar un isomorfismo entre el álgebra común y la diádica, tenemos que inventar algo que sea válido algebraicamente.

La multiplicación de magnitudes se desarrolla en el apartado XII y en el artículo 9 del XXVIII. Entre las notaciones que hemos admitido para las díadas, $q\,U$, $(q\,U)$ o (q,U), optamos aquí por la más explícita, que es (q,U). De acuerdo con la definición establecida en esos apartados, dadas dos díadas cualesquiera (q_1, U_1) y (q_2, U_2), su producto afín al geométrico se puede escribir analíticamente de la siguiente forma:

$$(q_1, U_1) * (q_2, U_2) = (q_1 \times q_2, U_1 * U_2)$$

Tomando $(q_1 \times q_2, U_1 * U_2)$ como dividendo, (q_2, U_2) como divisor, no nulo, y (q_1, U_1) como cociente, la razón de dos cantidades de magnitudes homogéneas o no ha sido definida por la expresión:

$$(q_1, U_1) = \frac{(q_1 \times q_2, U_1 * U_2)}{(q_2, U_2)}$$

Definimos la díada (q_2^{-1}, U_2^{-1}) y la magnitud inversa con unidad U_2^{-1} como aquellas que satisfacen la siguiente condición:

$$\frac{(q_1 \times q_2, U_1 * U_2)}{(q_2, U_2)} = (q_1 \times q_2, U_1 * U_2) * (q_2^{-1}, U_2^{-1})$$

Con esta notación podemos escribir la razón diádica inicial con la siguiente formulación:

$$(q_1, U_1) = (q_1 \times q_2, U_1 * U_2) * (q_2^{-1}, U_2^{-1}) = (q_1 \times q_2 \times q_2^{-1}, U_1 * U_2 * U_2^{-1})$$

Como en R es $q_1 \times q_2 \times q_2^{-1} = q_1$, la igualdad diádica exige que el producto diádico $U_1 * U_2 * U_2^{-1}$ a de ser idéntico a U_1. Es decir, la magnitud que define el producto $U_1 * U_2 * U_2^{-1}$ ha de ser la misma que la correspondiente a U_1. Por tanto, para que la notación inversa U_2^{-1} tenga sentido en el caso de una ley externa generatriz, se tiene que cumplir la condición $U_1 * U_2 * U_2^{-1} = U_1$ para toda cantidad U_1 de cualquier magnitud. Ello supone que $U_1 * U_2 * U_2^{-1}$ se corresponde con un volumen afín y así, por un lado, U_1 es afín a una longitud en el primer miembro, y a su vez es afín a un volumen en el segundo miembro. Esta ambivalencia es evidente que contradice el postulado de afinidad. Sin embargo, en matemáticas es común salvar estas singularidades con axiomas. Y en este caso es lo que puede hacerse, de ahí que por principio admitamos que los elementos unitarios e inversos son especiales, que no cumplen la afinidad general y que la expresión $U_1 * U_2 * U_2^{-1} = U_1$ es válida.

Puede que alguien revoltoso nos objete que lo anterior es evidente, porque $U_2 * U_2^{-1} = 1$ y así $U_1 \times 1 = U_1$. Pero este razonamiento sería del todo erróneo y supondría caer de lleno en la trampa de «aritmetización» que tanto hemos advertido en esta obra. En efecto, $U_2 * U_2^{-1}$ es el producto de dos cantidades de magnitud y nunca puede dar como resultado un número real, porque dicho producto diádico es una superficie afín, es decir, es otra cantidad de la magnitud generada por U_2 y U_2^{-1}, que además son cantidades de magnitudes diferentes, esto es, no homogéneas.

Sin embargo, lo que sí observamos en $U_1 * U_2 * U_2^{-1} = U_1$ es que el producto diádico $U_2 * U_2^{-1}$ es tal que deja invariante cualquier cantidad U_1 cuando se multiplican ambos diádicamente, y esta propiedad refleja lo que se le puede pedir a un elemento unitario. Por tanto, estamos autorizados para definir los elementos unitario e inverso de la estructura del álgebra diádica multiplicativa del siguiente modo: **dada una cantidad cualquiera de cierta magnitud genérica, representada por U_2, diremos que la cantidad $U_2 * U_2^{-1}$ es elemento unitario de la operación multiplicativa de magnitudes si y solo si se cumple la condición $U_1 * U_2 * U_2^{-1} = U_1$ para cualquier otra magnitud y cantidad U_1; y a su vez diremos que la magnitud y cantidad inversas de U_2 las determina U_2^{-1}.**

Anexo: Los inversos diádicos

Así que, por un lado, tenemos la **magnitud unitaria** a la que pertenece el elemento unitario $U_2 * U_2^{-1} = U$; y por otro, la **magnitud inversa** a la que se refiere U_2^{-1}, para cualquier otra magnitud indicada por la cantidad U_2. La magnitud unitaria y la magnitud inversa no son homogéneas. Por definición, U_2 y U_2^{-1} son cantidades de magnitudes correlativamente inversas entre sí.

Insistimos en que no hay que dejarse engañar por la notación inversa común U_2^{-1}. Su significado numérico sería $U_2 \times U_2^{-1} = 1$ para la ley interna «$\times$» de multiplicación de números reales; pero aquí significa una cantidad de cierta magnitud tal que cumple la condición $U_1 * U_2 * U_2^{-1} = U_1$ para cualquier U_1, siendo «$*$» la ley multiplicativa externa generatriz de magnitudes. Aquí el elemento unitario no es el número uno, sino la cantidad U de la magnitud unitaria tal que $U_2 * U_2^{-1} = U$.

Cabe ahora preguntarse si estos elementos unitarios e inversos existen y, de existir, si son únicos. Veamos primero la existencia de elementos unitarios. Sea $U = U_2 * U_2^{-1}$ el elemento unitario de la magnitud definida por la cantidad U_2. Es evidente que U indica la superficie afín relacionada con el producto de las longitudes afines U_2 y U_2^{-1}, luego, como este producto es único, por definición de la multiplicación diádica, el elemento unitario U existe y es único. Podemos llegar a la misma conclusión suponiendo que existan dos elementos unitarios U y U', entonces, por ser U elemento unitario es $U' * U = U'$, y por ser U' elemento unitario será $U * U' = U$, luego, dada la propiedad conmutativa, es $U = U'$. Así que, en efecto, el elemento unitario de cualquier magnitud existe y es único en el sentido aquí establecido.

Examinemos a continuación la existencia y unicidad de los elementos inversos. De acuerdo con la definición de inverso anteriormente establecida, dada la cantidad U_2, su cantidad inversa U_2^{-1} será aquella que satisfaga $U_1 * U_2 * U_2^{-1} = U_1$ para cualquier otra magnitud U_1. Es evidente que el paralelepípedo afín abstracto definido por la ecuación diádica $U_1 * U_2 * U_2^{-1} = U_1$ tiene tres dimensiones U_1, U_2 y U_2^{-1}, con un volumen U_1, luego, la arista U_2^{-1}, que es la magnitud inversa, es como las otras dos una longitud afín que existe y es única para un volumen dado. Otro modo de ver la unicidad es suponer que existan dos cantidades inversas U_{21}^{-1} y U_{22}^{-1}. Por ser U_{21}^{-1} inverso de U_2, tendremos $U_1*U_2*U_{21}^{-1}=U_1$. Y por ser U_{22}^{-1} inverso de U_2, se verificará también que $U_1*U_2*U_{22}^{-1}=U_1$. Con lo cual tendremos $U_1*U_2*U_{21}^{-1}=U_1*U_2*U_{22}^{-1}$. Por definición de producto diádico, los términos $U_1*U_2*U_{21}^{-1}$ y $U_1*U_2*U_{22}^{-1}$ definen sendos paralelepípedos rectos de igual volumen con dos aristas iguales, U_1 y U_2, conque la tercera arista, U_{21}^{-1} y U_{22}^{-1}, ha de ser igual y así es $U_{21}^{-1}=U_{22}^{-1}$. Luego, los inversos existen y son únicos.

Apliquemos la definición de elementos unitarios e inversos a las fracciones diádicas. Sean U_1 y U_2 dos cantidades de magnitudes representadas por sus unidades. La multiplicación permite tomar U_1 como superficie afín, U_2 como longitud afín y $U_1/\!/U_2$ también como longitud afín, con lo que se podrá escribir $U_1=U_2*U_1/\!/U_2$. También permite considerar U_2 como superficie afín, U_1 como longitud afín y $U_2/\!/U_1$ como longitud afín, y así se tendrá $U_2=U_1*U_2/\!/U_1$. Sustituyendo U_2 en $U_1=U_2*U_1/\!/U_2$ por su valor, dado por $U_2=U_1*U_2/\!/U_1$, resulta:

$$U_1 = U_2*\frac{U_1}{U_2} = U_1*\frac{U_2}{U_1}*\frac{U_1}{U_2} \Rightarrow \frac{U_2}{U_1}*\frac{U_1}{U_2}=U$$

Esto significa que el producto de dos fracciones recíprocas, es decir, en el que aparecen intercambiados sus numeradores y denominadores, es el elemento unitario de magnitud U, porque deja invariante cualquier cantidad U_1. A su vez, cada fracción es elemento inverso de la otra.

Finalmente, dada una díada cualquiera (q_2, U_2), comprobemos que su cantidad inversa es (q_2^{-1}, U_2^{-1}). En efecto, para toda cantidad U_1 tendremos el producto $U_1*(q_2, U_2)*(q_2^{-1}, U_2^{-1})$, operando, resulta $(q_2 \times q_2^{-1}, U_1*U_2*U_2^{-1})$, y como $U_1*U_2*U_2^{-1}=U_1$ y en R es $q_2 \times q_2^{-1}=1$, obtenemos:

$$U_1*(q_2, U_2)*(q_2^{-1}, U_2^{-1}) = U_1*U_2*U_2^{-1} = U_1$$

Anexo: Los inversos diádicos

En conclusión, $(q_2, U_2) * (q_2^{-1}, U_2^{-1})$ es elemento unitario, conque (q_2^{-1}, U_2^{-1}) es la díada inversa de (q_2, U_2), y recíprocamente. Resumiendo los términos prácticos, cuando en una ecuación diádica aparezca una cantidad multiplicada por su inverso, este producto ha de entenderse como elemento unitario que mantiene invariante el resto de los factores. En cambio, si el elemento inverso aparece solo, multiplicando a otras magnitudes, ha de interpretarse como su divisor o denominador fraccionario. De modo que los elementos diádicos inversos no pueden aparecer aislados. Esta es una singularidad relevante de los inversos diádicos. Por ejemplo, la unidad de velocidad escrita en notación inversa $m*s^{-1}$ significa la razón o cociente $m/\!/s$; al expresar $s*s^{-1}$ se indica la magnitud unitaria del tiempo y su unidad $U_T = s*s^{-1}$; o para la longitud $U_L = m*m^{-1}$; y notaciones aisladas s^{-1} o m^{-1} no tienen sentido para las magnitudes. El Sistema Internación establece el s^{-1} y el m^{-1} como unidades de frecuencia y número de ondas, pero el álgebra diádica enseña que estas magnitudes deben formularse en las unidades compuestas $ciclo*s^{-1} = ciclo/\!/s$ y $ciclo*m^{-1} = ciclo/\!/m$. Las unidades inversas aisladas son una aberración indeseable. Por tanto, la estructura algebraica diádica no tiene elementos unitarios ni inversos en el mismo sentido que se atribuye a las estructuras del álgebra ordinaria. Sin embargo, respetando las leyes externas generatrices del álgebra diádica, sí que podemos definir elementos unitarios e inversos, entendidos estos como cantidades de magnitudes singulares con algunas de las cualidades formales y simbólicas que comúnmente se esperan de tales elementos algebraicos, tal como hemos establecido en este anexo. Nos hemos esforzado en mostrar con tenaz reiteración a lo largo del texto por diversos caminos que no es correcto atribuir a las operaciones multiplicativas de magnitudes las propiedades internas de la estructura de grupo, presunción que subyace en el sucedáneo de álgebra simbólica y «aritmetizada» que normaliza el Sistema Internacional de Unidades, porque la estructura de grupo no es posible para las leyes de composición externas generatrices propias de las magnitudes, salvo en la forma descrita en este anexo u otra que pudiera imaginarse conforme a las leyes del álgebra.

APÉNDICE

ANÁLISIS «PSICOFUNCIONAL» DE LA *TEORÍA CUÁNTICA*
Por qué una teoría que funciona contradice el sentido común y resulta paradójica

En este apartado vamos a examinar la *teoría cuántica* con visión epistemológica, sin entrar en profundidad a analizar los detalles físico-matemáticos que la componen. En realidad el examen podría hacerse sobre cualquier otra teoría, pero hemos elegido la *cuántica* por su naturaleza claramente antirrealista, lo que facilita la comprensión de lo que queremos mostrar, que no es sino el carácter mental de toda teoría, que en ningún caso se identifica con la verdadera esencia de la realidad extramental.

El método de análisis será el descrito en la publicación del mismo autor *Teoría psicofuncional*[30], cuyo principio básico es la **diferencia entre realidad mental y realidad extramental**, que estarían conectadas por medio de la percepción. De esas conexiones surgirían los datos sensoriales, de estos los datos abstractos y agrupándolos convenientemente nacerían los conceptos, los idiomas comunes y las teorías científicas expresadas en sus lenguajes específicos. De tal modo que toda teoría o lenguaje pertenecen al dominio de la realidad mental y, si están bien construidos, es decir, si están conectados con la realidad extramental por medio de la percepción, parecen sustituirla, aunque siempre se trata de una identidad ilusoria, porque mente y realidad son cosas totalmente diferentes que nunca pueden coincidir en absoluto.

---

[30] Aunque aquí la explicación «psicofuncional» procuramos hacerla lo más intuitiva posible, se recomienda la lectura de esta obra para comprender con precisión la terminología utilizada.

Y ello sin olvidar que la mente también puede imaginar con total libertad y fantasear a su gusto, con lo que es capaz de montarse universos ficticios totalmente ajenos al mundo exterior. Basta observar que los pensamientos se asientan en los cerebros y que el mundo está fuera de ellos. Si somos capaces de entender este simple hecho, que el cerebro no es el mundo completo, diferenciaremos como es debido el pensamiento y lo que es ajeno a él, que es todo aquello que existe y no es pensar. Comprenderemos así que, desde un punto de vista «psicofuncional», es perfectamente factible que el modelo mental pueda resultar contrario a la intuición y, sin embargo, funcione, en el sentido de que parezca ajustarse a la realidad y nos pueda hacer creer que el mundo sea el modelo, sensación muy común que nunca puede ser cierta, por lo que hemos de rechazarla siempre.

Así, lo que pensamos al hablar, al escribir o al leer es el significado sensorial que damos a esos signos que conforman todo lenguaje, ya sea ordinario o científico. Y está claro que el lenguaje no es la realidad extramental, por lo que discutir acerca de si una teoría o lenguaje son el propio mundo no tiene ningún sentido, porque ninguno puede serlo. Lo único que podemos asentar es si un modelo se ajusta a lo que cabe esperarse de él por no contradecir los hechos tal como son percibidos.

En suma, ninguna teoría sustituye a la realidad extramental. Toda teoría es meramente una especie de mapa de la realidad más o menos detallado o parecido a ella. Cuanto mejor sea la correspondencia entre el mapa y la realidad más precisa será la imagen mental del mundo. Pero al mapa siempre le faltarán detalles que lo alejarán de la realidad más o menos, según su calidad, por lo que es un error craso identificarlos.

De modo que la *teoría cuántica*, como cualquier otra, se concreta en unos principios y un lenguaje específicos, que dan como resultado un sistema de pensamiento con el que se pretende describir o crear un «mapa» de la realidad extramental que, en el caso de la *cuántica*, corresponde al universo físico de lo muy pequeño. Ese mapa no tiene por qué ser intuitivo ni obedecer al sentido común, simplemente tiene que reflejar aquello para lo que se ha creado, sin ser lo mismo, porque es imposible.

Precisamente esta inclinación a confundir el modelo mental con la realidad extramental es lo que ha venido generando polémicos debates entre los científicos desde el nacimiento de la *teoría cuántica*, llamada así por influjo del principio formulado por Max Planck en 1901, que introdujo el postulado basado en la observación de que los objetos calientes parecen emitir radiación de rango discontinuo mediante pequeñas cantidades discretas de energía llamadas cuantos. Así nació el nombre de *teoría cuántica*, que se extendió a toda forma de radiación electromagnética, incluida la luz.

Planck incluso llegó a formular su famosa ley que relaciona la energía emitida E con su frecuencia v y la constante h que lleva su nombre, mediante la relación $E = h \times v$. El valor de la constante de Planck está establecido en la medida $6{,}62607015 \times 10^{-34}$ cuando se expresa en el producto julio por segundo.

En 1905 Albert Einstein publicó un artículo en el que explicó el efecto fotoeléctrico relativo a la emisión de electrones de una superficie metálica al proyectar un haz de luz sobre ella. Observó que cuanto más brillante o energética era la luz mayor cantidad de electrones irradiaba el metal, pero la emisión de electrones no se producía para cualquier valor de la energía luminosa, sino solo cuando esta superaba una determinada energía umbral, en coincidencia con la experiencia de la *teoría de los cuantos* de Planck.

En síntesis muy reducida y solo para los efectos de este análisis, la *teoría cuántica* supone que los estados de los sistemas *cuánticos* quedan definidos por lo que se denomina función de onda o vector de estado, postulando que estos entes sean elementos matemáticos específicos, en concreto vectores de un espacio de Hilbert con determinadas características, que es una variante de los espacios vectoriales sobre el cuerpo de los números complejos, llamados hermíticos.

Apéndice: Análisis «psicofuncional» de la *teoría cuántica*

Lo importante es entender que este postulado *cuántico* no atribuye a sus elementos matemáticos la representación de estados físicos, sino que es una distribución de densidad probabilística de cada uno de las posibles variantes de un sistema dado.

Así, si pensamos en la trayectoria de un electrón u otra partícula, la función de onda o el vector de estado reflejan las probabilidades de que el electrón se ajuste a cada una de las eventuales trayectorias. El postulado *cuántico* fundamental admite que con los estados probabilísticos se pueda operar algebraicamente como si fueran vectores de un espacio de Hilbert.

Con esto surge la noción de *superposición cuántica*, que se traduce en la idea no extramental, sino meramente algebraica, de que el electrón del ejemplo pueda seguir al mismo tiempo todas las trayectorias posibles, cada una con un nivel de probabilidad asociado. Y ello obedece únicamente a la estructura algebraica admitida para operar matemáticamente con los diferentes estados mentales y sus niveles de probabilidad. Obviamente, no tiene que ver con la realidad extramental, porque nada se prueba sobre la auténtica naturaleza física del electrón o del sistema examinado.

En estas condiciones, parece claro que la construcción *cuántica* no es más que una obra matemática mental, que salva el vacío de información sensorial que padecemos todos respecto al comportamiento extramental de la materia a nivel de lo muy pequeño, de modo que la intuición queda fuera de los fenómenos *cuánticos*, porque nadie los puede percibir sensorialmente de manera inmediata. Para salvar esta dificultad de ausencia de información sensorial directa, la *teoría cuántica* utiliza la imaginación y formula sus **postulados totalmente arbitrarios** para comprobar qué pasa después en su aplicación material y practicar las correcciones oportunas. Para ello asigna a los diferentes estados posibles de un sistema *cuántico* sus niveles de probabilidad y las observaciones habrían de estar de acuerdo con las funciones de onda o vectores de estado correspondientes. De modo que, determinando experimentalmente los estados de un sistema, estos habrían de ajustarse a sus imágenes matemáticas. Lo que hace la *teoría cuántica* se parece a un cartógrafo que levantase el mapa de un territorio dibujándolo solo con su imaginación y que después comprobase si su dibujo se ajusta o no a la realidad. Es evidente que los postulados *cuánticos* hacen justo esto mismo, por eso no debemos pretender entenderlos o examinarlos materialmente, sino que hay que creérselos y tomarlos como entes abstractos y mentales, operar con ellos y comprobar si las predicciones matemáticas concuerdan con la realidad *cuántica* observada.

A nuestro juicio la general incomprensión que suscita la *teoría cuántica* a todos los niveles es causada por la necesidad de entender sus postulados arbitrarios, algo imposible de lograr, porque nacen del capricho físico-matemático de sus creadores. Pero sobre todo la confusión surge de la inclinación natural presente en todos nosotros a identificar el mapa, la teoría, con la realidad extramental representada o asociada. Y es sumamente fácil dejarse llevar por la necesidad enfermiza de creer que lo que pensamos tiene entidad real, como lo demuestran las objeciones que los más eminentes científicos han venido sosteniendo sobre esta cuestión.

Así, por ejemplo, en 1926, Albert Einstein se mostraba intransigente con la formulación probabilística del mundo que establece la *mecánica cuántica*. Para Einstein la materia debe siempre obedecer las leyes de la física, que son esencialmente deterministas. No admitía nada en contra de esta creencia. Así lo expresó Einstein con meridiana claridad al responder una carta de Max Born en la que decía[31]: «La *mecánica cuántica* es muy impresionante. Pero una voz interior me dice que todavía no es real. La teoría produce mucho, pero difícilmente nos acerca al secreto de El Viejo. En todo caso estoy convencido de que Él no juega a los dados». En esta frase se resume su pensamiento

---

[31] *Quantum mechanics* is very impressive. But an inner voice tells me that it is not yet the real thing. The theory produces a good deal but hardly brings us closer to the secret of the Old One. I am at all events convinced that He does not play dice.

contrario a la *teoría cuántica*[32]: «Dios no juega a los dados con el universo».

Richard Feynman reveló su incomprensión de la diferencia entre mente y mundo cuando manifestó lo siguiente[33]: «Creo que puedo decir con seguridad que nadie entiende la *mecánica cuántica*». Es evidente que Feynman suponía incomprensible la *teoría cuántica* porque le atribuía idealmente entidad de realidad extramental. Sin embargo, basta acogerse únicamente a la formulación matemática abstracta que postula esta teoría para comprobar que es perfectamente comprensible por cualquiera, como toda otra estructura algebraica.

Niels Bohr fue el promotor de la nueva Física inspirada en la filosofía del antirrealismo radical. Bohr creía que una partícula no tiene una posición definida hasta que es medida. Pensaba que la ubicación exacta no se encuentra en un lugar concreto, sino que depende de las probabilidades. Niels Bohr se sirvió de la *teoría cuántica* para describir su *modelo atómico*. Dijo a este respecto: «Si nada de esto te parece desconcertante, es porque no lo has entendido».

También dijo Bohr: «El movimiento de las partículas sigue leyes de probabilidad». Parece obvio que Bohr también cayó en el error de confundir la realidad mental con la extramental, pues atribuía a los fenómenos *cuánticos* existencia verdadera, no los consideraba entes mentales.

Aunque la *teoría cuántica* no va de gatos, quizá sea el experimento mental del gato de Erwin Schrödinger lo que describa mejor la confusión que genera la función de onda probabilística que él mismo contribuyó sustancialmente a definir. Este experimento, calificado muy propiamente de mental, consiste en lo siguiente: imaginemos una caja opaca y

---

[32] God does not play dice with the universe.

[33] I think I can safely say that nobody understands *quantum mechanics*.

dispongamos en su interior un gato vivo así como un átomo radiactivo con una probabilidad de emisión del cincuenta por ciento; pongamos un detector conectado a un dispositivo que accione un martillo si se mide radiación; finalmente supongamos que, si el martillo es accionado, cayera sobre un recipiente de vidrio que contuviera un veneno y lo rompiera. En estas condiciones existiría una probabilidad del cincuenta por ciento de que el gato resultase envenenado una vez cerrada la caja. Mientras la caja no se abra, es decir, mientras no se observe lo que suceda dentro, el gato puede estar vivo o muerto con un nivel de probabilidad del cincuenta por ciento para ambas opciones.

Lo que dice la *teoría cuántica* es que, si la caja permanece cerrada, el estado *cuántico* es una combinación algebraica de los dos estados posibles, que son que el gato viva y que esté muerto, con un nivel de probabilidad cada uno del cincuenta por ciento. La suma de Hilbert de estos dos estados del sistema considerado es otro estado de Hilbert que tiene asociada una probabilidad igual a la unidad. Sin embargo, cuando la caja se abra se producirá lo que se llama el colapso de la onda *cuántica* y se manifestará el estado real, es decir, el gato estará vivo o estará muerto. Este experimento también se conoce como la paradoja de Schrödinger, que para nosotros no es tal, porque tiene su origen, como venimos repitiendo, en confundir puerilmente la realidad mental con la extramental. El espacio de Hilbert utilizado por la *teoría cuántica* es un ente mental que sirve para valorar las posibilidades de que el gato esté vivo o muerto mientras no se sepa lo que ha pasado dentro de la caja. Ahora bien, cuando esta se abre y se observa lo que hay dentro, la realidad extramental toma el mando y nos impone lo que verdaderamente existe. El llamado colapso de la onda *cuántica* es simplemente este tránsito de la realidad mental hacia la extramental. La *teoría cuántica* solo es válida en el intervalo previo a la observación.

Esta teoría, además, no puede fallar nunca, siempre que la distribución de probabilidades para los distintos estados de un sistema esté bien construida. Es como si alguien afirmarse que el estado *cuántico* de una lotería fuese la suma de los estados de que cualquier número sea premiado. Obviamente la probabilidad de este estado mental anterior al sorteo sería uno, pero si el juego se lleva a cabo se producirá un resultado y habrá algún numero extramentalmente favorecido, aunque ha de tener una probabilidad *cuántica* inferior a la unidad. De ahí que el mito sobre la supuesta infalibilidad de la *teoría cuántica* no tenga el significado que comúnmente se le atribuye. No sería infalibilidad física, sino verdad matemática abstracta.

Aprovechamos este apartado para realizar el análisis «dismétrico» de la constante de Planck. Para ello expresemos la díada que indica su valor en el punto de referencia original O, que podría ser el entorno terrestre:

$$(6{,}62607015 \times 10^{-34}, J*s)$$

La unidad compuesta $J*s$ tendrá la expresión fundamental siguiente:

$$J*s = \frac{kg*m^2}{s^2}*s = \frac{kg*m^2}{s}$$

Como hemos hecho en otros casos con el número pi y la velocidad de la luz en los apartados XXXIII y XXXIV, tomemos otro punto cualquiera P y supongamos que las densidades «dismétricas» de las magnitudes longitud, masa y tiempo en esta posición sean respectivamente δ_{LP}, δ_{MP} y δ_{TP}. Las cantidades de magnitud de la unidades m_P, kg_P y s_P en P congruentes con las de O, notadas m, kg y s, vendrán relacionadas, dada la definición de densidad «dismétrica», por $m_P = \delta_{LP} \circ m$, $kg_P = \delta_{LP} \circ kg$ y $s_P = \delta_{LP} \circ s$. El Sistema Internacional define la constante de Planck como la cantidad de magnitud $h = 6{,}62607015 \times 10^{-34}$ $J*s$. Por tanto, aunque se indique con la única letra h, en realidad es una díada compuesta de una parte numérica, el valor $6{,}62607015 \times 10^{-34}$, y otra dimensional, la unidad compuesta $J*s$. Recordemos que la notación diádica es múltiple con la única condición de que no haya ambigüedad. Así son equivalentes las notaciones siguientes:

$(h, J*s) = (h\ J*s) = h\ J*s$. Utilizaremos aquí la primera, aunque las otras dos las hemos usado en otros cálculos. En «dismetría» decir que la cantidad de Planck es constante acoge necesariamente dos posibilidades: que se mantenga constante el primario de la díada, el número $6{,}62607015 \times 10^{-34}$, o que sea constante la cantidad de magnitud h.

En el primer caso, la cantidad constante de Planck en P, que es una díada que podemos notar h_P, se calcula fácilmente a partir de la díada correspondiente y suponiendo que el primario numérico sea el mismo en todos los puntos del espacio:

$$h_P = \left(6{,}62607015 \times 10^{-34}, \frac{kg_P * m_P^2}{s_P}\right) =$$

$$= \left(6{,}62607015 \times 10^{-34}, \frac{(\delta_{MP} \circ kg)*(\delta_{LP}^2 \circ m^2)}{\delta_{TP} \circ s}\right) =$$

$$= \frac{\delta_{MP} \times \delta_{LP}^2}{\delta_{TP}} \circ \left(6{,}62607015 \times 10^{-34}, \frac{kg*m^2}{s}\right) = \frac{\delta_{MP} \times \delta_{LP}^2}{\delta_{TP}} \circ h$$

Observamos que la constante de Planck en P se relaciona con su valor en O mediante las densidades «dismétricas» de las magnitudes fundamentales, de acuerdo con la siguiente ley:

$$h_P = \frac{\delta_{MP} \times \delta_{LP}^2}{\delta_{TP}} \circ h$$

Haciendo uso de la definición de división diádica de los apartados XI y el artículo 7 del XXVIII, podemos expresar el cociente $h_P/\!/h$ entre esas cantidades de magnitud, que resulta siempre igual al número real que interviene como multiplicador en el segundo miembro, resultando:

$$\frac{h_P}{h} = \frac{\delta_{MP} \times \delta_{LP}^2}{\delta_{TP}}$$

Por tanto, si hacemos la hipótesis de que la medida de Planck sea constante en todos los puntos del espacio, llegamos a la conclusión de que la «dismetría» es incompatible con dicha suposición, salvo que el segundo miembro de la expresión anterior fuese igual a la unidad numérica en todos los puntos del espacio. Como esto sería admitir una fuerte restricción arbitraria, tenemos que inferir que la medida de la cantidad de Planck h no puede mantenerse constante en un espacio «dismétrico» genérico.

Ademas, es claro que la razón diádica $h_P/\!/h$ puede tomar valores de cero a infinito, en función de cuánto valgan las densidades δ_{LP}, δ_{MP} y δ_{TP} en P. Obviamente, en el caso particular de un espacio isométrico, en el que las densidades «dismétricas» de todas las magnitudes en todos los puntos son la unidad, como se supone en la actualidad, se tendría siempre $h_P=h$ para todo P, con lo que se observa lo que ya venimos advirtiendo reiteradamente: que **la isometría es un caso particular de la «dismetría»**.

En el segundo caso, si se admitiese constante la cantidad de Planck, se tendría que dar la equivalencia entre el valor en O y en cualquier otro punto P. Expresado esto analíticamente, tendría que verificarse la igualdad diádica $(\eta, J*s)=(\eta_P, J_P*s_P)$. En particular notemos que en O es $\eta=6{,}62607015\times 10^{-34}$.

En este supuesto η y η_P representan el primario o valor numérico de la cantidad de Planck, cantidad que sería constante por hipótesis.

Desarrollando la cantidad (η_P, J_P*s_P) de acuerdo con la leyes del álgebra diádica, resultará fácilmente lo siguiente:

$$\left(\eta_P, J_P*s_P\right) = \left(\eta_P, \frac{kg_P*m_P^2}{s_P}\right) = \left(\eta_P, \frac{\delta_{MP} \circ kg * \delta_{LP}^2 \circ m^2}{\delta_{TP} \circ s}\right) =$$

$$= \frac{\delta_{MP} \times \delta_{LP}^2}{\delta_{TP}} \circ \left(\eta_P, \frac{kg*m^2}{s}\right) = \frac{\delta_{MP} \times \delta_{LP}^2}{\delta_{TP}} \times \eta_P \circ \left(1, \frac{kg*m^2}{s}\right)$$

Apéndice: Análisis «psicofuncional» de la *teoría cuántica*

Por otra parte, es elemental transformar algebraicamente la cantidad expresada por la díada ($\eta, J*s$) de esta manera:

$$\left(\eta, \frac{kg*m^2}{s}\right) = \eta \circ \left(1, \frac{kg*m^2}{s}\right)$$

Puesto que estamos analizando el caso de que ambas cantidades sean la misma, las leyes del álgebra diádica determinan que la razón de estas dos cantidades de magnitud ha de ser la unidad de los números reales y deberá coincidir con la razón aritmética de los multiplicadores numéricos, puesto que numerador y denominador están referidos a la misma unidad uniforme, que desaparece al desarrollar la razón diádica. Lo que en términos analíticos se escribe así:

$$\frac{\dfrac{\delta_{MP} \times \delta_{LP}^2}{\delta_{TP}} \times \eta_P \circ \left(1, \dfrac{kg*m^2}{s}\right)}{\eta \circ \left(1, \dfrac{kg*m^2}{s}\right)} = \frac{\dfrac{\delta_{MP} \times \delta_{LP}^2}{\delta_{TP}} \times \eta_P}{\eta} = \frac{\delta_{MP} \times \delta_{LP}^2}{\delta_{TP}} \times \frac{\eta_P}{\eta} = 1$$

En suma, la razón de las medidas de la cantidad de Planck en O y en cualquier otro punto P forma proporción con la razón de las densidades «dismétricas», de acuerdo con la siguiente ley aritmética:

$$\frac{\eta}{\eta_P} = \frac{\delta_{MP} \times \delta_{LP}^2}{\delta_{TP}}$$

Por tanto, en la hipótesis de cantidad de Planck constante, la medida η_P puede variar entre cero e infinito, en función de los valores que adopten las densidades «dismétricas» del segundo miembro de la ecuación anterior. Y, como la unidad compuesta en P se ha reducido a la de O, que representa una cantidad de magnitud definida y finita, la cantidad de Planck en P también puede variar entre cero e infinito, lo que contradice la hipótesis de invariancia, y así se manifiesta la incompatibilidad de la «dismetría» con esta supuesta constante.

Eso sí, como en los demás casos, si el espacio fuera isométrico, única variante actual visible para los físicos, todas las densidades «dismétricas» son iguales a la unidad y el segundo miembro de la última fórmula también, con lo que $\eta_P = \eta$ en todo P, quedando constante la cantidad de Planck y se comprueba nuevamente que **la isometría es un caso particular de la «dismetría»**.

A la vista de lo anterior, hemos de preguntarnos si la *teoría cuántica* es incompatible con la «dismetría», y la respuesta ha de ser necesariamente negativa, porque no invalida los postulados *cuánticos*. Es más, basta implementar el efecto «dismétrico» en las formulaciones *cuánticas* para enriquecer sus planteamientos de modo absolutamente paralelo a lo que hicimos con la mecánica newtoniana en los apartados XXXII y XXXV.

Resumiendo, la constante de Planck, como todas las demás, incluidas las adimensionales como el número pi, no son tan constantes y han de variar, si las magnitudes son «dismétricas», en función de sus densidades en cada punto P respecto del origen de referencia O, y esto suponiendo que las leyes físicas se mantengan isomorfas en todos los puntos del espacio.

Volviendo al objeto de este apartado, en conclusión la *teoría cuántica* o cualquiera otra son la expresión de cómo se manifiesta la realidad extramental a nuestros cerebros. Son modelos que integran realidades mentales conectadas con la realidad extramental mediante la percepción. Por tanto, no es correcto identificarlas con lo que existe en el mundo externo a las ideas que se conforman en el cerebro, error que todos somos muy propensos a cometer, puesto que parece natural a la inmadurez atribuir entidad material a nuestros pensamientos. De hecho, en este apartado aportamos pruebas de cómo muy notables científicos caen en esta trampa y provocan discusiones absurdas para la epistemología.

El gato de Schrödinger no puede realmente estar vivo y muerto a la vez, pero ello no obsta para que la *teoría cuántica* permita valorar con probabilidades la previsión de estados de un sistema y operar algebraicamente con ellos mediante leyes matemáticas correctas, simplemente postulando la aplicación válida de una estructura algebraica abstracta e incontestable, como lo son los espacios vectoriales hermíticos de Hilbert. Así que desde este punto de vista la *teoría cuántica* no es nada especial, su aparente irracionalidad es a nuestro juicio solo una mera interpretación fantasmagórica o rocambolesca de sus postulados. **En ningún caso la *teoría cuántica* tiene permitido violar las leyes de la lógica formal.**

Si nos fijamos, por ejemplo, en la *mecánica racional clásica*, con ella se hace lo mismo. Representamos velocidades, aceleraciones o fuerzas con vectores geométricos y postulamos que esté permitido operar con estos entes matemáticos como si fuesen elementos de una estructura algebraica que llamamos en este caso espacio vectorial euclídeo sobre el cuerpo de los números reales. Aquí tampoco sería acertado identificar los verdaderos fenómenos de la velocidad, la aceleración o la fuerza con el ente matemático escogido para conformar el modelo, al que solo debemos conferir la propiedad de representar mentalmente lo que ocurre en el ámbito extramental.

La diferencia entre la *mecánica clásica* y la *cuántica* es que intuitivamente es fácil asociar medidas de masas o energías con escalares o medidas de velocidades, aceleraciones y fuerzas con vectores, porque nuestra experiencia sensorial así nos lo sugiere, resultando que el postulado *clásico* de asociar las magnitudes con escalares o vectores, miembros los primeros del cuerpo de los números reales y los segundos del espacio euclídeo de tres dimensiones, resulta sencillo asimilarlo por cualquier mente, puesto que ello es compatible con la experiencia sensorial común; en cambio, para los fenómenos *cuánticos* carecemos de referencia sensorial y actuamos a ciegas. De ahí que los creadores de la *teoría cuántica* hayan optado por elegir *a priori* una estructura matemática preexistente que sirva para operar con las medidas *cuánticas*, estableciendo como postulado fundamental que esa estructura del álgebra abstracta describa sus operaciones. Por tanto, quien pretenda comprender esta elección se volverá loco sin conseguirlo, porque no es más que un método de trabajo inédito consistente en considerar que una parte de la matemática definida en abstracto, sin ninguna experimentación, sea válida para representar precisamente los fenómenos *cuánticos*, y ello solo porque así lo hemos decidido sin pruebas previas. Es como si el método científico se invirtiera y, en lugar de anteponer la observación a la posterior formulación matemática de los fenómenos, se procediera a la inversa: primero elegimos el aparato matemático y luego lo comprobamos y ajustamos con observaciones, que en el caso de los hechos *cuánticos* no pueden ser directas, sino que necesariamente deben hacerse con instrumentos de medida muy sofisticados e inaccesibles para la mayoría de nosotros, por lo que no podemos examinarlos y hemos de conformarnos con aprender el modelo matemático mental que se nos ofrece sin posibilidad de enfrentarlo ni siquiera con una mínima experiencia sensorial propia, que no podemos poseer porque **la realidad *cuántica* no interacciona con nuestra percepción.**

Hemos admitido que la *mecánica clásica* es más intuitiva y, por tanto, más comprensible que la *cuántica*; sin embargo esto no es tan evidente como pueda parecer. Para observarlo pongamos un caso significativo: *a priori* parece que la caída libre de los objetos dependa de su masa, porque así lo observamos al dejar caer desde la misma altura, por ejemplo, una pluma y un objeto mucho más pesado, lo que observamos es que la pluma cae más despacio. Sin embargo, si prescindimos de la resistencia del aire, es decir, en el vacío, como demostró Galileo, la pluma y el elemento pesado tardan lo mismo en llegar al suelo desde la misma altura. Es famoso el experimento visual llevado a cabo en la Luna por el Apolo 15, mostrando que en el vacío lunar una pluma y un martillo tocan el suelo al mismo tiempo cuando el astronauta los libera en caída libre. Por tanto, la *mecánica clásica*, que nos parece tan intuitiva, no lo es tanto, y ello se debe a que, como venimos advirtiendo, ninguna teoría, por sencilla y evidente que nos pueda resultar, sustituye jamás en modo alguno a la realidad extramental. Toda teoría es un ente mental ajeno a la realidad extramental. Reflexionar sobre una teoría y analizar sus elementos es una cosa muy distinta de las verdaderas cualidades de la naturaleza. Las magnitudes físicas no son sino entes físico-matemáticos mentales cuya condición material ignoramos y solo percibimos levemente a través de su impresión en los sentidos. En suma, pensamiento y realidad no son entes iguales sino relacionados por medio de la percepción. Teniendo en cuenta este simple hecho estamos en condiciones de mejor comprender lo que es entender el significado e idoneidad de cualquier teoría física o de otro ámbito cualquiera.

En el dominio de lo muy pequeño, el estado *cuántico* es una representación del estado físico de un fenómeno bajo la mirada de la *mecánica cuántica*. En la *mecánica racional clásica* se admite que al medir una magnitud física repetidas veces se obtiene el mismo valor. Sin embargo, en la *teoría cuántica* se supone que la medida de toda magnitud física puede ofrecer cantidades diferentes en distintas mediciones sobre estados *cuánticos* idénticos. Es decir, si la medida se pudiera repetir, en cada ocasión que se mida la magnitud puede aparecer una observación distinta. De ahí que la *física cuántica* utilice una distribución de probabilidad para expresar el resultado de una medición.

En suma, la principal diferencia entre las *teorías cuántica* y *clásica* es que la intuición se adapta bien al modelo *clásico*, porque las medidas de las magnitudes podemos concebirlas fácilmente como números reales y vectores matemáticos. En cambio, en la *teoría cuántica* la intuición no funciona de la misma forma y parece incomprensible, pero por muy irracional o antirrealista que pueda mostrarse todo encaja en ella cuando se la mira como lo que es: un simple mapa que dibuja a su modo el mundo extramental de lo muy pequeño mediante la predeterminada estructura mental algebraica de los espacios vectoriales hermíticos de Hilbert, con su particular carácter abstracto que puede apartarse del sentido común, pero que para el álgebra es un lenguaje matemático tan inapelable como el cuerpo de los números reales o los espacios euclídeos.

Así que, de la misma manera que a nadie se le ocurre identificar el mapa de un territorio con el territorio mismo, porque la diferencia es evidente, nadie debería confundir ninguna teoría física ni sus postulados con los fenómenos reales que pretenden reflejar. Por ello, sería un craso error pretender en *mecánica clásica* que las masas, energías, velocidades, aceleraciones o fuerzas del mundo extramental sean efectivamente números reales o vectores geométricos, aunque sensorialmente nos parezca plausible; y de igual manera resultaría pueril identificar las funciones de onda o vectores de estado con los fenómenos *cuánticos* reales: **la realidad mental en ningún caso puede ser lo mismo que la realidad extramental**. Cada cerebro solo puede conocer su propia realidad mental y de la extramental solo puede tener referencia indirecta por medio de los datos sensoriales recibidos de la percepción, datos que asimismo también son entes mentales, puesto que están alojados en el propio cerebro, pero ni siquiera son elementos de la realidad exterior.

ADENDA

«DISMETRÍA»
*Descubrimiento de una nueva
dimensión de las magnitudes físicas*

En el breviario precedente se ha expuesto el compendio de la investigación y revelación de las verdades físico-matemáticas afloradas en su seno, llevadas a cabo por el autor de este trabajo. Aquí vamos a proponer otro resumen con un enfoque algo diferente, focalizando más la atención en lo que significa la «dismetría». Preferimos ser reiterativos y pecar por exceso de argumentación que por defecto, dada la dificultad de la materia, debida sobre todo a la ceguera inducida por los malos hábitos de la arcaica «aritmetización». Esperamos con ello aliviar el trabajo necesario para informarse de lo que significa este libro y salvar la resistencia de las inteligencias más conservadoras, convirtiéndolas por su propio bien a favor del movimiento «dismétrico».

Hasta ahora los físicos hemos considerado sin reflexionar sobre ello que nuestras unidades de medida de los fenómenos físicos serían constates, es decir, que nos resultaban indiferentes la localización en el espacio-tiempo y los entornos materiales de nuestras mediciones, porque los patrones de medida nunca cambiarían. Suponíamos que estos patrones no se verían afectados por la pretendida naturaleza impasible e inmutable del espacio vacío ni por la existencia de materia o energía variables en los diferentes entornos de la medición.

Tal mentalidad no es sino una simplificación primitiva y torpe de la infinita variabilidad observada en el universo desde lo más pequeño a lo más inmenso, admitiendo arbitrariamente y sin prueba fehaciente que todo lo que existe se manifieste del mismo modo que en nuestro limitado entorno humano perceptible. Sin embargo, en este trabajo hemos constatado que tal suposición es ilusoria, más bien infantil y desde luego no está en absoluto justificada. A continuación procedemos a una recopilación sucinta de los pasos que nos han llevado a descubrir la «dismetría» y a la conclusión de que estamos ante una verdad insoslayable: la **dimensión «dismétrica» de las magnitudes físicas**.

En un primer momento de la investigación recuperamos la preocupación de los físicos clásicos de finales del siglo XIX y principios del XX sobre la falta de fundamento de las operaciones con magnitudes, resumidas en el **misterio de las magnitudes compuestas**, que tanta controversia ha producido sin llegar a descifrar el enigma, misterio sin resolver al que se ha dado carpetazo por el Sistema Internacional de Unidades sin más que postular arbitrariamente una pseudoálgebra temeraria consistente en la regla ficticia de operar con las unidades físicas con las mismas leyes establecidas para los conjuntos numéricos, lo que hemos llamado aquí la malsana «aritmetización» de la Física.

Para acometer esa gran inconsistencia, la primera observación importante es diferenciar entre medida y cantidad de una magnitud. La medida es un número real, como expresión de una cantidad en relación con su unidad de referencia o patrón de la magnitud dada. La cantidad, en cambio, queda indicada por el conjunto binario de la medida y la unidad, que hemos llamado aquí díada y que en matemática clásica se denomina número concreto. Pues bien, todas las cantidades de cualquier magnitud escalar quedan representadas en relación con una unidad cualquiera U mediante el conjunto de todas la díadas (q, U) donde q es un número real. De ahí que denominemos conjunto diádico a la agrupación de todos los números reales R asociados a la unidad U, que escribimos $\{R, U\}$. Basta observar esta notación para entender que el conjunto de los números reales R no coincide con ningún conjunto diádico $\{R, U\}$ de cualquier magnitud. Por tanto, establecer sin más que el álgebra de los conjuntos diádicos se identifique con la de los números reales es absurdo y no tiene ningún sentido matemático. **Los conjuntos diádicos son diferentes de R y, siendo así, requerían de un álgebra específica**, pendiente de desarrollar, lo que constituyó el origen de esta investigación y que ha llevado al afortunado hallazgo casual de la «dismetría», un caso más de serendipia entre los muchos que constan en la historia de la ciencia.

Con las magnitudes vectoriales ocurre exactamente lo mismo. Los conjuntos diádicos se pueden describir en este caso con la forma $\{R^3, U\}$ y, desde luego, el conjunto R^3 es diferente de $\{R^3, U\}$. En el texto desarrollamos el álgebra de los conjuntos diádicos vectoriales y, como es totalmente análoga al álgebra de las magnitudes escalares, en esta adenda filosófica nos vamos a limitar exclusivamente a las escalares, para no cansar al lector con reiteraciones superfluas.

Por consiguiente, con la anterior disertación ya hemos establecido la inexorable necesidad de desarrollar un álgebra específica para los conjuntos diádicos, representativos de las cantidades de cada magnitud considerada. La primera operación a definir es la adición. Ello precisa apreciar que para sumar cantidades estas han de referirse a la misma magnitud, observación que hemos descrito como la necesidad de **homogeneidad**. Pero aún hay más, para sumar dos cantidades diádicas deben estar referidas a la misma unidad, lo que llamamos **axioma de uniformidad**. En suma, es posible la adición, por ejemplo, de kg con g, pero para ello hay que expresar ambos sumandos en kg o en g. De este modo, cuando los sumandos sean uniformes, la suma se obtiene sumando las medidas con la adición de R, manteniendo la unidad común de los sumandos. Definida así la adición de cantidades homogéneas, se demuestra con facilidad que esta operación confiere a cada conjunto diádico la **estructura de grupo aditivo abeliano**.

La adición de cantidades no ofrece, pues, demasiados problemas algebraicos. Pero no ocurre lo mismo con la multiplicación, porque en este caso el producto diádico no se reduce al de R, ya que no es posible identificar un multiplicando ni un multiplicador. Y este fenómeno es vital para desvelar y comprender el misterio de las magnitudes compuestas. Tomemos como ejemplo de magnitud la longitud. Cuando se multiplican dos longitudes el producto no es otra longitud, sino una superficie, y es un volumen cuando sean tres las longitudes multiplicadas. En cambio, la multiplicación de números reales se reduce a sumas abreviadas y da como producto otro número real. El producto de números es una ley interna, mientras que el producto de longitudes es una ley externa, porque, como se ha dicho ya, al multiplicar dos longitudes no se obtiene otra longitud, sino una superficie, o un volumen si se multiplican tres longitudes. Observamos así que la multiplicación de longitudes es una nueva ley de composición que hemos bautizado con el nombre de **ley externa generatriz**. Es externa, porque el producto no es una longitud, sino una superficie o un volumen, que son magnitudes geométricas diferentes. Y es generatriz porque la multiplicación de longitudes produce otra magnitud distinta, la superficie o el volumen.

El producto de longitudes se visualiza como el producto de segmentos y ello nos permite inspirar esta operación en el **álgebra geométrica de segmentos**. A continuación, considerando que cualquier cantidad de otras magnitudes se pueden representar mediante segmentos, es fácil establecer una afinidad o correspondencia biunívoca entre cantidades de magnitudes diversas y el conjunto de los segmentos geométricos, como hizo Newton en sus *Principia*, siguiendo a su vez el criterio de los *Elementos* de Euclides. Llamamos a esta maniobra **postulado de afinidad**, que permite ya concebir la multiplicación de cantidades cualesquiera mediante segmentos, superficies o volúmenes afines. Y de este modo tan simple se pueden desarrollar las operaciones multiplicativas de cualesquiera magnitudes, dejando en evidencia que **las magnitudes compuestas no encierran ningún misterio**, sino que presentan una sencillez geométrica irrecusable.

El hecho de que las operaciones multiplicativas sean leyes de composición externas generatrices impide que los conjuntos diádicos puedan presentar estructura de grupo multiplicativo abeliano, al contrario de lo que ocurre con la adición. Y así se pone en evidencia la hipótesis falsa del Sistema Internacional de Unidades, que atribuye erróneamente esta estructura a la multiplicación de magnitudes. La consecuencia más inmediata del álgebra verdadera es que prueba que **no existen los elementos multiplicativos unitarios ni inversos**. Con ello comprobamos la inexistencia de elementos como m^{-1}, kg^{-1} o s^{-1}, lo que supone una clara incongruencia del sistema vigente para algunas magnitudes como la frecuencia, que el Sistema Internacional de Unidades mide con la fingida unidad aislada s^{-1}.

Con estos fundamentos construimos un álgebra específica completa para las magnitudes que denominamos **álgebra diádica** e identificamos las múltiples operaciones que la componen, desvelando que el famoso misterio de las unidades compuestas no es tal y que cualquiera puede observar las verdades matemáticas subyacentes tras las operaciones con magnitudes.

El álgebra diádica no solo resuelve el misterio de las magnitudes compuestas, superando la errónea «aritmetizacción» que normaliza arbitrariamente el Sistema Internacional de Unidades, sino que nos hace un regalo espléndido: la «dismetría». Veamos el simple proceso que nos revela este fenómeno de forma tan inesperada.

Tomemos una díada escalar genérica (q, U). La cantidad que representa este elemento binario es obvio que puede variar cambiando la medida q por otra cualquiera. Ahora bien, ¿es esta la única forma de variación diádica? Hasta ahora pensábamos que sí, porque suponíamos que toda unidad U contenía una cantidad de magnitud constante e independiente de toda circunstancia. ¿Es esta creencia congruente desde un punto de vista científico y lógico? Veamos: ¿Qué nos impide teorizar sobre que la cantidad implícita en cualquier unidad U pueda variar en el espacio, en el tiempo o por la influencia de acciones físicas? Nada. Luego, esta suposición no debe excluirse *a priori* y sin ninguna prueba que la refute.

Para entendernos, la primera condición, es decir, que la cantidad de magnitud asociada a toda unidad U sea constante en cualquier contexto, la llamamos isometría. La propiedad contraria, esto es, que toda unidad U pueda indicar cantidades de magnitud variables por causas diversas, la denominamos «dismetría». Así, pues, tenemos dos únicas variantes de la misma cosa: la isometría y la «dismetría». La naturaleza es isométrica o es «dismétrica». Si admitimos sin pruebas que es isométrica, estaremos excluyendo de un plumazo todos los fenómenos «dismétrios» que puedan tener existencia real. Por otra parte, es claro que la variante «dismétrica» es más amplia que la isométrica y que la isometría está incluida en la «dismetría», porque si finalmente esta no existiese, se manifestaría sola la isometría como fenómeno implacable. En conclusión, filosóficamente y por pura lógica, el principio a establecer *a priori* sobre la naturaleza del universo ha de ser la variante «dismétrica», mientras no haya prueba en contrario. La búsqueda de esta prueba es harto difícil, porque exigiría, por ejemplo, hacer experimentos muy lejos de la Tierra. Más asequible resultaría experimentar el fenómeno «dismétrico» en el ámbito atómico.

Quizá la prueba más simple que podamos concebir para refutar la isometría sea la simple observación de lo que existe, que se manifiesta con una infinita variedad de formas y esencias, porque no hay dos cosas iguales. Luego, esta sencilla experiencia común a todos debería llevarnos a establecer que lo obvio es la «dismetría». Y, si vamos más allá, haciendo un experimento matemático diferencial y estudiando la variación matemática de una díada (apartado XXXVII), llegamos a la conclusión matemática irrefutable de que **lo natural es la «dismetría»**.

La complejidad de la «dismetría» parece hacer difícil la tarea de incorporarla a la descripción de los fenómenos físicos. Pero, afortunadamente, hemos encontrado una manera relativamente sencilla de representarla, aprovechando el álgebra diádica de magnitudes. El método consiste en hallar el cociente entre las cantidades de magnitud de la misma unidad física en entornos diferentes. Sabemos que el cociente diádico de cantidades homogéneas es en todo caso un número real y a dichos cocientes los denominamos **densidades «dismétricas»**. Resulta con ello que toda densidad «dismétrica», siendo un número real, resulta adimensional. Así llegamos al descubrimiento de la **dimensión «dismétrica» de las magnitudes físicas**, caracterizada por un campo de densidades de magnitud, dado como la razón diádica entre la cantidad implícita en cierta unidad para cada punto del espacio-tiempo en relación con la cantidad contenida en la misma unidad correspondiente a un punto fijo tomado como referencia. Ello permite también constatar que la isometría es un caso particular de la «dismetría», porque esta se reduce a la primera cuando todas las densidades «dismétricas» resultan iguales a uno, lo que constituye un argumento definitivo para adoptar la variante «dismétrica» como **principio fundamental de la Física**, si no quisiéramos arriesgarnos a que nuestras ecuaciones y leyes físicas indiquen fenómenos muy limitados respecto a todos los realmente existentes.

Avanzada la investigación de este trabajo, considerando únicamente la dimensión «dismétrica» de la longitud, llegamos a caracterizar tensorialmente las propiedades físicas del espacio vacío (apartado XXXVI), que se manifiesta no como algo inerte, sino que produce por sí solo efectos materiales tan importantes como la variación de la velocidad de la luz (ver también el apartado XXXIV) y la curvatura de sus rayos, sin necesidad de ninguna otra perturbación. O también la variación del número pi geométrico (apartado XXXIII). Asimismo, reformulamos algunas leyes clásicas como la segunda ley de Newton o la gravitación sin más que incorporar en ellas la dimensión «dismétrica» de las magnitudes intervinientes (apartados XXXII y XXXV).

Aunque podamos pecar de reiterativos, no podemos terminar esta obra sin mostrar otra descripción de **cómo surge el maravilloso concepto de «dismetría» de las magnitudes físicas**, aplicando el sublime método de pensamiento abstracto que utilizaron matemáticos como Galois, Boole o Cantor para modernizar la matemática en el siglo XIX.

Recordemos nuevamente la noción de díada física, que definimos como la representación de una cantidad de magnitud mediante un par de objetos, un elemento matemático y una cantidad de cualquier magnitud que se adopta como referencia. Así, por ejemplo, el par simbólico $(5,m)$ indica la cantidad de longitud que corresponde a un conjunto ideal formado por cinco elementos cada uno de los cuales llamamos metro. Observemos que el par $(5,m)$ es el símbolo, pero el significado no queda explícito y es esa cantidad de longitud implícita en el conjunto formado por cinco elementos que idealmente tienen todos la longitud de un metro, conjunto que podemos representar $\{m,m,m,m,m\}$. En general, la díada abstracta es un par (q,U), donde q es un elemento matemático que se toma como multiplicador y U es el símbolo que representa la cantidad de la magnitud que se supone implícita en U sin especificarla. ¿Por qué la cantidad de magnitud indicada por U no queda explícita? Pues porque todas las magnitudes son innúmeras, por lo que para representar cualquier cantidad solo puede hacerse mediante un símbolo. Por eso, fundamentamos el álgebra diádica en la teoría de conjuntos y en la afinidad de las cantidades de magnitudes con longitudes o segmentos geométricos. De este modo, el símbolo (q,U), si q es un número entero, define la cantidad de magnitud no explícita que corresponde al conjunto de $\{q$ elementos $U\}$. Por su parte, si q es un número racional a/b, con a y b enteros, se define la díada $(a/b,U)$ como el conjunto de $\{a$ elementos $U_b\}$, siendo U_b tal que la cantidad U sea igual al conjunto $\{b$ elementos $U_b\}$. En esta obra se han definido los principios del álgebra diádica, así como todas las operaciones con díadas y se han deducido sus propiedades, dotando de estructura algebraica a los conjuntos diádicos e inventando con ello el álgebra diádica abstracta. Aquí obviamente no vamos a reproducir esa álgebra, solo vamos a poner la atención en cómo la dismetría es consecuencia de la lógica algebraica aplicada al concepto abstracto de díada.

Para ello, tomemos la díada abstracta (q,U). El razonamiento empieza ignorando el espacio real e imaginando uno ideal flexible lo más variable o cambiante posible. Observemos que la abstracción es libre, es imaginación pura. Pues bien, en este espacio imaginario nos preguntamos si la díada (q,U) representa o no la misma cantidad de magnitud en todos sus puntos, en todo tiempo y bajo cualquier circunstancia. Podemos establecer solo dos previsiones, que sí o que no. Si queremos representar la máxima posibilidad de cambio en las magnitudes, ¿qué respuesta elegiremos? Obviamente el no. Es decir, que la díada (q, U) pueda indicar diferentes cantidades de magnitud a lo largo del espacio-tiempo y por cualquier otra circunstancia. Es claro que nada nos impide concebir un espacio ideal como este, absolutamente inconstante en el que toda díada es enteramente variable en su cantidad de magnitud. Esta es la concepción más amplia que podemos imaginar en abstracto, aislada de la realidad material.

También somos libres de dar nombre a esa cualidad por la que una díada cualquiera puede significar cantidades de magnitud diferentes y elegimos el término de «dismetría» de las magnitudes. Lo constante, entendido como opuesto a lo íntegramente variable, es decir, que toda díada represente en todo caso la misma cantidad de magnitud, es lo que llamaremos isometría. La «dismetría» y la isometría son conceptos teóricos. No afirman ni niegan nada sobre la realidad. Solo se refieren a las dos únicas previsiones especulativas que podemos concebir mentalmente para asignar significados variables o constantes a las díadas. Así que, por definición, la «dismetría» es la previsión más genérica, porque se refiere a un universo mental en el que las magnitudes son plenamente mudables en el sentido antes dicho. Por el contrario, la isometría, es la previsión más restrictiva, porque solo alude a magnitudes rígidas o inmutables, es decir, cuando toda díada represente siempre la misma cantidad de magnitud, al margen de toda circunstancia. Es claro que estas dos previsiones son fruto de la imaginación. Por tanto, tan ideal o mental es la «dismetría» como la isometría. Ahora bien, si queremos construir una herramienta matemática capaz de representar un universo totalmente cambiante, cuál es la previsión que debemos establecer, ¿la «dismetría» o la isometría? No hay duda de que nuestra elección ha de ser la «dismetría». Entonces, ¿por qué actualmente no lo consideramos así y resulta que todas las formulaciones físicas son isométricas? Pues sencillamente, por descuido, por inercia o porque se nos muestre como lo más sencillo y práctico. Quizá la «dismetría» parezca demasiado compleja. O puede que ni siquiera se haya pensado en ella. En cualquier caso, el efecto es el mismo: admitimos tácitamente la isometría como algo natural sin ninguna prueba y con ello quedamos desprovistos de la capacidad de apreciar y representar los fenómenos dismétricos. Por tanto, como nosotros no queremos caer en esta imprevisión, ni por descuido ni por practicidad ni por complejidad, nos hemos aplicado a la tarea de desarrollar una matemática dismétrica y en el texto se exponen sus fundamentos, que no son tan complicados como se percibe a simple vista, como luego veremos.

Establecido así el concepto de «dismetría», ya podemos concluir que quienes objeten que no ha sido verificada por ningún experimento ignoran el hecho de que la isometría tampoco ha sido probada, además, se equivocan, porque sí existen evidencias corroborantes de la «dismetría», y lo que es más importante, filosóficamente no entenderían que la «dismetría» no es fruto de la experiencia material, sino de la previsión epistémica. La «dismetría» es una verdad teórica inapelable por la forma de concebirla, es pensamiento puro, es mera previsión lógica de la imaginación. Llevada al ámbito matemático es una verdad inobjetable, porque no es cuestionable que al símbolo diádico (q, U) lo podemos asignar cantidades de magnitud distintas a lo largo del espacio-tiempo y para los distintos ámbitos físicos. Es obvio que podemos pensar en esto. Nada puede impedírnoslo, porque es una actuación del pensamiento lógico y matemático libre. Y esto es así por la misma razón que no se puede impedir la construcción de estructuras algebraicas abstractas como, por ejemplo, los grupos, los cuerpos, los espacios vectoriales, tensoriales o de Hilbert. Todas estas abstracciones son ideales matemáticos, no pertenecen al mundo real.

Comprendido lo anterior y concebido ya el concepto dismétrico, entrando en el dominio de la realidad física, debemos formularnos la siguiente pregunta: ¿El universo físico real es dismétrico o isométrico? Responder a esta pregunta sí que es una cuestión experimental. Sin embargo, lo que hasta ahora ha hecho la Física es dar por sentado que sea isométrico, sin expresarlo explícitamente y sin ninguna prueba de ello. Ni siquiera nos hemos planteado la duda, porque mecánicamente el proceso de medición parece indicarnos que sea así. Hemos supuesto que un metro, un kilogramo o un segundo sean lo mismo en todo caso y con ello estamos ignorando la previsión dismétrica. De este modo desgraciado, actualmente todos los fenómenos dismétricos no existen para la Física, porque para la isometría son invisibles.

Observamos así que, en rigor lógico, a falta de prueba en contrario, lo que debería probarse experimentalmente es la isometría y lo que debería admitirse a priori es la «dismetría», porque, si el universo fuera «dismétrico», la isometría actual sería falsa, y si fuese isométrico, las «dismetría» se reduciría a la isometría por sí sola, sin ninguna contradicción ni perjuicio para la Física. Insistimos, lo que pasa es que la «dismetría» nunca se ha considerado por la Física y con ello se ha prescindido de la herramienta matemática que despliega esta previsión lógica, que es en todo caso útil para desarrollar teorías y modelos «dismétricos», que permitan prever que la naturaleza real del mundo físico sea «dismétrica», en todo o en parte.

Si ya entendemos que la previsión a formular teóricamente es la «dismetría» y no la isometría actual, a continuación se nos aparece la siguiente cuestión: ¿Cómo podemos matematizar la «dismetría»? Para resolver este problema, tomemos una díada cualquiera (q, U). Sabemos que la «dismetría» significa que la cantidad de magnitud que simboliza esta díada es diferente en cada punto del espacio-tiempo. Tomemos en él dos puntos cualesquiera O y P. Nada nos impide simbolizar con la forma $(q, U)_O$, o cualquier otro signo, la cantidad de magnitud que señaliza la díada (q, U) en el punto O. De la misma manera, podemos representar por $(q, U)_P$ la cantidad de magnitud de la misma díada (q, U) en el punto P. ¿Qué tenemos así? Pues dos símbolos, $(q, U)_O$ y $(q, U)_P$, que designan las cantidades de la magnitud correspondientes a la misma diada en O y en P, respectivamente. Como estas cantidades pertenecen a la misma magnitud, son lo que en álgebra diádica hemos llamado cantidades homogéneas. Sabemos por nuestra álgebra que la división diádica entre $(q,U)_P$ y $(q,U)_O$ es un número real.

Obviamente podemos dar nombre a estos cocientes, que resultan de dividir las cantidades anteriores. Pues bien, elegimos el nombre de **densidad «dismétrica» de la magnitud considerada** en P respecto de O. Si ahora el punto O lo mantenemos fijo para todo P, podemos establecer un campo de densidades «dismétricas» de la magnitud aludida respecto del punto fijo O.

Si hacemos esto mismo con todas las magnitudes que nos interesen, con este método habremos conseguido describir ese universo ideal que hemos imaginado infinitamente variable mediante múltiples campos de densidades «dismétricas», uno por cada magnitud.

En resumen. Si mediante la abstracción mental concebimos un espacio-tiempo ideal en el que todas las magnitudes son variables, esto nos conduce sin remedio a la previsión «dismétrica». Matematizando esta previsión mediante las densidades «dismétricas», construimos la matemática de este universo infinitamente flexible. La experimentación posterior nos irá revelando las limitaciones que el mundo real imponga a esta previsión más genérica que podemos concebir. Por ejemplo, habremos de establecer el comportamiento verdadero de las magnitudes en los entornos subatómico, cósmico y cualquier otro. En todo caso, cuando las densidades «dismétricas» de todas las magnitudes en todos los puntos del espacio-tiempo sean iguales a la unidad, ¿qué nos encontramos? Pues claramente la hipótesis isométrica actual, que se atribuye alegremente a las magnitudes, porque la cantidad de magnitud asociada a toda díada será la misma en todo caso.

¿Por qué admitir entonces que la realidad sea isométrica, si no lo hemos probado?, siendo idealmente posible concebir la «dismetría» sin problemas. Pues por un error lógico patente. Está muy claro que la previsión correcta es la «dismetría» y lo que exige prueba en contrario es la isometría. Además, solo con una experiencia «dismétrica» ya habríamos probado la falsedad de la isometría. Y si no fuera posible esta prueba, la «dismetría» tampoco cercena la Física, porque hemos visto que la «dismetría» se reduce a la isometría cuando las densidades «dismétricas» para todas las magnitudes en todos los puntos del espacio-tiempo son iguales a la unidad numérica.

¿Existen experiencias que concuerden con la «dismetría»? Aparte de las pruebas matemáticas imbatibles que se desarrollan con detalle en esta obra y de otros hechos corroborantes, es destacable el caso de los satélites GPS, que ya hemos expuesto y que resumimos nuevamente aquí. Se habría comprobado que el tiempo transcurre de distinta manera en función de cuál sea la altura de las órbitas respecto a la superficie de la Tierra. A 20.200 km de altura el tiempo va ligeramente más despacio que sobre la superficie terrestre, concretamente los relojes se retrasan $4{,}53 \times 10^{-10}$ segundos por cada segundo. Por tanto, un segundo a 20.200 km correspondería a una cantidad de tiempo igual a $1+4{,}53 \times 10^{-10}$ segundos sobre la superficie. A 3.200 km de altura el tiempo transcurre igual que en la superficie y por debajo de esta altitud los relojes se adelantan. Tendríamos así una prueba de que el tiempo se comporta «dismétricamente», de modo que la densidad «dismétrica» de esta magnitud sería función de la altura sobre la superficie terrestre. A cero km y a 3.200 km obviamente se tendría que la densidad «dismétrica» es uno. Entre cero y 3.200 km de altura la densidad «dismétrica» del tiempo sería inferior a la unidad, el tiempo aparecería menos denso que en la superficie, discurriendo más rápido que a nivel cero. Y a 20.200 km de altura ocurriría lo contrario, la densidad «dismétrica» sería igual a $1+4{,}53 \times 10^{-10}$, valor superior a la unidad, el tiempo a esa altura sería más denso que en la superficie y pasaría más lento respecto a ella. Recordemos que la densidad «dismétrica» es siempre un valor numérico puro y, por tanto, adimensional. Así que aquí tenemos una prueba real de la «dismetría» del tiempo.

¿Desvirtúa este resultado el hecho de que la *relatividad* ya explica el fenómeno de desincronización de los relojes GPS? Obviamente no: ¿Por qué solo la *relatividad* puede explicarlo? Es un hecho que la «dismetría» también lo describe mediante su propia formulación. Son comprobaciones independientes y compatibles. ¿Dónde está escrito que dos teorías no puedan explicar los mismos fenómenos físicos? Sería absurdo. También la *relatividad* se reduce a la gravitación clásica cuando las velocidades son muy inferiores a la de la luz y no por ello despreciamos a Newton. Y de la misma forma, hemos probado aquí que la «dismetría» concuerda con Newton cuando las densidades «dismétricas» son todas iguales a la unidad numérica.

En suma, en esta obra hemos concebido la «dismetría» como la previsión que se refiere al hecho de pensar que todo ente diádico, formado por un elemento matemático y un símbolo que se refiera a una cantidad de magnitud cualquiera, pueda representar cantidades de magnitud diferentes en función de la posición en el espacio, del tiempo y de las condiciones materiales del ámbito de trabajo. Lo hemos configurado así porque observamos que la «dismetría» se corresponde con la máxima variabilidad del mundo físico que podemos imaginar y hemos constatado que la «dismetría» se reduce a la isometría actual cuando se dan ciertas condiciones particulares. Por tanto, la generalización «dismétrica» incluye a la isometría. Dicho esto, ahora nos vamos a plantear esquemáticamente cómo afecta la «dismetría» a la *relatividad* de Einstein y a la Física cuántica.

Comencemos con la *relatividad*. Sabemos que Einstein concluyó que la longitud, la masa y el tiempo dependen de la velocidad del observador respecto a un sistema de referencia dado. Así que tenemos que preguntarnos, en primer lugar, si esto es ya una especie de «dismetría» relativista semejante a la «dismetría» de las magnitudes que hemos concebido a partir del álgebra diádica. La respuesta es no, en absoluto. Explicamos por qué. La primera observación a realizar es que la *relatividad* sigue el mismo proceso de «aritmetización» de las magnitudes que el resto de la Física. Einstein puso la atención en un principio sobre el que construyó toda su teoría, el supuesto de que en el vacío la velocidad de la luz sea constante en todo sistema de referencia inercial, entendiendo por tal todo el que se desplace sin rotación a velocidad constante, sin ninguna aceleración. Einstein nunca pensó en la previsión «dismétrica», que es algo consustancial a las magnitudes. Solo atendió a la supuesta velocidad constante de la luz y siempre pensando isométricamente en las magnitudes. Sobre esa hipótesis de velocidad de la luz constante concibió una serie de experimentos, calificados de mentales, que le llevaron a ciertas formulaciones matemáticas. Aquí no vamos a examinar este aparato matemático, que está expuesto a nivel básico en nuestra obra titulada Matematizar 3, Aplicaciones I. La conclusión de Einstein es que, con los significados de su modelo, la velocidad del observador determina lo que él denominó fenómenos de la dilatación del tiempo, la contracción del espacio y la variación de la masa y la cantidad de movimiento relativistas. En ningún caso Einstein analizó la naturaleza intrínseca de las magnitudes ni su condición «dismétrica». Esto se observa claramente al estudiar la *relatividad*, que insisto, es isométrica y en este aspecto no es relativa. No hay ninguna incertidumbre al respecto. Por tanto, la conclusión indudable es que los fenómenos relativistas no tienen nada que ver con la «dismetría» de las magnitudes. Sin embargo, la «dismetría» sí afectaría muy seriamente a la *relatividad* de manera directa. Describimos en nuestro texto cómo la matemática «dismétrica» prevé que en el espacio vacío solo con la «dismetría» de la longitud se alteran propiedades físicas como el desplazamiento rectilíneo de la luz o su presunta velocidad constante. Esto queda perfectamente descrito con los tensores «dismétricos» y la «dismetría» diferencial. Si a ello se añade la «dismetría» de otras magnitudes aparte de la longitud, los efectos se multiplican. Por tanto, concluimos que la «dismetría» toca a la *relatividad* en el propio principio que la sustenta: esa supuesta constante que sería la velocidad de la luz. Que los estudiosos deriven de aquí sus propias conclusiones. Aquí nos limitamos a manifestar lo que evidencia la matemática «dismétrica». Sus consecuencias sobre la *relatividad* son terminantes y visibles para cualquiera que las preste atención.

Pasemos a continuación a analizar someramente si existe una conexión entre la Física cuántica y la «dismetría». En el ámbito cuántico tampoco se aprecia en ningún caso la consideración de la previsión «dismétrica» de las magnitudes. En la actualidad la

Física cuántica también se compone de formulaciones isométricas. Sin embargo, la «dismetría» no colisiona con sus postulados. Al contrario, la «dismetría» complementa los modelos cuánticos. Es fácilmente comprobable.

La Física cuántica ha sido capaz de cuantizar el electromagnetismo o las fuerzas débiles y fuertes, por lo que es considerada hoy en día la obra intelectual más grandiosa de la historia de la humanidad. Sin embargo, aún presenta muchas carencias. Por ejemplo, no hay un modelo cuántico de la gravitación y actualmente es la *relatividad* la que lo suple. Pues bien, la «dismetría» y su matriz, el álgebra diádica, vienen a potenciar el poder de representación de todos los fenómenos físicos, incluidos los cuánticos. Actualmente la Física cuántica está limitada sin saberlo por la silenciosa hipótesis isométrica de las magnitudes, aunque utilice potentes estructuras algebraicas como los espacios de Hilbert. Por el contrario, con la «dismetría» los físicos cuánticos pueden representar fenómenos infinitamente flexibles y superar esa restrictiva rigidez que la isometría actual nos impone subliminalmente.

Terminemos con una reflexión: Todo parece indicar que la simbiosis entre la Física cuántica y la «dismetría» de las magnitudes es probable que nos lleve a esa ansiada teoría física completa que lo explique todo. A la vista de quien quiera verlo está el hecho de que la matemática de las magnitudes «dismétricas» multiplica exponencialmente el alcance de la *teoría cuántica*, permitiéndola reconocer fenómenos invisibles con los actuales modelos isométricos. En definitiva se trata de elegir entre la hipótesis vigente que considera rígidas todas las unidades físicas, de modo que, por ejemplo, la cantidad de longitud implícita en un metro se suponga igual aquí, en Andrómeda, en el ámbito subatómico o en cualquier otro, o por el contrario, utilizar la previsión «dismétrica». No parece temerario afirmar que, nadie bien informado renunciaría jamás a un telescopio ni microscopio de mayor apertura y aumentos. ¡Pues esta es la cuestión con la «dismetría»!

Esperamos que con esta descripción sucinta y filosófica de cómo se ha concebido la «dismetría» haya quedado claro que, en todo caso, la previsión a formular es la «dismetría» de las magnitudes y que admitir sin prueba la isometría que actualmente se las supone es un craso y limitativo error lógico. Entender a fondo lo explicado supone dar en Física el mismo salto gigantesco que dio la matemática en el siglo XIX, cuando se consumó la transición de la matemática clásica hacia la abstracción.

Terminamos este trabajo recordando que en él se presenta a la Física la primera álgebra diádica de magnitudes, se resuelve el mítico misterio de las unidades compuestas, se corrigen errores esenciales como la no existencia de elementos multiplicativos unitarios ni inversos en sentido clásico, reformulándolos y estableciendo en suma una estructura matemática *sui géneris* para los fenómenos físicos en base a las leyes de composición externas generatrices. A su vez esta nueva álgebra revela un principio fundamental oculto hasta ahora, la **dimensión «dismétrica» de las magnitudes**, cuya matemática anuncia nuevas leyes astronómicas, cosmológicas y físicas, ofreciendo un horizonte infinito de investigación e innovación.

EPÍTOME

SÍNTESIS ABSTRACTA DE LA
PRIMERA ÁLGEBRA DE MAGNITUDES Y «DISMETRÍA»
Estructura algebraica natural para las operaciones físicas

Esta síntesis condensa fielmente toda el álgebra diádica formulada en la obra, omitiendo las motivaciones que justifican previamente las definiciones de los diversos conceptos, para atender solo a la estructura matemática que configuran las operaciones con cantidades de magnitudes físicas, sacrificando toda elegancia literaria para imponer únicamente el rigor la lógica matemática necesaria que permita configurar con el mayor orden, brevedad y coherencia posibles el álgebra abstracta de las operaciones físicas.

1. Postulado de afinidad. En general toda realidad física u objeto extramental, manifiesta a la mente del observador múltiples características implícitas en ellos. El cerebro da forma mental a dichas características y, si el pensamiento define un concepto, esa imagen mental de la característica real, se asocia con un símbolo que representa a las dos, la real y la mental. Al álgebra solo le incumben las características que puedan representarse mediante objetos matemáticos comparables entre sí y a los que se pueda dotar de estructura algebraica. Diremos que una característica es algebraica si cumple esta condición.

A su vez, si todas las manifestaciones de una característica algebraica se pueden agrupar en un conjunto, cuyos elementos se simbolicen mediante ciertos entes matemáticos, que aquí llamaremos díadas, y si así resulta posible definir una correspondencia biunívoca con los elementos matemáticos de otra estructura algebraica, tal que las operaciones con los elementos del primer conjunto se puedan definir en función de las operaciones del segundo, diremos que es una característica algebraica afín. Esta álgebra de magnitudes estudia las características algebraicas afines del ámbito de la Física, y para ello se toma como referencia la estructura de los segmentos, áreas y volúmenes geométricos, en tantas dimensiones como sean necesarias, con las operaciones aditivas y multiplicativas de la geometría, en combinación con la teoría de conjuntos. Por tanto, todas las operaciones que se conciban para los entes diádicos, que luego se definirán, tendrán su fundamento en esa estructura afín de la geometría y de los conjuntos matemáticos en virtud de lo que llamaremos postulado de afinidad.

2. Definición de magnitud. Toda característica algebraica afín diremos que compone una magnitud, integrada por sus diversas manifestaciones.

3. Definición de cantidad de magnitud. Toda manifestación de una característica algebraica afín entendemos que constituye una cantidad de magnitud. Por tanto, las diversas cantidades de toda magnitud vendrán representadas por objetos matemáticos comparables entre sí y afines a los elementos de las estructuras geométricas bajo las determinaciones del álgebra abstracta.

4. Axioma dimensional. Admitimos la evidencia de que las cantidades de magnitudes no se pueden reducir a un solo número abstracto. Por el contrario, exigen el empleo de símbolos específicos que representen las diversas cantidades para compararlas entre sí y operar con ellas, sin poderlas especificar explícitamente. Con ello, es posible formar conjuntos de estos elementos simbólicos, cuyas agrupaciones enteras o fraccionarias diremos que contienen implícitas las diversas cantidades de magnitud asociadas a esos conjuntos, como veremos con claridad en esta síntesis.

5. Definiciones de díada, homogeneidad, uniformidad e igualdad diádica. Llamaremos díada a todo conjunto binario (q, U) formado por pares de elementos, un objeto matemático q y un símbolo cualquiera que represente una cantidad de magnitud innúmera U. En general, U podría simbolizar cualquier cosa, pero para los efectos de esta álgebra solo estudiaremos el caso en que U

represente cualquier manifestación de una característica algebraica afín. Llamamos primario de la díada al elemento matemático q y secundario a su parte innúmera U. El elemento matemático q sirve para definir conjuntos de elementos enteros o fraccionarios de U.

Dos díadas que expresen cantidades de la misma magnitud, diremos que son homogéneas. Si además tienen el mismo secundario, diremos que son uniformes. Consideramos que dos díadas homogéneas (q_1, U_1) y (q_2, U_2) son iguales y escribiremos $(q_1, U_1) = (q_2, U_2)$, si ambas contienen implícita la misma cantidad de magnitud.

6. Definición de díada entera. Si q es un elemento del conjunto de los números enteros Z, la díada (q, U) simbolizará el conjunto de $\{q$ elementos $U\}$ y esta identidad se indicará con un signo igual: $(q, U) = \{q$ elementos $U\}$.

7. Definición de díada racional. Si q es un número racional a/b, con a y b enteros de Z y $b \neq 0$, definimos la díada racional $(a/b, U)$ como el conjunto $\{a$ elementos $U_b\}$, que contiene implícita la misma cantidad de magnitud que la díada (a, U_b), siendo U_b tal que $U = \{b$ elementos $U_b\} = (b, U_b)$. El postulado de afinidad sirve aquí para justificar que U y U_b se puedan considerar semejantes a segmentos y que se les pueda aplicar las operaciones geométricas de división y multiplicación enteras definidas por la geometría para las longitudes, admitiendo que U_b sea la cantidad de magnitud tal que resulte de dividir la cantidad U el número de veces b, como si se tratase de segmentos geométricos afines.

Por otra parte, entendemos que U es una forma abreviada de escribir la díada $(1, U)$. Obviamente, si $b = 1$, toda díada racional es entera.

8. Definición de díada vectorial. Llamaremos así a toda díada en que q sea un elemento de un espacio vectorial. Admitimos que la cantidad de magnitud implícita en una díada vectorial la determina el módulo del vector emparejado con la unidad U, por lo que solo a efectos de la cantidad implícita no hay distinción entre díadas escalares y vectoriales. No obstante, para tener en cuenta las características vectoriales, se operará con estas díadas con las reglas de la estructura vectorial que corresponda.

9. Definición de adición diádica entera. Dadas dos díadas enteras uniformes (q_1, U) y (q_2, U), definimos la adición, operación que simbolizaremos «$\oplus$», como la cantidad de magnitud implícita en el conjunto formado por la unión de los conjuntos que ambas simbolizan, lo que representaremos con la expresión algebraica siguiente:

$$(q_1, U) \oplus (q_2, U) = \{q_1 \text{ elementos } U\} \cup \{q_2 \text{ elementos } U\}$$

El número de elementos U del conjunto unión es, obviamente, la adición de los números enteros $q_1 + q_2$, de modo que el segundo miembro es el conjunto $\{q_1 + q_2 \text{ elementos } U\}$, y la definición anterior se transforma en la siguiente ecuación, que ya tiene cualidades operativas:

$$(q_1, U) \oplus (q_2, U) = (q_1 + q_2, U)$$

La lectura de esta expresión ha de ser similar a la siguiente: la cantidad de magnitud implícita en la unión de los conjuntos $\{q_1 \text{ elementos } U\}$ y $\{q_2 \text{ elementos } U\}$ es la suma de las díadas que los simbolizan independientemente, suma que queda indicada por la díada cuyo primario es la suma de los primarios con el mismo secundario que los sumandos. La cantidad innúmera de referencia queda implícita en el símbolo U.

10. Propiedad conmutativa de la adición entera. Por definición de adición, tenemos $(q_2, U) \oplus (q_1, U) = (q_2 + q_1, U)$. La propiedad conmutativa de la adición del grupo de los números enteros es $q_2 + q_1 = q_1 + q_2$, luego, $(q_2 + q_1, U) = (q_1 + q_2, U)$ y con ello resulta la conmutatividad $(q_2, U) \oplus (q_1, U) = (q_1, U) \oplus (q_2, U)$.

11. Propiedad asociativa de la adición entera. Tomemos la adición de tres díadas $[(q_1, U) \oplus (q_2, U)] \oplus (q_3, U)$. La definición de adición nos lleva a $[(q_1, U) \oplus (q_2, U)] = (q_1 + q_2, U)$. agregando el tercer sumando, $(q_1 + q_2, U) \oplus (q_3, U) = [(q_1 + q_2) + q_3, U]$. Por la propiedad asociativa en el grupo aditivo de los números enteros es

$(q_1+q_2)+q_3 = q_1+(q_2+q_3)$. Luego, $[(q_1+q_2)+q_3, U] = [q_1+(q_2+q_3), U]$. La definición de adición entera propicia que se verifique $[q_1+(q_2+q_3), U] = (q_1, U) \oplus [(q_2+q_3), U)]$. Y en conclusión, tenemos $[(q_1, U) \oplus (q_2, U)] \oplus (q_3, U) = (q_1, U) \oplus [(q_2+q_3), U)]$, que es la propiedad asociativa de la adición de díadas enteras.

12. Existencia de elemento neutro entero. Tomemos el neutro aditivo de los números enteros, que simbolizamos 0. Consideremos la díada $(0, U)$. Para cualquier díada entera (q, U) tendremos $(q, U) \oplus (0, U) = (q+0, U)$. Como 0 es el neutro de los números enteros, $q+0 = q$. Luego se verifica que $(q, U) \oplus (0, U) = (q, U)$ y resulta que la díada $(0, U)$ es la díada neutra por la derecha para toda díada (q, U). De la misma forma se demuestra que $(0, U)$ es la neutra por la izquierda y así la díada $(0, U)$ es la neutra de toda díada (q, U) y queda probada la existencia de elemento neutro para la adición diádica entera.

13. Existencia de elemento simétrico u opuesto entero. Tomemos las díadas (q, U) y $(-q, U)$, donde $-q$ es el entero aditivo opuesto a q. La adición es $(q, U) \oplus (-q, U) = (q+(-q), U)$. Como para los enteros $q+(-q) = 0$, resulta que $(q+(-q), U) = (0, U)$, y así la díada entera $(-q, U)$ es la opuesta de (q, U) por la derecha. Y análogamente por la izquierda. Conque el elemento neutro de la díada entera (q, U) existe y es $(-q, U)$.

14. Conjunto diádico entero. Dada una magnitud cualquiera y una cantidad suya U, formemos el conjunto de todas las díadas enteras (q, U), que $q \in Z$. El conjunto así formado, que denotamos $\{Z, U\}$ diremos que es el conjunto diádico entero de la magnitud representada por la cantidad U. Este conjunto simboliza todas las cantidades enteras de esa magnitud.

15. Estructura diádica entera aditiva. El conjunto diádico entero $\{Z, U\}$, dotado de la ley de composición interna establecida por la aplicación del producto cartesiano $\{Z, U\} \times \{Z, U\}$ en $\{Z, U\}$, definida por la adición diádica entera $(q_1, U) \oplus (q_2, U) = (q_1+q_2, U)$, siendo todas la díadas (q_1, U), (q_2, U) y (q_1+q_2, U) elementos de $\{Z, U\}$, tiene estructura de grupo aditivo abeliano. Designamos esta estructura con la notación $\{Z, U, \oplus\}$.

16. Definición de multiplicación de un número entero por una díada entera. Dado un número entero a y una díada entera (q,U), se define la multiplicación «∘» de estos elementos y se escribe $a\circ(q,U)$ por la izquierda o $(q,U)\circ a$ por la derecha, el conjunto formado por la unión de a conjuntos con $\{q$ elementos $U\}$. Es claro que el número de elementos U de dicho conjunto es el producto de los enteros $a\times q$ y así, entre otras igualdades, tenemos:

$$a\circ(q,U)=(q,U)\circ a=(a\times q,U)=(q\times a,U)=q\circ(a,U)=$$
$$=q\circ(a\circ U)=(q,a\circ U)=q\circ(U\circ a)=(q,U\circ a)$$

Por tanto, si el primario de una díada (q,U) se multiplica por un entero a, la díada resultante es igual a la obtenida multiplicando su secundario por el mismo número, es decir, se verifica que $(a\times q,U)=(q,a\circ U)$. A su vez, si solo se multiplica por a el primario o el secundario, la díada queda multiplicada por el mismo número.

Observemos que la multiplicación de una díada entera por un número entero es conmutativa por definición, ya que $a\circ(q,U)$ y $(q,U)\circ a$ representan el mismo conjunto $\{a\times q$ elementos $U\}$.

17. Relaciones entre componentes de una díada racional. Dada una díada racional, tenemos $(a/b,U)=\{a$ elementos $U_b\}=(a,U_b)$, siendo U_b tal que $U=\{b$ elementos $U_b\}=(b,U_b)$. La igualdad $U=(b,U_b)$ permite escribir $U=(b,U_b)=b\circ(1,U_b)=b\circ U_b$. El producto $U=b\circ U_b$ se puede escribir con notación divisiva $U_b=U/\!/b$. Señalamos esta división con una doble barra porque no divide números, sino una cantidad de magnitud U entre un número entero b. Y así tenemos que $(a/b,U)=(a,U_b)=(a,U/\!/b)$. A su vez, $b\circ(a/b,U)=b\circ(a,U_b)=(b\times a,U_b)=(b\times a/b,U)=(a,U)$, que en forma divisiva sería $(a,U)/\!/b=(a/b,U)$. En conclusión, se verifican las igualdades $(a/b,U)=(a,U/\!/b)=(a,U)/\!/b$. Por tanto, mediante esta expresión definimos la división de una díada entera (a,U) por un número entero b como la división de su primario a en Q o de su secundario U por dicho número b tal que $b\circ U/\!/b=U$.

18. Conjunto diádico racional. Sea una magnitud cualquiera y una cantidad suya indicada por U. Llamamos conjunto diádico racional $\{Q,U\}$ al formado por todas las díadas racionales (q,U), tales que $q \in Q$. Este conjunto incluye todas las díadas racionales y representa todas las cantidades sobre Q de la magnitud indicada por U.

19. Multiplicación de un número racional por una díada racional. Toda díada racional se reduce a una díada entera por su propia definición, ya que $(a/b, U) = (a, U_b)$, bastando sustituir U por U_b. Por tanto, desarrollando el producto de la díada racional $(a/b, U)$ por el número racional c/d, podremos hilar fácilmente el siguiente razonamiento:

$$c/d \circ (a/b, U) = (c/d, (a/b, U)) = (c/d, (a, U_b)) = (c, (a, U_b)_d) =$$
$$= (c, (a, U_b) /\!/ d) = (c, (a, U_b /\!/ d)) = (c, (a, U_{bd})) = (c \times a, U_{bd})$$
$$U = \{b \text{ elementos } U_b\} = \{b \text{ elementos } \{d \text{ elementos } U_{bd}\}\}$$
$$U = \{b \times d \text{ elementos } U_{bd}\}$$
$$U = b \times d \circ U_{bd} \text{ y } U_{bd} = U /\!/ (b \times d)$$
$$c/d \circ (a/b, U) = (c \times a, U_{bd}) = (c \times a, U /\!/ (b \times d)) = (c \times a/(b \times d), U)$$

Es decir, que la multiplicación de una díada racional por un número racional es una díada con el mismo secundario y con un primario igual a producto en Q de los números racionales del primario y el multiplicador. Corresponde a una aplicación del conjunto producto cartesiano $Q \times \{Q, U\}$ en $\{Q, U\}$, que es una ley de composición externa con Q como dominio de operadores.

20. Definición de adición de díadas racionales. Sean dos díadas racionales $(a/b, U)$ y $(c/d, U)$. Es $(a/b, U) = (a \times d/b \times d, U)$ y es $(c/d, U) = (c \times b/d \times b, U)$. Los primarios tienen así el mismo denominador $b \times d$. Luego:

$$(a/b, U) = \{a \times d \text{ elementos } U_{bd}\}$$
$$(c/d, U) = \{c \times b \text{ elementos } U_{bd}\}$$
$$(a/b, U) \oplus (c/d, U) = \{a \times d + c \times b \text{ elementos } U_{bd}\} =$$
$$= \{a \times d + c \times b \text{ elementos } U /\!/ (b \times d)\} = (a \times d + c \times b, U /\!/ (b \times d))$$

La díada $(a \times d + c \times b, U /\!/ (b \times d))$, de acuerdo con lo visto en el apartado 17, representa la misma cantidad de magnitud que $((a \times d + c \times b)/(b \times d), U)$. Por tanto, la definición de adición de díadas racionales es una ley interna de $\{Q, U\} \times \{Q, U\}$ en $\{Q, U\}$:

$$(a/b, U) \oplus (c/d, U) = ((a \times d + c \times b)/(b \times d), U)$$

Se observa que en la díada suma del segundo miembro el primario es la adición racional de los primarios y el secundario es la misma cantidad de magnitud U.

21. Propiedades de la adición de díadas racionales. Como la adición de díadas racionales se fundamenta en la adición de números racionales, no es necesario volver a repetir las demostraciones realizadas para las díadas enteras. Es claro que la definición es una ley de composición interna y que cumple las propiedades conmutativa, asociativa, existencia de elemento neutro y existencia de elemento simétrico u opuesto.

22. Estructura diádica racional aditiva. El conjunto diádico racional $\{Q, U\}$, dotado de la ley de composición interna que establece la aplicación del producto cartesiano $\{Q, U\} \times \{Q, U\}$ en $\{Q, U\}$ y definida por la adición diádica racional mediante la expresión $(q_1, U) \oplus (q_2, U) = (q_1 + q_2, U)$, siendo todas la díadas racionales (q_1, U), (q_2, U) y $(q_1 + q_2, U)$ elementos de $\{Q, U\}$, tiene estructura de grupo aditivo abeliano. Designamos esta estructura con la notación $\{Q, U, \oplus\}$.

23. Generalización a otros grupos. Habiendo comprobado que para las díadas enteras y racionales la definición de adición diádica que establece la expresión $(q_1, U) \oplus (q_2, U) = (q_1 + q_2, U)$ confiere a sus respectivos conjuntos diádicos la estructura de grupo aditivo abeliano, basándose la prueba en los axiomas de grupo conmutativo, estamos en condiciones de extender la definición de adición diádica a los conjuntos diádicos $\{R, U\}$ del grupo abeliano de los números reales R y en general a cualquier otro grupo conmutativo G con sus conjuntos diádicos $\{G, U\}$.

Recordemos brevemente algunos conceptos de análisis matemático, que no es pertinente desarrollar aquí con detalle. Sabemos que el número real se concibe como la clase de equivalencia de sucesiones de Cauchy de números racionales. Esto significa en términos sencillos para nosotros que todo número real, sea racional o irracional, se puede indicar como el límite de sucesiones de números racionales. Por otra parte, está demostrado que estos límites de sucesiones racionales tienen estructura de cuerpo. Con ello, una vez comprobada la estructura de grupo de los conjuntos diádicos racionales aditivos, está justificado extender todas sus propiedades a los conjuntos diádicos reales $\{R, U, \oplus\}$ y, en abstracto, a cualquier otro grupo $\{G, U, \oplus\}$. En todo caso, en la práctica, todo irracional de R siempre es posible aproximarlo a un número racional con la precisión que se desee. Luego, los racionales son la última comprobación que debemos practicar para justificar la operaciones diádicas y sus propiedades, porque lo establecido para los números racionales es válido para cualquier número real.

24. Definición de adición y sustracción de díadas reales no uniformes. Axioma de continuidad. Hasta aquí hemos considerado díadas cuyo secundario U sea el mismo. Las hemos llamado uniformes. Ahora, operando con números reales, ya podemos analizar la composición aditiva de díadas homogéneas no uniformes, es decir, de la misma magnitud pero con distintas unidades U_1 y U_2. Con los números reales podemos establecer el axioma de continuidad, que consiste en admitir que existe un número real k tal que $U_2 = k \circ U_1$. Esta multiplicación es la que corresponde a la generalización de la multiplicación de un número racional por una díada racional, contemplada en el apartado 19. Aquí la operación corresponde a una aplicación de $R \times \{R, U\}$ en $\{R, U\}$, cuya definición analítica es idéntica y viene dada por la expresión $k \circ (q, U) = (q, U) \circ k = (k \times q, U)$, siendo k y q elementos de R. Podemos deducir fácilmente:

$$k \circ (q, U) = (q, U) \circ k = (k \times q, U) = (q \times k, U) = q \circ (k, U) =$$
$$= q \circ (k \circ U) = (q, (k \circ U)) = q \circ (U \circ k) = (q, U \circ k)$$

Estas igualdades son consecuencia de las definiciones establecidas y también pueden comprobarse observando que los símbolos de todos los términos indican el conjunto con el mismo número de elementos enteros o fraccionarios de U. Hecho este inciso, si tomamos dos díadas reales homogéneas no uniformes (q_1, U_1) y (q_2, U_2), el axioma de continuidad permite relacionar sus secundarios con $U_2 = k \circ U_1$. Y así $(q_2, U_2) = (q_2, k \circ U_1) = (q_2 \times k, U_1)$. Con ello hemos reducido la díada (q_2, U_2) a una expresión uniforme con U_1, y ya es posible calcular la adición $(q_1, U_1) \oplus (q_2, U_2)$, porque los conjuntos que ambas representan han sido referidos al mismo secundario U_1.

Solo queda sumar los primarios como números reales para obtener la suma de díadas homogéneas no uniformes:

$$(q_1, U_1) \oplus (q_2, U_2) = (q_1, U_1) \oplus (q_2 \times k, U_1) = (q_1 + q_2 \times k, U_1)$$

Definida la adición real homogénea en general, es posible conceptuar la sustracción de díadas homogéneas no uniformes (q_1, U_1) y (q_2, U_2), que indicaremos $(q_1, U_1) \ominus (q_2, U_2)$. La definición clásica que se establece para todo grupo es válida también para cualquier conjunto diádico con R. Así, tendremos:

$$(q_1, U_1) \ominus (q_2, U_2) = (q_1, U_1) \oplus [-(q_2, U_2)]$$

La díada opuesta de $(q_2, U_2) = (q_2 \times k, U_1)$ la notamos, como en cualquier grupo, con la forma $-(q_2, U_2) = (-q_2, U_2) = (-q_2 \times k, U_1)$, porque $(q_2, U_2) \oplus (-q_2, U_2) = (q_2 - q_2, U_2) = (0, U_2)$, que es el elemento neutro de la adición diádica. Como en R es $q_1 + (-q_2 \times k) = q_1 - q_2 \times k$, tenemos la definición final de sustracción de díadas no uniformes:

$$(q_1, U_1) \ominus (q_2, U_2) = (q_1 - q_2 \times k, U_1)$$

25. Propiedades de la multiplicación de un número real por una díada real. Establecida esta operación para los números y díadas racionales, es lícito extenderla a los números reales, como acabamos de hacer en el apartado anterior para la sustracción, donde también hemos resumido las propiedades asociativas esenciales de este producto, que no es necesario reproducir.

Veamos el comportamiento de la multiplicación de una díada real (q, U) por dos números reales k y p. Sea $(k \times p) \circ (q, U)$. Operando con la definición de multiplicación diádica por un número y con la propiedad asociativa de la multiplicación en R, resultan las siguientes expresiones asociativas:

$$(k \times p) \circ (q, U) = ((k \times p) \times q, U) = (k \times (p \times q), U) = k \circ (p \times q, U)$$

Veamos a continuación las propiedades distributivas que se derivan de la correspondientes del cuerpo de los números reales. Lo analizamos con díadas uniformes, pues para ampliarlo a las homogéneas basta reducirlas al mismo secundario, como se ha hecho antes.

Tomemos dos díadas reales uniformes (q_1, U) y (q_2, U). Sea k un número real cualquiera. Formemos el producto dado por $k \circ [(q_1, U) \oplus (q_2, U)]$. Tendremos:

$$k \circ [(q_1, U) \oplus (q_2, U)] = k \circ (q_1 + q_2, U) = (k \times (q_1 + q_2), U) =$$
$$= (k \times q_1 + k \times q_2, U) = (k \times q_1, U) \oplus (k \times q_2, U) = k \circ (q_1, U) \oplus k \circ (q_2, U)$$

El primero y el último términos describen la propiedad distributiva del producto de un número real por la adición de dos díadas reales.

Veamos a continuación la distributiva respecto a la adición de números reales. Para ello, formemos el producto $(k+p) \circ (q, U)$, donde k y p son números reales. Resulta:

$$(k+p) \circ (q, U) = ((k+p) \times q, U) = (k \times q + p \times q, U) =$$
$$= (k \times q, U) \oplus (p \times q, U) = k \circ (q, U) \oplus p \circ (q, U)$$

Los términos primero y último acreditan la propiedad distributiva analizada. Cualquier otra relación asociativa o distributiva se comprueban de la misma manera.

Veamos la multiplicación del número 0 por una díada cualquiera, $0 \circ (q, U) = (0 \times q, U)$. Como en R es $0 \times q = 0$, si q es finito, tendremos que $0 \circ (q, U) = (0, U)$, que es el elemento neutro del conjunto diádico $\{R, U\}$, por lo que el elemento nulo de R, multiplicado por cualquier díada, produce la díada nula.

26. Divisiones derivadas de la multiplicación de una díada por un número real. En primer lugar tomemos dos cantidades homogéneas, U_1 y U_2 no nulas. El axioma de continuidad asegura que existe un número real k tal que $U_2 = k \circ U_1$. Observando esta multiplicación, podemos considerar que U_2 sea un dividendo, U_1 un divisor y k el cociente. De este modo la expresión multiplicativa equivale a la divisiva $U_2 /\!/ U_1 = k$. Indicamos esta división con doble barra para resaltar el hecho de que no divide números, sino cantidades de magnitud, en este caso homogéneas. La división $U_2 /\!/ U_1 = k$ nos dice que el cociente de dos cantidades de la misma magnitud no es una cantidad de magnitud, sino un número real y, por tanto, adimensional.

Tomemos a continuación dos díadas homogéneas (q_1, U_1) y (q_2, U_2) no nulas. Busquemos su cociente $(q_1, U_1) /\!/ (q_2, U_2)$. Para ello, tengamos en cuenta el axioma de continuidad, que garantiza la existencia de un número real k tal que $U_2 = k \circ U_1$. Es inmediato que $(q_2, U_2) = (q_2, k \circ U_1)$. Como q_1 y q_2 son elementos de R, si $q_1 \neq 0$, tienen cociente p tal que $q_2 = p \times q_1$. Así resulta:

$$(q_2, U_2) = (q_2, k \circ U_1) = (p \times q_1, k \circ U_1) = (p \times k \times q_1, U_1) = (p \times k) \circ (q_1, U_1)$$

Tomando (q_2, U_2) como dividendo y (q_1, U_1) como divisor, resulta el cociente $p \times k$. Es decir, $(q_2, U_2) /\!/ (q_1, U_1) = p \times k$. Luego, el cociente que resulta de dividir dos díadas homogéneas cualesquiera es el número real $p \times k$, siendo p y k tales que $q_2 = p \times q_1$ y $U_2 = k \circ U_1$.

Esta propiedad resulta muy útil, como veremos al final de esta síntesis de la *Primera álgebra de magnitudes*, para determinar la densidad «dismétrica» de cualquier magnitud en una situación o condiciones físicas dadas.

La división de díadas homogéneas queda descrita por una aplicación del conjunto producto cartesiano $\{R, U_2\} \times \{R, U_1\}$ en R y está definida por la operación $(q_2, U_2) /\!/ (q_1, U_1) = p \times k$. Por tanto, es una ley de composición externa sobre R.

Por otra parte, dadas dos díadas reales homogéneas (q_1, U_1) y (q_2, U_2), sabemos que $(q_2, U_2) = (p \times k) \circ (q_1, U_1)$, lo que supone que (q_2, U_2) se puede observar como dividendo, (q_1, U_1) como divisor y $p \times k$ como cociente. Lo que significa que, dividiendo la díada (q_2, U_2) entre el número real $h = p \times k$, resulta como cociente la díada homogénea (q_1, U_1), es decir, que tenemos la división diádica $(q_2, U_2) /\!/\!/ h = (q_1, U_1)$ y podemos enunciar que el cociente de una díada real (q_2, U_2) entre un número no nulo es la díada real (q_1, U_1) homogénea y tal que $(q_2, U_2) = h \circ (q_1, U_1)$. Esta operación queda establecida algebraicamente como una aplicación del conjunto producto cartesiano $\{R, U_2\} \times R$ en $\{R, U_1\}$ y mediante la relación $(q_2, U_2) /\!/ h = (q_1, U_1)$. Es una ley externa con R como operador.

Esta forma de división la podemos representar como en álgebra abstracta clásica con el inverso de $h \neq 0$, que se denota h^{-1}. Así tendremos que, si $(q_2, U_2) = h \circ (q_1, U_1)$, multiplicando por h^{-1}, resulta $h^{-1} \circ (q_2, U_2) = (h^{-1} \times h) \circ (q_1, U_1)$. Como $h^{-1} \times h = 1$, tendremos que $h^{-1} \circ (q_2, U_2) = 1 \circ (q_1, U_1) = (1 \times q_1, U_1)$. Es $1 \times q_1 = q_1$, con lo que resulta $h^{-1} \circ (q_2, U_2) = (q_1, U_1)$. Con la simbología clásica de división, hemos escrito $(q_2, U_2) /\!/ h = (q_1, U_1)$, y resulta que $(q_2, U_2) /\!/ h = h^{-1} \circ (q_2, U_2)$.

27. Definiciones y propiedades para díadas vectoriales. Todas las definiciones y propiedades anteriores se extienden a las díadas vectoriales sobre el cuerpo de los números reales o cualquier otra estructura isomorfa a él, por lo que no es necesario incluir aquí un análisis exhaustivo de la enorme casuística completa, ya que el estudio del caso concreto es enteramente análogo al desarrollado en lo que precede. En el supuesto de vectores basta distinguir las operaciones con vectores y números que correspondan a las estructuras algebraicas implicadas. Así, por ejemplo, la adición de díadas vectoriales uniformes (q_1, U) y (q_2, U), donde q_1 y q_2 sean vectores de R^3, queda definida por $(q_1, U) \oplus (q_2, U) = (q_1 + q_2, U)$, donde la adición del primer miembro es la suma de díadas vectoriales, no la suma de díadas reales, y la suma del segundo miembro es la suma de vectores de R^3, no es la suma de R. Esta operación corresponde a una aplicación del conjunto producto cartesiano $\{R^3, U\} \times \{R^3, U\}$ en $\{R^3, U\}$. La estructura del espacio vectorial R^3 sobre R garantiza que la adición diádica vectorial cumpla las propiedades conmutativa, asociativa, existencia de elemento neutro y existencia de elementos opuestos.

Otro ejemplo sería la multiplicación de una díada vectorial (q, U) tal que q sea un elemento de un espacio vectorial R^3 sobre R, por un número real k, que quedará definida por $k \circ (q, U) = (k \bullet q, U)$, donde $k \bullet q$ es el producto de un número real k por un vector q, de acuerdo con las leyes de la estructura de espacio vectorial. Aparte de este detalle, el análisis de esta operación vectorial es completamente análogo al de una díada real. Queda definida por

$k \circ (q,U) = (q,U) \circ k = (k \bullet q, U)$ y en este supuesto es una aplicación diádica de los productos cartesianos $R \times \{R^3, U\}$ o $\{R^3, U\} \times R$ en $\{R^3, U\}$. También aquí la estructura del espacio vectorial R^3 sobre R garantiza que se cumplan con R y $\{R^3, U\}$ las propiedades conmutativas, asociativas y distributivas correspondientes.

28. Definición de multiplicación de díadas enteras. Ley de composición externa generatriz. Hasta aquí hemos establecido las operaciones aditivas con cantidades de magnitudes homogéneas. Incluimos en estas el producto de un número por una díada, toda vez que esta multiplicación se reduce en cierto modo a la adición. En lo que sigue describiremos las operaciones multiplicativas, que sirven para multiplicar y dividir cantidades de magnitudes entre sí, sean homogéneas o no.

Tomemos dos díadas enteras genéricas (q_1, U) y (q_2, V), donde U y V son cantidades cualesquiera de la misma o de distintas magnitudes. Hemos definido las díadas enteras como conjuntos tales como $(q_1, U) = \{q_1 \text{ elementos } U\}$ y $(q_2, V) = \{q_2 \text{ elementos } V\}$, donde q_1 y q_2 son números enteros.

El producto cartesiano de estos dos conjuntos diremos que determina la multiplicación de las díadas indicadas y simbolizamos dicho producto con la forma $(q_1, U) * (q_2, V)$. El asterisco es el signo que usaremos para referirnos a esta operación, junto con la clásica aspa que venimos utilizando para indicar el producto cartesiano de conjuntos. De este modo tenemos que la definición de multiplicación de díadas enteras queda establecida asociando el símbolo diádico $(q_1, U) * (q_2, V)$ con el producto cartesiano de los conjuntos asociados a los factores:

$$(q_1, U) * (q_2, V) = \{q_1 \text{ elementos } U\} \times \{q_2 \text{ elementos } V\}$$

Por tanto, esta definición supone que el producto diádico $(q_1, U) * (q_2, V)$ queda establecido por la cantidad de magnitud implícita en un conjunto formado por cierto número de elementos todos iguales al mismo par (U, V). Para terminar de precisar esta cantidad, debemos averiguar cuántos elementos (U, V) incluye el conjunto $\{q_1 \text{ elementos } U\} \times \{q_2 \text{ elementos } V\}$. Está claro que este producto cartesiano se puede organizar en una matriz de q_1 filas y q_2 columnas de elementos todos iguales al par (U,V). De donde se deduce que el producto cartesiano anterior es un conjunto de $q_1 \times q_2$ elementos (U,V). Analíticamente:

$$(q_1, U) * (q_2, V) = \{q_1 \times q_2 \text{ elementos } (U,V)\}$$

(U,V) representa cierta cantidad de la magnitud que resulta de componer multiplicativamente U y V. Para dar sentido a estos pares necesitamos el postulado de afinidad. Imaginemos U y V como segmentos ideales. Su multiplicación geométrica consistiría en formar un rectángulo cuyos lados estarían determinados por los segmentos U y V. La cantidad de superficie de dicho rectángulo ideal sería la cantidad de magnitud del par (U,V). Para indicar que esa cantidad de magnitud implícita en el par (U,V) proviene de la multiplicación de las magnitudes que representan U y V, convenimos en designarla con la forma multiplicativa $U*V$.

En vista de lo anterior, debemos especificar la siguiente observación: el producto que acabamos de definir se caracteriza porque genera una magnitud distinta de las magnitudes cuyas cantidades se multiplican. En el caso de los segmentos afines, la multiplicación de longitudes genera otra magnitud, la superficie. De modo que, por el postulado de afinidad, debemos considerar que el producto de las cantidades (q_1, U) y (q_2, V) genera la cantidad implícita en $q_1 \times q_2$ elementos (U,V) o $U*V$ de la magnitud generada por la multiplicación. El símbolo que representa esta cantidad es la díada $(q_1 \times q_2, U*V)$. Este resultado queda establecido con la forma multiplicativa de la siguiente expresión analítica:

$$(q_1, U) * (q_2, V) = (q_1 \times q_2, U*V)$$

Y esta es la forma final de la definición de multiplicación de díadas enteras. Corresponde a una aplicación del conjunto producto cartesiano de los conjuntos diádicos $\{Z, U\} \times \{Z, V\}$ sobre $\{Z, U*V\}$. Las características más notables de esta operación multiplicativa son su naturaleza externa y su carácter generatriz. Es externa porque los conjuntos que compone son distintos. Es generatriz, porque genera una nueva magnitud a partir de las magnitudes con las que opera. Las leyes generatrices son propias de las magnitudes físicas y constituyen una novedad relevante para el álgebra abstracta. Hemos considerado dos factores para esta multiplicación. En el caso de tres factores la afinidad indicaría que la multiplicación de segmentos afines daría como resultado otra magnitud, el volumen. Por lo demás la forma analítica sería idéntica. Y, si se multiplicasen n factores, se tendría como nueva magnitud el hipervolumen de n dimensiones. Así, la forma analítica general sería la indicada en el apartado 30.

29. Definición de multiplicación de díadas racionales. Sean dos díadas racionales homogéneas o no $(a/b, U)$ y $(c/d, V)$, con a, b, c y d números enteros de Z, b y d no nulos:

$(a/b, U) = \{a$ elementos $U_b\}$ y $U = \{b$ elementos $U_b\} = (b, U_b)$
$(c/d, V) = \{c$ elementos $V_d\}$ y $V = \{d$ elementos $V_d\} = (d, V_d)$

Como con las díadas enteras, definimos la multiplicación de díadas racionales $(a/b, U) * (c/d, V)$ como la cantidad de magnitud implícita en el conjunto producto cartesiano de los conjuntos definidos por esas díadas, $\{a$ elementos $U_b\} \times \{c$ elementos $V_d\}$. Estos conjuntos funcionan como díadas enteras, por tanto, el producto $\{a$ elementos $U_b\} \times \{c$ elementos $V_d\}$ es el conjunto $\{a \times c$ elementos $(U_b, V_d)\}$. La aplicación del postulado de afinidad nos lleva, como en el caso anterior, a indicar cada par de elementos con $(U_b, V_d) = U_b * V_d$. Es decir, consideramos que $U_b * V_d$ sea la superficie de un rectángulo ideal cuyos lados son U_b y V_d. Ahora bien, $U = (b, U_b)$ y $V = (d, V_d)$, o lo que es igual, por la multiplicación de díadas enteras por un número entero, $U = b \circ U_b$ y $V = d \circ V_d$. Recordemos que $U_b * V_d$ representa la superficie ideal de un rectángulo afín de lados U_b y V_d. Por geometría, sabemos que el área del rectángulo ideal $U * V$ es $b \times d$ veces la superficie de $U_b * V_d$, por lo que, dada la afinidad postulada, podemos asegurar que $U * V = (b \times d) \circ (U_b * V_d)$. La forma divisiva de esta expresión es $U_b * V_d = (U * V) /\!/ (b \times d)$. Así tenemos:

$(a/b, U) * (c/d, V) = \{a \times c$ elementos $(U_b, V_d)\} = (a \times c, (U_b, V_d)) =$
$= (a \times c, U_b * V_d) = (a \times c, (U * V) /\!/ (b \times d)) = (a \times c / (b \times d), U * V)$

La última igualdad $(a\times c, (U*V)/\!/(b\times d)) = (a\times c/(b\times d), U*V)$ es consecuencia de la propiedad correspondiente descrita en el apartado 17, por la que resulta la misma cantidad de magnitud al dividir solo el primario o solo el secundario de una díada por el mismo número. En estas condiciones, ya podemos formular la definición final de la multiplicación de díadas racionales:

$$(a/b, U)*(c/d, V) = (a\times c/(b\times d), U*V)$$

Como $a\times c/(b\times d)$ es el producto en Q de los racionales a/b y c/d, es lícito formular la definición abstracta de la multiplicación de díadas racionales, expresando que, dadas dos díadas (q_1, U) y (q_2, V), siendo q_1 y q_2 elementos de Q, el producto diádico queda definido por la expresión:

$$(q_1, U)*(q_2, V) = (q_1\times q_2, U*V)$$

Esta forma analítica abstracta coincide con la obtenida para la multiplicación de díadas enteras, lo que autoriza a generalizar la misma definición a los números reales.

30. Definición genérica de multiplicación diádica. Ley de composición externa generatriz. Hemos recordado en el apartado 23 que los irracionales, en esencia, son límites de sucesiones de números racionales y que estos límites tienen estructura de cuerpo. Además, en la práctica, todo irracional de R siempre es posible aproximarlo a un número racional con la precisión que se desee. Luego, también aquí los racionales son el fundamento que justifica las operaciones diádicas multiplicativas y sus propiedades, porque lo establecido para los números racionales es válido para cualquier número real.

En estas condiciones, es inmediata la definición general para R de multiplicación diádica:

Dadas n díadas cualesquiera $(q_1, U_1), (q_2, U_2), \dots, (q_n, U_n)$, con $q_1, q_2, \dots, q_n$ elementos de R o, en abstracto, de cualquier otro cuerpo K, y sean n cantidades arbitrarias $U_1, U_2, \dots, U_n$ de cualesquiera magnitudes, se define la multiplicación diádica por la expresión:

$$(q_1, U_1)*(q_2, U_2)* \dots *(q_n, U_n) = (q_1\times q_2\times \dots \times q_n, U_1*U_2* \dots *U_n)$$

Hemos visto que estas leyes de composición tienen carácter externo y generatriz, lo que se evidencia por la naturaleza de la aplicación que definen, entre el conjunto producto cartesiano $\{K,U_1\}\times\{K,U_2\}\times\ldots\times\{K,U_n\}$ sobre $\{K,U_1*U_2*\ldots*U_n\}$. Salta a la vista que el conjunto diádico $\{K,U_1*U_2*\ldots*U_n\}$ es diferente de todos los miembros del producto cartesiano, incluso aunque los conjuntos $\{K,U_i\}$ sean el mismo. Por tanto, esta ley de composición será siempre externa y generatriz.

31. Propiedades de la multiplicación diádica. Sean dos díadas cualesquiera (q_1,U_1) y (q_2,U_2), siendo q_1 y q_2 escalares o vectoriales. El postulado de afinidad nos indica que las superficies de los rectángulos ideales U_1*U_2 y U_2*U_1 son iguales o equivalentes en sentido geométrico, por tanto, se puede admitir $U_1*U_2=U_2*U_1$, y con ello resulta que, partiendo de la definición genérica de multiplicación de díadas, si los primarios q_1 y q_2 pertenecen a una estructura algebraica con multiplicación conmutativa, tenemos:

$$(q_1,U_1)*(q_2,U_2)=(q_1\times q_2,U_1*U_2)=(q_2\times q_1,U_2*U_1)=(q_2,U_2)*(q_1,U_1);$$
$$\text{Luego, } (q_1,U_1)*(q_2,U_2)=(q_2,U_2)*(q_1,U_1)$$

Se acredita así que, si los primarios q_1 y q_2 pertenecen a una estructura algebraica con multiplicación conmutativa, la multiplicación de díadas entre sí también será conmutativa. Lo mismo sucede con la propiedad asociativa. Así, dadas tres díadas cualesquiera (q_1,U_1), (q_2,U_2) y (q_3,U_3), tomemos el producto $[(q_1,U_1)*(q_2,U_2)]*(q_3,U_3)$. Como es habitual, los corchetes indican la preferencia de orden en las multiplicaciones indicadas. Podemos imaginar un volumen geométrico afín $U_1*U_2*U_3$, de dimensiones U_1, U_2 y U_3. La geometría nos garantiza que no importa cómo se asocien las dimensiones, el volumen resultante siempre será el mismo. Esto significa que $(U_1*U_2)*U_3=U_1*(U_2*U_3)$, dado el postulado de afinidad. Si los primarios q_1, q_2 y q_3 pertenecen a una estructura algebraica con multiplicación asociativa, tendremos:

$$[(q_1,U_1)*(q_2,U_2)]*(q_3,U_3)=(q_1\times q_2,U_1*U_2)*(q_3,U_3)=$$
$$=((q_1\times q_2)\times q_3,(U_1*U_2)*U_3)=(q_1\times(q_2\times q_3),U_1*(U_2*U_3))=$$
$$=(q_1,U_1)*[(q_2,U_2)]*(q_3,U_3)];$$
$$\text{Luego, } [(q_1,U_1)*(q_2,U_2)]*(q_3,U_3)=(q_1,U_1)*[(q_2,U_2)]*(q_3,U_3)]$$

En conclusión, si los primarios q_1, q_2 y q_3 pertenecen a una estructura algebraica con multiplicación asociativa, la multiplicación diádica también es asociativa.

Veamos a continuación la propiedad distributiva de la multiplicación sobre la adición del álgebra diádica. Tomemos tres díadas cualesquiera (q_1, U_1), (q_2, U_2) y (q_3, U_2). Resolvamos la expresión $(q_1, U_1) * [(q_2, U_2) \oplus (q_3, U_2)]$. La definición de adición nos da $(q_2, U_2) \oplus (q_3, U_2) = (q_2 + q_3, U_2)$. Suponemos previamente reducidos los sumandos a díadas uniformes. Sustituyendo y aplicando la definición de multiplicación diádica:

$$(q_1, U_1) * [(q_2, U_2) \oplus (q_3, U_2)] = (q_1, U_1) * (q_2 + q_3, U_2);$$
$$\text{y } (q_1, U_1) * (q_2 + q_3, U_2) = (q_1 \times (q_2 + q_3), U_1 * U_2)$$

Si q_1, q_2 y q_3 son elementos de una estructura algebraica que verifique la propiedad distributiva del producto sobre la adición, se cumplirá $q_1 \times (q_2 + q_3) = q_1 \times q_2 + q_1 \times q_3$. Sustituyendo y operando:

$$(q_1 \times (q_2 + q_3), U_1 * U_2) = (q_1 \times q_2 + q_1 \times q_3, U_1 * U_2);$$
$$(q_1 \times q_2 + q_1 \times q_3, U_1 * U_2) = (q_1 \times q_2, U_1 * U_2) \oplus (q_1 \times q_3, U_1 * U_2);$$
$$(q_1 \times q_2, U_1 * U_2) \oplus (q_1 \times q_3, U_1 * U_2) = [(q_1, U_1) * (q_2, U_2)] \oplus [(q_1, U_1) * (q_3, U_2)]$$

Los miembros primero y último de las igualdades anteriores reflejan la propiedad distributiva de la multiplicación diádica sobre la adición de díadas uniformes:

$$(q_1, U_1) * [(q_2, U_2) \oplus (q_3, U_2)] = [(q_1, U_1) * (q_2, U_2)] \oplus [(q_1, U_1) * (q_3, U_2)]$$

32. Inexistencia de elemento unitario para la multiplicación diádica. En álgebra abstracta, en un conjunto en que esté definida una ley de composición interna multiplicativa, se define el elemento unitario u por la izquierda como el elemento neutro tal que para todo q perteneciente al conjunto se tenga que $u \times q = q$. Si la operación es conmutativa, también se verificará que u es elemento unitario por la derecha, con lo cual $u \times q = q \times u = q$. Observemos que el elemento unitario está definido para leyes de composición internas. Sin embargo, la multiplicación diádica hemos visto en el apartado 27 que es una ley de composición externa generatriz. Con lo cual, si tomamos un conjunto diádico cualquiera $\{K, U\}$ sobre un cuerpo K y consideramos la cantidad de magnitud dada por U, si suponemos que existe una cantidad $U_u \in \{K, U\}$, no uniforme con U, tal que $U * U_u = U$, resultaría $U * U_u$ no se refiere a la misma magnitud que U, por definición de multiplicación diádica, por lo que $U * U_u$ no pertenecería al conjunto $\{K, U\}$. Por tanto, por un lado, U sería elemento de $\{K, U\}$ y, por otro, $U = U * U_u$ indicaría una magnitud distinta de U, lo cual es absurdo y así resulta que la hipótesis de existencia de $U_u \in \{K, U\}$ es imposible. No puede existir tal elemento unitario.

Este razonamiento es suficiente para probar la no existencia de elemento unitario multiplicativo en $\{K, U\}$. Pero, dada la importancia de este análisis, discurramos sobre una díada genérica (q, U) del conjunto diádico $\{K, U\}$ sobre un cuerpo K. Supongamos que exista una cantidad indicada por la díada $(q_u, U_u) \in \{K, U\}$ tal que $(q, U) * (q_u, U_u) = (q, U)$. Por definición de multiplicación, se verificaría $(q, U) * (q_u, U_u) = (q \times q_u, U * U_u)$. Como antes, por un lado, (q, U) sería elemento de $\{K, U\}$ y, por otro, $(q, U) = (q, U) * (q_u, U_u)$ indicaría una magnitud distinta de (q, U), lo cual es absurdo y así resulta que la hipótesis de existencia de $(q_u, U_u) \in \{K, U\}$ es imposible. No puede existir tal elemento unitario.

33. Inexistencia de elementos inversos para la multiplicación diádica. Dado un conjunto diádico cualquiera $\{K, U\}$, donde K sea una estructura algebraica con operación multiplicativa, acabamos de comprobar que $\{K, U\}$ no contiene elemento unitario, por tanto, tampoco puede albergar los elementos inversos de cualquier díada (q, U), porque ninguna díada de $\{K, U\}$ multiplicada por (q, U) puede dar como resultado un elemento unitario que pertenezca a $\{K, U\}$, ya que no existe tal cosa, como se ha probado en el apartado 32.

34. División entre entes diádicos no homogéneos. Como en los conjuntos diádicos cerrados no existen los elementos inversos multiplicativos, entendemos que no resultaría acertado utilizar la notación clásica con forma de multiplicación por el inverso del divisor para definir la división, porque ello podría transmitir la idea falsa de que dichos inversos existirían.

Por consiguiente, empezaremos por definir la división con forma de fracción. Para ello, sean dos díadas cualesquiera (q_1, U_1) y (q_2, U_2). Tomemos su producto $(q_1, U_1) * (q_2, U_2) = (q_1 \times q_2, U_1 * U_2)$. Para transformar esta expresión multiplicativa a una forma divisiva, basta, por ejemplo, considerar $(q_1 \times q_2, U_1 * U_2)$ como dividendo, (q_2, U_2) como divisor y (q_1, U_1) como cociente. Obviamente, también se podría tomar (q_1, U_1) como divisor y (q_2, U_2) como cociente.

En el primer caso, podemos escribir la expresión divisiva con la forma dada por $(q_1 \times q_2, U_1 * U_2) /\!/ (q_2, U_2) = (q_1, U_1)$. Analicemos los significados implícitos en la díada $(q_1 \times q_2, U_1 * U_2)$ de esta igualdad. El producto $q_1 \times q_2$ del primario se puede observar como un dividendo y cada uno de los factores q_1 y q_2 como divisores o cocientes. Así podemos extraer las dos formas divisivas $q_1 \times q_2 / q_1 = q_2$ y $q_1 \times q_2 / q_2 = q_1$. A su vez, el producto diádico $U_1 * U_2$ del secundario se puede tomar como un dividendo y sus factores U_1 y U_2 como divisores o cocientes.

De este modo tan simple llegamos a las dos divisiones $U_1 * U_2 /\!/ U_1 = U_2$ y $U_1 * U_2 /\!/ U_2 = U_1$. No será preciso estar repitiendo constantemente que los divisores o denominadores no pueden ser nulos cuando hablamos de operaciones divisivas. Es importante observar que esas cuatro divisiones anteriores nos legitiman para poder operar simplificando los elementos repetidos en los numeradores y denominadores de las fracciones así formadas. Esta regla es la que se aplica mecánicamente desde el colegio y así es como se fundamenta tanto para números como para cantidades de magnitudes. En conclusión, podemos establecer que la división de dos díadas no homogéneas es otra díada cuyo primario es el cociente de los primarios y cuyo secundario es el cociente de los secundarios de dividendo y divisor.

Lo que precede nos pone en disposición de definir genéricamente la división de díadas. Para ello, tomemos dos díadas (q_1, U_1) y (q_2, U_2). Su cociente diádico queda definido así:

$$(q_1, U_1) /\!/ (q_2, U_2) = (q_1 / q_2, U_1 /\!/ U_2)$$

En el apartado 26 se describió la división de díadas homogéneas en el ámbito de la multiplicación de un número por una díada. Comprobamos que el resultado allí obtenido también cumple la definición anterior, concebida para díadas no homogéneas. Por tanto, aunque por motivos algebraicos diferentes, resulta que esta última definición también es formalmente válida para díadas homogéneas y se convierte en genérica.

Obviamente, si los elementos del primario pertenecen a un cuerpo K, se podrá expresar su cociente como el producto del dividendo por el inverso del divisor, esto es, se tendrá $q_1/q_2 = q_1 \times q_2^{-1}$. Sin embargo, en el caso del secundario no puede ser así estrictamente, porque hemos demostrado en el apartado 33 que no existen los elementos inversos de las díadas. En todo caso, si por mantener la estructura formal se quiere insistir en la notación exponencial, se puede simbolizar $U_1 /\!/ U_2 = U_1 * U_2^{-1}$, cambiando la simbología divisiva por la multiplicativa, pero en rigor habría que tener en cuenta que este producto diádico no existe algebraicamente, solo es simbólico, de modo que a $U_1 * U_2^{-1}$ es preciso signarlo el significado de la división diádica $U_1 /\!/ U_2$. No se puede concebir aislado ningún inverso U_2^{-1}, como en las leyes de composición internas.

35. Potencias y raíces. Exponentes negativos. En esta materia debe prestarse especial cuidado para respetar la condición externa y generatriz de la multiplicación diádica. Así, de acuerdo con lo advertido en el punto anterior, los exponentes negativos aislados quedan excluidos de la potenciación y de la radicación, porque ningún exponente negativo tiene sentido por sí solo en el ámbito de la multiplicación diádica. Por lo demás, no hay problema en relacionar la potenciación y la radicación mediante la notación clásica, de modo que, dada una díada cualquiera (q, U) y un racional a/b, con a y b enteros positivos no nulos de Z. Sea U_b tal que $U = U_b^b = U_b * U_b * \ldots * U_b$, con b factores. Si U_b representa una longitud afín, U representará un volumen afín de b dimensiones. Podemos formular con coherencia la siguiente definición:

$$(q, U)^{\frac{a}{b}} = \left(\sqrt[b]{q^a}, \left(\sqrt[b]{U} \right)^a \right) = \left(\sqrt[b]{q^a}, U_b^{\,a} \right) \; ; \; U_b = \sqrt[b]{U}$$

Esta notación se ajusta a la definición de multiplicación diádica del apartado 30 y con ello $(q,U)^{a/b}$ y $U^{a/b}$ resultan asociados a volúmenes afines de $a \times b$ dimensiones.

Por lo que se refiere a los exponente negativos en general, solo pueden tener sentido si están asociados a otra cantidad, por lo que carecen de significado si se les considera aislados. Por tanto, no se podrá escribir con propiedad la forma U^{-x}, con $x>0$, pero sí $U^{-x} * V$, siendo V cualquier otra cantidad, con el significado dado por el cociente $U^{-x} * V = V /\!/ U^x$. En cambio, no tendría sentido la expresión $U^{-x} /\!/ V$, porque no puede existir W tal que $W * V = U^{-x}$. Pero sí tendría sentido el cociente $V /\!/ U^{-x}$, porque se podría formar un producto $W * U^{-x} = W /\!/ U^x = V$, con $V * U^x = W$.

36. Estructura algebraica diádica. Recopilando las operaciones definidas en esta síntesis, observamos en primer lugar que cualquier conjunto diádico $\{K, U, \oplus\}$ construido sobre un cuerpo K para la magnitud que corresponda a U, dotado de la adición diádica aditiva, presenta estructura de grupo aditivo abeliano. Y, añadiendo a este grupo la multiplicación externa de toda díada por cualquier elemento de K, este grupo $\{K, U, \oplus, \circ\}$ adquiere la estructura de espacio vectorial sobre K. Analicemos esta estructura desde el punto de vista de la afinidad con el conjunto de los segmentos geométricos. Este conjunto no es sino un caso concreto y fundamental de conjunto diádico en el que la magnitud integrante es la longitud. Se podría representar $\{R, m\}$, donde m es el metro patrón. Sin embargo, aquí lo vamos a distinguir como el conjunto de todos los segmentos geométricos, para señalar a la longitud como la magnitud fundamental, la que es la base de la afinidad con todas las demás y su naturaleza geométrica.

Tomemos el conjunto de todos los segmentos geométricos $\{S\}$. La adición de segmentos, que podemos indicar «$\oplus_S$», queda definida en geometría por la operación denominada yuxtaposición de los sumandos. Esto significa que la adición geométrica de dos segmentos dados es el segmento que resulta de llevar sobre una recta y uno a continuación del otro, si ambos son positivos, en sentido opuesto entre sí, si uno es positivo y el otro negativo, o ambos en sentido opuesto si los dos sumandos son negativos. Definida así la yuxtaposición, la adición geométrica de segmentos es elemental comprobar que dota al conjunto $\{S,\oplus_S\}$ de estructura de grupo conmutativo. Esta adición es conmutativa, asociativa, tiene elemento nulo S_0, que es el segmento formado por un solo punto, y todo segmento S tiene su opuesto $-S$, que es el segmento que se suma en sentido opuesto al definido para la adición, con lo cual $S \oplus_S (-S) = S_0$.

Es oportuno aquí recordar la definición de isomorfismo, que el álgebra abstracta indica una aplicación biyectiva ϕ entre un conjunto $\{E,\top\}$ y otro $\{F,\bot\}$, donde «⊤» y «⊥» son sendas leyes de composición internas en E y F, de modo que ϕ es tal que para todo par de elementos a y b de $\{E,\top\}$ se verifica que $\phi(a\top b)=\phi(a)\bot\phi(b)$, lo que en términos simples significa que ϕ conserva la estructura operacional. El isomorfismo se suele indicar $\{E,\top\} \simeq \{F,\bot\}$. Es inmediato comprobar que, si $\{E,\top\}$ y $\{F,\bot\}$ tienen estructura de grupo, el isomorfismo no solo mantiene la operación, sino también los elementos neutro y los simétricos. Es decir, si e es el elemento nulo de E, $\phi(e)$ es el elemento neutro de F; y, si a' es el elemento simétrico de a, entonces, $\phi(a')=[\phi(a)]'$, la imagen del simétrico es el simétrico de la imagen.

Para lo que sigue, restringimos el cuerpo K al conjunto de los números reales R, porque las operaciones geométricas ordinarias solo encajan con esta estructura, aunque en abstracto se podría generalizar fácilmente a cualquier cuerpo K. Definamos la correspondencia ϕ que predice el postulado de afinidad entre $\{R,U,\oplus\}$ y $\{S,\oplus_S\}$. Luego veamos si cumple la condición de isomorfismo. Para ello, tomemos una díada cualquiera (q,U) y sea $\phi(U)=S_U$, elemento de $\{S,\oplus_S\}$ distinto del segmento nulo S_0. Establezcamos la aplicación definida por la expresión $\phi(q,U)=q\circ_S S_U$, donde «$\circ_S$» indica la operación geométrica que consiste en multiplicar un segmento por un número real, que se basa en las operaciones de dividir un segmento en partes iguales, problema elemental, y en la adición de segmentos por yuxtaposición, también básico, para que un segmento se pueda multiplicar por cualquier número racional y, por extensión, por cualquier número real, como hemos hecho en lo que precede con las cantidades de magnitudes en general, que es valido también para los segmentos, pues un segmento no es sino una cantidad de longitud, como ya se ha indicado. En todo caso, debemos comprobar que la aplicación ϕ sea biyectiva. Veamos en primer lugar la inyección o aplicación *uno a uno* y comprobemos si todo elemento de $\{S,\oplus_S\}$ es imagen de *a lo más* un elemento de $\{R,U,\oplus\}$. Para ello, tomemos dos díadas (q_1,U) y (q_2,U). Sus imágenes son $\phi(q_1,U)=q_1\circ_S S_U$ y $\phi(q_2,U)=q_2\circ_S S_U$. Si postulamos la igualdad $\phi(q_1,U)=\phi(q_2,U)$, se verificará $q_1\circ_S S_U=q_2\circ_S S_U$. Sumemos a ambos miembros el opuesto $-q_2\circ_S S_U$. Operando, tendremos fácilmente que $(q_1-q_2)\circ_S S_U=S_0$. El segmento del primer miembro solo puede ser igual al segmento nulo si $q_1-q_2=0$, porque S_U es distinto de S_0 por hipótesis. Por tanto, ha de ser $q_1=q_2$ y así $(q_1,U)=(q_2,U)$ y la aplicación ϕ definida por $\phi(q,U)=q\circ_S S_U$ es inyectiva o *uno a uno*. Veamos si es suprayectiva o *sobre*.

Comprobemos si todo elemento de $\{S,\oplus_S\}$ es imagen de *al menos* un elemento de $\{R,U,\oplus\}$. Sea S un elemento cualquiera de $\{S,\oplus_S\}$. La geometría garantiza que exista un número real q tal que $q\circ_S S_U=S$. Por definición de ϕ tenemos que $\phi(q,U)=q\circ_S S_U$. Luego, resulta $\phi(q,U)=S$. Por tanto, para todo segmento S de $\{S,\oplus_S\}$ existe el elemento (q,U) de $\{R,U,\oplus\}$ tal que $q\circ_S S_U=S$, que es imagen de (q,U). Luego, la aplicación ϕ es suprayectiva o *sobre*. Siendo ϕ *uno a uno* y *sobre*, es una biyección, como pretendíamos comprobar.

Ahora busquemos la imagen dada por $\phi[(q_1,U)\oplus(q_2,U)]$. Sean dos díadas uniformes cualesquiera (q_1,U) y (q_2,U) de $\{R,U,\oplus\}$. Si no fueran uniformes, bastaría con aplicar el axioma de continuidad para reducirlas a la uniformidad. Tenemos que $\phi[(q_1,U)\oplus(q_2,U)]=\phi[(q_1+q_2,U)]=(q_1+q_2)\circ_S S_U$. Sabemos por la geometría que la multiplicación de un segmento por números reales es distributiva, luego, $(q_1+q_2)\circ_S S_U=q_1\circ_S S_U\oplus_S q_2\circ_S S_U$. Es obvio que, por definición de ϕ, es $q_1\circ_S S_U=\phi(q_1,U)$ y $q_2\circ_S S_U=\phi(q_2,U)$. Luego, $\phi[(q_1,U)\oplus(q_2,U)]=\phi(q_1,U)\oplus_S\phi(q_2,U)$, lo que significa que ϕ es un isomorfismo entre los grupos aditivos $\{R,U,\oplus\}$ y $\{S,\oplus_S\}$.

De la misma manera se comprueba que ϕ es un isomorfismo entre los espacios vectoriales $\{R,U,\oplus,\circ\}$ y $\{S,\oplus_S,\circ_S\}$ sobre R como dominio de operadores. Para ello, tomemos una díada cualquiera (q,U) perteneciente a $\{R,U,\oplus,\circ\}$ y un número real λ de R. Busquemos la imagen $\phi[\lambda\circ(q,U)]$. Es inmediato observar que $\lambda\circ(q,U)=(\lambda\times q,U)$. Por definición de ϕ, tenemos fácilmente $\phi[\lambda\circ(q,U)]=\phi(\lambda\times q,U)=(\lambda\times q)\circ_S S_U$. Las propiedades del espacio vectorial $\{S,\oplus_S,\circ_S\}$ permiten poner $(\lambda\times q)\circ_S S_U=\lambda\circ_S(q\circ_S S_U)$ y, por tanto, $\lambda\circ_S(q\circ_S S_U)=\lambda\circ_S\phi(q,U)$ y $\phi[\lambda\circ(q,U)]=\lambda\circ_S\phi(q,U)$. Por tanto, ϕ conserva en ambas estructuras la multiplicación por un escalar de R y con ello, como hemos visto que también conserva la adición, concluimos que las estructuras $\{R,U,\oplus,\circ\}$ y $\{S,\oplus_S,\circ_S\}$ son isomorfas.

Analicemos a continuación los conjuntos diádicos dotados de estructura multiplicativa $\{R,U,V,*\}$, donde U y V indican cantidades de magnitudes cualesquiera que no tienen por qué ser homogéneas y la notación $\{R,U,V,*\}$ indica el conjunto diádico $\{R,U\}\cup\{R,V\}\cup\{R,U*V\}$, con la multiplicación diádica ya definida «$*$», que relaciona los elementos de este conjunto con la definición $(q_1,U)*(q_2,V)=(q_1\times q_2,U*V)$. Veamos su relación con el conjunto de los segmentos geométricos con su propia multiplicación $\{S,*_S\}$, que representa el conjunto $\{S\}\cup\{S*_S S\}$, unión del conjunto de todos los segmentos y de todas las áreas. Análogamente, con tres segmentos se tendrían volúmenes y con más dimensiones multiplicativas hipervolúmenes. Por afinidad hemos inspirado la multiplicación diádica en la geométrica, resultando así que, en ambos casos, no existen los elementos unitarios ni inversos dentro de los conjuntos $\{R,U\}$, $\{R,V\}$ ni $\{S\}$, como justificamos en los apartados 32 y 33.

Veamos si nos sirve la misma función ϕ definida anteriormente para establecer entre los conjuntos $\{R,U,V,*\}$ y $\{S,*_S\}$ una correspondencia válida. Busquemos la imagen por ϕ de la díada representada por $(q_1,U)*(q_2,V)$, es decir, analicemos el elemento $\phi[(q_1,U)*(q_2,V)]$, que no es más que la imagen por ϕ de una díada simbolizada $(q_1,U)*(q_2,V)$, que es una expresión multiplicativa de otras dos. Por definición de multiplicación diádica, se tendrá enseguida $\phi[(q_1,U)*(q_2,V)]=\phi(q_{1\times 2}, U*V)$. Si observamos $(q_{1\times 2}, U*V)$ como una díada cualquiera formada por un elemento de R y una cantidad de magnitud dada por $U*V$, podemos concluir que $\phi(q_{1\times 2}, U*V)=(q_1\times q_2)\circ_S(S_U*_S S_V)$, donde $S_U=\phi(U)$ y $S_V=\phi(V)$. Sabemos por geometría que el área de un rectángulo de lados $q_1\circ_S S_U$ y $q_2\circ_S S_V$ es $q_1\times q_2$ veces el área de un rectángulo con dimensiones S_U y S_V. Esto lo podemos expresar analíticamente con la ecuación $(q_1\times q_2)\circ_S(S_U*_S S_V)=(q_1\circ_S S_U)*_S(q_2\circ_S S_V)$. Por definición de ϕ, tenemos $(q_1\circ_S S_U)=\phi(q_1,U)$ y $(q_2\circ_S S_V)=\phi(q_2,V)$. En conclusión, $\phi[(q_1,U)*(q_2,V)]=\phi(q_1,U)*_S\phi(q_2,V)$.

Este resultado nos revela que la correspondencia entre los conjuntos $\{R,U,V,*\}$ y $\{S,*_S\}$, tal como están definidos, mantiene la operación multiplicativa, aun siendo externa y generatriz. Sin embargo, el supuesto isomorfismo entre el conjunto $\{R,U,V,*\}$ y $\{R,\times\}$ no puede establecerse como es debido, porque estas multiplicaciones son heterogéneas, la de $\{R,\times\}$ es interna y la de $\{R,U,V,*\}$ es externa generatriz. No obstante, a efectos teóricos podemos investigar la función ϕ_R, entre $\{R,U,V,*\}$ y $\{R,\times\}$ tal que $\phi_R(q,U)=q$. Esta función es evidente que pierde toda la información de la parte dimensional de la díada (q,U), porque se olvida por completo de U, pero es lo que implica el isomorfismo presumido entre las magnitudes y los números reales. En estas condiciones, busquemos la imagen dada por:

$$\phi_R[(q_1,U)*(q_2,V)]=\phi_R(q_1\times q_2, U*V)=q_1\times q_2=\phi_R(q_1,U)\times(q_2,V)$$

En conclusión, aunque ϕ_R cumple la condición de isomorfismo, porque conserva la operación multiplicativa, no es capaz de reflejar la esencia de la multiplicación de magnitudes, que es su naturaleza externa y su poder generador de nuevas magnitudes, por lo que, no siendo homogéneas las estructuras $\{R,U,V,*\}$ y $\{R,\times\}$, no se puede definir propiamente entre ellas un isomorfismo estricto. Por consiguiente, la función ϕ_R no puede considerarse válida para establecer un álgebra de magnitudes. El verdadero isomorfismo es el establecido por ϕ, tal como se ha definido antes entre las estructuras algebraicas $\{R,U,V,*\}$ y $\{S,*_S\}$.

Así queda además de manifiesto el significado algebraico del postulado de afinidad, porque observamos que las leyes de composición definidas confieren a los conjuntos diádicos genéricos una estructura propia, isomorfa de grupos para las operaciones aditivas, la interna «⊕» y la externa «°», y con la especialidad isomorfa de las multiplicativas externas generatrices «*», en relación con la estructura de los segmentos geométricos. Estas estructuras genéricas, que notamos en extracto $\{S, \oplus_S, °_S, *_S\}$ y $\{K, U_1, U_2, \ldots, U_n, \oplus, °, *\}$, las denominaremos en pareja álgebra diádica de magnitudes.

37. Clases de equivalencia y relaciones de orden en los conjuntos de cantidades de magnitudes. Formemos el conjunto $M = \{m\}$, que representa el repertorio completo de todas las cantidades posibles m de la magnitud considerada. Con esta notación, cualquier díada (q, U) se identifica con algún elemento m.

Tomemos dos díadas homogéneas (q_1, U_1) y (q_2, U_2). Hemos definido la igualdad diádica con la condición de que las dos contengan implícita la misma cantidad de magnitud. Si las díadas anteriores son iguales, escribiremos $(q_1, U_1) = (q_2, U_2)$. Hemos establecido que $(q_1, U_1) = q_1 ° U_1$ y $(q_2, U_2) = q_2 ° U_2$. Luego, es $q_1 ° U_1 = q_2 ° U_2$, conque q_1 es el cociente entre $q_2 ° U_2$ y U_1, lo que hemos notado divisivamente $q_1 = q_2 ° U_2 /\!/ U_1$. Multiplicando ambos miembros q_2^{-1}, tenemos $q_1 \times q_2^{-1} = U_2 /\!/ U_1$. O en forma divisiva, $q_1 / q_2 = U_2 /\!/ U_1$. Es decir, dadas dos díadas homogéneas, la razón de los primarios es el inverso de la razón de los secundarios.

Tomemos el conjunto $D = \{(q, U)\}$ o conjunto de todas las díadas (q, U) de una magnitud cualquiera, con $q \in R$ y $U \in M$. D también se puede concebir como los productos cartesianos $R \times \{U\}$ o $R \times M$. Y de modo análogo para las díadas vectoriales. En todo caso, en D encontraremos idealmente todas las díadas posibles que pueden formarse para representar las cantidades de la magnitud dada.

Diremos que dos díadas (q_1, U_1) y (q_2, U_2) son equivalentes, si sus elementos verifican la ecuación $q_1 / q_2 = U_2 /\!/ U_1$ y escribiremos $(q_1, U_1) \sim (q_2, U_2)$ o, si se prefiere, $(q_1, U_1) = (q_2, U_2)$. Nótese, que este signo de igualdad no significa igualdad numérica, como ocurre con las expresiones algebraicas comunes, sino igualdad de cantidades de magnitudes, que son innúmeras. Es fácil concluir que la relación así definida verifica las propiedades reflexiva, simétrica y transitiva, por lo que es una relación de equivalencia. Es un subconjunto del producto cartesiano D×D y establece en el conjunto D una clasificación de las díadas $\{(q,U)\}$ de D en todas sus clases y la correspondiente partición de este conjunto. Como toda relación de equivalencia, la partición en clases del conjunto D tiene como significado que cada cantidad de magnitud m de M puede indicarse por un elemento cualquiera de la clase correspondiente, lo que se puede indicar $m=[(q,U)]$. En términos analíticos esto equivale a la siguiente definición:

$$m=[(q,U)]=\{\text{todas las díadas }(x,X)\text{ tales que }q/x=X/\!/U\}$$

Formando el conjunto cuyos elementos sean todas las clases de equivalencia $\{[(q,U)]\}$ en D con «~», habremos llegado a la definición de M como el conjunto de clases de díadas equivalentes $M=\{[(q,U)]\}$. Así resulta que M es la partición que corresponde al conjunto cociente de D en función de la relación de equivalencia «~», lo que en álgebra se escribe $D/\!\sim\, =M$.

En resumen, una cantidad de magnitud m queda definida por determinada clase de equivalencia $[(q,U)]$ del conjunto D de todas las díadas. A su vez, el conjunto de todas las clases $\{[(q,U)]\}$, que es una partición de D, establecida por la relación de equivalencia «~», es por definición el conjunto $M=\{m\}=\{[(q,U)]\}$ de todas las cantidades m y clases de equivalencia diádica de la magnitud dada. Debemos observar que la definición de igualdad diádica es sinónimo de la relación de equivalencia «~» definida en D. La igualdad de díadas no exige que sus primarios y secundarios coincidan, sino que supone la pertenencia a la misma clase de equivalencia. Obviamente, como caso particular, la propiedad reflexiva garantiza que dos díadas con los mismos primarios y secundarios sean iguales, porque pertenecen a la misma clase. Veamos cómo podemos caracterizar analíticamente en R las clases de equivalencia del conjunto D. Para ello, observemos que el axioma de continuidad garantiza que cualquier unidad U' se pueda expresar en función de otra única dada U mediante el producto $y \circ U = U'$, siendo y un número real. Por tanto, cualquier díada (x, U') se podrá expresar con la forma $(x, y \circ U)$ y el conjunto D de todas las díadas quedará formado con una sola unidad U mediante pares numéricos (x, y) con $D = \{(x, y \circ U)\}$. Es fácil comprobar que las díadas $(x, y \circ U)$ tales que $x \times y = h$, siendo h un número real cualquiera, son equivalentes. En efecto, tomemos las díadas $(x_1, y_1 \circ U)$ y $(x_2, y_2 \circ U)$ e hilemos el siguiente razonamiento:

$$\frac{x_1}{x_2} = \frac{\frac{h}{y_1}}{\frac{h}{y_2}} = \frac{y_2}{y_1} = \frac{y_2 \circ U}{y_1 \circ U}$$

Por tanto, la razón de los primarios es la inversa de la razón de los secundarios, conque las díadas $(x_1, y_1 \circ U)$ y $(x_2, y_2 \circ U)$ satisfacen la condición de equivalencia y pertenecen a la misma clase. Como resulta que ha de verificarse por hipótesis inicial que $x \times y = h$, tenemos que x e y están relacionados por la función $y = h/x$. Si trasladamos esta función a un sistema cartesiano, para cada valor de $h \in R$, la función $y = h/x$ quedará representada gráficamente por una hipérbola o función de proporcionalidad inversa. Luego, la forma gráfica de la partición en clases de equivalencia establecida en $D = \{x, U'\} = \{(x, y \circ U)\}$ es un conjunto de infinitas hipérbolas asociadas cada una de ellas a su valor correspondiente $h \in R$. Cada hipérbola indica un conjunto de díadas equivalentes entre sí, constitutivas de la partición de D cuyas clases son los elementos del conjunto cociente antes definido.

Pasemos a continuación a definir la relación de orden «menor o igual que», indicada «≤», para los elementos de M. El criterio que ha de satisfacer esta relación, para dos díadas cualesquiera (q_1, U_1) y (q_2, U_2) será, por definición, $(q_1, U_1) \leq (q_2, U_2)$ si y solo si es $q_1/q_2 \leq U_2 /\!/ U_1$. Cumpliéndose esta condición para las díadas (q_1, U_1) y (q_2, U_2), resulta trivial que cualesquiera otras de sus mismas clases han de verificarla, lo que se puede indicar analíticamente con $[(q, U)] \leq [(q, U)]$.

Por tanto las cantidades de magnitud dadas por $m_1=[(q,U)]$ y $m_2=[(q,U)]$ verificaran $m_1 \leq m_2$ si $q_1/q_2 \leq U_2/\!/U_1$ y como q_1/q_2 y $U_2/\!/U_1$ son números reales, el conjunto M de las cantidades de toda magnitud está ordenado como R. La relación «$\leq$» para las cantidades de magnitudes es, pues, una relación de orden total. En efecto, son inmediatas las propiedades reflexiva y transitiva en M. La antisimétrica se comprueba fácilmente, pues, dadas dos cantidades m_1 y m_2 de M, si $m_1 \leq m_2$ y $m_2 \leq m_1$, entonces, $m_1 = m_2$. Estas tres propiedades caracterizan la relación «menor o igual que» como una relación de orden. Además, como dadas dos cantidades cualesquiera m_1 y m_2 de M, es $m_1 \leq m_2$ o $m_2 \leq m_1$, pero no ambas, todos los elementos de M son comparables entre sí y así la relación «menor o igual que» es de orden total. Por tanto, para cualquier magnitud, el conjunto M de todas las cantidades posibles m está totalmente ordenado por la relación «$\leq$», definida por la condición $m_1 \leq m_2$ si y solo si $q_1/q_2 \leq U_2/\!/U_1$.

El análisis de la relación «menor que», simbolizada «<», es completamente análogo a la relación «$\leq$» o «menor o igual que» y, como estas relaciones se reducen a las de R, la relación «menor que» en M también es como en R de orden estricto, lo que significa que es irreflexiva, antisimétrica y transitiva; o lo que es igual, no reflexiva ni simétrica, propiedad llamada asimetría, y transitiva. Así que, dadas las cantidades cualesquiera m, m_1, m_2 y m_3 de M, no puede ser $m<m$, propiedad irreflexiva; si $m_1<m_2$, entonces $m_1 \neq m_2$, propiedad asimétrica, que equivale a si $m_1<m_2$, entonces, no puede ser $m_2<m_1$; por otra parte, si $m_1<m_2$ y $m_2<m_3$, entonces, $m_1<m_3$, transitividad; finalmente, si $m_1 \neq m_2$, es $m_1<m_2$ o $m_2<m_1$, pero no ambas, por lo que todos los elementos de M son comparables y con ello la relación «menor que» es de orden total.

En conclusión, para cualquier magnitud, el conjunto $M=\{m\}$ de todas las cantidades posibles m está, como R, totalmente ordenado por la relación «<», definida por la condición $m_1<m_2$ si y solo si $q_1/q_2 < U_2/\!/U_1$.

Por otra parte, sabemos que para la notación diádica $(x_1,y_1 \circ U)$ y $(x_2,y_2 \circ U)$ la condición de equivalencia es $x \times y = h$. Es decir, que todas las díadas tales que $x_1 \times y_1 = h_1$ pertenecen a la misma clase y representan la misma cantidad de magnitud m_1. Y análogamente se tendrá para $x_2 \times y_2 = h_2$ y m_2. Así que $(x_1, y_1 \circ U) \leq (x_2, y_2 \circ U)$ implica que es $x_1/x_2 \leq y_2/y_1$. Si $h>0$, se tiene $x_1 \times y_1 \leq x_2 \times y_2$ y $h_1 \leq h_2$ con $m_1 \leq m_2$. Si $h<0$, es $x_1 \times y_1 \geq x_2 \times y_2$ y $h_1 \geq h_2$ con $m_1 \geq m_2$. Como $x \times y = h$ es la medida de m en la unidad U, el orden de h define el orden de m. Y lo mismo resulta para la relación «menor que». Luego, el orden en $M = \{m\}$ viene dado por el orden de h y sus hipérbolas asociadas, que definen las clases de equivalencia de m para cada h, y así se puede cuantificar la siempre innúmera cantidad de magnitud m mediante su número real asociado $h \in R$. Interpretando las hipérbolas $x \times y = h$ como curvas de nivel respecto del plano (x,y) para una determinada cota h, resulta una superficie hiperbólica que representa todas las cantidades de magnitud posibles en relación con cualquier magnitud. Así, cada curva de nivel $x \times y = h$ indicará la clase de equivalencia de la cantidad $(x, y \circ U)$, siendo U una cantidad cualquiera de la magnitud dada.

Así que, finalmente, podemos concluir que esta última relación de equivalencia tal que, dados los pares de números reales (x_1, y_1) y (x_2, y_2) de $R \times R$, están relacionados si y solo si $x_1 \times y_1 = x_2 \times y_2$, constituye en el conjunto producto $R \times R$ de los números reales consigo mismo una partición en clases de equivalencia o conjunto cociente, que se puede suponer equivalente al conjunto M de todas las posibles cantidades de magnitud y este se identifica con el conjunto diádico $\{x, y \circ U\}$ en función de cualquier cantidad arbitraria U, siendo x e y cualesquiera números reales. De modo que se puede definir formalmente $R \times R / \sim\, \equiv M = \{x, y \circ U\}$.

De todo ello resulta que tenemos definido el conjunto de todas las cantidades de magnitud M de tres maneras diferentes, pero todas ellas equivalentes: primera, a partir del conjunto cociente de todas las díadas D con $D/\sim\, = M$; segunda, mediante el conjunto diádico $\{x, y \circ U\}$, que utiliza una unidad patrón arbitraria U y todos los pares (x,y) de números reales; y tercera, sirviéndonos únicamente de los números reales, como se acaba de exponer en lo que precede, con el conjunto cociente del producto cartesiano $R \times R$.

38. Descubrimiento algebraico de la dimensión «dismétrica» de las magnitudes.
En este apartado se expone brevemente cómo se llega a la previsión original de la nueva dimensión «dismétrica» de las magnitudes.

Para ello, se empieza deduciendo una propiedad de la adición que es necesaria para montar el razonamiento. Se toman dos díadas homogéneas con el mismo primario (q, U_1) y (q, U_2). Estas cantidades son iguales a $q \circ (1, U_1)$ y $q \circ (1, U_2)$. Sumándolas y aplicando la propiedad distributiva en el ámbito del álgebra diádica, se tiene:

$$q \circ (1, U_1) \oplus q \circ (1, U_2) = q \circ [(1, U_1) \oplus (1, U_2)]$$
$$(q, U_1) \oplus (q, U_2) = (q, U_1 \oplus U_2)$$

Considerando la anterior propiedad de la adición diádica, se estudia la variación diferencial genérica de una díada, tomando $U_1 = U$ y $U_2 = dU$. La variación diferencial $d(q, U)$ ha de tener obviamente la forma $d(q, U) = (q + dq, U \oplus dU) \ominus (q, U)$, y así:

$$d(q, U) = (q+dq, U \oplus dU) \ominus (q, U) =$$
$$= (q+dq, U) \oplus (q+dq, dU) \ominus (q, U) =$$
$$= (q, U) \oplus (dq, U) \oplus (q, dU) \oplus (dq, dU) \ominus (q, U) =$$
$$= (dq, U) \oplus (q, dU) \oplus (dq, dU)$$

El término (dq, dU) es un infinitésimo de segundo orden, por lo que se puede despreciar respecto a los otros dos, que son de primer orden, con lo que resulta:

$$d(q, U) = (dq, U) \oplus (q, dU)$$

Este resultado se llama *ley de variación diádica*. El sumando (dq, U) representa la modificación de la díada (q, U) como consecuencia del cambio en el primario y se denomina variación métrica. Describe el convencionalismo usado para analizar variaciones de cantidades de magnitudes desde siempre. A su vez el término innovador (q, dU) se denomina variación «dismétrica» y determina la componente atribuible a dicha nueva dimensión dinámica, que se refiere al cambio que experimenta la cantidad de magnitud implícita en toda cantidad U por cualquier causa.

39. Definición de densidad «dismétrica». En general, la «dismetría» de una magnitud consiste en la previsión de que una díada cualquiera (q, U) pueda representar diferentes cantidades de magnitud en función de su posición y del entorno material. Se matematiza relacionando la cantidad en todo punto P con la de otro punto fijo O, mediante las razones $(q,U)_P /\!\!/ (q,U)_O$, es decir, la cantidad de magnitud en P dividida por la cantidad de magnitud en O de una misma díada (q, U). En el apartado 25 se ha concluido que la razón de dos díadas homogéneas reales es un número real. A estos cocientes se les denomina densidad «dismétrica» de la magnitud considerada en el punto P respecto de O. Es decir, el número real que representa la densidad «dismétrica» de la magnitud asociada con la díada (q, U) en el punto P respecto del punto de referencia O es dado por:

$$\delta(P) = \frac{(q,U)_P}{(q,U)_O} \in \mathrm{R}$$

40. Definición de espacio «dismétrico». Extractamos este concepto, referido brevemente al supuesto reducido de aplicaciones bilineales en coordenadas cartesianas. Su exposición amplia y el caso general en coordenadas curvilíneas queda expuesto en el apartado XXXVI.

El espacio «dismétrico» surge de aplicar al espacio geométrico vacío la previsión «dismétrica» de la longitud. Se configura matemáticamente como un conjunto de cuatro elementos notado $\{\mathcal{M}, \mathcal{F}, \mathcal{D}, \triangle\}$: un espacio matemático $\mathcal{M}$, un espacio físico $\mathcal{F}$, ambos con estructura de espacio puntual afín de la misma dimensión n, una aplicación lineal entre ambos $\mathcal{D}$, que transforma $\mathcal{M}$ en $\mathcal{F}$ ($\mathcal{D}: \mathcal{M} \to \mathcal{F}$) y una aplicación bilineal $\triangle$ del producto tensorial $\mathcal{M} \otimes \mathcal{F}$ en R ($\triangle: \mathcal{M} \otimes \mathcal{F} \to \mathrm{R}$).

El espacio matemático es definido como aquel en que se desarrollan las mediciones, puede considerarse también como el espacio aparente o percibido y visible, y el físico es donde tienen lugar los fenómenos, representa el espacio real e invisible. La aplicación $\mathcal{D}$ o tensor de deformación espacial describe la diferencia y relación entre los espacios matemático y físico. La aplicación $\triangle$ o tensor de densidad «dismétrica» refleja la «dismetría» del espacio, asociando a cada dos puntos homólogos de $\mathcal{M}$ y $\mathcal{F}$ un número real, que representa dicha densidad «dismétrica», definida por el cociente entre la cantidad de magnitud implícita en una díada para un punto determinado y la correspondiente a la misma díada en otro punto fijo de referencia.

Se toma una base cualquiera $\{\mathbf{e}_i\}$ del espacio puntual afín considerado y un vector $\mathbf{u}$ del espacio matemático $\mathcal{M}$. Designamos $\mathbf{v}$ el vector imagen en el espacio físico o deformado $\mathcal{F}$ de la aplicación lineal $\mathcal{D}$, con lo cual $\mathbf{v}=\mathcal{D}(\mathbf{u})$ y $v^j=u^i d_i^j$. Los términos v^j y u^i son las coordenadas contravariantes de $\mathbf{v}$ y $\mathbf{u}$ en la base $\{\mathbf{e}_i\}$. Por su parte los elementos d_i^j son las coordenadas contravariantes de cada vector $\mathbf{e}_i$ de la base, transformados por $\mathcal{D}$. La relación matricial entre todas estas coordenadas se puede formular matricialmente con la notación $\mathbf{v}=\mathbf{u}[\mathcal{D}]$, donde $\mathbf{v}$ y $\mathbf{u}$ son matrices fila y $[\mathcal{D}]$ indica una matriz cuadrada de orden $n\times n$, que representa el tensor de deformación $\mathcal{D}$. Los elementos d_i^j de este tensor pueden concebirse en general como funciones de las coordenadas u^i y del tiempo.

La aplicación bilineal $\triangle$ sobre los vectores de la base será dada por $\triangle(\mathbf{e}_i \otimes \mathbf{e}_j)=\Delta^{ij}$, donde Δ^{ij} indica los correspondientes números reales. Y así es posible determinar la acción de $\triangle$ sobre cualquier producto tensorial $\mathbf{u}\otimes\mathbf{v}$, de acuerdo con la siguiente ley con índices y superíndices sumatorios:

$$\triangle(\mathbf{u}\otimes\mathbf{v})=u^i v^j \Delta^{ij}=u^i u^k d_k^j \Delta^{ij}=\delta(P)\in\mathrm{R}$$

La forma matricial de la ley anterior es dada por $\triangle(\mathbf{u}\otimes\mathbf{v})=\mathbf{u}[\mathcal{D}][\triangle]^T\mathbf{u}^T=\delta(P)\in\mathrm{R}$, donde $\delta(P)$ representa la densidad «dismétrica» en cada punto P. Cualquier conjunto de $n\times n$ valores ordenados en la matriz $[\triangle]$ se denomina tensor de densidad «dismétrica» y es tal que en todo punto afín P del vector $\mathbf{u}$ determina la densidad «dismétrica» del espacio en ese punto, dada por $\mathbf{u}[\mathcal{D}][\triangle]^T\mathbf{u}^T=\delta(P)\in\mathrm{R}$. Los $n\times n$ elementos Δ^{ij} de este tensor pueden indicarse en general como funciones de las coordenadas u^i y de la magnitud tiempo.

En las aplicaciones físicas lo práctico es identificar $\mathcal{M}$ y $\mathcal{F}$ con el espacio ordinario de tres dimensiones R^3 o en general R^n.

41. Consecuencias inmediatas de la «dismetría». En términos muy resumidos, sin ánimo de exhaustividad, se resalta aquí que en un espacio «dismétrico» la constante matemática indicada por el número pi no se mantiene constante. Tampoco resulta constante la velocidad de la luz en el vacío, cuya propagación sería curva sin necesidad de ninguna perturbación gravitatoria ni de otro tipo. Tanto en un caso como en otro, estas constantes resultan ser los límites de sus respectivos valores «dismétricos» cuando la densidad «dismétrica» de la longitud tiende a uno.

En las leyes cinemáticas aparece una componente «dismétrica», que tiende a cero cuando la «dismetría» se anula. La «dismetría» de otras magnitudes aparte de la longitud completa la formulación clásica de todas las leyes físicas. Por ejemplo, se observan efectos «dismétricos» en las leyes de Newton o en las formulaciones relativistas y cuánticas. En suma, se puede comprobar fácilmente que la «dismetría» es una realidad matemática fundamental para representar universos físicos infinitamente variables en todas sus dimensiones. Eso sí, todas las leyes «dismétricas» se reducen a las correspondientes actuales cuando las componentes «dismétricas» se anulan y solo quedan las componentes isométricas. Y esto ocurre si las magnitudes se consideran rígidas, es decir, cuando las densidades «dismétricas» de todas las magnitudes sean iguales a la unidad del conjunto de los números reales en todo caso.

BIBLIOGRAFÍA

JOSEPH FOURIER. *Théorie Analitique de la Chaleur*, Gauthier Villars, París, 1888.

DAVID HILBERT. *Grundlagen der Geometrie (Fundamentos de la geometría)*, 1899.

MAX PLANCK. *Vorlesungen über die Theorie der Wärmestrahlung*, Leipzig, 1906.

R.C. TOLMAN. *Physics Review*, 1914, 1917.

GIOVANNI GIORGI. *Sistemi e unita di mesura*, Enciclopedia delle Matematiche Elementari.

P. W. BRIDGMAN. *Dimensional Analysis*, Yale, University Press (Universidad Nacional de Tucumán, República Argentina).

RICARDO SAN JUAN. *Teoría de las magnitudes físicas y sus fundamentos algebraicos*, Revista de la Real Academia de Ciencias de Madrid, 1947.

P. W. BRIDGMAN. *British Enciclopedia*, edition 1951, article *Dimensional Analysis*.

JULIO PALACIOS. *El lenguaje de la física y su peculiar filosofía*, 1953.

U. STILE. *Messen und Rechnen in der Physic*, Vieweg, Braunschweig, 1961.

JULIO PALACIOS. *Análisis dimensional*, Espasa Calpe, segunda edición, 1964.

P. PUIG ADAM. *Geometría métrica*, Biblioteca Matemática Rey Pastor-Puig Adam, 1970.

SEARS ZEMANSKY. *Física general*, Aguilar, University Physics, 1970.

Luis A. Santaló. *Vectores y tensores y sus aplicaciones*, Editorial Universitaria de Buenos Aires, 1970.

R. Kurth. *Dimensional Analysis and Group Theory in Astrophysics*, Pergamon, 1972.

F. Catalá Moreno, *Álgebra lineal y multilineal*, Academia Iribas, Madrid, 1972.

André Lichnerowicz. *Elementos de cálculo tensorial*, Aguilar Sociedad Anónima de Ediciones, 1972.

I. Cano de la Torre. *Mecánica Racional*, Academia Luz de Madrid, 1973.

Sixto Ríos. *Métodos Estadísticos*. Ediciones del Castillo S.A. Sexta edición, 1974.

International Practical Temperature Scale of 1968, Amended Edition of 1975, *Metrology*, Comité International des Poids et Mesures, 1976.

R. M. Cooke. *The Algebra of Physical Magnitudes, Foundatios of Physics*, 1980.

I. N. Herstein. *Álgebra moderna*. Editorial Trillas. México, noviembre de 1980.

John B. Fraleigh, *Álgebra abstracta*. Department of Mathematics University od Rhode Island. Addison-Wesley. México, 1982.

José Catalán Chillerón. *Teoría de las magnitudes físicas*, Instituto Geográfico Nacional, Madrid, 1983.

Isaac Newton. *Principios matemáticos de la filosofía natural*, Alianza Editorial, 2016.

J. M. Arnaiz. *Matematizar 1 (Fundamentos), Matematizar 2 (Complementos), Matematizar 3 (Aplicaciones I) y Teoría psicofuncional*, Ediciones Go Beyond, 2016.

Bureau International des Poids et Mesures. *The International System of Units (SI)*.

www.ingramcontent.com/pod-product-compliance
Lightning Source LLC
Chambersburg PA
CBHW071347210526
45465CB00001B/5